Heidelberger Taschenbücher Band 240

Peter Möller

Anorganische Geochemie
Eine Einführung

Mit 141 Abbildungen

Springer-Verlag
Berlin Heidelberg New York Tokyo

Professor Dr. PETER MÖLLER, Hahn-Meitner-Institut für
Kernforschung Berlin, Postfach 390128, 1000 Berlin 39
Leiter der Arbeitsgruppe Geochemie im Hahn-Meitner-Institut
für Kernforschung Berlin
Honorarprofessor der Freien Universität Berlin
Privatdozent der Technischen Universität Berlin

ISBN-13:978-3-540-16002-1   e-ISBN-13:978-3-642-70845-9
DOI: 10.1007/978-3-642-70845-9

CIP-Kurztitelaufnahme der Deutschen Bibliothek.
Möller, Peter:
Anorganische Geochemie : e. Einf. / Peter Möller. – Berlin ; Heidelberg ; New York ;
Tokyo : Springer, 1986.
(Heidelberger Taschenbücher; Bd. 240)
ISBN-13:978-3-540-16002-1

Das Werk ist urheberrechtlich geschützt. Die dadurch begründeten Rechte, insbesondere die der Übersetzung, des Nachdruckes, der Entnahme von Abbildungen, der Funksendung, der Wiedergabe auf photomechanischem oder ähnlichem Wege und der Speicherung in Datenverarbeitungsanlagen bleiben, auch bei nur auszugsweiser Verwertung, vorbehalten.
Die Vergütungsansprüche des § 54, Abs. 2 UrhG werden durch die ‚Verwertungsgesellschaft Wort', München, wahrgenommen.
© by Springer-Verlag Berlin Heidelberg 1986

Die Wiedergabe von Gebrauchsnamen, Handelsnamen, Warenbezeichnungen usw. in diesem Werk berechtigt auch ohne besondere Kennzeichnung nicht zu der Annahme, daß solche Namen im Sinne der Warenzeichen- und Markenschutz-Gesetzgebung als frei zu betrachten wären und daher von jedermann benutzt werden dürften.
Satz: K. u. V. Fotosatz Beerfelden

Vorwort

Das vorliegende Buch richtet sich an die Studierenden der Geowissenschaften, der Chemie sowie an Interessenten aus anderen Disziplinen. In einer Zeit, in der das Bewußtsein vieler Menschen für die Endlichkeit irdischer Resourcen sowie für anthropogene Veränderungen in der Natur und damit für die Unverantwortlichkeit menschlicher Ignoranz gegenüber geochemischen Prozessen geschärft worden ist, kann mit Recht erhofft werden, daß sich in zunehmendem Maße Studierende dem Fach Geochemie zuwenden.

Der Text ist aus einer Vorlesung hervorgegangen und behandelt daher nicht alle Bereiche der Geochemie in gleicher Intensität. Gemäß dem Titel wird der Gesamtbereich der Organischen Geochemie nicht behandelt. Weite Bereiche der Petrologie, wie zum Beispiel der Magmatismus, werden ebenfalls nicht behandelt. Hierzu sind in letzter Zeit eine Reihe spezieller Bücher erschienen. Die in den Kapiteln angeführte Literatur ist überwiegend aus jüngerer Zeit. Für ein vertiefendes Studium wird auf die dortigen Literaturzitate verwiesen.

Es ist bewußt das SI-System benutzt worden. Jedoch sind in den Abbildungen wie auch im Text zur Vereinfachung die meisten Angaben parallel dazu im CGS-System angeführt. Die Parallelität der Systeme soll es dem Studierenden erleichtern, sich in das SI-System einzulesen.

Der Zweck der *Anorganischen Geochemie* ist nicht, vorhandene Bücher zur Geochemie zu ersetzen, sondern das vorhandene Spektrum durch eine veränderte Art der Darstellung zu ergänzen. Daher wird dem Studierenden empfohlen, neben dem vorliegenden Text noch die empfohlene vertiefende Literatur zur Erweiterung des Verständnisses heranzuziehen.

Ich bedanke mich für die geduldig geleistete Schreibarbeit bei Frau Ingeborg Herbrechtsmeier, Frau Karin Horst und Frau Reny Grönberg sowie für die Anfertigung der zahlreichen

Zeichnungen bei Frau Christine Pohle. Frau Dr. Cornelia Schmitt-Riegraf und meine Frau Sybille haben durch wiederholtes Lesen des Manuskriptes wesentlich dazu beigetragen, fachliche und stilistische Fehler auszumerzen. Ihnen sowie auch meinen Töchtern Astrid und Kerstin gilt mein besonderer Dank für die geleistete Mitarbeit.

Den Mitarbeitern des Springer-Verlags möchte ich für die angenehme Zusammenarbeit und zügige Drucklegung ein großes Lob aussprechen.

P. MÖLLER

Inhaltsverzeichnis

1	**Aufgabe der Geochemie**	1
2	**Grundlagen**	4
2.1	Eigenschaften von Atomen und Ionen	4
2.2	Chemische Bindung und Eigenschaften von Gittern	11
2.3	Strukturchemische Regeln für Ionenkristalle	19
	Bildung von Koordinationspolyedern	19
	Elektrostatische Valenzregel	21
	Verknüpfungsregel	22
	Sparsamkeitsregel	22
2.4	Aggregatzustände und Polymorphie	23
2.5	Chemisches Gleichgewicht	26
2.6	Aktivität	32
2.7	Säure-Basen-Beziehung	34
	Definition einer Säure und Base	34
	Säure- und Basenkonstanten	37
	Ionisierungsfaktor (Dissoziationsgrad)	41
	Pufferkapazität	41
2.8	Redox-Potential	45
2.9	Zur Ablauffähigkeit von Reaktionen	49
	Treibende Kräfte	49
	Inhibition und Katalyse	52
2.10	Prozesse der Stoffdifferenzierung	54
	Physikalische Prozesse	54
	Chemisch-physikalische Prozesse	56
3	**Chemie der Silikate**	59
3.1	Strukturelle Klassifikation der Silikate	59
3.2	Fe^{2+}-Mg^{2+}-Verteilung in kogenetischen Silikaten .	66

4 Zusammensetzung der Materie ... 71

4.1 Systematik der Atomkerne und Häufigkeitsverteilung der Elemente ... 71
4.2 Nukleosynthese ... 74
4.3 Häufigkeitsverteilung der Elemente ... 77
4.3.1 Häufigkeitsverteilung der Elemente in der oberen Erdkruste ... 78
4.3.2 Solare Häufigkeitsverteilung der Elemente ... 81

5 Chemischer Aufbau der Erde ... 85

5.1 Atmosphäre ... 85
5.2 Hydrosphäre ... 94
5.3 Feste Erde ... 96
5.3.1 Erdkruste ... 97
    Obere kontinentale Erdkruste ... 98
    Untere kontinentale Erdkruste ... 103
    Ozeanische Kruste ... 106
5.3.2 Erdmantel ... 108
5.3.3 Erdkern ... 117
5.4 Mittlere chemische Zusammensetzung der Erde ... 118
5.5 Akkretion der Erde ... 119
5.5.1 Randbedingungen für die Akkretion der Erde ... 119
5.5.2 Akkretionsmodelle ... 120

6 Geochemische Zyklen ... 124

6.1 Der große geochemische Zyklus ... 124
6.2 Verwitterung ... 128
6.3 Diagenese ... 133
6.4 Metamorphose ... 135
6.5 Hydrothermale Überprägung ... 142
6.6 Alteration und Bildung hydrothermaler Erzlagerstätten ... 151
6.7 Beispiele einzelner Element-Zyklen ... 155
6.7.1 Kohlenstoff-Zyklus ... 155
6.7.2 Sauerstoff-Zyklus ... 159
6.7.3 Mariner Phosphat-Zyklus ... 160

7 Fluide Phasen ... 162

7.1 Hydrothermale Lösungen ... 162
7.1.1 Eigenschaften von H_2O unter erhöhter Temperatur und erhöhtem Druck ... 162

7.1.2 Partielle molare Volumen von Elektrolyten	164
7.1.3 Natürliche hydrothermale Lösungen	168
7.1.4 Kritischer Zustand	174
Kritischer Punkt	174
Das System NaCl-H_2O	177
7.1.5 Entwicklung fluider Phasen aus Schmelzen	181
7.2 Silikatische Schmelzen	185
7.2.1 Struktur der Schmelzen	185
7.2.2 Löslichkeit volatiler Phasen	188
7.2.3 Viskosität von Silikatschmelzen	193
8 Bildung fester Phasen	**195**
8.1 Keimbildung	195
8.2 Kristallwachstum	198
8.3 Phasenregel	199
8.4 Isomorphie und feste Lösungen	202
8.5 Phasengleichgewichte in Mehrkomponentensystemen	205
8.5.1 Binäre Systeme	205
Binäre, eutektische Mischung ohne feste Lösungen	205
Binäres Peritektikum ohne feste Lösungen	207
Binäre feste Lösungen	209
Das System Albit-Orthoklas	211
8.5.2 Ternäre Systeme	212
Ternäres Eutektikum ohne feste Lösungen	212
Ternäres System mit binärer fester Lösung	214
8.5.3 Modell zur Magmenerstarrung	216
9 Verteilung von Neben- und Spurenelementen	**219**
9.1 Diadochie	219
9.2 Kontrollierende Parameter der Element-Verteilung	219
9.3 Verteilungsgesetze	226
9.3.1 Homogene Verteilungsgesetze	226
9.3.2 Heterogene Verteilungsgesetze	228
9.4 Partielles Aufschmelzen	233
9.5 Anwendungen	236
9.5.1 Fraktionierte Kristallisation	236
9.5.2 Hydrothermale Differentiation	239

X Literaturverzeichnis

10	**Isotopenfraktionierung**	243
10.1	Isotopieeffekte	243
	Thermodynamische Isotopieeffekte	243
	Kinetische Isotopieeffekte	244
10.2	Isotopenfraktionierung einiger Elemente	246
	Wasserstoff-Fraktionierung: ^{1}H, ^{2}H-D	246
	Kohlenstoff-Fraktionierung: ^{12}C-^{13}C	248
	Sauerstoff-Fraktionierung: ^{16}O-^{18}O	249
	Schwefel-Fraktionierung: ^{32}S-^{34}S	251
10.3	Radiometrische Datierungen	253
10.3.1	Grundlagen	253
	Radioaktiver Zerfall	253
	Beziehungen zwischen Mutter- und Tochternukliden	255
10.3.2	Datierungen unter Verwendung natürlicher Nuklidpaare	260
	^{87}Rb/^{87}Sr-Datierung	260
	^{40}K/^{40}Ar-Datierung	263
	Uran-Thorium-Blei-Datierung	264
	Blei-Isotopen-Datierung	265
	^{147}Sm-/^{143}Nd-Datierung	268
	Spaltspur-Methode	270
	^{14}C-Datierung	271
11	**Geothermobarometrie**	274
11.1	Reversible und irreversible Umwandlungen von Festphasen	275
11.2	Element- und Isotopenverteilungsgleichgewichte	277
11.2.1	Elementverteilung zwischen Mineralien sowie unterschiedlichen Gitterpositionen eines Minerals	277
11.2.2	Elementverteilung zwischen festen und fluiden Phasen	285
11.2.3	Isotopenthermometrie	292
11.2.4	Gasgleichgewichte	296
Verzeichnis der Abkürzungen		298
Einheiten und Konstanten		302
Literatur		303
Autorenverzeichnis		313
Sachverzeichnis		317

1 Aufgabe der Geochemie

Der Begriff Geochemie wurde erstmals von C. F. Schönbein (1799 – 1868) für den Teilbereich der Geowissenschaften verwandt, der sich mit der Zusammensetzung und den chemischen Veränderungen der Erde befaßt. Zur Aufgabe der Geochemie gehört seitdem:

- Die Ermittlung der Zusammensetzung der Erde als Ganzes und in ihren Geosphären,
- die Suche nach Gesetzmäßigkeiten, die die Verteilung und Migration der Elemente und deren Isotope in den Geosphären kontrollieren,
- das Erforschen von chemischen Ursachen und der daraus folgenden Kinetik von Massenströmen in und auf unserem Planeten und
- in neuerer Zeit das Studium der Auswirkungen anthropogener Einflüsse auf die chemischen Zusammensetzungen in der Atmosphäre, Hydrosphäre, Biosphäre und der alleobersten Erdkruste sowie damit verbunden der Beeinflussung des Ablaufes von geochemischen Austauschprozessen.

Um diese Ziele zu erreichen, wird die Verteilung der Elemente zwischen den zugänglichen Geosphären, während der Magmendifferentiation, zwischen kogenetischen Mineralen sowie Mineralen und fluiden Phasen analytisch und experimentell untersucht. Ausgehend von dem so gesammelten Datenmaterial wird das Verhalten der Elemente und ihrer Verbindungen in den unterschiedlichen geochemischen Prozessen abgeleitet.

Um dieses weitgesteckte Aufgabengebiet bearbeiten zu können, steht die Geochemie in wechselseitiger Beziehung zu anderen Disziplinen wie der Mineralogie, Petrologie, Geologie, Lagerstättenforschung, Bodenkunde, Kristallographie, Allgemeinen Chemie, Physikalischen Chemie, Biologie und – in jüngster Zeit – der Umweltforschung. Je nach dem Forschungsbezug gliedert sich die Geochemie heute in die Teilgebiete:

Lithogeochemie (Chemie der Erdkruste) –
Petrogeochemie (Gesteinsgeochemie) –
Pedogeochemie (Bodengeochemie) –
Hydrogeochemie (Geochemie des Wassers) –
Biogeochemie (Geochemie der Biosphäre) –
Chemie der Atmosphäre –
Chemie des Erdmantels und
Umweltgeochemie.

Geochemie ist nicht nur eine Teildisziplin der Geowissenschaften und leistet als solche Beiträge in der Mineralogie, Sedimentologie, Lagerstättenforschung und Petrologie. Von ihr werden zunehmend auch Beiträge zu anderen, gesellschaftlich relevanten Problemen gefordert: Auffinden von verborgenen Lagerstätten aller Art, Umweltschutz, Deponie chemisch resistenter Giftstoffe, Industrieabfälle aller Art, sowie die sichere Langzeitlagerung radioaktiver Abfälle. Voraussetzung für die verantwortungsbewußte Behandlung dieser in der Industriegesellschaft anfallenden Probleme ist ein hinreichendes Verständnis für geochemische Vorgänge.

Die Forschungsmethodik der Geochemie unterscheidet sich ganz wesentlich von der der Chemie im allgemeinen. In der klassischen Chemie lassen sich im Prinzip alle Vorstellungen über den Ablauf von chemischen Vorgängen experimentell überprüfen. Die Einflußnahme der verschiedenen, die chemischen Prozesse kontrollierenden Parameter kann durch geschickte Versuchslenkung studiert werden.

In der Geochemie ist ein solches Vorgehen nur selten möglich. Die Vielfalt an Mineralen und Gesteinen, die inhomogene Verteilung der Elemente in den Geosphären wie auch in zonar aufgebauten Kristallen, die Anreicherung von Elementen in wirtschaftlich interessanten Lagerstätten und vieles andere mehr sind das Ergebnis von großräumigen, langzeitigen und zyklisch wiederholten, geochemischen Prozessen. Diese laufen in extrem unterschiedlichen Druck- und Temperaturbereichen ab: z. B. die Ozonbildung in der Thermosphäre (~ 100 km Höhe) bei extrem niedrigen Drücken (10 mPa) und Temperaturen (~ 400 K) oder Magmendifferentiationen bei extrem hohen Temperaturen (>1300 K) und Drücken (~ 3 GPa $\triangleq \sim 100$ km Tiefe) im Erdmantel. Unser Verständnis für das Verhalten der chemischen Elemente und ihrer Verbindungen unter den jeweiligen $P-T-X$-Bedingungen, unter denen sich die Elementverteilungen einstellen, müssen aus jenen Erkenntnissen abgeleitet werden, die uns experimentell zugänglich sind. Beim Vorstoß zu den oft extremen $P-T-X$-Bedingungen bedeutet dies meist eine Extrapolation über viele Größenordnungen.

Die zu untersuchenden Vorgänge werden zumeist von einer außerordentlich großen Zahl von Parametern beeinflußt. Nur aus einer Vielzahl von Beobachtungen lassen sich induktiv Indizien sammeln, die zusammen mit einer möglichst geringen Zahl von Hypothesen zu einem überprüfbaren „geochemischen Modell" zusammengefügt werden können. Eine der wesentlichen Aufgaben des Geochemikers besteht nun darin, in Zusammenarbeit mit den anderen geowissenschaftlichen und chemischen Disziplinen diese Modelle auf innere Widerspruchsfreiheit zu überprüfen.

Eine weitere, nicht zu unterschätzende Schwierigkeit der Geochemie besteht darin, daß es in vielen Fällen aufwendig bis unmöglich ist, geeignetes Probenmaterial für entsprechende Untersuchungen zu erhalten. So sind häufig die an der Oberfläche zugänglichen Gesteine postmagmatisch verändert worden und spiegeln damit in ihrer chemischen wie auch ihrer Isotopen-Zusammensetzung nur bedingt die primär magmatische Zusammensetzung wider. Probenmaterial aus größerer Tiefe der oberen Erdkruste, der Hydrosphäre und der Atmosphäre sind uns heute prinzipiell zugänglich. Diese Geosphären machen jedoch weniger als 0,1 Gew.% der Erde aus. Sie stellen zwar den differenziertesten, aber eben nur einen sehr geringen Stoffanteil unseres Planeten dar.

Wie in jeder wissenschaftlichen Disziplin sollen auch in der Geochemie Gesetze herausgearbeitet werden, mit denen die Elementverteilung in geochemischen Prozeßabläufen quantitativ beschrieben werden kann. Bedingt durch die große Anzahl von Parametern, die geochemische Abläufe beeinflussen können, und das notwendigerweise empirische Vorgehen bei der Ermittlung ihres Einflusses ist die Geochemie bisher nicht über die Formulierung von Regeln hinausgekommen. Daraus folgt, daß es noch ein mühevoller Weg sein wird, bis die globalen Zusammenhänge bei Prozeßabläufen „gesetzmäßig" erkannt sein werden.

Allgemeine Literatur

Allègre und Michard (1974), Brownlow (1979), Fyfe (1974), Garrels und Christ (1965), Gass et al. (1977), Henderson (1982), Mason und Moore (1982), Schroll (1976), Wedepohl (1969a, b)

2 Grundlagen

2.1 Eigenschaften von Atomen und Ionen

Atome lassen sich als Kugeln mit einer bestimmten Raumerfüllung beschreiben. Sie bestehen aus einem Kern von etwa 10^{-15} m und einer Hülle von etwa 10^{-10} m Radius. Die Durchmesser von Kern und Hülle verhalten sich also wie etwa 100 m zum Erddurchmesser. Die Größe der Atome wird wesentlich bestimmt durch die Zahl der Protonen (Ordnungszahl), die ihrerseits die Zahl der Hüllenelektronen festlegt. Die Ordnungszahl charakterisiert das Element. Die Zahl der Elektronen und die daraus resultierende Anordnung in der Hülle bestimmt die Größe und die elektrischen Eigenschaften der Elemente bzw. Ionen. Da die Hüllenelektronen von innen nach außen systematisch in Schalen mit jeweils festgelegter maximaler Anzahl von Elektronen eingeordnet werden, ergibt sich ein Aufbau in Perioden (Periodensystem der Elemente). Diese Perioden finden ihren Ausdruck in periodischen Änderungen der Atom-/Ionenradien, Atom-/Ionenvolumen, spezifischen Dichten, Schmelz- und Siedepunkten der Elemente und ihrer Verbindungen, der Koordination in Kristallen und Komplexen sowie den elektrischen Eigenschaften (Ionisationsenergien, Elektronegativitäten und Elektronenaffinitäten). Die Wechselwirkung der elektrischen Eigenschaften der Atome bzw. Ionen untereinander bedingt ihrerseits deren Bindungseigenschaften. Die *Atomradien* werden aus den kovalenten Bindungsabständen abgeleitet, wobei man annimmt, daß die Atome kugelsymmetrisch sind. Die Atomradien zeigen eine auffällige Periodizität (Abb. 2.1): sie nehmen von den Alkalien zu den Halogenen ab.

Der *Ionenradius* – oder richtiger: der Wirkungsradius der Ionen – ist der Radius der als starre Kugeln gedachten Ionen eines Ionengitters. Ein konsistentes System dieser Radien wird aus kristallographischen Daten abgeleitet (Tabelle 2.1). Bei der Ableitung der Radien aus den Abständen von Ionenschwerpunkten in Kristallgittern zeigt sich, daß die Wirkungsradien noch von der Koordinationszahl der Ionen im Gitter beeinflußt werden. Der Radius eines Ions nimmt bei gleicher Ladung

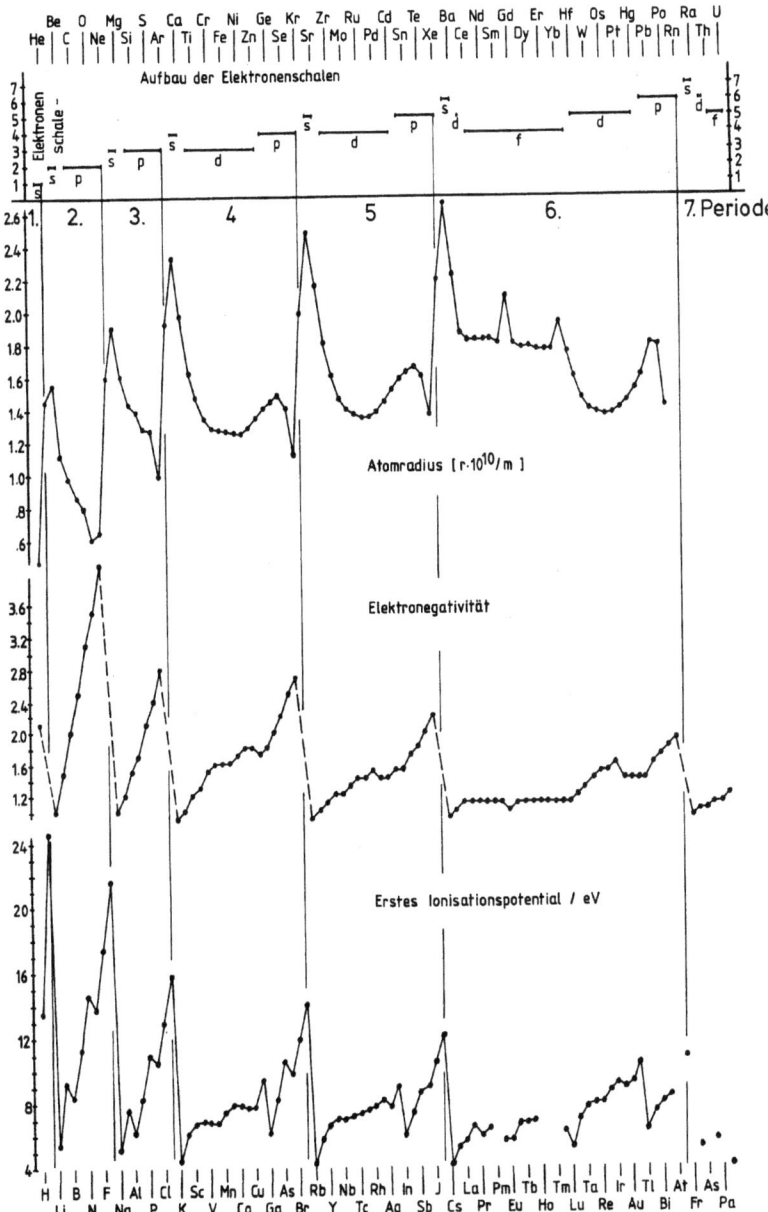

Abb. 2.1. Vergleich von Periodizitäten im Aufbau der Elektronenschalen mit dem Atomradius (Pauling 1960), den Elektronegativitäten (Tabelle 2.2) und dem ersten Ionisationspotential. (Pauling 1960)

Tabelle 2.1. Wirkungsradien der Ionen in Kristallen in 10^{-10} m. (Nach Shannon 1976). Doppelangaben geben die effektiven Radien bei low/high Spin-Konfiguration der Elektronen an

El	Lad.	Ionenradien bei der Koordinationszahl			
		IV	VI	VIII	XII
Ac	+3		1,26		
Ag	+1	1,14	1,29	1,42	
Al	+3	0,53	0,68		
As	+3		0,72		
	+5	0,48	0,60		
Au	+1		1,51		
	+3	0,82	0,99		
	+5		0,71		
B	+3	0,25	0,41		
Ba	+2		1,49	1,56	1,75
Be	+2	0,41	0,59		
Bi	+3		1,17	1,31	
	+5	0,90			
Br	−1		1,81		
C	+4	0,29	0,30		
Ca	+2		1,14	1,26	1,48
Cd	+2	0,92	1,09	1,24	1,45
Ce	+3		1,15	1,28	1,48
	+4		1,01	1,11	1,28
Cl	−1		1,67		
Co	+2	0,72	0,79/0,89	1,04	
Cr	+3		0,76		
	+4	0,55	0,69		
	+6	0,40	0,58		
Cs	+1		1,81	1,88	2,02
Cu	+1	0,74	0,91		
	+2	0,71	0,87		
Dy	+3		1,05	1,17	
Er	+3		1,03	1,14	
Eu	+2		1,31	1,39	
	+3		1,09	1,21	
F	−1	1,17	1,19		
Fe	+2	0,77	0,75/0,92	1,06	
	+3	0,63	0,69/0,79	0,92	
Ga	+3	0,61	0,76		
Gd	+3		1,08	1,19	
Ge	+2		0,87		
	+4		0,67		
Hf	+4	0,72	0,85	0,97	
Hg	+1		1,33		
	+2	1,10	1,16	1,28	
Ho	+3		1,04	1,16	

Tabelle 2.1 (Fortsetzung)

El	Lad.	Ionenradien bei der Koordinationszahl			
		IV	VI	VIII	XII
I	−1		2,06		
In	+3	0,76	0,94	1,06	
Ir	+3		0,82		
K	+1	1,51	1,52	1,65	1,78
La	+3		1,17	1,30	1,50
Li	+1	0,73	0,90	1,06	
Lu	+3		1,00	1,12	
Mg	+2	0,71	0,86	1,03	
Mn	+2	0,80	0,81	1,10	
	+3		0,72		
	+4	0,53	0,67		
Mo	+3		0,83		
	+4		0,79		
	+6	0,55	0,73		
N	+3		0,30		
	+5		0,27		
Na	+1	1,13	1,16	1,32	1,53
Nb	+3		0,86		
	+5	0,62	0,78	0,88	
Nd	+3		1,12	1,25	1,41
Ni	+2	0,69	0,83		
O	−2	1,24	1,26	1,28	
Os	+4		0,77		
	+6		0,69		
	+8		0,53		
P	+3		0,58		
	+5	0,31	0,52		
Pb	+2	1,12	1,33	1,43	1,63
	+4	0,79	0,92	1,08	
Pd	+2	0,78	1,00		
Pm	+3		1,11	1,23	
Pt	+2	0,74	0,94		
Rb	+1		1,66	1,75	1,86
Re	+4		0,77		
	+6		0,69		
Rh	+3		0,81		
	+5		0,69		
Rn	+3		0,82		
	+5		0,71		
	+8	0,50			
S	−2		1,70		
	+4		0,51		
	+6	0,26	0,43		
Sb	+3	0,90	0,90		
	+5		0,74		

Tabelle 2.1 (Fortsetzung)

El	Lad.	Ionenradien bei der Koordinationszahl			
		IV	VI	VIII	XII
Sc	+3		0,89	1,01	
Se	−2		1,84		
	+4		0,64		
	+6	0,42	0,56		
Si	+4	0,40	0,54		
Sm	+3		1,10	1,22	1,38
Sn	+4	0,69	0,83	0,95	
Sr	+2		1,32	1,40	1,58
Ta	+3		0,86		
	+4		0,82		
	+5		0,78	0,88	
Tb	+3		1,06	1,18	
Te	−2		2,07		
	+4	0,80	1,11		
	+6	0,57	0,70		
Th	+4		1,08	1,19	1,35
Ti	+4	0,56	0,75	0,88	
Tl	+1		1,64	1,73	1,84
	+3	0,89	1,03	1,12	
Tm	+3		1,02	1,13	
U	+4		1,03	1,14	1,31
	+6	0,66	0,87	1,00	
V	+3		0,78		
	+4		0,72	0,86	
	+5	0,50	0,68		
W	+4		0,80		
	+6	0,56	0,74		
Y	+3		1,04	1,16	
Yb	+3		1,01	1,13	
Zn	+2	0,74	0,88	1,04	
Zr	+4	0,73	0,86	0,98	

mit steigender Koordinationszahl zu und mit steigender Ladung bei gleicher Koordinationszahl ab (Abb. 2.1). Innerhalb der Perioden nimmt der Wirkungsradius bei maximaler Ionisation von den Alkalien (+1) zu den Halogenen (+7) ab. Dieser Trend überlagert auch die Tendenz der Chalkogene und Halogene, bevorzugt negative Ionen zu bilden. Wegen der zusätzlichen Elektronen weisen sie erheblich größere Wirkungsradien auf als die entsprechenden Atomradien.

Die *Ionisationsenergie* ist derjenige Betrag, der aufgewandt werden muß, um ein Elektron vom Atom im Gaszustand abzulösen. Die erste

Ionisationsenergie beschreibt damit die Bildung einfach positiv geladener Ionen, die Summe von erster und zweiter Ionisationsenergie, die der zweiwertig geladenen Ionen usw. Die erste Ionisationsenergie steigt innerhalb einer jeden Periode von den Alkalien zu den Halogenen an (Abb. 2.1). Dieser Anstieg nimmt mit steigender Periodenzahl deutlich ab.

Unter der *Elektronegativität* χ versteht man qualitativ die Kraft, mit der ein Atom in einem Molekül Elektronen zu sich hinzieht. Aus dieser Definition folgt, daß Elemente mit hoher Elektronegativität Anionen und solche mit niedriger Kationen bilden. Geringe Elektronegativität ist gleichbedeutend mit elektropositivem Charakter.

Ähnlich wie die Ionisationsenergien zeigen auch die Elektronegativitäten eine starke Zunahme innerhalb aller Perioden, wobei diese Zunahme sich mit steigender Periodenzahl verringert (Abb. 2.1, Tabelle 2.2).

Im *Ionenpotential*, Ip, wird die Verknüpfung von Ionisierungszustand z_i (Ionenladung) und Ionenradius r_i durchgeführt.

Tabelle 2.2. Elektronegativitäten der Elemente (außer Edelgasen und einigen ausschließlich radioaktiven Elementen). (Nach Little und Jones 1960)

Ag	1,42	H	2,1	Ra	0,97
Al	1,47	Hf	1,23	Rb	0,89
As	2,20	Hg	1,44	Re	1,46
Au	1,42	I	2,21	Rh	1,45
B	2,01	In	1,49	Ru	1,42
Ba	0,97	Ir	1,67	S	2,44
Be	1,47	K	0,91	Sb	1,82
Bi	1,67	La	1,08	Sc	1,20
Br	2,74	Li	0,97	Se	2,48
C	2,50	Lu	1,11	Si	1,74
Ca	1,04	Mg	1,23	Sm	1,07
Cd	1,46	Mn	1,60	Sn	1,72
Ce	1,08	Mo	1,30	Sr	0,99
Cl	2,83	N	3,07	Ta	1,33
Co	1,70	Na	1,01	Tb	1,10
Cr	1,56	Nb	1,23	Te	2,01
Cs	0,86	Nd	1,07	Th	1,11
Cu	1,75	Ni	1,75	Ti	1,32
Dy	1,10	O	3,50	Tl	1,44
Eu	1,01	Os	1,52	U	1,22
F	4,10	P	2,06	V	1,45
Fe	1,64	Pb	1,55	W	1,40
Ga	1,82	Pd	1,35	Y	1,11
Gd	1,11	Pr	1,07	Yb	1,06
Ge	2,02	Pt	1,44	Zn	1,66
				Zr	1,22

10   Grundlagen

$$Ip, i = \frac{z_i}{r_i}. \tag{2.1}$$

Diese Größe wurde von Cartledge (1928) als empirische Größe für die Erklärung der Wasserlöslichkeit der Ionen eingeführt. Ringwood (1955a, 1955b) versuchte, das Verhalten der chemischen Elemente in magmatischen Schmelzen mit Hilfe des Ionenpotentials zu beschreiben.

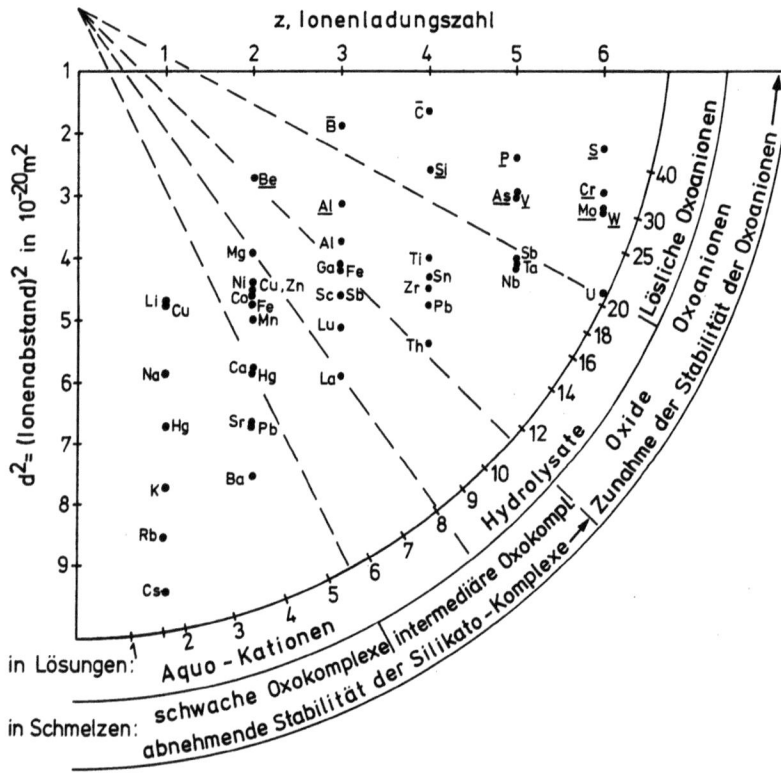

Abb. 2.2. Einfluß des Ionenabstand-Quadrates und der Ionenladung auf das chemische Verhalten. Angabe des chemischen Verhaltens für Lösungen nach Goldschmidt (1937) und für Schmelzen nach Ringwood (1955b). Die Zahlenangaben entlang dem Viertelkreis geben die Feldstärke in C/m² an (d in 10^{-10} m):

$$\frac{\text{Ladung}}{(\text{Ionenabstand})^2} = \frac{ze_0}{10^{-20} d^2} = \frac{z}{d^2} \cdot \frac{1{,}6 \cdot 10^{-19} \, C}{10^{-20} \, m^2} = 16 \frac{z}{d^2}$$

$\overline{El}$ Element in KOZ III
$\underline{El}$ Element in KOZ IV $\Big\}$ zum Sauerstoff

Dietzel (1942) führte die dem Ionenpotential ähnliche Kationen-Feldstärke,

$$E_i = z_i/d_i^2 \qquad (2.1a)$$

d = Kation-Anionen-Abstand,

in die Beschreibung des Kationenverhaltens bei der Bildung von Sauerstoff-Koordinationspolyedern in Glasschmelzen ein. Beide Begriffe gehen empirisch davon aus, daß sie die chemische Bindung qualitativ beschreiben und damit Voraussagen über das chemische Verhalten ermöglichen (Abb. 2.2).

Die *Polarisierbarkeit* α_p beschreibt die Deformation der Elektronenhülle unter dem Einfluß eines elektrischen Feldes E. Die Polarisation hat ein Dipolmoment μ zur Folge:

$$\mu = \alpha_p \cdot E \qquad (2.2)$$

μ = Dipolmoment [Ladung/Abstand]
α_p = Polarisierbarkeit [Volumen]
E = elektrische Feldstärke [Kraft/Ladung].

Generell gilt, daß die Polarisierbarkeit mit wachsendem Ionenradius zunimmt. Dies hängt anschaulich damit zusammen, daß die Elektronenhülle großer Ionen leichter verformbar ist als die kleiner Ionen. Die Polarisation von Ionen wie auch von Verbindungen mit ionischem Bindungsanteil führt zu Verschiebungen in der Elektronenverteilung (vgl. § 3.2).

2.2 Chemische Bindung und Eigenschaften von Gittern

Der Zusammenhalt von Atomen bzw. ihrer Ionen wird durch die chemische Bindung hergestellt. Es werden folgende Bindungstypen unterschieden: Ionen-, Atom-, Metallbindung sowie die koordinative und Wasserstoffbrücken-Bindung. In Abb. 2.3 sind diese Bindungstypen schematisiert wiedergegeben.

Die *Ionenbindung* (heteropolare Bindung) liegt in reiner Form nur in Ionenkristallen vor. In dieser Bindung werden zwischen den beteiligten Atomen Valenzelektronen ausgetauscht, so daß nicht mehr die Atome selbst, sondern nur ihre An- und Kationen vorliegen (Abb. 2.3a). Beide Ionenarten streben abgeschlossene Elektronenschalen (Edelgaskonfigurationen) an. Diese Bindung ist elektrostatischer Natur und damit ungerichtet. Ein Ionenkristall ist demnach ein einziges Riesenmolekül, da alle Teilchen gleich stark miteinander verbunden sind (dies gilt allerdings nicht für oberflächennahe Ionen).

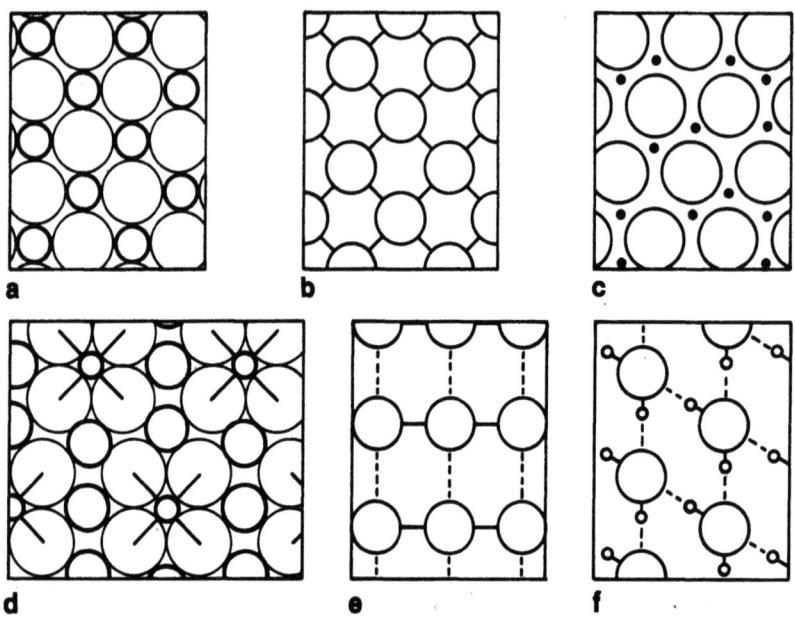

Abb. 2.3a–f. Schematische Wiedergabe von Bindungstypen
a Ionenbindung, heteropolar, z. B. NaCl, große Kreise: Cl$^-$, kleine Kreise: Na$^+$-Ionen;
b Atombindung, homöopolar, z. B. Diamant;
c Metallische Bindung, z. B. Cu, Fe, Kreise: Atomrümpfe, Punkte: Elektronengas;
d Ionengitter mit komplexen Anionen (Koordinative Bindung), Kreise mit Kreissignation Koordinationskomplexe, z. B.: SO_4^{2-}, SiO_4^{4-}, kleine Kreise: Kationen;
e Valenzmäßig abgesättigte Schichten mit van der Waalsscher Wechselwirkung (– – –) z. B. Graphit, Talk;
f Wasserstoffbrückenbindung (– – –), z. B. H$_2$O, HF

Der Abstand der Ionen ergibt sich durch die Überlagerung der anziehenden und abstoßenden Kräfte. Hierbei werden die anziehenden durch die verschieden geladenen Ionen bewirkt, die abstoßenden durch die gleichgeladenen. Wenn nur elektrostatische Kräfte wirksam sind, lassen sich die Gitterenergien aus der Summierung über die anziehenden und abstoßenden Kräfte berechnen.

Ionenkristalle leiten den Strom im allgemeinen nur mäßig (Abb. 2.4). Dies ist ein Zeichen dafür, daß freie Elektronen nicht zur Verfügung stehen. In Wasser jedoch bilden sie gute elektrolytische Leiter, da die Gitter durch Solvolyse in die Einzelionen zerfallen.

Die *Atombindung* (homöopolare, kovalente Bindung) ist am ausgeprägtesten bei den binären Gasen wie H$_2$, O$_2$, N$_2$, Cl$_2$ und ihren Molekülgittern zu finden, liegt aber auch im Gitter des Diamanten vor (Abb. 2.3b). In diesen Verbindungen teilen sich die Bindungspartner die Elek-

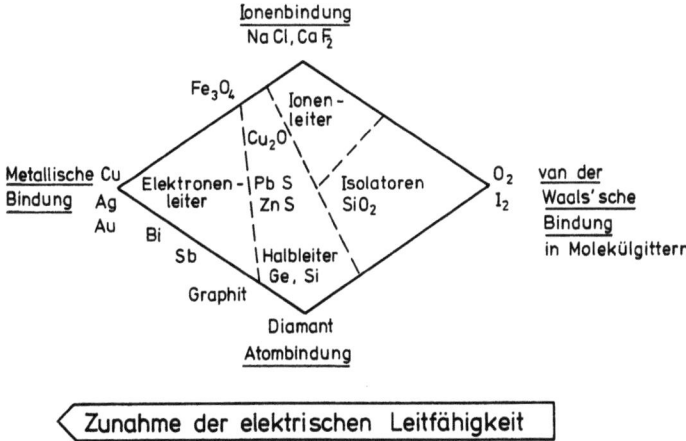

Abb. 2.4. Die Beziehungen zwischen Bindungsart und elektrischer Leitfähigkeit in Kristallen. (Nach Ramdohr und Strunz 1978)

Abb. 2.5. Elektronenverteilung in der Atombindung von dimeren Gasen

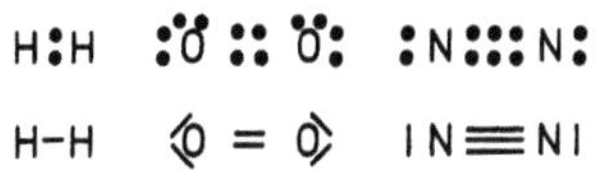

tronen, so daß jeder Partner die zur Auffüllung einer Edelgaskonfiguration notwendige Anzahl an Elektronen erhält. Auf Grund dieses Prinzips ergibt sich zwischen den Wasserstoff- wie auch Chlor-Atomen eine Einfachbindung, den Sauerstoffatomen eine Doppelbindung und den Stickstoffatomen eine Dreifachbindung (Abb. 2.5). Homöopolar aufgebaute Feststoffe haben häufig Halbleitereigenschaften oder sind elektrische Nichtleiter (Isolatoren), weil keine freien Elektronen verfügbar gemacht werden können (Abb. 2.4).

Bei mehr als zwei kovalent gebundenen Atomen in einem Molekül ergibt sich der Aufbau (Konfiguration) aus den anziehenden und abstoßenden Kräften der Elektronenpaare am Zentralatom. So sind beim Kohlenstoff im Methan die Elektronenpaare der C–H-Bindung so angeordnet, daß sie in die Ecken eines Tetraeders zeigen. Die dargestellten Keulen in Abb. 2.6 geben schematisiert die negative Ladung der 4 Elektronenpaare am Zentralatom wieder. Im Falle des NH_3 ist die tetraedrische Anordnung der Elektronenpaare am N-Atom etwas deformiert. NH_3 bildet eine flache dreiseitige Pyramide. Die Verringerung des Winkels H–N–H wird durch das freie Elektronenpaar bedingt.

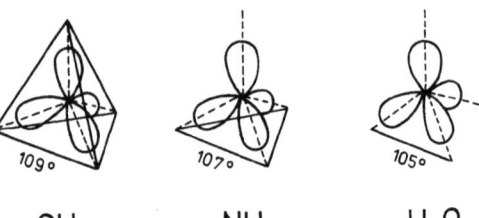

Abb. 2.6. Schematische Darstellung der Elektronenverteilung in den Molekülen CH_4, NH_3 und H_2O und Angabe des Tetraederwinkels. Die mit H besetzten Ecken sind jeweils durch Linien verbunden

Beim H_2O ist die Verzerrung des Tetraederwinkels noch ausgeprägter als beim NH_3. Die beiden Protonenladungen wirken derart auf die Kernladung des Sauerstoffs ein, daß es sogar zu einer Polarisation des Sauerstoffs kommt. Die Protonen und die Elektronenpaare (Keulen) stoßen sich jeweils untereinander ab. Daraus folgt die gewinkelte Struktur des H_2O-Moleküls mit einem deutlich geringeren H−O−H-Winkel, als es einer tetraedrischen Anordnung der Elektronenpaare zukommt (Abb. 2.6). Die ungleiche Ladungsverteilung im H_2O-Molekül bildet einen starken Dipol, der zu den dielektrischen Eigenschaften des Wassers führt. Das vorhandene Dipolmoment macht Wasser zu einem guten Lösungsmittel für ionar und polar aufgebaute Verbindungen.

In der *metallischen Bindung* liegen die Elemente als positive Ionen (Atomrümpfe) vor, die von Elektronen umspült und damit zusammengehalten werden (Abb. 2.3c). Dieses Elektronengas ist nur schwach an die Rümpfe gebunden, woraus die große Beweglichkeit der Elektronen beim Anlegen einer elektrischen Spannung resultiert. Die metallische Bindung ist damit für die elektrische Leitfähigkeit (Abb. 2.4) und die außerordentlich gute Wärmeleitfähigkeit verantwortlich. Beide Leitfähigkeitseigenschaften sind miteinander verknüpft.

Die *koordinative Bindung* stellt den Übergang zwischen homöopolarer und heteropolarer Bindung dar. Sie bedingt im wesentlichen die Bildung der sehr stabilen Durchdringungskomplexe (z. B. der Sauerstoffkomplexe verschiedener Metalle und Nichtmetalle (Abb. 2.3d)). Das Wesen dieser Bindung besteht darin, daß das Zentralatom seine auf den äußeren Schalen zur Verfügung stehenden Elektronen so anordnet, daß sie von den anzulagernden Atomen bzw. Ionen mitgenutzt werden können, um in diesem Verbund allen daran Beteiligten den Aufbau einer Edelgaskonfiguration zu ermöglichen.

Im Falle des Karbonat-Ions ergibt sich eine planare Anordnung der Sauerstoffionen, in deren Zwickel sich das Kohlenstoffion befindet (vgl. § 2.3). Alle drei Sauerstoffionen sind gleichberechtigt. Demnach sind

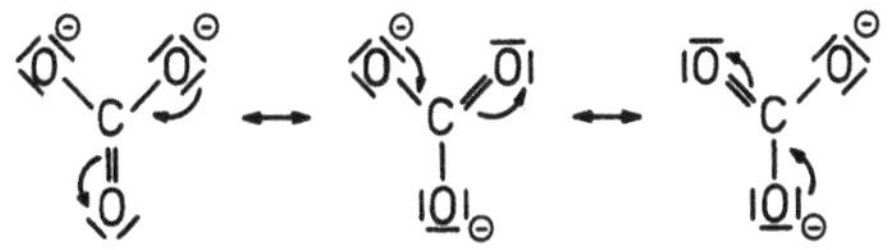

Abb. 2.7. Mesomere Grenzzustände der Elektronenpaarverteilung im Karbonation

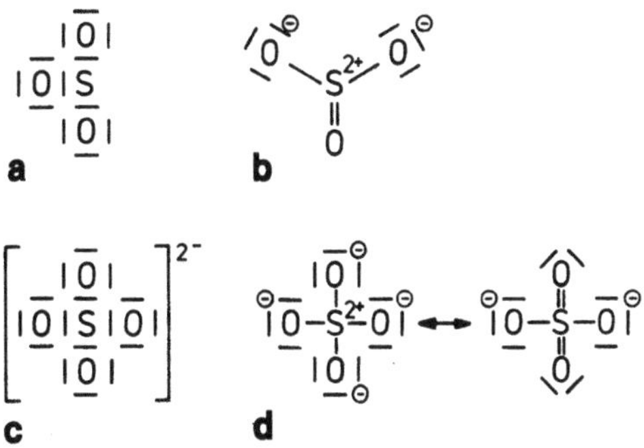

Abb. 2.8a–d. Elektronenverteilung im SO_3 (a, b) und SO_4^{2-}-Ion (c, d)

die Valenzelektronen über alle Sauerstoffe verschmiert. Diese Erscheinung wird als Mesomerie bezeichnet. Das vierte bindende Elektronenpaar oszilliert zwischen den drei C—O-Bindungen (Abb. 2.7).

Die Anlagerung von drei Sauerstoff-Atomen an den Schwefel (6 Elektronen auf der Außenschale) würde zur Absättigung der Elektronenschalen des Sauerstoffs ausreichen, für den Schwefel würden jedoch in der Schreibart (a) in Abb. 2.8 lediglich 6 Elektronen zur Verfügung stehen. Dies kann nur durch Ausbildung einer Doppelbindung ausgeglichen werden (Abb. 2.8b). Beim Aufbau des Sulfatanions ist jedoch noch das Hinzufügen eines weiteren Sauerstoff-Atoms und zweier Elektronen notwendig. Die bindenden Elektronenpaare um den Schwefel hybridisieren derart, daß sie in die Ecken eines Tetraeders ausgerichtet werden. Abb. 2.8d gibt zwei mesomere Grenzstrukturen für das Sulfation wieder. Das Schwefelion hat in der ersten Schreibart die formale Ladungszahl +2, und alle Sauerstoffe sind einfach negativ geladen und gleichartig gebunden. Die formale Ladungszahl darf nicht mit der Wertigkeit des Schwefels (6+) verwechselt werden, die sich ergibt, wenn alle Sauerstoffe als zweifach negativ gerechnet werden.

Sauerstoffkomplexe dieser Art spielen für die Verteilung vieler Elemente eine eminent wichtige Rolle wegen ihrer sehr großen Stabilität (CO_3^{2-}, SiO_4^{4-}, SO_4^{2-}, WO_4^{2-}, TaO_4^{3-} etc.). Diese Oxo-Komplexionen bilden mit Kationen typische Ionengitter (Abb. 2.3d).

Die *van der Waalsschen Kräfte* zählen zu den schwachen Wechselwirkungskräften zwischen hauptvalenzmäßig abgesättigten Molekülen. Dieser Bindungstyp tritt u. a. in Gittern mit valenzmäßig abgesättigten

16 Grundlagen

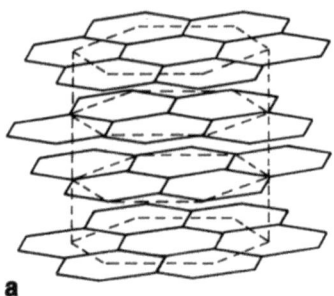

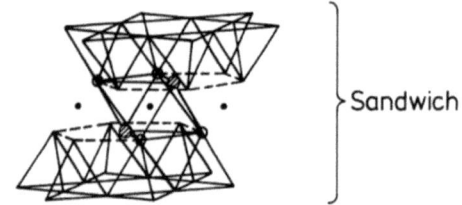

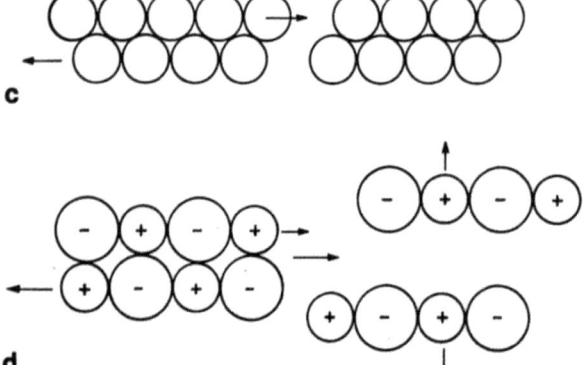

Abb. 2.9a–d. Aufbau von Schichtgittern mit van der Waalsscher Wechselwirkung zwischen den Schichten (a) Graphit, (b) Talk mit Sandwichstruktur. Unterschiedliches Verhalten beim Gleiten (Angriff von Scherkräften) bei kovalenter (c) und heterovalenter (d) Bindung. Im letzten Fall erfolgt Spaltung

• Mg^{2+}, ⊘ OH^-, ○ $-O^-$-Ionen der SiO_4-Tetraeder im Oktaeder

Schichten auf (Graphit, Kaolin, Talk etc., Abb. 2.3e). Bedingt durch die schwache Wechselwirkung zwischen den Schichten können diese sehr leicht verschoben werden (Abb. 2.9).

Unpolare Verbindungen bauen Gitter aus diskreten Molekülen auf, die nur durch schwache zwischenmolekulare Kräfte (van der Waals) zusammengehalten werden. Bei polar aufgebauten Verbindungen sind die

Bindungskräfte wegen der Dipol-Dipol-Wechselwirkung größer als bei den unpolaren.

Einen Spezialfall einer schwachen chemischen Bindung stellt die *Wasserstoffbrückenbindung* dar. Die Wasserstoffbrückenbindung ist eine Nebenvalenzbindung, in der Wasserstoffionen versuchen, an den freien Elektronenpaaren mehrerer Ionen zu partizipieren. Dieser Bindungstyp ist schwächer als die behandelten Hauptvalenzbindungen und basiert auf rein elektrostatischen Kräften. Hierbei kann es sich um Ionen/Dipol- oder Dipol/Dipol-Wechselwirkungen handeln (Abb. 2.3f).

Ein typischer Fall, in dem die Wasserstoffbrückenbindung das physikalisch/chemische Verhalten des Stoffes mitbestimmt, liegt im H_2O vor. Wasser im flüssigen Zustand zeigt durchaus kristalline Eigenschaften, die durch die Wechselwirkung der H-Ionen mit jeweils zwei benachbarten Sauerstoffionen zustande kommen. Etwa 85% der Wasserstoffbrückenbindungen bleiben im flüssigen Wasser bei Raumtemperatur erhalten. Die Anordnung der Wasserdipole (Abb. 2.10) erklärt auch die hohe Beweglichkeit der Wasserstoff- und Hydroxylionen im Wasser im Vergleich zu allen anderen Ionen (Tabelle 2.3). Das Vorliegen von Dipolwechselwirkungen, unterstützt durch die Wasserstoffbrückenbindung, führt zu den spezifischen Eigenschaften des Lösungsmittels Wasser mit seiner hohen Dielektrizitätskonstante und seiner Fähigkeit zur Solvolyse von festen, ionar oder polar aufgebauten Substanzen. Für unpolare Substanzen ist Wasser ein schlechtes Lösungsmittel.

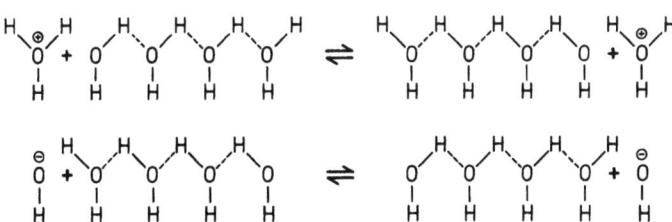

Abb. 2.10. Schematische Darstellung des Mechanismus der erhöhten Beweglichkeit von H_3O^+ und OH^-

Tabelle 2.3. Grenzwerte der Ionenbeweglichkeit bei 298 K in cm²/Ohm

H^+	349,8	Li^+	38,6	$\frac{1}{2}Mg^{2+}$	53,0
OH^-	198,6	Na^+	50,1	$\frac{1}{2}Ca^{2+}$	59,5
F^-	55,4	K^+	73,5	$\frac{1}{2}Sr^{2+}$	59,4
Cl^-	76,4	Rb^+	77,8	$\frac{1}{2}Ba^{2+}$	63,6
		Cs^+	72,2	$\frac{1}{2}Cu^{2+}$	56,6

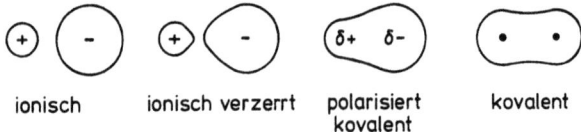

ionisch   ionisch verzerrt   polarisiert   kovalent
                                kovalent

Abb. 2.11. Übergänge von der ionischen zur kovalenten Bindung

Tabelle 2.4. Änderung des polaren Bindungsanteils in der Periode Natrium bis Fluor mit Fluor und Sauerstoff und Vergleich mit den Schmelzpunkten der Fluoride und Oxide

Bindung	Na–F	Mg–F	Al–F	Si–F	P–F	S–F	Cl–F	F–F
polarer Bindungsanteil/%	83	72	66	57	47	36	26	0
Verbindung	NaF	MgF_2	AlF_3	SiF_4	PF_5	SF_6	Cl–F	F_2
Schmelzpunkt/°C	992	1261	1291	–90	–83	–50,5	–154	–219,6
Bindung	Na–O	Mg–O	Al–O	Si–O	P–O	S–O	Cl–O	O–O
polarer Bindungsanteil/%	62	54	47	39	30	21	12	0
Verbindung	Na_2O	MgO	Al_2O_3	SiO_2	P_2O_5	SO_3	Cl_2O	O_2
Schmelzpunkt/°C	1275	2850	2072	1723	569	16,8	–20	–218,4

Der kontinuierliche Übergang zwischen der reinen Ionenbindung und der Atombindung wird durch die Polarisierbarkeit ermöglicht. Der *polare Bindungsanteil* in Verbindungen ergibt sich aus den Elektronegativitätsdifferenzen.

$$\% \text{ polare Bindung im Molekül AB} = 16\,|\chi_A - \chi_B| + 3,5\,|\chi_A - \chi_B|^2 \tag{2.3}$$

Diese Angaben über den Ionenbindungsanteil haben jedoch nur orientierenden Informationscharakter. In Abb. 2.11 ist schematisch dargestellt, wie man sich den Übergang zwischen der kovalenten und ionaren Bindung vorzustellen hat. Dabei ist die Polarisierbarkeit der Bindung außerordentlich wichtig.

Betrachtet man die Verbindungen der Elemente der dritten Periode mit Fluor bzw. Sauerstoff, so zeigt sich (Tabelle 2.4), daß die polaren Anteile der Bindungen von Na–O zum O–O bzw. Na–F zum F–F abnehmen. Qualitativ ändern sich gleichsinnig die Schmelzpunkte der Fluoride bzw. Oxide. Ähnlich den Schmelzpunkten variieren Siedepunkt, Härte und Spaltbarkeit. Die Flüchtigkeit zeigt eine gegenläufige Tendenz. Aus den Elektronegativitätsdifferenzen folgt weiterhin, daß bei gleichem Kation die Heteropolarität in der Reihe F > O > (N, Cl) > S abnimmt.

Tabelle 2.5. Thermische Stabilität von Erdalkalikarbonaten (Zersetzungstemperatur unter 0,1 MPa ≙ 1 atm CO_2)

	Zunahme der Basizität $\longrightarrow$		
	(≙ Zunahme der Polarisierbarkeit des Me^{2+} Ions)		
$MgCO_3$	$CaCO_3$	$SrCO_3$	$BaCO_3$
350 °C	898 °C	1340 °C	1450 °C
623 K	1171 K	1613 K	1723 K

Die Polarisierbarkeit steigt mit dem Kationenradius innerhalb der homologen Reihen des Periodensystems mit der Ordnungszahl und mit der Zunahme der Anzahl von Valenzelektronen der Anionen an. Daher zersetzen sich Karbonate schwacher Basen bei geringeren Temperaturen als diejenigen starker Basen (Tabelle 2.5). Mit zunehmender Kationengröße dieser Salze steigt deren Polarisierbarkeit an. Damit sinkt aber auch die Beeinflussung der Polarisation der C–O-Bindungen. Die Verbindung wird thermisch stabiler.

Polare Verbindungen bilden Koordinationsgitter, bei denen sich die elektrostatische Wechselwirkung über den gesamten Kristall erstreckt. Daraus resultieren die geringe Flüchtigkeit und der hohe Schmelzpunkt. Neben den Eigenschaften der chemischen Bindung ist auch die Koordinationszahl (Raumerfüllung im Kristall) für die Eigenschaften des Kristalls von Bedeutung.

2.3 Strukturchemische Regeln für Ionenkristalle

Bildung von Koordinationspolyedern

Jedes Kation wird von einem Anionenpolyeder umgeben, in dem der Kationen-Anionen-Abstand der Summe der Radien entspricht.

Die Anzahl derjenigen Kugeln, die um eine gegebene Kugel herumgelagert werden können, hängt von dem Radius der anzulagernden Kugeln ab. Auf Grund solcher Überlegungen läßt sich ableiten, daß für ein Radienverhältnis von Kat- und Anionen obere Grenzen für Koordinationspolyeder zu erwarten sind. Die Abstoßung der gleichsinnig geladenen, koordinierten Ionen führt zu der Tendenz, den nächst niedrigeren Koordinationspolyeder anzustreben (vgl. die Reihe der Alkalichloride in Tabelle 2.6). Das Verhältnis der Radien bestimmt somit nur die maximale Koordinationszahl (Abb. 2.12).

Da bei Mineralien diejenige Modifikation mit der höheren Koordinationszahl das dichtere Gitter bildet, werden diese Minerale bevorzugt

Tabelle 2.6. Vergleich der theoretisch zur erwartenden und tatsächlichen Koordinationszahlen bei den Alkalichloriden

	r_K/r_A [a]	KOZ (theor.)	KOZ (gef.)
CsCl	1,08	12	8
RbCl	0,99	8	6
KCl	0,91	8	6
NaCl	0,69	6	6

[a] berechnet unter Verwendung der Ionenradien in Tabelle 2.1 bei KOZ VI

Die Unterschiede in KOZ-gefunden und KOZ-theoretisch weisen darauf hin, daß die elektrostatische Abstoßung der gleichgeladenen Ionen zu einer lockeren Packung der Ionen im Gitter führt

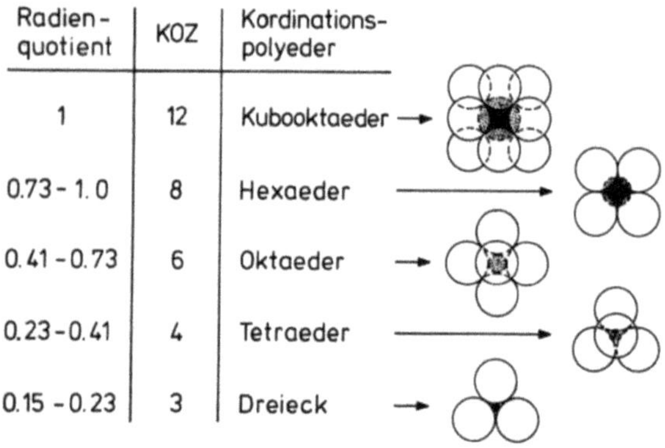

Radienquotient	KOZ	Koordinationspolyeder
1	12	Kubooktaeder
0.73 – 1.0	8	Hexaeder
0.41 – 0.73	6	Oktaeder
0.23 – 0.41	4	Tetraeder
0.15 – 0.23	3	Dreieck

Abb. 2.12. Beziehung zwischen Radienquotient und maximalem Koordinationspolyeder

bei tiefen Temperaturen und/oder hohen Drücken aufgebaut. In solchen Mineralien befindet sich Al^{3+} häufig in einer Sechserkoordination zum Sauerstoff wie z. B. in den Hochdruckmineralen

Granat (Pyrop) $Mg_3^{VIII} Al_2^{VI}(SiO_4)_3$

Spinell $Mg^{IV} Al_2^{VI} O_4$.

Bei Mineralbildungen im Zuge der Verwitterung (niedriger Druck, niedrige Temperatur) geht Al^{3+} ausschließlich in Oktaederpositionen. Bei hohen Temperaturen und niedrigeren Drücken werden niedrige Koordinationszahlen begünstigt. Unter diesen Bedingungen geht Al^{3+} z. B. in Feldspäten auf Tetraederpositionen. Bei sehr hohen Drücken wird der Einfluß hoher Temperaturen vernachlässigbar. So bildet sich

Abb. 2.13a, b. Darstellung der Stapelfolge in der (**a**) kubisch-dichtesten (*ABC, ABC*) und der (**b**) hexagonal-dichtesten (*AB, AB*) Packung

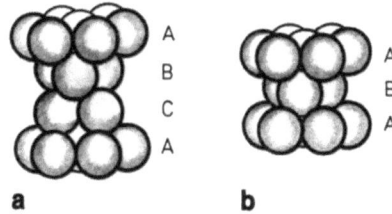

im Erdmantel Stishovit (SiO$_2$), in dem Silizium in oktaedrischer Koordination vorliegt (vgl. 2.7).

Die Koordinationszahl ist ausschlaggebend für die Raumerfüllung im Kristall. So liefert die KOZ XII die kubisch bzw. hexagonal dichtesten Packungen, die sich nur in der Stapelfolge unterscheiden (Abb. 2.13). Je dichter das Gitter gepackt ist, um so höher ist die Dichte.

Elektrostatische Valenzregel

Das Metallion Me^{x+}, das mit y Anionen koordiniert ist, trägt mit der x+/y-Ladung zur Neutralisierung eines jeden Anions bei. Jedes Anion A^{z-} erhält von allen benachbarten Kationen zusammen einen Beitrag von z$^+$ zu seiner Neutralisation.

Die Neutralisierung erfolgt auf kleinstmöglichem Raum, um die anziehenden Kräfte zu maximieren und die abstoßenden zu minimieren.

Diese Valenzregel erklärt, warum Feldspäte ausschließlich große niedrig geladene Ionen wie Na$^+$, K$^+$ und Ca^{2+} aufnehmen, nicht jedoch hochgeladene und kleine Ionen wie Fe^{3+}, Fe^{2+}, Mg^{2+}, Sc^{3+} usw. Dies hängt mit der niedrigen Ladung des sehr weiten Anionennetzwerkes der Feldspäte zusammen. Kleine Kationen verlangen niedrige Koordinationszahlen, die von den weiten, vernetzten Anionengittern der Feldspäte aus sterischen Gründen nicht erbracht werden können.

Im Gegensatz zu den Polyanionen der Silikate, Aluminosilikate und Borate bilden jene des Schwefels und des Phosphors keine ionischen Strukturen. Die S−O−S- bzw. P−O−P-Bindungen haben deutlich kovalenteren Charakter als die Si−O−Si-Bindung (Tabelle 2.4). Die hochgeladenen kleinen Kationen wie S^{6+} bzw. P^{5+} teilen sich keine Anionenpolyeder (SO$_4^{2-}$, PO$_4^{3-}$, CO$_3^{2-}$). Die in Lösung durchaus bekannten Polyanionen des Sulfats und Phosphats spalten hydrolytisch bei der Kristallisation von Salzen. Offensichtlich bilden die Orthoanionen mit den meist anwesenden Kationen Ca^{2+}, Mg^{2+}, Fe^{2+}, Na$^+$, K$^+$ etc. die energetisch günstigeren Ionengitter.

Verknüpfungsregel

Die Stabilität bei der Verknüpfung von Koordinationspolyedern nimmt in der Reihenfolge der Verknüpfungen über Ecken, Kanten und Flächen ab (Abb. 2.14). Die Abnahme in der Stabilität ist im wesentlichen durch die Kation-Kation-Abstoßung bedingt. Die Coulomb-Abstoßung zwischen den Si^{4+}-Ionen bewirkt, daß SiO_4-Tetraeder ausschließlich über Ecken miteinander verknüpft sind. Bei geringerer Coulomb-Abstoßung z. B. im SiS_2 mit seinem größeren Kation-Kation-Abstand erfolgt die Verknüpfung der Tetraeder auch über Kanten.

Sparsamkeitsregel

Die Anzahl verschiedener Positionen in einem Kristallgitter soll möglichst gering sein, oder − anders ausgedrückt − das strukturelle Um-

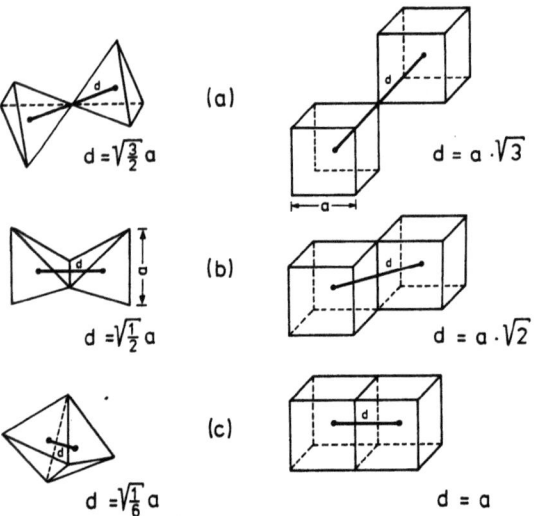

Abb. 2.14a−c. Verknüpfung von Polyedern über Ecken, Kanten und Flächen mit Angabe der Abstände für die Zentren der Polyeder.
a bezeichnet die Kantenlänge der Polyeder. Die Abstände verhalten sich bei Kuben wie
$d_{Ecke} : d_{Kante} : d_{Fläche} = \sqrt{3} : \sqrt{2} : 1$,
bei Tetraedern wie
$d_{Ecke} : d_{Kante} : d_{Fläche} = 3 : \sqrt{3} : 1$.
Daraus folgen die Coulomb-Abstoßungs-Potentiale bei Verknüpfung über Ecken, Kanten und Flächen; sie verhalten sich
bei Kuben: $1 : 1,2 : 1,7$; bei Tetraedern: $1 : 1,7 : 3$

feld eines Ions soll innerhalb des Kristalles möglichst einheitlich sein. So nehmen in den Spinellen die Kationen je nach ihrer Größe tetraedrische oder oktaedrische Positionen ein. Al^{3+} in Muskovit ist jedoch ein Beispiel dafür, daß eine Kationenart in zwei unterschiedlichen Koordinationen in einem Mineral vorliegt.

Spinelle $A^{IV} B_2^{VI} O_4$

$A = Mg^{2+}, Fe^{2+}, Zn^{2+};$ $B = Al^{3+}, Fe^{3+}, Cr^{3+},$

Muskovit $K^{XII} Al_2^{VI} [Al^{IV} Si_3^{IV} O_{10} | (OH)_2].$

2.4 Aggregatzustände und Polymorphie

Die sterischen und elektrischen Eigenschaften der Atome/Ionen finden ihren Ausdruck in der Verbindungsbildung. Die Verbindungen selbst können − je nach den P−T-Bedingungen − in einer gasförmigen oder flüssigen sowie mehreren festen Phasen vorliegen. Die gasförmigen und flüssigen Phasen werden immer als homogen angesehen, was nicht bedeutet, daß sie ausschließlich aus einer Spezies bestehen müssen. Hier können z. B. Gleichgewichte zwischen verschiedenen Polymerisationsgraden oder chemischen Komplexen vorliegen. Die festen Phasen einer Verbindung unterscheiden sich durch ihren strukturellen Aufbau (Polymorphie).

Unter *Polymorphie* versteht man die Erscheinung, daß bei gleicher chemischer Zusammensetzung Minerale unterschiedlicher Gitterstruktur gebildet werden. Neben Unterschieden in der Struktur findet man oft markante Unterschiede in Mol-Volumen, Dichte, Härte etc. (Tabelle 2.7).

An zwei Beispielen sollen die Wechsel der Verbindungsbildung in verschiedenen Aggregatzuständen erläutert werden. Die Verbindung *NaCl* bildet im kristallinen Zustand ein Ionengitter, das als ein Riesenmolekül des Typs $(Na^+Cl^-)_n$ angesehen werden kann. In Lösungen

Tabelle 2.7. Dichte, Molvolumen, Härte und Koordinationszahl (KOZ) für Calcit/Aragonit und Graphit/Diamant

	Calcit	Aragonit	Graphit	Diamant
Dichte/g · cm^{-3}	2,6−2,8	2,95	2,1−2,3	3,52
Molvolumen/cm^{3}mol^{-1}	36,93	34,15	5,3	3,42
Härte, Mohs-Skala	3	3,5−4	1	10
KOZ	VI	IX	III	IV

wird die Verbindung NaCl auf Grund der Wechselwirkung der Ionen mit den Wasserdipolen in

$$Na^+ \cdot aq + Cl^- \cdot aq + NaCl^0_{aq}$$

überführt. Bei Normaltemperatur ist NaCl zu 100% in aquatisierte Ionen dissoziiert. Bei hohen Temperaturen wird wegen der Abnahme der Orientierung der Wasserdipole in zunehmendem Maße die Dissoziation zurückgedrängt. Dadurch wird das undissoziierte Ionenpaar, $NaCl^0_{aq}$, gebildet (vgl. § 7.1.2).

Im Dampfzustand wird im wesentlichen die Verbindung Na_2Cl_2 beobachtet. In Schmelzen treten neben Aggregaten des Typs $(NaCl)_n$ auch komplexe Kat- und Anionen auf, die die elektrische Leitfähigkeit ermöglichen.

Die Verbindung *SiO₂* bildet in kristallinem Zustand homöopolar aufgebaute Gitter verschiedener Struktur (Polymorphie) (Tabelle 2.8): Quarz, Tridymit, Cristobalit, Coesit, Stishovit (Abb. 2.15). Quarz, Tridymit und Cristobalit können zudem noch in einer Tief (α)- und Hoch (β)-Modifikation vorliegen (Abb. 2.16). Außerdem ist Quarz noch optisch aktiv. Die optische Aktivität eines Kristalls äußert sich darin, daß die Schwingungsebene von polarisiertem Licht nach rechts oder links gedreht wird. Die optische Aktivität wird bedingt durch das Vorliegen von links- bzw. rechtsdrehenden Schraubenachsen im Quarz, die das polarisierte Licht passieren muß. Die optische Aktivität hat keinen Einfluß auf die chemischen Eigenschaften. Chemisch stellen alle diese kristallinen Modifikationen ein Riesenmolekül des Typs

$(SiO_2)_n$

Tabelle 2.8. SiO_2-Modifikationen, ihre Gitterstrukturen, Koordinationszahl (KOZ) des Siliziums, Dichten und Härte (Mohs-Skala)

Modifikation	Struktur	KOZ	Dichte	Härte
Stishovit	tetragonal	VI	4,28	
Coesit	monoklin	IV	3,01	
Quarz (α)	trigonal	IV	2,655	7,0
Hoch-Quarz (β)	hexagonal	IV	2,51	
Tridymit (α)	rhombisch	IV	2,27	6,5 – 7
Hoch-Tridymit (β)	hexagonal	IV	2,26	
Cristobalit (α)	tetragonal	IV	2,32	6,5
Hoch-Cristobalit (β)	kubisch	IV	2,20	
Glas (Lechatelierit)	amorph	IV	2,20	
Opal	amorph	IV	1,9 – 2,5	5,5 – 6,5

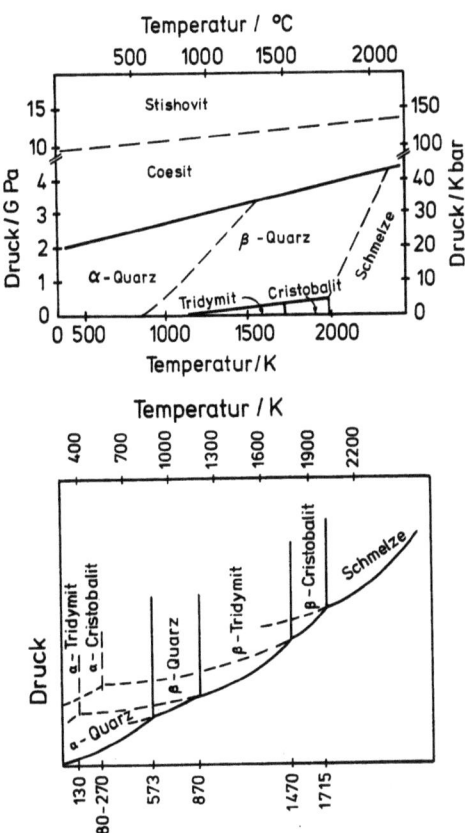

Abb. 2.15. Phasendiagramm des SiO$_2$ (Polymorphie)

Abb. 2.16. Darstellung der enantiotropen (*dicke Linien*) und monotropen (*gestrichelte Linien*) Umwandlungen im Phasendiagramm des SiO$_2$

mit unterschiedlicher räumlicher Anordnung der SiO$_4$-Tetraeder dar. Daraus resultieren strukturelle Unterschiede (Tabelle 2.8).

Die Umwandlung von polymorphen Modifikationen kann enantiotrop (reversibel) oder monotrop (nur in einer Richtung) erfolgen. Ein Beispiel für die enantiotrope Umwandlung unter Normaldruck stellt die Reihe dar (Abb. 2.16):

$$\alpha\text{-Quarz} \underset{573°C}{\overset{846K}{\rightleftarrows}} \beta\text{-Quarz} \underset{870°C}{\overset{1143K}{\rightleftarrows}} \beta\text{-Tridymit} \underset{1470°C}{\overset{1743K}{\rightleftarrows}}$$

$$\beta\text{-Cristobalit} \underset{1715°C}{\overset{1988K}{\rightleftarrows}} \text{Schmelze.}$$

α-Tridymit und α-Cristobalit können nur durch monotrope Umwandlung erreicht werden. Am Umwandlungspunkt β-Cristobalit/β-Tridymit muß die Bildung des β-Tridymits vermieden werden. Durch vorsichtige Unterkühlung kann die Umwandlung zum α-Cristobalit erreicht werden. Um α-Tridymit zu erhalten, muß β-Tridymit unterkühlt werden.

Die Farbvarietäten des Quarzes (Bergkristall, Rauchquarz, Citrin, Amethyst, Rosenquarz) repräsentieren keine Modifikationen. Sie werden durch Einbau von Verunreinigungen und/oder Fehlstellen verursacht.

In Schmelzen werden alle kristallinen SiO_2-Modifikationen in ein einheitliches SiO_2-Netzwerk überführt. Die Schmelzen lassen sich abschrecken und sind als Quarzglas zwar metastabil, jedoch sehr gut haltbar.

In Lösungen kann SiO_2 als Kieselsäure H_4SiO_4 bzw. in den Ionen $H_3SiO_4^-$, $H_2SiO_4^{2-}$ vorliegen sowie je nach pH-Wert als Metakieselsäuren. Letztere haben recht unterschiedlichen Polymerisationsgrad. Darüber hinaus kommt Kieselsäure in Form von Kolloiden vor, d. h. niedrig aggregierten Verbindungen, deren Teilchen eine Größe von $10^3 - 10^9$ Atome haben. Diese Kolloide können zu Gelen koagulieren, die sehr schwammige, wasserreiche, makroskopisch sichtbare Flocken bilden. In weitestgehend entwässerter Form kommen diese „Gele" als Opal in der Natur vor. Achat, Flint und Chalcedon sind bereits kryptokristalline SiO_2-Modifikationen.

2.5 Chemisches Gleichgewicht

Nach Guldberg und Waage (1867) läßt sich das reversible chemische Gleichgewicht für die Reaktion

$$aA + bB \rightleftarrows dD + eE \tag{2.4}$$

als Massenwirkungsgesetz mit der Gleichgewichtskonstanten ^cK formulieren:

$$^cK = \frac{[A]^a \cdot [B]^b}{[D]^d \cdot [E]^e}. \tag{2.5}$$

Nach dieser Formulierung liegt das Gleichgewicht um so weiter auf der rechten Seite, je größer ^cK ist.

Dieser Ansatz läßt sich jedoch nur bei unendlicher Verdünnung empirisch belegen. Mit steigenden Ionenstärken I der Lösungen

$$I = \tfrac{1}{2} \sum_i m_i z_i^2 \tag{2.6}$$

m_i, z_i = Konzentrationen und Ladungen aller Ionensorten i im System

zeigt sich, daß ^cK keine Konstante ist. Diese Abweichungen werden in der Thermodynamik durch die Wechselwirkung der Ionen mit den Wasserdipolen und anderen Ionen der Lösungen erklärt. Um die theoretisch zu erwartende Konstanz von ^cK in (2.5) zu erreichen, ist vorgeschlagen worden, das Massenwirkungsgesetz mit den Aktivitäten der am Gleichgewicht beteiligten Komponenten zu formulieren. Aktivität a_i und Konzentration m_i sind dabei über den Aktivitätskoeffizienten γ_i verknüpft.

$$a_i = m_i \gamma_i \tag{2.7}$$

Für die Gleichgewichtskonstante ^aK folgt dann

$$^aK = {^cK} \cdot \frac{\gamma_D^d \cdot \gamma_E^e}{\gamma_A^a \cdot \gamma_B^b}. \tag{2.8}$$

Die Konstanten ^cK und ^aK sind nicht dimensionsfrei. Die Dimensionen von K werden in Tabellenwerken meist weggelassen. Sie betragen z. B. für die Reaktion (2.4)

(Konzentrationsmaß)$^{-(d+e-a-b)}$.

Als Konzentrationsmaß gilt für Gase der Partialdruck in Pascal, für Konzentrationen in Lösungen die Molarität (mol/1000 cm^3) oder Molalität (mol/kg-Lösung). Die tabellierten Werte für K gelten, sofern nichts anderes vermerkt ist, für 25 °C und Normaldruck. Sofern keine Gase an den Gleichgewichten beteiligt sind, sind die Konstanten auch kaum druckabhängig. Die Masse von (reinen) Feststoffen und Lösungsmitteln im Überschuß beeinflussen die Gleichgewichtslage nicht. Sie werden daher in (2.5) bzw. (2.8) nicht mitgeführt. Ihre Aktivitäten werden als konstant angesehen und in die Konstanten ^cK bzw. ^aK einbezogen. Nimmt H_2O in wäßrigen Systemen an der Reaktion teil, kann seine Konzentration wegen des üblicherweise großen Überschusses immer noch als konstant angesehen werden. Tritt jedoch z. B. Wasser als Gasphase auf und ist sie an der Reaktion beteiligt, so muß ihr Partialdruck berücksichtigt werden.

Für Feststoffe wird häufig das Löslichkeitsprodukt angegeben. Es leitet sich aus dem Massenwirkungsgesetz für die Dissoziation ab, wobei die Konzentration des gelösten, aber undissoziierten Feststoffes in die Gleichgewichtskonstante einbezogen wird.

Für die Verbindungen des Typs AB und AB_2 lauten die Ionenprodukte:

$$\begin{aligned} \text{für AB}: \quad & [A] \cdot [B] = K_{AB} \\ \text{für } AB_2: \quad & [A] \cdot [B]^2 = K_{AB_2}. \end{aligned} \tag{2.9}$$

Für die entsprechenden Ionenaktivitätsprodukte (IAP) ergeben sich die folgenden Gleichungen:

für AB : $\quad a_A \cdot a_B = IAP_{AB}$

für A_2B: $\quad a_A \cdot a_B = IAP_{A_2B}$. (2.10)

Die Gleichgewichtskonstante unter Normalbedingungen für eine gegebene Reaktion (2.4) läßt sich aus tabellierten thermodynamischen Angaben im Standardzustand berechnen:

$$-RT \ln {}^aK = \Delta G_R^0 , \qquad (2.11)$$

mit

$$\Delta G_R^0 = d \, \Delta G_D^0 + e \, \Delta G_E^0 - a \, \Delta G_A^0 - b \, \Delta G_B^0 . \qquad (2.12)$$

Mittels der Gibbs-Helmholtzschen Gleichung (2.13) läßt sich die Temperaturabhängigkeit der Gibbsschen Reaktionsenthalpien ΔG_R bei konstantem Druck abschätzen:

$$\Delta G_R^T = \Delta H_R - T \, \Delta S_R . \qquad (2.13)$$

Hierbei bedeuten ΔH_R die Reaktionsenthalpie und ΔS_R die Reaktionsentropie (Tabelle 2.9). Sie lassen sich aus tabellierten Bildungsenthalpien ΔH_i^0 und Entropiedaten S_i^0 errechnen.

$$\Delta H_R = d \, \Delta H_D^0 + e \, \Delta H_E^0 - a \, \Delta H_A^0 - b \, \Delta H_B^0 \qquad (2.14)$$

Tabelle 2.9. Definitionen der Entropie, Enthalpie und Gibbsscher Enthalpie

---

Die *Entropie* S = Q/T (griech.; bedeutet Wende nach innen, wegen des Verbleibens von Wärme im System) ist eine auf die Temperatur bezogene Wärmemenge Q. Die Umwandlung dieser Wärmemenge Q in eine andere Energieform ist von der Temperatur abhängig, bei der der Austausch isotherm und reversibel erfolgt.

Anschaulich stellt die Entropie ein Maß für die Unordnung eines Systems dar (vgl. § 8.1 und § 11.2).

Die *Enthalpie* (griech. heizen) stellt eine energetische Zustandsgröße dar, die den Wärmeinhalt eines Systems bei konstantem Druck beschreibt.

Die *freie* oder *Gibbssche Enthalpie* auch *Gibbssche Energie* genannt, ist isotherm für einen reinen Stoff definiert als

$\quad G = H - TS$

oder ihre Änderung in Reaktionssystemen als

$\quad \Delta G_R = \Delta H_R - (T \, \Delta S_R) .$

Hierzu sind ΔG_R, ΔH_R und ΔS_R entsprechend der Gln (2.12), (2.14) und (2.15) zu berechnen.

und
$$\Delta S_R = d S_D^0 + e S_E^0 - a S_A^0 - b S_B^0. \quad (2.15)$$

Durch Einsetzen von ΔG_R^0 anstelle von ΔG_R^0 in (2.11) läßt sich die Gleichgewichtskonstante bei der Temperatur T abschätzen. Dabei wird vorausgesetzt, daß ΔS_R und ΔH_R temperaturunabhängig sind; d. h. $\Delta S_R^T \sim \Delta S_R^0$ und $\Delta H_R^T \sim \Delta H_R^0$.

Thermodynamisch gilt als chemische Gleichgewichtsbedingung, daß die Änderung der Gibbsschen Enthalpie im Reaktionssystem Null sein muß. Durch Differentiation von (2.13) unter isothermen und isobaren Bedingungen ergibt sich:

$$d(\Delta H_R) - T d(\Delta S_R) = d(\Delta G_R) = 0. \quad (2.16)$$

Demnach läuft eine chemische Reaktion spontan ab [in (2.4) von links nach rechts], wenn

$$d(\Delta G_R) < 0 \quad (2.17)$$

ist. Eine exotherme Reaktion (Reaktionsenthalpie ΔH_R negativ) führt zu erhöhter Unordnung bzw. Gleichverteilung der beteiligten Reaktionspartner (Reaktionsenthalpie ΔS_R positiv). ΔH_R und ΔS_R in (2.13) können sich verstärken, indem sie in die gleiche Richtung wirken, oder sich teilweise kompensieren, indem sie entgegengesetzt gerichtet sind. Ist die Änderung der freien (oder Gibbsschen) Reaktionsenthalpie kleiner bzw. größer Null, so werden Reaktionen von links nach rechts bzw. von rechts nach links ablaufen, vorausgesetzt, daß die Gleichgewichtseinstellung nicht kinetisch gehemmt ist.

Das Streben aller Systeme, eine stabile Gleichgewichtslage einzunehmen, ist bereits von Le Chatelier als „Prinzip des kleinsten Zwanges" beschrieben worden. Dieses Prinzip besagt:

Versucht man, ein im Gleichgewicht befindliches System durch Änderung von Zustandsgrößen wie P, T, X zu beeinflussen, so sucht das System den erzwungenen Änderungen auszuweichen.

Diese Aussage ist inhaltlich identisch mit der Formulierung, daß die freie Enthalpie immer einem Minimum zustrebt, oder daß nur jene Systeme thermodynamisch stabil sind, deren freie Enthalpien ein Minimum erreicht haben und damit weitere Änderungen der freien Enthalpien nicht mehr spontan möglich sind (Gleichgewichtsbedingung):

$$d(\Delta G_R) = 0. \quad (2.18)$$

Durch partielles Differenzieren von (2.13) folgt,

$$\left(\frac{\partial \Delta G_R}{\partial T} \right)_P = - \Delta S_R, \quad (2.19)$$

daß die isobare Veränderung der Gleichgewichtslage mit steigender Temperatur vom Vorzeichen der Reaktionsentropieänderung abhängt. Die freie Reaktionsenthalpie ΔG_R nimmt ab (das Gleichgewicht verschiebt sich nach rechts), wenn mit steigender Temperatur die Reaktionsentropie ΔS_R zunimmt und außerdem positiv ist. ΔS_R wird häufig durch ΔS_R^0 ersetzt, besonders dann, wenn die Temperaturabhängigkeit von ΔS_R unbekannt ist.

Eine analoge Formulierung ist die van't Hoffsche Reaktionsisobare,

$$\left(\frac{\partial \ln K}{\partial T}\right)_P = \frac{\Delta H_R}{RT^2}, \tag{2.20}$$

die einen Zusammenhang zwischen der Temperaturabhängigkeit von ln K von ΔH_R herstellt. Ist die Reaktionsenthalpie positiv, so verlagert sich mit steigender Temperatur das Gleichgewicht nach rechts.

Für die isotherme Änderung der Reaktionsenthalpie mit dem Druck bei konstanter Temperatur ergibt sich

$$\left(\frac{\partial \Delta G_R}{\partial P}\right)_T = \Delta V_R \tag{2.21}$$

oder mit (2.11)

$$\left(\frac{\partial \ln K}{\partial P}\right)_T = -\frac{\Delta V_R}{RT} \tag{2.22}$$

mit

$$\Delta V_R = d V_D + e V_E - a V_A - b V_B. \tag{2.23}$$

Die Reaktionsenthalpie in (2.21) sinkt, wenn mit steigendem Druck das Molvolumen der Reaktion V_R abnimmt. Nach (2.22) nimmt ln K unter diesen Bedingungen zu. Dies bedeutet, daß mit steigendem Druck das Volumen der Gasphase reduziert wird bzw. verschwindet. Die Gleichungen (2.20) bis (2.23) beschreiben in präziser Form, was das „Prinzip des kleinsten Zwanges" qualitativ zum Ausdruck bringt (Näheres in § 2.9).

Als Beispiel für homogene Gleichgewichte wird auf die Behandlung der Gleichgewichte der Karbonat-Ionen in Lösungen verwiesen (vgl. § 2.7).

Beispiel für ein heterogenes Gleichgewicht: Für das Calcit-Wollastonit-Gleichgewicht bei der Temperatur T

$$CaCO_3 + SiO_2 = CaSiO_3 + CO_2 \tag{2.24}$$

ergibt sich:

$$K_T = f_{CO_2} \sim P_{CO_2}, \tag{2.25}$$

da alle übrigen Phasen Feststoffe sind und daher nicht berücksichtigt werden. Aus (2.25) folgt, je größer P_{CO_2}, um so mehr verschiebt sich das Gleichgewicht nach links; je geringer P_{CO_2}, um so mehr Wollastonit wird gebildet; d. h. soll sich Wollastonit bilden, muß bei dieser Reaktion CO_2 entweichen. Im geschlossenen System stellt sich ein P_{CO_2}-Druck ein, der dem Zersetzungsdruck von $CaCO_3$ bei gegebener Temperatur entspricht (Tabelle 2.10). Es bildet sich nur eine geringe Menge Wollastonit, und die Reaktion kommt zum Stillstand. Eine durchgreifende Wollastonitbildung ist also so lange nicht möglich, wie das freigesetzte CO_2 im System verbleibt; d. h. die Bildung von Wollastonit in einem Sediment kann während der Metamorphose nur dann einsetzen, wenn das freigesetzte CO_2 den Reaktionsraum verlassen kann (vgl. Abb. 11.15). Im Gleichgewicht beträgt P_{CO_2} bei 500 K um 13 kPA ($\triangleq 0{,}13$ bar) (Tabelle 2.10). Solange dieser Partialdruck nicht erreicht ist, wird die Reaktion der Wollastonitbildung ablaufen. Das isotherme Gleichgewicht im geschlossenen System verlagert sich mit steigendem Gesamtdruck nach links (2.22), da ΔV_R wegen des großen Wertes für das Molvolumen des

Tabelle 2.10. Thermodynamische Überlegungen zur Wollastonitbildung

	$CaCO_3$	+	SiO_2	=	$CaSiO_3$	+	CO_2
$\Delta G_{500K; 0{,}1 MPa}$ [kJ mol^{-1}]	−1076,3		−819,4		−1492,3		−394,9
$\Delta H_{500K; 0{,}1 MPa}$ [kJ mol^{-1}]	−1204,8		−910,5		−1634,1		−393,67
$S_{500K; 0{,}1 MPa}$ [J/K mol]	140,9		68,5		132,8		234,9
V_i cm^{-3}	36,93		22,69		39,93		RT/P

$\Delta G_R = \{(-1492{,}3) + (-394{,}9) - (-1076{,}3) - (-819{,}4)\}$kJ/Formelumsatz
$= +8{,}5$ kJ/Formelumsatz

$$\ln K_{500; 0{,}1 MPa} = \frac{-8{,}5 \text{ kJ mol}^{-1}}{8{,}315 \cdot 10^{-3} \text{kJ mol}^{-1} \text{K}^{-1} \cdot 500 \text{K}} = -2{,}04$$

$K_{500; 0{,}1 MPa} = P_{CO_2} = 0{,}13$ bar $= 13$ kPa

Nach (2.23) und (2.22):

$\Delta V_R = (RT/P + 39{,}93 - 36{,}93 - 22{,}69)$ cm^3 mol^{-1}

$= \left(\dfrac{82{,}06 \cdot 500}{1} - 19{,}69\right)$ cm^3 = 41010 cm^3 mol^{-1}

$\Delta H_R = \{(-1492{,}3) + (-394{,}9) - (-1204{,}8) - (-910{,}5)\}$ kJ/Formelumsatz
$= 87{,}53$ kJ/Formelumsatz

$\Delta S_R = (132{,}8 + 234{,}9 - 140{,}9 - 68{,}5)$ J mol^{-1} K^{-1}
$= 158{,}3$ J/K · Formelumsatz

gasförmigen CO_2 positiv ist (Tab. 2.10). Mit steigender Temperatur verlagert sich das Gleichgewicht unter isobaren Bedingungen nach rechts, da ΔS_R wie auch ΔH_R positiv sind [vgl. (2.19), (2.20) und Tabelle (2.10)].

2.6 Aktivität

Um die einfachen, für ideale Mischungen und Lösungen geltenden Gesetze, wie z. B. das Massenwirkungsgesetz (2.8) oder die Nernstsche Gleichung für elektrochemische Potentiale (2.62), auch in Konzentrationsbereichen anwenden zu können, in denen ein ideales Verhalten nicht mehr vorliegt, wurde die Aktivität als die wirksame Konzentration eingeführt. Die Aktivität ist mit der Konzentration oder dem Molenbruch über den Aktivitätskoeffizienten γ_i (2.7) verbunden. Dieser kann eine sehr komplizierte Funktion von einer Vielzahl von Parametern sein. Für Lösungen von $I < 0,1$ (2.6) läßt sich der Aktivitätskoeffizient nach der Debye-Hückel-Gleichung (2.26) berechnen. Für konzentriertere Lösungen $I < 0,5$ gibt es angepaßte Formen der Debye-Hückelschen Gleichung, z. B. (2.27).

$$\log \gamma_i = - \frac{A \cdot z_i^2 \sqrt{I}}{1 + B a_i \sqrt{I}} \qquad (2.26)$$

$$\log \gamma_i = - A z_i^2 \left(\frac{\sqrt{I}}{1 + \sqrt{I}} - 0,3 \, I \right) \quad I < 0,5 \qquad (2.27)$$

A, B temperaturabhängige Konstanten für 298 K: A = 0,5085;
       B = 0,3281
$å_i$ Parameter des Ions i
z_i Ladung des Ions i.

In Tabelle 2.11 sind Einzelionenaktivitätskoeffizienten nach (2.26) und (2.27) zusammengestellt.

Die theoretische Behandlung der Einzelionenaktivitätskoeffizienten in hochkonzentrierten Salzlösungen ist sehr kompliziert. Als empirisches Verfahren hat sich in mäßig konzentrierten Salzlösungen die sogenannte mean salt-Methode bewährt. Sie basiert auf der Annahme, daß für den mittleren Ionenaktivitätskoeffizienten von KCl gilt:

$$\gamma_{\pm KCl} = (\gamma_{K^+} \cdot \gamma_{Cl^-})^{1/2} = \gamma_{K^+} = \gamma_{Cl^-}. \qquad (2.28)$$

Diese Annahme wird damit begründet, daß K^+ und Cl^- die gleiche Anzahl von Elektronen besitzen. In Tabelle 2.12 wird gezeigt, wie aus gemessenen mittleren Ionenaktivitätskoeffizienten Einzelionenaktivitätskoeffizienten abgeleitet werden können.

Aktivität 33

Tabelle 2.11. Einzelionenaktivitätskoeffizienten berechnet nach (2.25) und (2.26) mit $A = 0,51$ und $B = 0,33$ für 298 K

Ionenspezies	$å_i$	Ionenstärke der Lösung					
		10^{-4}	10^{-3}	10^{-2}	0,05	0,1[a]	0,5[a]
H^+	9	0,99	0,97	0,91	0,86	0,79	0,74
Al^{3+}, Fe^{3+}, La^{3+},	9	0,90	0,74	0,44	0,24	0,11	0,06
Mg^{2+}, Be^{2+},	8	0,96	0,87	0,69	0,52	0,38	0,30
Ca^{2+}, Zn^{2+}, Cu^{2+}, Mn^{2+}, Fe^{2+},	6	0,96	0,87	0,68	0,48	0,38	0,30
Ba^{2+}, Sr^{2+}, Pb^{2+}, CO_3^{2-},	5	0,96	0,87	0,67	0,46	0,38	0,30
Na^+, HCO_3^-, $H_2PO_4^-$,	4	0,99	0,96	0,90	0,81	0,79	0,74
SO_4^{2-}, HPO_4^{2-},	4	0,96	0,87	0,66	0,44	0,38	0,30
PO_4^{3-},	4	0,90	0,72	0,40	0,18	0,11	0,06
K^+, Ag^+, NH_4^+, OH^-, Cl^-, ClO_4^-, NO_3^-, I^-, HS^-,	3	0,99	0,96	0,90	0,82	0,79	0,74

[a] berechnet nach (2.26)

Tabelle 2.12. Berechnung der Einzelionenaktivitätskoeffizienten aus experimentell ermittelten mittleren Ionenaktivitätskoeffizienten: mean salt Methode

Die mittlere Ionenaktivität $\gamma_\pm$ ist definiert als:

$$\gamma_\pm = (\gamma_+^{\nu_+} \cdot \gamma_-^{\nu_-})^{1/\nu}$$

mit $\nu = \nu_+ + \nu_-$ $\quad \nu_+$ = Ladungszahl des Kations,
$\quad \nu_-$ = Ladungszahl des Anions

Außerdem wird angenommen:

$$\gamma_{\pm KCl} = \gamma_{K^+} = \gamma_{Cl^-}$$

Daraus folgt z. B. für γ_{Na^+}

aus dem experimentell ermittelten mittleren Ionenaktivitätskoeffizienten $\gamma_{\pm NaCl}$

$$\gamma_{\pm NaCl} = (\gamma_{Na^+} \cdot \gamma_{Cl^-})^{1/2} = (\gamma_{Na^+} \cdot \gamma_{\pm KCl})^{1/2}$$

$$\gamma_{Na^+} = \frac{\gamma_{\pm NaCl}^2}{\gamma_{\pm KCl}}$$

oder für SO_4^{2-} aus $\gamma_{\pm K_2SO_4}$:

$$\gamma_{\pm K_2SO_4} = (\gamma_{K^+}^2 \cdot \gamma_{SO_4^{2-}})^{1/3} = (\gamma_{\pm KCl}^2 \cdot \gamma_{SO_4^{2-}})^{1/3}$$

$$\gamma_{SO_4^{2-}} = \frac{\gamma_{\pm K_2SO_4}^3}{\gamma_{\pm KCl}^2}$$

In jüngster Zeit sind auch Erfolge bei der direkten Berechnung von Einzelionenaktivitätskoeffizienten in konzentrierten Salzlösungen erzielt worden (Pitzer und Mayorga 1973).

Um quantitativ mit chemischen Gleichgewichten arbeiten zu können, bedarf es der Festlegung einer Aktivitätsskala. Im Grenzfall unendlich verdünnter Lösungen entspricht die Aktivität der Konzentration, d. h. die Aktivitätskoeffizienten werden nahezu 1. Im Falle hinreichender Verdünnung ergibt sich eine lineare Beziehung von Aktivität und Konzentration nach (2.7). In Lösungen, in denen Inertelektrolyte im Überschuß vorliegen, die eine konstante Konzentration an Ionen aufrechterhalten, bleiben alle Aktivitätskoeffizienten konstant. Wenn die Inertelektrolytkonzentration den 10fachen Wert der betrachteten Ionenkonzentration annimmt und als Referenz ein Standard mit gleicher Ionenstärke gewählt wird, ergibt sich für die betrachteten Ionensorten kaum noch ein Unterschied zwischen Aktivität und Konzentration.

2.7 Säure-Basen-Beziehung

Definition einer Säure und Base

Arrhenius (1887) nannte dissoziierende Substanzen, deren wäßrige Lösungen Wasserstoffionen gegenüber Hydroxylionen im Überschuß enthalten, Säuren, solche mit OH-Ionen im Überschuß Basen.

Dissoziation einer Säure:
$$HCl + H_2O = H_3O^+ + Cl^- \tag{2.29}$$

Dissoziation einer Base:
$$NH_3 + H_2O = NH_4^+ + OH^- \tag{2.30}$$

Die Wasserstoffionenkonzentration wird allgemein als pH-Wert angegeben. Der pH-Wert einer wäßrigen Lösung ist nach Sørensen (1909) definiert als der negative Logarithmus der Wasserstoffionenkonzentrationen:

$$pH = -\log[H^+]. \tag{2.31}$$

Bedingt durch das temperaturabhängige Ionenprodukt von H_2O,

$$K_W = [H^+] \cdot [OH^-] \tag{2.32}$$

ist der pH-Bereich von der Temperatur abhängig. Üblicherweise bezieht man sich auf die Temperatur von 25 °C und spricht von den pH-Werten 1 – 14. pH 1 entspricht dabei einer vollständig dissoziierten, einmolaren,

Tabelle 2.13. Beispiele für konjugierte Säure-Basen-Paare nach Brønsted

Säure 1	+	Base 2	=	Säure 2	+	Base 2
H_2CO_3	+	H_2O	=	H_3O^+	+	HCO_3^-
HCO_3^-	+	H_2O	=	H_3O^+	+	CO_3^{2-}
H_2O	+	H_2O	=	H_3O^+	+	OH^-
				(Selbstionisation des Wassers)		
$Al(H_2O)_6^{3+}$	+	H_2O	=	H_3O^+	+	$(AlOH(H_2O)_5)^{2+}$

einwertigen Säure und pH 14 einer vollständig dissoziierten, einmolaren, einwertigen Base. Neutrale Lösungen haben den pH-Wert 7.0. Mit steigender Temperatur nimmt das Ionenprodukt des Wassers zu und der pH-Bereich entsprechend ab, der Neutralpunkt für Lösungen wandert somit zu niedrigeren pH-Werten (vgl. § 7.1.1).

Brønsted (1924) verfeinerte diesen Begriff von Säuren und Basen, indem er definierte, daß Säuren Protonen-Donatoren und Basen Protonen-Akzeptoren darstellen:

Säure = Base + Proton.

Damit liegen in der Lösung immer konjugierte Säure-Basen-Paare vor. Ein und dieselbe Verbindung kann sowohl Säure- als auch Baseneigenschaften je nach ihrem Ionisationsgrad besitzen (Tabelle 2.13). Im Sinne von Brønsted sind auch Verbindungen, denen die Säureeigenschaft nicht anzusehen ist, durchaus wie Säuren zu behandeln: z. B. aquatisierte Metallionen (Tabelle 2.13).

Die Definition einer Säure nach Lewis (1923) ist noch abstrakter. Hiernach besteht die Azidität einer Verbindung in einer Besonderheit der Elektronenkonfiguration, nämlich dem Vorhandensein einer Elektronenpaarlücke in der Verbindung (Abb. 2.17). Alle Basen verfügen über ein einsames Elektronenpaar. Lewis-Säuren nehmen einsame Elektronenpaare von Lewis-Basen auf. Beispiele für konjugierte Säure-Basen-Paare im Sinne von Lewis sind in Tabelle 2.14 und in Abb. 2.17 wiedergegeben.

Säure-Basen-Beziehungen zählen in der Natur zu den wichtigsten Reaktionen. So bestimmt der Säuregrad von Lösungen das Ausmaß und die Richtung von Alterationsprozessen (vgl. § 6.5) und kontrolliert Redoxreaktionen (vgl. § 2.8) in der Erdkruste.

Im biologischen Kreislauf führt die Oxidation zur Erniedrigung der pH-Werte, da kohlenstoffgebundener Wasserstoff als H^+ freigesetzt wird (2.33). Bei der Denitrifizierung und der Sulphat-Reduktion

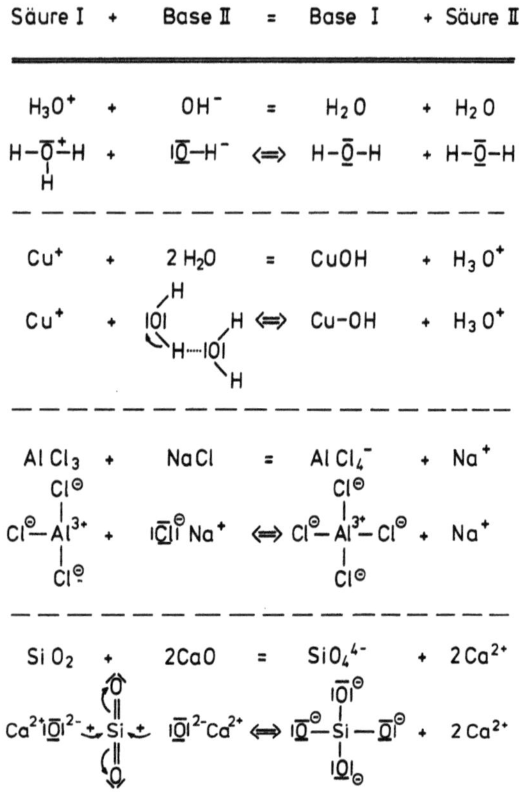

36 Grundlagen

Säure I	+	Base II	=	Base I	+	Säure II
H_3O^+	+	OH^-	=	H_2O	+	H_2O

$$H-\overset{+}{\underline{O}}-H \;+\; |\underline{O}-H^- \;\Longleftrightarrow\; H-\underline{O}-H \;+\; H-\underline{O}-H$$
$$H$$

Cu^+	+	$2H_2O$	=	$CuOH$	+	H_3O^+

$$Cu^+ \;+\; |\underline{O}\diagup^H_{H\cdots|\underline{O}\diagdown H} \;\Longleftrightarrow\; Cu-OH \;+\; H_3O^+$$

$AlCl_3$	+	$NaCl$	=	$AlCl_4^-$	+	Na^+

$$Cl^\ominus\!-\!\underset{Cl^\ominus}{\overset{Cl^\ominus}{Al^{3+}}} \;+\; |\overline{Cl}|^\ominus Na^+ \;\Longleftrightarrow\; Cl^\ominus\!-\!\underset{Cl^\ominus}{\overset{Cl^\ominus}{Al^{3+}}}\!-\!Cl^\ominus \;+\; Na^+$$

SiO_2	+	$2CaO$	=	SiO_4^{4-}	+	$2Ca^{2+}$

$$Ca^{2+}|\underline{O}|^{2-}\rightleftharpoons\underset{O}{\overset{O}{Si}}\rightleftharpoons |\underline{O}|^{2-}Ca^{2+} \;\Longleftrightarrow\; |\underline{O}-\underset{|\underline{O}|_\ominus}{\overset{|\underline{O}|^\ominus}{Si}}-\underline{O}|^\ominus \;+\; 2Ca^{2+}$$

Abb. 2.17. Beispiele für konjugierte Säure-Basen-Paare nach Lewis. Säuren sind Elektronenpaar-Akzeptoren, Basen Elektronenpaar-Donatoren

Tabelle 2.14. Beispiele für konjugierte Säure-Basen-Paare nach Lewis

Säure 1	+	Base 2	=	Säure 2	+	Base 2
HCl	+	NaOH	=	$Na^+ \cdot aq$	+	Cl^-
SiO_2	+	$6H_2O$	=	$4H_3O^+$	+	SiO_4^{4-}
$AlCl_3$	+	$5H_2O$	=	$Al(OH)_3^0 +$		
				$3H_3O^+$	+	$3Cl^-$
NH_4^+	+	H_2O	=	H_3O^+	+	NH_3
H_2O	+	NH_3	=	NH_4^+	+	OH^-

$$CH_4 + 2\,O_2 = CO_3^{2-} + 2\,H^+ + H_2O \tag{2.33}$$

werden die pH-Werte erhöht, da Wasserstoffionen an Sauerstoffionen gebunden werden.

$$8\,NO_3^- + 5\,CH_4 + 8\,H^+ = 4\,N_2 + 5\,CO_2 + 14\,H_2O \tag{2.34}$$

$$SO_4^{2-} + 2\,CH_2O + 2\,H^+ = H_2S + 2\,CO_2 + 2\,H_2O \quad \text{biogen} \tag{2.35}$$

$$SO_4^{2-} + CH_4 + 2\,H^+ = H_2S + CO_2 + 2\,H_2O \quad \text{abiogen} \tag{2.36}$$

Nach Sillén (1961) ist die Salinität der Ozeane das Ergebnis einer gigantischen Titration von Säuren aus dem Innern der Erde mit den Basen aus der Verwitterung von Primärgesteinen. Beispiele für Basen in wäßrigen Systemen der Erdkruste sind: CO_3^{2-}, HCO_3^-, SO_4^{2-}, BO_3^{3-}, HPO_4^{3-}, AsO_4^{3-}, NH_3, $H_3Si_4^-$; typische Säuren sind: HCl, SO_2, H_3BO_3, SiO_2, NH_4^+, CO_2 (H_2CO_3) und hydratisierte multivalente Metallionen.

Säure- und Basenkonstanten

Für jedes Säure(HB^+)-Basen(B)-Paar lassen sich die entsprechenden chemischen Gleichgewichte mit H_2O formulieren:

$$HB^+ + H_2O = H_3O^+ + B\,; \quad B + H_2O = HB^+ + OH^-. \tag{2.37}$$

Die Säurenkonstante beschreibt die Tendenz, im wäßrigen Milieu Protonen, die Basenkonstante OH^- Ionen durch Protolyse bereitzustellen. Als Konstanten werden definiert:

Säurekonstante

$$K_{HB^+} = \frac{a_{H_3O^+} \cdot a_B}{a_{HB^+}} \tag{2.38}$$

Basenkonstante

$$K_B = \frac{a_{HB^+} \cdot a_{OH^-}}{a_B} \tag{2.39}$$

Durch Substitution von

$$\frac{a_B}{a_{HB^+}} = \frac{a_{OH^-}}{K_B} \tag{2.40}$$

folgt aus (2.38)

$$K_{HB^+} \cdot K_B = K_W. \tag{2.41}$$

Das Produkt der Säuren- und Basenkonstante ist gleich der Dissoziationskonstante des Wassers. Damit beschreibt eine der beiden Konstan-

38 Grundlagen

Tabelle 2.15. Dissoziation der Kohlensäure

a) Säure-Basen Paar: $H_2CO_3 - HCO_3^-$

$$H_2CO_3 + H_2O = H_3O^+ + HCO_3^- \qquad HCO_3^- + H_2O = H_2CO_3 + OH^-$$

Säurekonstante: Basenkonstante:

$$K_{H_2CO_3} = \frac{a_{H^+} \cdot a_{HCO_3^-}}{a_{H_2CO_3}} = 10^{-6,3} \qquad K_{HCO_3^-} = \frac{a_{H_2CO_3} \cdot a_{OH^-}}{a_{HCO_3^-}} = 10^{-7,7}$$

oder logarithmiert

$$-pK_{H_2CO_3} = -pH + \log a_{HCO_3^-} - \log a_{H_2CO_3} \qquad -pK_{HCO_3^-} = \log a_{H_2CO_3} - pK_w + pH - \log a_{HCO_3^-}$$

$$pK_{H_2CO_3} = 6,3 \qquad pK_{HCO_3^-} = 7,7$$

$$pK_{H_2CO_3} = pK_w - pK_{H_2CO_3}$$

b) Säure-Basen Paar: $HCO_3^- - CO_3^{2-}$

$$K'_{HCO_3} = \frac{a_{H^+} \cdot a_{CO_3^{2-}}}{a_{HCO_3^-}} = 10^{-10,3} \qquad K_{CO_3^{2-}} = \frac{a_{HCO_3^-} \cdot a_{OH^-}}{a_{CO_3^{2-}}} = 10^{-3,7}$$

$$pK_{HCO_3^-} = 10,3 \qquad pK_{CO_3^{2-}} = 3,7$$

$$-pK_{HCO_3} = -pH + \log a_{CO_3^{2-}} - \log a_{HCO_3^-} \qquad -pK_{CO_3^{2-}} = \log a_{HCO_3^-} - pK_w + pH - \log a_{CO_3^{2-}}$$

$$pK'_{HCO_3^-} = pK_w - pK_{CO_3^{2-}}$$

Beachte: $pK_{HCO_3^-}$ ist eine Säurekonstante, $pK'_{HCO_3^-}$ ist eine Basenkonstante. Alle Konstanten gelten bei 298 K und unendlicher Verdünnung

ten die Protolyse eines Säuren-Basen-Paares ausreichend: Je stärker die Säureeigenschaft, um so schwächer die Baseneigenschaft und umgekehrt.

Als pK_{HB^+} bzw. pK_B werden die negativen dekadischen Logarithmen der Säure- bzw. Basenkonstanten tabelliert. Bei mittleren Dissoziationsstufen z. B. HCO_3^- in Tabelle 2.15 bzw. $H_3SiO_4^-$ in Tabelle 2.16 muß darauf geachtet werden, ob der pK-Wert die Säure- oder Basenkonstante angibt. Die Bedeutung und die Zahlenangaben sind verschieden.

Je größer der jeweilige pK-Wert, um so geringer die von ihm beschriebene Eigenschaft. So überwiegt bei der Kohlensäure die Säureeigenschaft, bei den Silikaten die Baseneigenschaft (Tabelle 2.15 und Tabelle 2.16). Daher kann Kohlensäure aus Silikaten Kieselsäure freisetzen.

Die Säurekonstante nimmt zu, je kleiner die H^+- bzw. OH^-- tragenden Ionen werden; z. B. fällt die Azidität in den Reihen ab:

Tabelle 2.16. Dissoziation der Kieselsäure: $SiO_2 - H_3SiO_4^-$, ein konjugiertes Säure-Basen-Paar

$SiO_2 + 3 H_2O = H_3O^+ + H_3SiO_4^-$	$H_3SiO_4^- + H_2O = SiO_2 + OH^- + 2 H_2O$
Azidiätskonstante:	Basenkonstante:
$K_{SiO_2} = a_{H_3O^+} \cdot a_{H_3SiO_4^-}$	$K_{H_3SiO_4^-} = \dfrac{a_{OH^-}}{H_3SiO_4^-}$
	$pK_{SiO_2} = pK_w - pK_{H_3SiO_4^-}$
$pK_{SiO_2} = 9{,}5$	$pK_{H_3SiO_4^-} = 4{,}5$

Tabelle 2.17. Beziehung von Ionenradius und Basizität einiger Hydroxide

Kationenradius (KOZ VI)	0,59	0,86	1,14	1,32	1,49
Base	$Be(OH)_2$	$Mg(OH)_2$	$Ca(OH)_2$	$Sr(OH)_2$	$Ba(OH)_2$
Basenkonstante 2. Stufe	$5 \cdot 10^{-11}$	$2{,}6 \cdot 10^{-3}$	$4{,}3 \cdot 10^{-2}$	0,15	0,23

$$K_{B,2} = \dfrac{a_{Me^{2+}} \cdot a_{(OH)^-}}{a_{MeOH^+}}$$

HCl > HBr > HI

$$\underset{O}{\overset{O}{HO-S-OH}} > \underset{O}{\overset{O}{HO-Se-OH}} > \underset{O}{\overset{O}{HO-Te-OH}}.$$

Die Basizitätskonstante (oft als Basizität bezeichnet) nimmt zu, je größer die Radien der OH-tragenden Kationen werden (Tabelle 2.17). So zeigt die Bildung von Beryllaten die große Azidität von $Be(OH)_2$, d. h. dessen geringe Basizität an.

Unter der Azidität, Azid, einer Lösung wird die Gesamtheit der zur Verfügung stehenden H^+-Ionen verstanden,

z. B.:
$$\text{Azid} = 2[H_2CO_3] + [HCO_3^-] + [H^+] - [OH^-]. \tag{2.42}$$

Die Azidität wird durch Titration mit einer starken Base ermittelt. Dementsprechend wird unter der Alkalinität, Alk, einer Lösung die Gesamtheit der verfügbaren OH^--Ionen verstanden.

Tabelle 2.18. Ionisationsfaktoren der zweistufigen Kohlensäure

Der Gesamtkohlenstoff in Lösung beträgt:
$$[C_t] = [H_2CO_3] + [HCO_3^-] + [CO_3^{2-}]$$
Aus den Dissoziationsgleichgewichten

$$\frac{[H^+] \cdot [HCO_3^-]}{[H_2CO_3]} = K_1 = 10^{-6,4}$$

$$\frac{[H^+] \cdot [CO_3^{2-}]}{[HCO_3^-]} = K_2 = 10^{-10,2}$$

$$\frac{[H_2CO_3]}{P_{CO_2}} = k_H = 10^{-1,47}$$

folgen die Ionisationsfaktoren:

$$\frac{[H_2CO_3]}{[C_t]} = \alpha_0 = \frac{1}{1 + K_1 K_2/[H^+]^2 + K_1/[H^+]}$$

$$\frac{[HCO_3^-]}{[C_t]} = \alpha_1 = \frac{1}{[H^+]/K_1 + 1 + K_2/[H^+]}$$

$$\frac{[CO_3^{2-}]}{[C_t]} = \alpha_2 = \frac{1}{[H^+]^2/K_1 K_2 + [H^+]/K_2 + 1}$$

Es gilt

$$\alpha_0 + \alpha_1 + \alpha_2 = 1$$

---

z. B.:
$$\text{Alk} = [HCO_3^-] + 2[(CO_3^{2-})] + [OH^-] - [H^+]. \tag{2.43}$$

Die Alkalinität wird durch Titration mit einer starken Säure bestimmt.

In natürlichen Wässern wird die Alkalinität nicht nur von der Gesamtkohlensäure $[C_t]$, sondern auch von der Kieselsäure $[Si_t]$ und Borsäure $[B_t]$ bzw. deren Salzen bestimmt:

$$\text{Alk} = [C_t](\alpha_1 + 2\alpha_2) + [OH] + [H^+] + [B_t]\alpha_B + [Si_t]\alpha_{Si}. \tag{2.44}$$

α_1 und α_2 sind in Tabelle 2.18 definiert, α_B und α_{Si} betragen

$$\alpha_B = \frac{[B(OH)_4^-]}{[B_t]} \qquad \alpha_{Si} = \frac{[SiO(OH)_3^-]}{[Si_t]}.$$

Ionisierungsfaktor (Dissoziationsgrad)

Schwache Säuren und Basen sind nur mäßig dissoziiert. Der dissoziierte Anteil läßt sich als Ionisationsfaktor oder Dissoziationsgrad angeben. In einem HB^+-B-System ist die Gesamtkonzentration an B-tragenden Spezies

$$[B_t] = [HB^+] + [B] \,. \tag{2.45}$$

Ersetzt man die Basenkonzentration [B] über die Säurekonstante (2.38), so erhält man

$$[B_t] = [HB^+]\left(1 + \frac{K_{HB^+}}{[H^+]}\right) \,. \tag{2.46}$$

Der Anteil von $[HB^+]$ an $[B_t]$, der Ionisationsfaktor α_{HB^+}, beträgt demnach

$$\alpha_{HB^+} = \frac{[HB^+]}{[B_t]} = \frac{[H^+]}{[H^+] + K_{HB^+}} \,. \tag{2.47}$$

Entsprechend beträgt der Anteil [B] an $[B_t]$

$$\alpha_B = \frac{[B]}{[B_t]} = \frac{K_{HB^+}}{K_{HD^+} + [HT]} \,. \tag{2.48}$$

Es muß gelten: $\alpha_{HB^+} + \alpha_B = 1$

oder allgemein:

$$\sum \alpha_i = 1 \,. \tag{2.49}$$

Für die zweistufige Kohlensäure erhält man die in Tabelle 2.18 angegebenen Ausdrücke für die Ionisationsfaktoren. In Abb. 2.18a ist der Verlauf der Ionisationsfaktoren α_0, α_1 und α_2 der Kohlensäure als Funktion des pH-Wertes wiedergegeben. Im stark sauren Bereich liegt ausschließlich undissoziierte Säure vor, im schwach sauren bis schwach basischen Bereich dominieren HCO_3^--Ionen, im stark basischen Bereich liegen nur noch CO_3^{2-}-Ionen vor.

Pufferkapazität

Unter der Pufferkapazität β einer Lösung wird die Zugabe einer starken Säure oder Base verstanden, die benötigt wird, um den pH-Wert um dpH zu verändern.

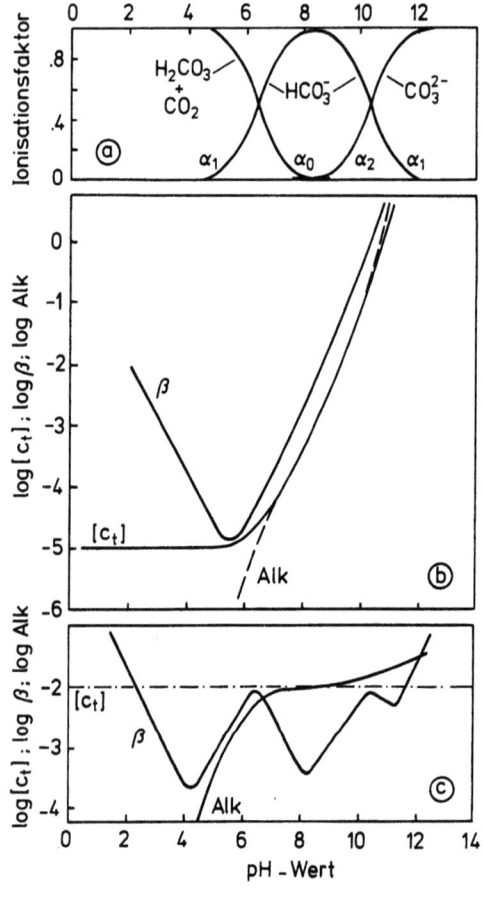

Abb. 2.18 a–c. Kohlensäure
a Ionisationsfaktoren der zweistufigen Säure als Funktion des pH-Wertes bei 298 K
b Verlauf der Gesamtkohlensäure [C_t], Pufferkapazität β und Alkalinität Alk als Funktion des pH-Wertes im offenen System bei 298 K und $P_{CO_2} = 30$ Pa ($\triangleq 3 \cdot 10^{-4}$ atm)
c Verlauf von Gesamtkohlensäure [C_t], Pufferkapazität β und Alkalinität Alk als Funktion des pH-Wertes im geschlossenen System bei 298 K und [C_t] = 10^{-2} mol kg^{-1}

$$\beta = \frac{d[B]}{dpH} = -\frac{d[HA]}{dpH}. \tag{2.50}$$

Das Vorzeichen von β ist bei Säurezugabe negativ, weil der pH-Wert sinkt. Wegen der Elektroneutralitätsbedingung gilt immer, z.B. bei NaOH-Zusatz, [B], zu einer Lösung von Säure HA und deren Na$^+$Salz, Na$^+$ + A$^-$:

$$[Na^+] + [H^+] = [A^-] + [OH^-] \tag{2.51}$$

$$[Na^+] = [B] = [A^-] + [OH^-] - [H^+] \tag{2.52}$$

$$= [A_t] \cdot \alpha_1 + [OH^-] - [H^+] \tag{2.53}$$

mit [A_t] = [HA] + [A$^-$]
α_1 = Ionisationsfaktor der Säure HA.

Damit beträgt für eine einstufige Säure HA die Pufferkapazität

$$\beta = \frac{d[B]}{dpH} = [A_t]\frac{d\alpha_2}{dpH} + \frac{d[OH^-]}{dpH} - \frac{d[H^+]}{dpH} \quad (2.54)$$

$$\beta = 2{,}3\left\{[A_t]\frac{K_1 \cdot [H^+]}{K_1 + [H^+]^2} + [H^+] + [OH^-]\right\}. \quad (2.55)$$

Der Faktor 2,3 folgt aus der Umrechnung von natürlichen in dekadische Logarithmen. K_1 entspricht der Dissoziationskonstanten der Säure HA. Für eine zweistufige Säure H_2A erhält man entsprechend

$$\beta = 2{,}3\left\{[A_t]K_1[H^+]\frac{[H^+]^2 + 4K_2[H^+] + K_1K_2}{([H^+]^2 + K_1[H^+] + K_1K_2)^2} + [H^-] + [OH^-]\right\}$$
(2.56)

mit $[A_t] = [H_2A] + [HA^-] + [A^{2-}]$,
K_1 und K_2 = Dissoziationskonstanten der zweistufigen Säure H_2A (vgl. Tabelle 2.18).

Die Pufferkapazität hängt entscheidend von der Änderung der Ionisationsfaktoren α_0 und α_1 bzw. α_0, α_1 und α_2 ab.

In natürlichen Systemen kommen häufig gemischte Puffersysteme vor: z. B. liegt im Meerwasser ein Kohlensäure-Kieselsäure-Borsäure-Puffer vor. Dieser Puffer sorgt weltweit für einen einheitlichen und nahezu konstanten pH-Wert von 8,0 – 8,3.

Aus Tabelle 2.19 sind die Ansätze zur Berechnung der Alkalinität und Pufferkapazität in CO_2-H_2O-Systemen zu ersehen. Beide Parameter hängen davon ab, ob das System für CO_2 geschlossen oder offen ist. In einem geschlossenen System mit 10^{-2}-molarer Gesamtkohlensäure ($[C_t]$ = konst.) ergeben sich die Ionisationsfaktoren wie in Abb. 2.18a wiedergegeben. Die Alkalinität schmiegt sich bei pH 8 an die $[C_t]$-Kurve an, um bei höheren pH-Werten weiter anzusteigen. Der Anstieg der Alkalinität wird durch die Bildung der CO_3^{2-}-Ionen verursacht. Die Pufferkapazität (Abb. 2.18c) zeigt ausgeprägte Maxima in pH-Bereichen, für welche gilt:

$$[H_2CO_3^-] \simeq [HCO_3^-] \quad \text{bzw.} \quad [HCO_3^-] \simeq [CO_3^{2-}].$$

Darüber hinaus ist die Pufferkapazität bei niedrigen und hohen pH-Werten sehr groß. Die Minima der Pufferkapazität liegen bei pH ~ 4 und ~ 8.

Im offenen System bei P_{CO_2} = 30 Pa (= 0,0003 atm) CO_2 zeigt sich ein anderer Verlauf der Alkalinität und Pufferkapazität (Abb. 2.18b). Ab pH 6 nimmt $[C_t]$ beträchtlich zu. Diese Zunahme bewirkt ein Anstei-

Tabelle 2.19. Alkalinität und Pufferkapazität im System $CO_2 - H_2O$

a) geschlossenes System

Definitionen

$[C_t] = [H_2CO_3^*] + [HCO_3^-] + [CO_3^{2-}]$

$[H_2CO_3] + [CO_2] = [H_2CO_3^*] = \alpha_0[C_t]$
$ [HCO_3^-] = \alpha_1[C_t]$
$ [CO_3^{2-}] = \alpha_2[C_t]$

Alkalinität: $Alk = [C_t](\alpha_1 + 2\alpha_2) + [OH^-] -]H^+]$

Pufferkapazität: $\beta = \dfrac{d(Alk)}{dpH} =$

$2,3\{[C_t]\alpha_1(\alpha_0 + \alpha_2) + (4\alpha_2\alpha_0) + [H^+] + [OH^-]\}$

b) offenes System

Definitionen

$[C_t] = [H_2CO_3] + [HCO_3^-] + [CO_3^{2-}] = k_H P_{CO_2}\left(1 + \dfrac{K_1}{[H^+]} + \dfrac{K_1 K_2}{[H^+]^2}\right)$

$[H_2CO_3^*] = k_H P_{CO_2} = \alpha_0[C_t]$

$[HCO_3^-] = \dfrac{K_1}{[H^+]} k_H P_{CO_2} = \alpha_1[C_t]$

$[CO_3^{2-}] = \dfrac{K_1 K_2}{[H^+]^2} k_H P_{CO_2} = \alpha_2[C_t]$

Alkalinität: $Alk = [C_t](\alpha_1 + 2\alpha_2) + [OH^-] - [H^+]$

Pufferkapazität: $\beta = \dfrac{d(Alk)}{dpH} =$

$2,3\{[C_t](\alpha_1 + 4\alpha_2) + [OH^-] + [H^+]\}$

gen der Alkalinität, die sich auch hier zwischen pH 8 und 10 der $[C_t]$-Kurve anschmiegt. Bei hohen pH-Werten steigt die Alkalinität wegen der zunehmenden Konzentration an CO_3^{2-}-Ionen stärker als die $[C_t]$-Kurve. Die Pufferkapazität zeigt nur noch ein ausgeprägtes Minimum bei pH 5.5. Sie steigt mit wachsendem pH-Wert beträchtlich stärker an als im geschlossenen System (Abb. 2.18c).

In einem offenen heterogenen System, z. B. $CaCO_3 - CO_2 - H_2O$, hängt die Pufferkapazität und Alkalinität von der Masse der reagierenden Festphase und deren Löslichkeit ab; z. B.:

$$CaCO_3 + CO_2 + H_2O = Ca^{2+} + 2HCO_3^-. \tag{2.57}$$

Pufferkapazität und Alkalinität sind erheblich größer als in Feststoff-freien Systemen.

2.8 Redox-Potential

Redox-Potentiale sind Gleichgewichtskonstanten von chemischen Reaktionen mit *Red*uktions/*Ox*idations-Vorgängen. In einem Redoxprozeß werden Elektronen vom reduzierenden auf einen oxidierenden Stoff übertragen. Dabei wird das Oxidans (Ox) reduziert und der Reduktor (Red) oxidiert (Abb. 2.19).

Die folgende chemische Umsatzgleichung

$$Cu^{2+} + Fe = Fe^{2+} + Cu \qquad (2.58)$$

läßt sich in zwei Hilfsgleichungen zerlegen:

$$Cu^{2+} + 2e^- = Cu \quad \text{und} \qquad (2.59)$$
$$Fe^{2+} + 2e^- = Fe. \qquad (2.60)$$

Diese Gleichungen beschreiben die Vorgänge, die sich an den Metallelektroden Cu und Fe abspielen. Die Pfeile in Abb. 2.19 geben die Richtung des Transportes der Metallionen bzw. Elektronen und H^+-Ionen an. In der Elektrolytbrücke übernimmt H^+ die Leitfähigkeit wegen seiner größeren Beweglichkeit (Tabelle 2.3).

Die Spannung zwischen Metallelektroden in 1 M Lösungen ihrer Salze und der Normalwasserstoffelektrode als Referenzelektrode wird als Normalpotentiale Eh^0 bezeichnet.

$$Cu^{2+} + 2e^- = Cu \quad Eh^0 = +0{,}34 \text{ Volt} \qquad (2.61)$$
$$Fe^{2+} + 2e^- = Fe \quad Eh^0 = -0{,}44 \text{ Volt}. \qquad (2.62)$$

Die Subtraktion der beiden Hilfsgleichungen (2.61) und (2.62) ergibt die Reaktionsgleichung (2.58). Im gleichen Sinne werden die Eh^0-Werte

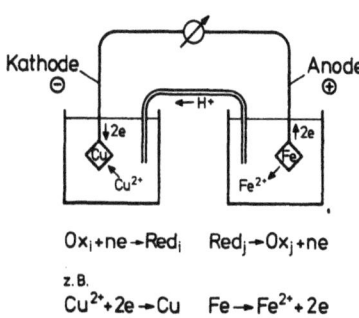

Abb. 2.19. Schematischer Aufbau einer elektrochemischen Reaktionskette. *Pfeile* geben Wanderungsweg der Ionen bzw. Elektronen an.
Ox Oxidans; *Red* Reduktor

behandelt. Damit ergibt sich für die Reaktion (2.56) $Eh^0 = 0,78$ V. Da entsprechend der Konvention ein positiver Eh^0-Wert den spontanen Ablauf der Reaktion bedingt, wird diese Reaktion ablaufen.

Definitionsgemäß beziehen sich die Normalpotentiale auf Lösungen, in denen das Verhältnis der Aktivitäten des Oxidans und Reduktors gleich eins ist. Für Lösungen mit Aktivitätsverhältnissen ungleich eins liefert die Nernstsche Gleichung den Eh-Wert des Systems:

$$Eh = Eh^0 - \frac{RT}{nF} \ln \frac{a_{Red}}{a_{Ox}} \qquad (2.63)$$

F = Faraday-Konstante; $= 9,64867 \cdot 10^4$ C · val^{-1}
  $= 96524$ A · s · g · Äq^{-1} $= 23,06$ kcal/Volt · g · Äq
R = Gaskonstante; $= 8,314$ JK^{-1} mol^{-1}
  $= 1,987$ cal/mol · K
n = Molzahl der Elektronen, die beim Redox-Vorgang ausgetauscht werden.

Aus (2.63) geht hervor, daß bei gleichen Aktivitäten von Oxidans und Reduktor sich ein Potential einstellt, das dem Normalpotential entspricht. Überwiegt das Oxidans, so ist Eh größer als Eh^0, überwiegt der Reduktor, so wird Eh kleiner als Eh^0.

Der Eh-Wert spielt bei der Beurteilung vieler geochemischer Vorgänge eine wichtige Rolle.

Da viele Reaktionen in Gegenwart von Wasser stattfinden, ist es praktisch zu wissen, innerhalb welcher Grenzen der Eh-Wert als Funktion des pH-Wertes in wäßrigen Systemen vorkommen kann. Dieser Existenzbereich ist einerseits bestimmt durch die chemische Stabilität der Verbindung H_2O als dem wichtigsten chemischen Agens bei allen geochemischen Prozessen sowie durch die minimalen und maximalen pH-Werte in natürlichen Systemen. Die obere Stabilitätsgrenze des Wassers wird durch das Wasser-Sauerstoff-Gleichgewicht bestimmt:

$$\tfrac{1}{2}O_2 + 2H^+ + 2e^- = H_2O \qquad Eh^0 = 1,22 \text{ Volt} \qquad (2.64)$$

$$Eh_{O_2} = 1,22 + \frac{0,0059}{2} \log P_{O_2}^{1/2} \cdot [H^+]^2 \qquad (2.65)$$

$$Eh_{O_2} = 1,22 - 0,059 \, pH \qquad (2.66)$$

für 1 atm P_{O_2}, da $Eh^0_{O_2}$ bei 1 atm O_2 festgelegt wurde.

Die untere Stabilitätsgrenze wird durch das $H_2 - H^+$-Gleichgewicht wiedergegeben:

$$H^+ + 2e^- = \tfrac{1}{2}H_2 \qquad Eh^0 \equiv 0 \qquad (2.67)$$

Abb. 2.20. Eh-pH-Diagramm mit dem Stabilitätsfeld für H_2O, berechnet nach den Reaktionsgleichungen (2.64) und (2.67) für 300 K und 0,1 MPa. Das gestrichelte Feld gibt den Bereich natürlicher Wässer an. *N* Niederschlagswasser; *O.W.* Ozeanwasser; *red. Bakt.* Wässer mit Sulfat-reduzierenden Bakterien. (Nach Garrels und Christ 1965)

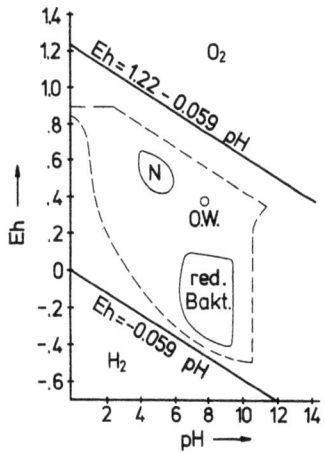

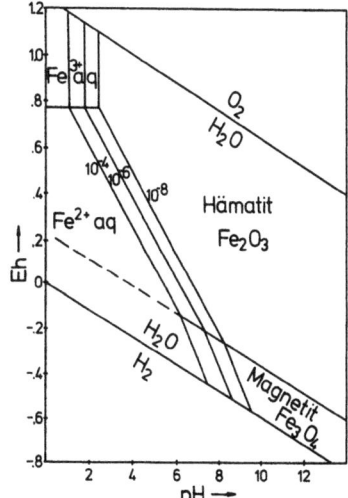

Abb. 2.21. Eh-ph-Diagramm des Systems $Fe^{2+} - Fe^{3+} - Fe_2O_3 - Fe_3O_4 - H_2O$. Darstellung der Gleichgewichte aus Tabelle 2.19 bei 298 K. Zahlen an den Gleichgewichtsgeraden kennzeichnen die Molarität der Fe-Ionen

$$Eh = 0 = 0{,}59 \lg \frac{P_{H_2}^{1/2}}{[H^+]} \qquad (2.68)$$

$$Eh = -0{,}059 \, pH \qquad (2.69)$$

für $P_{H_2} = 1$ atm, da $Eh_{H_2}^0 \equiv 0$ für 1 atm festgelegt wurde.

(2.66) und (2.69) sind in Abb. 2.20 dargestellt. Außerdem ist gestrichelt der Bereich natürlicher Lösungen eingetragen.

Wie aus Abb. 2.20 entnommen werden kann, liegen die pH-Werte natürlicher Systeme bei Temperaturen um 300 K zwischen 2 und 10, was

Tabelle 2.20. Berechnung eines Eh-pH-Diagramms für Fe^{2+}, Fe^{3+}, Fe_2O_3 und Fe_3O_4

Reaktion:
$$Fe_2O_3 + 6H^+ + 2e = 2Fe^{2+} + 3H_2O; \quad Eh^0 = 0{,}732 \text{ V}$$

$$Eh = Eh^0 - \frac{RT}{2F} \ln \frac{[Fe^{2+}]^2}{[H^+]^6}$$

$$Eh = Eh^0 - 0{,}06 \log[Fe^{2+}] + 3 \cdot 0{,}06 \log[H^+]$$

$$Eh = +0{,}732 - 0{,}06 \log[Fe^{2+}] - 0{,}18 \text{ pH}$$

Reaktion:
$$Fe_3O_4 + 8H^+ + 2e = 3Fe^{2+} + 4H_2O; \quad Eh^0 = 0{,}985 \text{ V}$$

$$Eh = Eh^0 - \frac{RT}{2F} \ln \frac{[Fe^{2+}]^3}{[H^+]^8}$$

$$Eh = 0{,}985 - 0{,}09 \log[Fe^{2+}] - 0{,}24 \text{ pH}$$

Reaktion:
$$3Fe_2O_3 + 2H^+ + 2e = 2Fe_3O_4 + H_2O; \quad Eh^0 = +0{,}221 \text{ V}$$

$$Eh = Eh^0 - \frac{RT}{2F} \ln \frac{1}{[H^+]^2}$$

$$Eh = +0{,}221 - 0{,}06 \text{ pH}$$

Reaktion:
$$Fe^{3+} + e = Fe^{2+} \quad\quad Eh^0 = 0{,}771 \text{ V}$$

$$Eh = Eh^0 - \frac{RT}{F} \ln \frac{[Fe^{2+}]}{[Fe^{3+}]}$$

$$Eh = +0{,}771 - 0{,}06 \log \frac{[Fe^{2+}]}{[Fe^{3+}]}$$

Reaktion:
$$Fe_2O_3 + 6H^+ = 2Fe^{3+} + 3H_2O \quad\quad \Delta G_R = 8{,}4 \text{ kJ/Formel}$$

nach Gl. (2.11)

$$-\frac{\Delta G_R}{RT} = \ln \frac{[Fe^{3+}]^2}{[H^+]^6}$$

$$\log[Fe^{3+}] = -0{,}72 - 3 \text{ pH}$$

---

nicht ausschließt, daß in Einzelfällen auch pH-Werte außerhalb dieses Bereiches beobachtet werden. Damit ergibt sich im Eh/pH-Diagramm ein Fenster, in dem im wesentlichen alle Bedingungen zusammengefaßt sind, unter denen geochemisch relevante Tieftemperatur-Redox-Prozesse ablaufen. Im oberen Teil dieses Fensters haben wir es mit Vorgängen zu tun, bei denen die Oxidation, im unteren die Reduktion hervortritt.

In Tabelle 2.20 wird für einige Gleichgewichte im System $Fe^{2+} - Fe^{3+} - Fe_3O_4 - Fe_2O_3 - H_2O$ gezeigt, wie Eh-pH-Beziehungen aufgestellt werden. In Abb. 2.21 werden diese Beziehungen zur Konstruktion des entsprechenden Eh-pH-Diagramms benutzt.

2.9 Zur Ablauffähigkeit von Reaktionen

In § 2.5 wurden die Grundlagen zum chemischen Gleichgewicht behandelt und aufgezeigt, welche Voraussetzungen gegeben sein müssen, um die Gleichgewichtslage zu beeinflussen.

Nun werden in der Natur nicht immer Gleichgewichtszustände erreicht. Die Vielfalt der Erscheinungen in der Natur beruht gerade darauf, daß kinetische Hemmungen die Einstellung von Gleichgewichten be- und verhindern. Der Ablauf von chemischen Reaktionen (Kinetik) wie auch von physikalischen Verteilungen hängt demnach von vielen oft unbekannten Umständen ab. Thermodynamische Überlegungen helfen jedoch, zumindest die Richtung des durch Temperatur oder Druck beeinflußbaren Reaktionsablaufes zu ermitteln (vgl. § 6 und § 11).

Treibende Kräfte

Die treibenden Kräfte für alle in der Erde und auf ihrer Oberfläche stattfindenden Massetransporte sowie die in ihrer Folge ablaufenden chemischen und mineralogischen Umsetzungen sind Gradienten der Temperatur, mechanischen Energie, der chemischen Konzentrationen, des chemischen oder elektrochemischen Potentials (Tabelle 2.21).

Jedes chemische wie auch mechanische System ist nur im Zustand geringsten Energieinhaltes stabil. Abb. 2.22 veranschaulicht in einem mechanischen System eine stabile, metastabile und instabile Lage einer Kugel. Ähnliches gilt auch für Partner in chemischen Reaktionen oder Phasenumwandlungen, deren Gleichgewichtslage von Parametern wie P-T-X, ΔH_R und ΔS_R abhängig ist (vgl. § 2.5). So ist z. B. von mehreren möglichen Modifikationen eines Minerals bei gegebenen P-T-Bedingungen nur eine Modifikation thermodynamisch stabil, d. h. sie befindet sich im energetisch niedrigsten Zustand. Alle anderen Modifikationen sind meta- oder instabil, soweit nicht gerade Gleichgewichte zwischen zwei Modifikationen vorliegen.

Tabelle 2.21. Treibende Kräfte bei chemischen Reaktionen und Transportphänomenen

Vorgang	Gradient	
chemischer Umsatz	chemisches Potential	$-\operatorname{grad} \mu_i$
elektrochemischer Umsatz	elektrochemisches Potential	$-\operatorname{grad} \eta_i$
Diffusion	Konzentration	$-\operatorname{grad} c_i$
Wärmeleitung	Temperatur	$-1/T \operatorname{grad} T$
Transport im Potentialfeld	potentielle Energie	$-\operatorname{grad} \operatorname{Pot}_i$

Ein Gradient ist die Änderung der Größe y mit dem Ortsvektor x

$$-\operatorname{grad} y = \frac{dy}{dx}.$$

Unter dem chemischen Potential der Teilchensorte i wird der Gewinn an freier Enthalpie eines Systems verstanden,

$$\left(\frac{\partial \Delta G}{\partial n_i}\right)_{T,P,n_{j \neq i}} \equiv \mu_i,$$

dem ein Mol dieser Teilchensorte unter Konstanthaltung aller anderen Parameter, wie T, P, und der Molzahlen aller anderen chemischen Komponenten zugeführt wird.

Das elektrochemische Potential ist definiert als

$$\eta_i = \mu_i + z_i F \varphi$$

φ = elektrisches Potential
z_i = Ladungszahl der Ionen
F = Faraday-Konstante

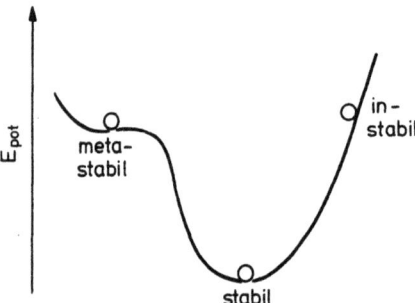

Abb. 2.22. Stabilitätslagen in einem mechanischen System

Die treibende Kraft bei der Wollastonitbildung (Tabelle 2.10) ist der Konzentrationsgradient des CO_2 in dem für CO_2 offenen System. Wenn CO_2 entweicht, ändert sich auch das chemische Potential des CO_2 in dem System. Beide gemeinsam bewirken den Reaktionsablauf, wobei das Entweichen des CO_2 den Grad des Umsatzes bestimmt.

Zur Ablauffähigkeit von Reaktionen

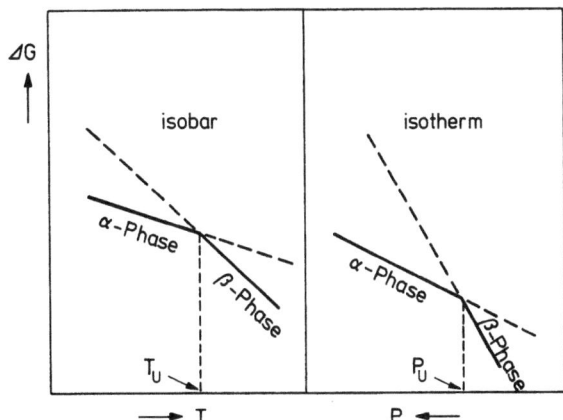

Abb. 2.23. Änderung der Gibbsschen Energie ΔG mit der Temperatur und dem Druck bei der enantiotropen Umwandlung einer α-Phase in eine β-Phase. T_u Umwandlungstemperatur; P_u Umwandlungsdruck

Den chemischen Systemen analoge Überlegungen gelten auch für rein mechanische Systeme, deren mechanische Energie φ sich wie folgt zusammensetzt:

$$\phi = VP + mgh + \tfrac{1}{2}mv^2. \tag{2.70}$$

Die mechanische Energie setzt sich hiernach zusammen aus einer Volumarbeit VP, einem potentiellen, mgh, und einem kinetischen Energieterm, $1/2\,mv^2$. Als Gleichgewichtsbedingung gilt:

$$d\phi = d(VP) + mgdh + mvdv = 0. \tag{2.71}$$

Dieser Ansatz z. B. beschreibt in einem Schwerefeld die Verteilung von unterschiedlich großen Teilchen in Schmelzen (geopetale Gefüge) und Molekülen unterschiedlicher Masse in der Atmosphäre (vgl. § 5.2).

Dem Zwang aller Systeme, Gleichgewichtslagen einzunehmen, wird auf unserem Planeten durch strömungsmechanische Prozesse entgegengewirkt. Die Energie für diese Prozesse wird in der Endosphäre (Erdinneres) dem Wärmeinhalt unseres Planeten (z. B. Magmatismus) entnommen und vom radioaktiven Zerfall des ^{40}K bzw. den Nukliden der Zerfallsreihen des ^{238}U und ^{232}Th (Tabelle 2.22) aufgebracht. Weitere, in der Größenordnung unbekannte, endogene Energien werden durch Umwandeln von Hochdruck- in Niederdruckmineralphasen freigesetzt.

Tabelle 2.22. Mittlere Gehalte von K, Th und U in Krusten- und Mantelgesteinen sowie die daraus resultierende Wärmeproduktionsrate. (Nach Sass 1977, Haack 1982)

	K/%	Th/ppm	U/ppm	Wärmeproduktionsrate μWm^{-3}
Granit	3,73	24,6	5,4	3,40
Granodiorit	2,34	12,4	3,1	1,87
Diorit	1,83	9,2	2,6	1,53
Gabbro	0,60	3,1	0,6	0,47
Intrusiva der oberen Kruste[a]	2,74	16,0	3,8	2,33
Granulit	2,34	4,9	0,56	0,72
Inselbogen-Andesit	1,23	4,1	0,98	0,65
Schiefer	2,7	12,0	4,0	2,1
Karbonatgestein	0,3	1,7	2,2	0,7
Dunit	0,001	0,02	0,005	0,004
Eklogit	0,1	0,15	0,04	0,04
ozeanischer Lherzolit	0,005	0,06	0,02	0,01

[a] 44 Vol% Granit + 34 Vol% Granodiorit + 9 Vol% Diorit + 13 Vol% Gabbro

Inhibition und Katalyse

Geochemische Systeme werden häufig von einer großen Anzahl von Parametern kontrolliert. Die wesentlichen Parameter werden meist nach dem Versuch- und -Irrtum-Verfahren herausgefunden. Augenfällig schlägt sich dieser Tatbestand in den zu Problemen stilisierten Fragestellungen nieder. So besagt z. B. das Dolomitproblem, daß die Dolomitbildung bei Temperaturen >150°C experimentell erreichbar ist, bei Temperaturen <100°C es bisher jedoch nicht gelungen ist, Dolomit zu synthetisieren, obwohl in der Natur die Dolomitisierung während der Diagenese von Kalkschlämmen und Karbonaten beobachtet wird (Bathurst 1975, Kubanek und Möller 1976). Eine Besonderheit von Vielkomponentensystemen ist generell, daß die initialen Schritte zur Bildung einer neuen Phase oder zur Gleichgewichtseinstellung kinetisch gehemmt sein können. Als Beispiele seien die Aragonit → Calcit-Umwandlung und die Sulfat-Reduktion erwähnt. Im einfachsten Fall erfolgt die Hemmung durch Adsorption und/oder Ionenaustausch in der Oberfläche, wobei sich metastabile Zustände herausbilden, die auch über geologisch signifikante Zeiträume erhalten bleiben können. So hängt die Kinetik der Umwandlung von Aragonit in Calcit von der Konzentration der Mg^{2+}-Ionen und der Ionenstärke in der Lösung ab (Bischoff 1968). Steigende Mg^{2+}-Ionenkonzentration inhibiert, steigende Ionenstärke fördert die Keimbildung des Calcits.

Sulfat und Kohlenwasserstoffe sollten sich unter Normalbedingungen bei Abwesenheit von Sauerstoff zu H_2S und CO_2 umsetzen. Thermodynamisch ist diese Reaktion möglich, da ΔG_R negativ ist (2.72). Experimentell ist es bisher nicht gelungen, die Sulfatreduktion unterhalb von 170 °C nachzuweisen. Es ist bisher noch unbekannt, worin die Hemmung der Reduktion besteht (Kiyosu 1980, Shanks et al. 1981).

$$CH_4 + SO_4^{2-} + 2H^+ = H_2S + CO_2 + 2H_2O \qquad (2.72)$$

$$\Delta G_R = \begin{cases} -24{,}4 \text{ kcal/Formelumsatz} \\ -102 \text{ kJ/Formelumsatz} \end{cases}$$

Im Gegensatz zur kinetischen Hemmung von Reaktionen stehen jene, die katalytisch ausgelöst werden. Der katalytisch wirksame Stoff, Ionensorte etc. tritt als Reaktionspartner in der Umsatzbilanz nicht auf. Er ist aber für die Beseitigung von kinetischen Hemmnissen erforderlich. Der wohl wichtigste Katalysator bei Feststoffreaktionen ist die Anwesenheit von Wasser. Viele Reaktionen laufen in Gegenwart von Wasser bei erheblich niedrigeren Temperaturen ab als bei dessen Abwesenheit. Oft reichen bereits geringe Mengen aus. Aus petrologischen Experimenten weiß man, daß Mineralreaktionen mit natürlichen, d. h. verunreinigten Ausgangsstoffen oft zügiger und bei niedrigeren Temperaturen und Drücken ablaufen als mit chemisch reinen Substanzen. Allgemein gilt, daß sich häufig die Anwesenheit von Wasser und/oder bestimmten Verunreinigungen positiv auf die Ablauffähigkeit von geochemischen Reaktionen auswirkt.

Die Mechanismen der kinetischen Hemmung und Katalyse in geochemisch relevanten Systemen sind bisher kaum untersucht worden.

Die Anwendung physikalisch-chemischer Grundsätze auf geochemische Systeme beinhaltet immer die Annahme, daß die untersuchten Systeme sich in Gleichgewichtszuständen befinden oder befanden. Würden aber alle Systeme immer nur in Gleichgewichtszuständen vorliegen, hätten wir heute keine Möglichkeit mehr, aus den gegenwärtigen Beobachtungen auf vergangene Zustände der zu untersuchenden Systeme zu schließen (vgl. § 11). Es ist die kinetische Hemmung vieler geochemischer Systeme, die uns den Einblick in die vergangenen Zustände eines Systems ermöglicht. Alle abgeleiteten P-T-X-Daten sind aber nur Informationen über Bedingungen, die sich auf dem Weg zwischen den maximalen P-T-X-Werten in der Vergangenheit und dem jetzigen Zustand des Systems eingestellt haben. Es wird angenommen, daß die ermittelten Daten nahezu die eingefrorenen Gleichgewichtszustände der gesuchten Ereignisse widerspiegeln, z. B. maximale Temperaturen bei der Metamorphose oder maximale Temperatur bei der Wechselwirkung von Gesteinen und Hydrothermen. Um diese Informationen abzuleiten, muß man davon ausgehen, daß sich die gesuchten Ereignisse überhaupt unter Gleichgewichtsbedingungen eingestellt haben und die charakteristischen P-T-X-Daten später nicht mehr verändert wurden. Nur unter diesen Bedingungen ist die thermodynamische Behandlung der Fragestellungen möglich. Die unter diesen Voraussetzungen abgeleiteten Grenzbedingungen für die angenommenen Gleichgewichtszustände in der Vergangenheit haben somit nur einen Modellcharakter.

2.10 Prozesse der Stoffdifferenzierung

Als Stoffdifferenzierung und Elementfraktionierung wird die relative Änderung im Gehalt von Verbindungen oder Elementen in einem Gemisch von Stoffen (Verbindungen, Mineralen) oder Elementen verstanden. Im Gegensatz zu „Anreicherung" und „Verarmung", Begriffen, die die Richtung der Veränderung relativ zu einem Bezugspunkt angeben, wird der Begriff Differenzierung und Fraktionierung für die Veränderung längs einer Zeitkoordinate ohne Richtungsandeutung für die stoffliche Änderung gebraucht. Betrachtet man Veränderungen der Isotopenzusammensetzung eines Elementes, so spricht man auch von der Isotopenverschiebung.

Formelmäßig lassen sich alle diese relativen Änderungen wie folgt ausdrücken:

$$\frac{(\text{Gehalt})_{\text{Probe}} - (\text{Gehalt})_{\text{Standard}}}{(\text{Gehalt})_{\text{Standard}}} = \begin{cases} \text{negativ:} & \text{Verarmung} \\ \text{positiv:} & \text{Anreicherung} \\ \text{ohne} & \text{Differenzierung} \\ \text{Vorzeichen:} & \text{Fraktionierung} \end{cases}$$

Stoffdifferenzierung findet zu jedem Zeitpunkt im Gefolge physikalischer, chemischer und biologischer Vorgänge statt. Wir unterscheiden daher physikalische von chemischen Fraktionierungsprozessen, je nachdem, ob überwiegend mechanische oder chemische Vorgänge die zu beobachtenden Wirkungen auslösen.

Physikalische Prozesse

Beim *Klassieren* erfolgt die Stofftrennung nach der Teilchengröße (bei einheitlicher Dichte), beim *Sortieren* nach dem spezifischen Gewicht (bei einheitlichem Korndurchmesser). Beide Vorgänge finden in bewegten Medien wie Luft und Wasser statt und sind in der Natur oft nicht voneinander zu trennen. Partikel gleicher Größe und Gestalt setzen sich aus bewegten Medien um so rascher ab, je größer ihre Dichte ist. Bei gleicher Dichte erfolgt das Absetzen der Teilchen mit Durchmesser $d < 0{,}18$ mm proportional d^2 und bei Teilchen mit $d > 0{,}18$ mm proportional $\sqrt{d}$. Als sedimentationsäquivalente Teilchen werden Partikel unterschiedlicher Dichte und Durchmesser bezeichnet, die sich bei der Sedimentation in Luft oder Wasser gleich verhalten, sich also während der Sedimentation nicht räumlich trennen: z. B. werden kugelige Partikel von Magnetit ($\rho = 5{,}18\,\text{g cm}^{-3}$) und Quarz ($\rho = 2{,}65\,\text{g cm}^{-3}$) beim Transport in Wasser nicht getrennt, wenn sie Partikelradien von 0,2 mm bzw. 0,5 mm haben (Friedman und Sanders 1978).

Bei der Bildung von Schwermineralseifen wird im wesentlichen nach der Dichte der Minerale getrennt. Die leichteren Bestandteile werden schneller aus dem Verwitterungsschutt herausgewaschen und über weitere Distanzen vom Wasser mitgenommen als die schwereren.

Beim Strom*klassieren* wird bei konstanter Dichte nach dem Teilchendurchmesser getrennt. So bilden sich z. B. räumlich getrennt Kies- und Sandvorkommen. Als Beispiele äolischer Sedimente sei der getrennte Absatz von Löß und Sand (Dünenbildung) erwähnt. Beide Sedimente sind das Ergebnis des Ausblasens des Verwitterungsschuttes.

Bei der *Seigerung* erfolgt das Absetzen von Kristallen konstanter Dichte in Schmelzen nach dem Mineraldurchmesser. Bei der *Sedimentation* aus einer Suspension erfolgt die Trennung nach Teilchendurchmessern bei ansonst konstanter Dichte der Partikel. Das Absetzen von Mineralen in quasi ruhenden Medien führt oft zu einem geopetalen Gefüge in gradierten Sedimenten und ihren Metamorphiten. Die Verteilung der Gase in der Atmosphäre erfolgt nach ihrer Molmasse. Wasserstoff wird weit außen, die schweren Gase wie CO_2 und Argon werden in Erdoberflächennähe angereichert (vgl. § 5.1).

Die *Filtration* basiert auf dem Klassieren sowie der chemischen Wechselwirkung von gelösten und suspendierten Anteilen mit dem Filtermaterial. Auf diese Weise werden z. B. bei der Uferfiltration von Oberflächenwasser auch Partikel (Kolloide) festgehalten, die auf Grund ihrer Größe ohne weiteres die Poren des Filtermaterials passieren könnten. Ionenaustausch und Ionenadsorption an Tonmineralen spielen bei der Aufarbeitung von Oberflächenwasser zu Grundwasser eine eminent wichtige Rolle.

Die *Diffusion* beschreibt die Wanderung von Teilchen in einem Konzentrationsgradientenfeld. Im Mittel verschiebt sich ein Teilchen in einem Kristall oder in einer ruhenden Porenlösung um x cm in t Sekunden nach:

$$x^2 = 2 D_{iff} t \tag{2.73}$$

D_{iff} = Diffusionskoeffizient/cm^2 s^{-1}
t = Zeit/s

Die Diffusionskoeffizienzen von Alkalien in Ionenkristallen sind sehr klein. Mit $D = 10^{-19}$ cm^2 s^{-1} als typischem Wert bei Erdoberflächentemperaturen folgt, daß in 10^9 Jahren eine mittlere Verschiebung eines Ions um nur 10^{-5} cm stattfindet. Erst bei Temperaturen kurz unterhalb des Schmelzpunktes der Minerale wird die Volumdiffusion bedeutungsvoll. Eine Ausnahme bilden hier Zeolithe und Schichtsilikate. In den großen Kanälen der Zeolithe können niedrig geladene Ionen sehr schnell wandern (Zeolithdiffusion). Die Zeolithe verhalten sich daher wie typische Harz-Ionenaustauscher.

Die Diffusion entlang den Oberflächen ist erheblich schneller als auf Korngrenzen und diese ist noch sehr viel schneller als im Gitter.

Bei Raumtemperatur beträgt der Diffusionskoeffizient in Lösungen etwa 10^{-5} cm^2 s^{-1}. Damit ergibt sich, daß sich Ionen in ruhenden Lösungen in ca. 28 h etwa 1 cm längs des Konzentrationsgradienten bewegen. Ist diese Lösung in Poren eingeschlossen, muß jedoch berücksichtigt werden, daß sich durch Adsorptions- und Desorptionsvorgänge am Wandmaterial die Wanderungsgeschwindigkeit ganz wesentlich verringern kann.

Chemisch-physikalische Prozesse

Durch *Kristallisieren* (Ausfällen, fest-flüssig Trennung) werden je nach Zusammensetzung der fluiden Phase unterschiedliche Feststoffe erhalten. Die vollständige Kristallisation einer Schmelze oder des in Lösung befindlichen Inhaltes führt im allgemeinen nicht zur räumlichen Trennung der unterschiedlichen Feststoffkomponenten. Das so erhaltene Gestein oder Sediment wird jedoch im Rahmen einer physikalischen Verwitterung in seine mineralischen Bestandteile zerlegt. Die Minerale werden nach dem spezifischen Gewicht sortiert oder nach Teilchendurchmesser klassiert.

Die *fraktionierte Kristallisation* führt zur Fraktionierung einzelner Elemente. Das Ergebnis der fraktionierten Kristallisation kann sich darin äußern, daß das betrachtete Element nur während einer begrenzten Kristallisationsperiode zur Mineralbildung beiträgt oder aber Bestandteil einer Mischkristallreihe ist, wobei es bevorzugt in eines der Endglieder eingebaut wird (vgl. § 8.5.1). In beiden Fällen ist das betrachtete Element nicht homogen über die Gesamtmasse der Feststoffe verteilt, sondern in einer Zone angereichert (z. B. in den wertmineralführenden Zonen von geologischen Körpern wie Pegmatiten). Die fraktionierte Kristallisation von Schmelzen und Abtrennung der Restschmelzen führt zur magmatischen Differentiation.

Die *isomorphe Substitution* (Mitfällung oder Diadochie) ist einer der wichtigsten Migrationsfaktoren für die weniger häufigen Elemente, die nur untergeordnet eigenständige Minerale bilden (vgl. § 8.4).

Das *Verdampfen* von Lösungen führt zur Bildung von Solen und Evaporiten als möglichen Rückständen und einer Gasphase. Als Tau oder Regen greift die kondensierte Gasphase durch Auslösen von chemischen Reaktionen während der Verwitterung in den desintegrierenden exogenen Prozeß ein. Neben den durch Energieeinstrahlung von der Sonne ausgelösten Verdampfungsvorgängen gibt es auch jene, die aus der Geothermik gespeist werden. Hierbei handelt es sich um die Exhalation von Gasen wie Wasserdampf und die Förderung von Lösungen in geothermal aktiven Regionen. Diese geothermalen (hydrothermalen) Lösungen entstehen durch Aufheizen von meteorischen Wässern in Zonen mit positiven Wärmeanomalien. Die in den Lösungen enthaltenen gelösten Bestandteile resultieren aus der Alteration der aufgeheizten permeablen Sedimente durch meteorische Wässer (Niederschläge) (vgl. § 6.5).

Die Umkehrung des Kristallisierens ist die *Auflösung* oder das *Aufschmelzen* von Feststoffen. Ein fraktioniertes Aufschmelzen, partielle Anatexis, ist eine der Ursachen für die chemische Vielfalt von Basalten und Alkaligesteinen.

Als *Fest-Fest-Trennungen* fallen interkristalline Entmischungen an, die über Rekristallisation, meist jedoch erst in Verbindung mit der Verwitterung, zur Stofftrennung, beitragen: z. B. Rutilentmischung in Ilmenit oder Perthitbildung. Flüssig-Flüssig-Trennungen treten z. B. bei der Entmischung von Karbonat- und Alkali-Silikatschmelzen auf und führen zur Ausbildung von Karbonatit-Alkali-Gesteinskomplexen.

Ionenaustausch zwischen Mineralen und migrierenden Lösungen führt zu Alterationen der Minerale bei tiefgreifender chemischer Änderung der Zusammensetzung von Mineralen, zu Metasomatose, wenn die Lösungen nicht mit den An- oder Kationen der angetroffenen Minerale im Gleichgewicht stehen, z. B.:

$$Na\text{-}Min + K^+ = K\text{-}Min + Na^+ \tag{2.74}$$

Na-Min bzw. K-Min = mineralgebundenes Na^+ bzw. K^+.

Parallel zum Ionenaustausch erfolgt auch immer ein Isotopenaustausch bei allen die Minerale aufbauenden Elementen.

Bei der Adsorption werden Atome, Ionen oder Moleküle aus der fluiden Phase an der Oberfläche einer Festphase angereichert. Je nach Bindung wird *Physisorption* (schwache van der Waalssche Bindung) oder *Chemiesorption* (starke Bindung) möglich. Dementsprechend erfolgt die Desorption leicht bei physisorbierten und nur unter Energiezufuhr bei chemiesorbierten Teilchen.

Vertiefende Literatur

Fraser (1977), Garrels und Christ (1965), Henderson (1982), Krauskopf (1967 a, b), Meyer (1968), Pauling (1960), Robie und Waldbaum (1968), Robie et al. (1979), Rösler und Lange (1976), Weast (1983), Zemann (1969).

3 Chemie der Silikate

Silikate und Quarz sind am Aufbau der Erdkruste mit über 97% beteiligt. Diese Gruppe von Mineralen überdeckt ein weites Spektrum von physikalischen Eigenschaften. Sie sind faserig (Asbest), schichtig (Glimmer), kompakt (Feldspäte), weich (Talk), hart (Quarz), tiefblau (Lapis Lazuli), tiefrot (Granat), feinkörnig (Quarzsand, Tonminerale), grobkörnig (Quarz und Feldspäte in Graniten) etc. Bedingt durch die vielfältigen physikalischen Eigenschaften werden sie für viele industrielle Zwecke genutzt (Glas, Porzellan, Töpferware, Beton).

Basis aller Silikate ist der SiO_4-Tetraeder. Er besteht im wesentlichen aus Sauerstoff-Ionen, die den größten Teil des vom Molekül beanspruchten Volumens einnehmen. Bedingt durch das Verhältnis $R_{Si}/R_O = 0{,}36$ (VI) oder $0{,}26$ (IV) bevorzugt Silizium den Sauerstoff-Tetraeder, während mit $R_{Al}/R_O = 0{,}46$ (VI) bzw. $0{,}36$ (IV) Aluminium Sauerstoff-Tetraeder wie auch Oktaeder einnimmt (vgl. Abb. 2.12). Während Silizium in Silikaten ausschließlich in tetraedischer Konfiguration angetroffen wird, kann Aluminium sowohl Silizium in Tetraedern als auch andere Kationen in Oktaedern substituieren.

3.1 Strukturelle Klassifikation der Silikate

Orthosilikate, *Nesosilikate,* sind aus isolierten SiO_4-Tetraedern aufgebaut. Die Tetraeder sind relativ zu einer Ebene mit ihren Spitzen nach beiden Seiten zur Basisebene hin ausgerichtet. Sauerstoff ist annähernd hexagonal dicht gepackt, mit Kationen in allen Oktaederlücken.

Beispiele: Olivin: $(Mg^{VI}, Fe^{VI})_2 SiO_4$ oder

Granat: $A_3^{VIII} B_2^{VI} (SiO_4)_3$

mit $A = Mg^{2+}, Fe^{2+}, Mn^{2+}, Ca^{2+}$

$B = Al^{3+}, Fe^{3+}, Cr^{3+}, V^{3+}$

z. B.: Pyrop $Mg_3 Al_2 (SiO_4)_3$

Wegen ihres kompakten Aufbaus haben die Nesosilikate eine hohe Dichte ($\rho = 3{,}5 - 4{,}3$ gcm^{-3}) und sind unter hohen Drücken stabil. Daher sind sie wesentliche Bestandteile der Unterkruste und des Mantels (vgl. § 5.4.1 und § 5.4.2). Sie zeigen schlechte Spaltbarkeit und haben Härten von 6–7,5 auf der Mohs-Skala. SiO$_4$ wird nicht durch AlO$_4$ substituiert.

Sorosilikate bilden sich durch Kondensation von monomeren Silikatanionen (Abb. 3.1)

$$2\,\mathrm{SiO_4^{4-}} + 2\,\mathrm{H^+} \to \mathrm{Si_2O_7^{6-}} + \mathrm{H_2O}\,. \tag{3.1}$$

Es gibt nur wenige Silikate dieser Klasse; als gesteinsbildende Minerale treten sie nur untergeordnet (Melilithe, Epidot, Vesuvian) auf. Beispiele für Sorosilikate sind:

Hemimorphit Zn$_4$[Si$_2$O$_7$|(OH)$_2$] · H$_2$O

Thortveitit (Sc, Y)$_2$[Si$_2$O$_7$] .

Bei den Sorosilikaten ist die Substitution von SiO$_4$- durch AlO$_4$-Tetraeder unbekannt. Sie zeigen wie die Nesosilikate schlechte Spaltbarkeit.

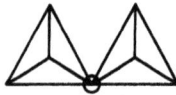

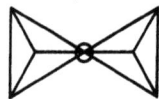

Abb. 3.1. Sorosilikatanion: Si$_2$O$_7^{6-}$

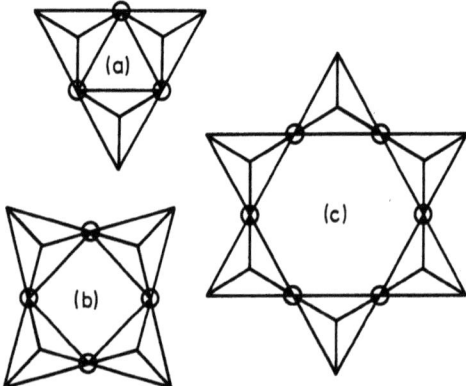

Abb. 3.2a–c. Cyclosilikatanionen: **a** (SiO$_3$)$_3^{6-}$; **b** (SiO$_3$)$_4^{8-}$; **c** (SiO$_3$)$_6^{12-}$

Cyclosilikate entstehen durch zyklische Kondensation von n SiO$_4$-Tetraedern (Abb. 3.2):

$$\text{n SiO}_4^{4-} + 2\text{n H}^+ = (\text{SiO}_3)_n^{2n-} + \text{n H}_2\text{O} \, . \tag{3.2}$$

Beispiele für Cyclosilikate sind:

Benitoid BaTi[Si$_3$O$_9$]

Ekanit K(Ca, Na)$_2$Th[Si$_8$O$_{20}$]

Beryll Al$_2$Be$_3$[Si$_6$O$_{18}$].

Häufige Minerale mit Sechserringen sind neben Beryll

Cordierit Mg$_2$Al$_3$[AlSi$_5$O$_{18}$]

Turmalin NaFe$_3^{2+}$(Al, Fe^{3+})$_6$[Si$_6$O$_{18}$ | (BO$_3$)$_3$ | (OH)$_4$].
(Schörl)

In den Sechserringen wird erstmals in nennenswertem Maße SiO$_4$ durch AlO$_4$ substituiert. Im Turmalin sind die Si$_6$O$_{18}$-Ringe und die Gruppierung (4 OH + 3 BO$_3$) in verschiedenen Ebenen angeordnet. Alle SiO$_4$-Tetraeder sind nach einer Seite hin ausgerichtet.

Die Spaltbarkeit liegt quer zum säuligen Aufbau, also in der Ebene der Ringe. Die Dichten betragen $\rho = 2{,}7 - 3{,}2 \text{ g cm}^{-3}$, die Härten 7 – 8 auf der Mohs-Skala.

Die Kondensation zu unendlichen Einfachketten führt zu *Inosilikaten* (Abb. 3.3)

$$2\text{n SiO}_4^{4-} + 4\text{n H}^+ = (\text{Si}_2\text{O}_6)_n^{4n-} + 2\text{n H}_2\text{O} \, . \tag{3.3}$$

Die sich in c-Achsenrichtung erstreckenden Ketten der Pyroxene werden durch Kationen zusammengehalten. Alle Tetraeder einer Kette sind gleich ausgerichtet.

Beispiele für Pyroxene sind:

Diopsid Ca Mg[Si$_2$O$_6$]

Augit Ca(Mg, Al, Fe)(Si, Al)$_2$O$_6$

Spodumen LiAl[Si$_2$O$_6$].

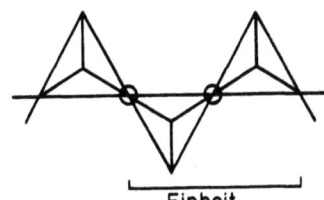

Abb. 3.3. Inosilikatanion: Einfachkette in Pyroxenen, (Si$_2$O$_6$)$_n^{4n-}$

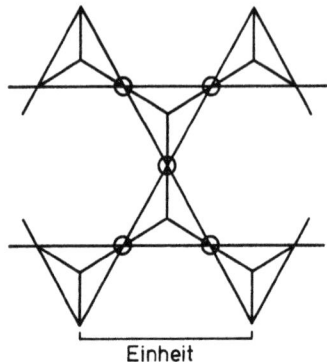

Abb. 3.4. Inosilikatanion: Doppelkette in Amphibolen, $(Si_4O_{11})_n^{6n-}$

Einheit

Augit ist dem Diopsid strukturell sehr ähnlich, enthält jedoch AlAl und FeAl anstelle von MgSi.

Pyroxene haben Härten von 5–6 und Dichten von 2,9–3,9 g cm^{-2} der Mohs-Skala. Sie sind längs den Ketten (87°) spaltbar. Oft ist die Spaltbarkeit schlecht ausgeprägt. Die Einheit der Kettenlänge kann 2, 3, 4, 5, 6, 7 und 12 Tetraeder umfassen.

Die Kondensation zu unendlichen Doppelketten erfolgt nach der Reaktion (Abb. 3.4)

$$n(4\,SiO_4^{4-} + 10\,H^+) = (Si_4O_{11})_n^{6n-} + 5\,nH_2O \,. \tag{3.4}$$

In den in c-Achsenrichtung verlaufenden Ketten der Amphibole sind alle Tetraeder nach einer Seite ausgerichtet. Die Doppelketten werden durch Kationen zusammengehalten. Die Spaltbarkeit unter 124° bzw. 56° längs der Bänder ist besser ausgeprägt als bei den Pyroxenen, da die Doppelketten weniger fest durch Kationen miteinander verbunden sind. Die Dichten betragen 2,8–3,6 g cm^{-3}. Die Härten liegen bei 5–6 auf der Mohs-Skala. Neben Doppelketten sind Dreier- und Sechserketten bekannt.

Beispiele für Amphibole sind:

Tremolit $\quad Ca_2Mg_5[Si_8O_{22}|(OH)_2]$

Hornblende $\quad Ca_2Na(Mg,Fe)_4[(SiAl)_4O_{11}|OH]_2$.

Phyllosilikate (Schichtsilikate) entstehen durch fortgesetzte Kondensation in 2 Dimensionen (Abb. 3.5). Alle Tetraeder innerhalb einer Schicht sind nach einer Seite ausgerichtet

$$4n\,SiO_4^{4-} + 12n\,H^+ = (Si_4O_{10})_n^{4n-} + 6n\,H_2O \,. \tag{3.5}$$

Da die Stapelung der Silikatschichten auf unterschiedliche Weise erfolgt, werden einige charakteristische Minerale diskutiert.

Abb. 3.5. Phyllosilikatanion: $(Si_4O_{10})_n^{4n-}$

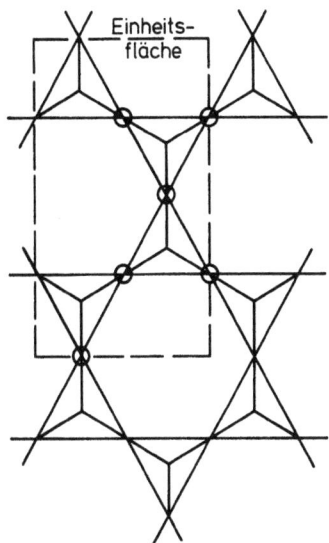

● Si^{4+}, Al^{3+} (KOZ IV); ● Mg^{2+}, Al^{3+} (KOZ VI); ○ OH^-; ⊗ K^+; ◉ H_2O;

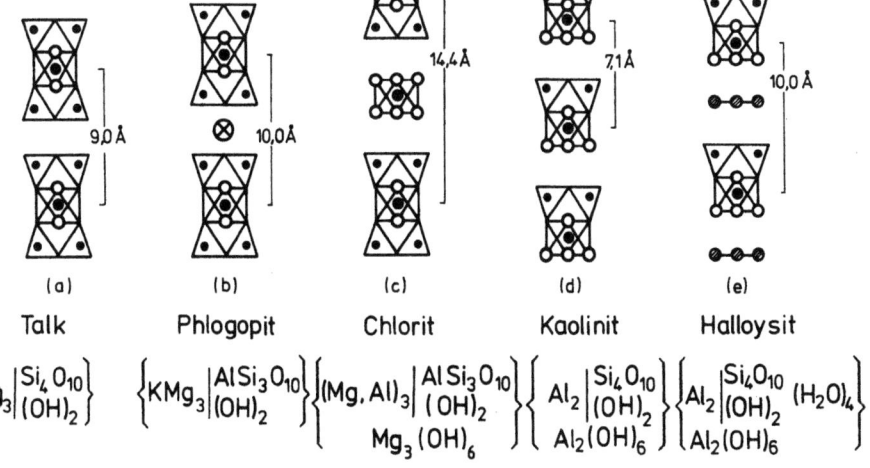

Abb. 3.6a – e. Schematischer Aufbau einiger Schichtsilikate

Talk: Sandwich-Struktur, in der je 2 Tetraederschichten mit ihren Spitzen zueinander durch ($3\,Mg^{2+} + 2\,OH^-$) pro Sechsring verbunden werden. Die OH-Ionen liegen in den hexagonalen Löchern (Abb. 2.9 und 3.6). Die Mg^{2+} befinden sich in Sauerstoff-Oktaedern, die eine hexagonal-dichteste Kugelpackung bilden. Der Ladungsausgleich erfolgt innerhalb eines jeden Sandwiches. Pro Formeleinheit ist formal ein Molekül Brucit $Mg(OH)_2$ enthalten. Nur van der Waalssche Kräfte binden die Sandwich-Schichten zusammen, was dazu führt, daß sie gut aufeinander gleiten können. Die Bindungen innerhalb der Schichten sind mit denen bei Pyroxenen und Amphibolen vergleichbar. Wegen der geringen Bindung der Sandwich-Schichten untereinander ist die Härte der Minerale dieser Struktur gering: 1 – 3 auf der Mohs-Skala.

Glimmer: Typische Vertreter sind:

Phlogopit $KMg_3[AlSi_3O_{10}\,|\,(OH)_2]$

Biotit $K(Mg, Fe^{2+})_3[(Al, Fe^{3+})Si_3O_{10}\,|\,(OH)_2]$

Muskovit $K(Al)_2[AlSi_3O_{10}\,|\,(OH, F)_2]$

Margarit $CaAl_2[Al_2Si_2O_{10}\,|\,(OH)_2]$.

Sie sind aus der Formel für Talk bzw. Pyrophyllit durch Substitution von K – Al für Si bzw. Ca – Al$_2$ für Si$_2$ ableitbar. Der Aufbau ist dem des Talks ähnlich, jedoch gehen die K^+- oder Ca^{2+}-Ionen zwischen die Sandwich-Schichten (Abb. 3.6.). Jede Sandwich-Schicht hat n bzw. 2n negative Ladungen, die durch n K^+ bzw. Ca^{2+}-Ionen zwischen den Sandwiches ausgeglichen werden.

Die Unterschiede in den Ladungsverteilungen zwischen den Sandwich-Schichten bestimmen die Eigenschaften: Talk läßt sich plastisch deformieren, Glimmer sind dagegen elastisch (K^+ zwischen den Schichten), die Substitution von 2 Si durch CaAl$_2$ führt zu Sprödigkeit (Sprödglimmer mit Ca^{2+} zwischen den Schichten). Da die negative Nettoladung sich räumlich über 4 (Biotit, Muskovit) bzw. 2 (Margarit) SiO$_4$-Tetraeder erstreckt, gehen nur die größten Kationen in die Sandwich-Zwischenschichten, da nach Pauling (1960) große Anionen sich nur um große Kationen scharen, um die Abstoßung untereinander zu reduzieren (vgl. 2.3). Die K^+, Ca^{2+}-Ionen liegen zwischen 2 übereinander aufgebauten Sechserringen und haben die Koordinationszahl XII. Die Ionen in den Zwischenschichten verhindern das Gleiten der Schichten (vgl. Abb. 2.9).

Tonminerale sind die typischen Vertreter von Phyllosilikaten in Böden, Sedimenten und Sedimentiten. Sie werden unter den P – T-Bedingungen der Erdoberfläche gebildet. Tonminerale sind feinkristalline bis submikroskopische Schichtsilikate mit sehr verschiedenen Strukturen.

Allen gemein ist, daß sie sich aus einseitig ausgerichteten Tetraederschichten aufbauen, von denen entweder zwei über OH-führende Oktaederschichten verknüpft sind oder einzeln valenzmäßig gesättigt werden. Dadurch ergeben sich verschiedene Strukturschemata (Abb. 3.6). Ausgehend von Talk (a) erhält man durch Substitution von K – Al für Si Glimmer (b), deren große wasserfreie Kationen zwischen den Sandwich-Schichten liegen. In den Chloriten und Sudoiten werden statt der wasserfreien großen Kationen aquatisierte kleine Ionen (Mg^{2+} oder Al^{3+}) in Form von Brucit und Gibbsitschichten eingelagert (c).

Diesem Mineralaufbau steht der des Kaolinits (d) und Halloysits (e) gegenüber, die sich aus einer Folge von Tetraederschichten und OH-gesättigten Oktaederschichten zusammensetzen. Im Halloysit sind außerdem noch H_2O-Schichten eingelagert.

Tektosilikate und Siliziumdioxid bestehen aus einem starren Netzwerk, in dem alle Tetraeder-Sauerstoffe miteinander verknüpft sind.

$$n\, SiO_4^{4-} + 4n\, H^+ = (SiO_2)_n + 2n\, H_2O\, . \qquad (3.6)$$

Die Polymerisation von SiO_4^{4-} in Lösung führt über Kolloide, Gele zu feinst-kristallinen wasserhaltigen Produkten wie Opal und entwässertem kryptokristallinem Chert, Flint und Chalcedon.

Quarz, Tridymit und Cristobalit haben ein sehr weiträumiges, offenes Gitter mit gerichteten kovalenten Bindungen. Quarz ist eines der häufigsten Minerale in der Erdkruste im Gegensatz zum Olivin, der als dichtes Mineral typisch für den Erdmantel ist (vgl. § 2.4).

Durch Substitution von Na – Al, K – Al für Si bzw. Ca – Al_2 für Si_2 leiten sich die Feldspäte und Feldspatoide (Feldspatvertreter) ab. Feldspatoide bilden sich, wenn das Magma zu wenig SiO_2 enthält, um Al_2O_3 ausschließlich in Feldspäten zu binden. Sie kommen daher nie gemeinsam mit primärem Quarz vor. Die Kationen in diesen weiten Gittern sind auf die Hohlräume im Netzwerk verteilt.

Feldspäte machen ca. 60% des Volumens der Erdkruste aus. Die wichtigsten Vertreter sind:

Orthoklas	$K[AlSi_3O_8]$	Im Temperaturbereich > 900 K Mischkristallbildung
Albit	$Na[AlSi_3O_8]$	Plagioklas Reihe
Anorthit	$Ca[Al_2Si_2O_8]$	

Häufige Feldspatoide sind:

| Leucit | $KAlSi_2O_6$ | in Vulkaniten |
| Nephelin | $Na_3K[AlSiO_4]_4$ | in Vulkaniten und Plutoniten. |

Feldspäte und Feldspatoide haben gute Spaltbarkeit, die SiO_2-Modifikationen sind nicht spaltbar. Die Dichten der Tektosilikate liegen zwischen $2,6-2,8$ g cm^{-3} und die Härten bei $5-7$ auf der Mohs-Skala.

3.2 Fe^{2+}-Mg^{2+}-Verteilung in kogenetischen Silikaten

Die Verteilung der Fe^{2+}- und Mg^{2+}-Ionen auf im Gleichgewicht kristallisierende Silikat-Minerale erweist sich als ein sensibler Indikator für die Ladungsverteilung im Anionengitter der Silikate. Fe^{2+}- und Mg^{2+}-Io-

Tabelle 3.1. Ionenradius und Elektronegativität von Fe^{2+}- und Mg^{2+}-Ionen

	Ionenradius 10^{-10}m		Elektronegativität χ
Fe^{2+}	0,71 (IVH)	0,69 (VIL)	1,64
		0,86 (VIL)	
Mg^{2+}	0,66 (IV)	0,80 (VI)	1,23

H und L als Zusatz zur Koordinationszahl kennzeichnen high und low Spin-Anordnung der Elektronen
Mg^{2+} ist elektropositiver (weniger elektronegativ) als Fe^{2+}

$$
\begin{array}{c}
O^- \\
| \\
O^- - Si - O^- \\
| \\
O^-
\end{array}
\rightleftharpoons
\begin{array}{c}
O^- \\
| \\
O^{(1+\delta)-} \overset{\delta^+}{\leftarrow} Si - O^- \\
| \\
O^-
\end{array}
\rightleftharpoons
\begin{array}{c}
O^- \\
| \\
O^{(1+\delta)-} \overset{2\delta^+}{\leftarrow} Si \rightarrow O^{(1+\delta)-} \\
| \\
O^-
\end{array}
$$

$$\updownarrow \qquad \updownarrow \qquad \updownarrow$$

$$
\begin{array}{c}
O^- \\
| \\
O^- - Si = O \\
| \\
O^-
\end{array}
\rightleftharpoons
\begin{array}{c}
O^{(1+\delta)-} \\
| \\
O = Si \overset{(1-2\delta)-}{=} O \\
| \\
O_{(1+\delta)-}
\end{array}
\rightleftharpoons
\begin{array}{c}
O^{(1+\delta)-} \\
| \\
O^{(1+\delta)-} \overset{(1-2\delta)-}{\leftarrow} Si = O \\
| \\
O^-
\end{array}
$$

$$0 < \delta \ll 1$$

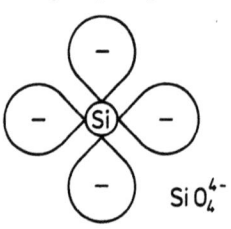

SiO_4^{4-}

Abb. 3.7. Mesomere Grenzzustände im Orthosilikatanion und schematische Darstellung der Elektronenverteilung zwischen Silizium und Sauerstoff. Die tropfenförmige Darstellung des Sauerstoffs soll andeuten, daß die Elektronenverteilung um den Sauerstoff zum Silizium hin verzerrt ist

nen haben vergleichbare effektive Ionenradien und ähnliche Elektronegativitäten (Tabelle 3.1). Die Elektronegativitätsdifferenz $\chi_{Si} - \chi_O$ läßt auf etwa 40% Ionenbindungsanteil schließen (Tabelle 2.4), d. h. die Si–O-Bindung ist überwiegend, bis zu ca. 60%, kovalenter Natur. Sie läßt sich formal durch eine Vielzahl mesomerer Grenzzustände beschreiben (Abb. 3.7). Der partielle Doppelbindungscharakter führt zu einem verringerten Si–O-Bindungsabstand. Die Überlagerung dieser Zustände läßt sich auch als Polarisation der gebundenen endständigen Sauerstoffe beschreiben. Anschaulich gesprochen sind die Sauerstoffe auf der dem Silizium abgewandten Seite positiviert und damit elektronegativer als auf der dem Silizium zugewandten. Die Silikat-Metallionen-Bindungen erhalten so eine ausgeprägt ionische Natur.

Für die Si–O–Si-Bindung ergibt sich ebenfalls eine Vielzahl von mesomeren Grenzzuständen (Abb. 3.8). Der Brückensauerstoff in den Metasilikaten zieht Elektronen vom Silizium an. Das Silizium partizipiert daher stärker an den Elektronen der endständigen Sauerstoffe. Dadurch werden letztere auf der dem Silizium abgewandten Seite noch

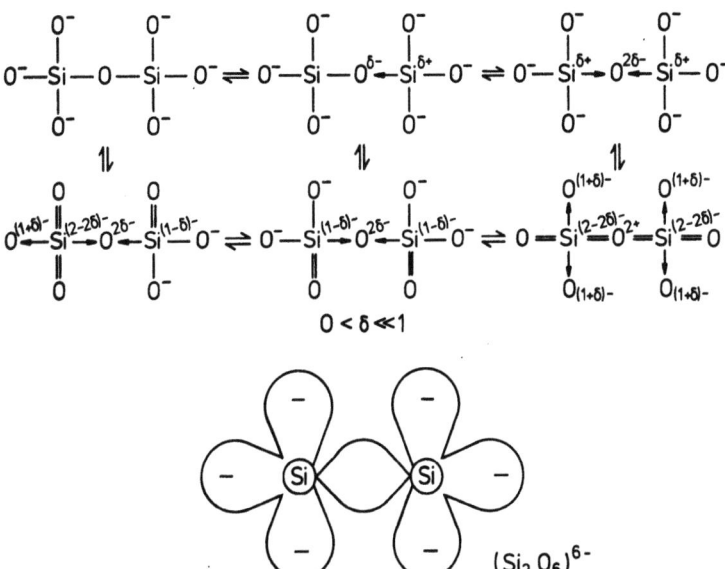

Abb. 3.8. Mesomere Grenzzustände im Metasilikatanion und schematische Darstellung der Elektronenverteilung zwischen Silizium und Sauerstoff. Der Brückensauerstoff ist ziemlich ionogen und teilt seine Elektronen weniger mit dem Silizium als die endständigen Sauerstoffe. Diese wiederum teilen ihre Elektronen intensiver mit dem Silizium in Metasilikaten als im Orthosilikatanion (Abb. 3.7), weshalb ihre Verknüpfung auch breiter gezeichnet wurde

stärker positiviert als in den Orthosilikaten. Sie sind daher auch stärker elektronegativer, als es in den Orthosilikaten der Fall ist. In den Metasilikaten (kondensierte Silikate) geht der Doppelbindungsanteil bevorzugt auf die außenstehenden Sauerstoffe über, also jene, die von den zu bindenden Kationen gesehen werden. Die elektropositiveren Kationen (vgl. § 2.1) werden von den elektronegativeren Sauerstoffionen angezogen. Da Mg^{2+} elektropositiver als Fe^{2+} ist (Tabelle 3.1), werden Mg^{2+}-Ionen etwas bevorzugt von dem Metasilikat, Fe^{2+} von dem Orthosilikat eingebaut. Dies gilt jedoch nur, wenn beide Silikatphasen gleichzeitig kristallisieren − also kogenetisch sind − und es zu einer Gleichgewichtsverteilung von Mg^{2+}- und Fe^{2+}-Ionen auf beiden Phasen kommt. So ist der Molenbruch der Mg^{2+} in Orthopyroxenen stets größer als in kogenetischen Olivinen (Ramberg und DeVore 1951). Der elektronegative Charakter der außenstehenden Sauerstoffatome nimmt mit dem Aufbau der Doppelkettensilikate weiter zu und erreicht bei den Schichtsilikaten sein höchstes Ausmaß. Daraus erklärt sich auch die bevorzugte Aufnahme von Mg^{2+} gegenüber Fe^{2+} in Silikaten mit steigender Vernetzung. Schichtsilikate vom Typ des Talks nehmen keine Fe^{2+}-Ionen, sondern nur noch $Mg^{2\pm}$ (Talk) oder Al^{3+}-Ionen (Pyrophyllit) auf.

Der stark elektronegative Charakter der außenstehenden Sauerstoffatome macht auch die Azidizitätszunahme der polymeren Kieselsäure verständlich. Die Polarisierung des Sauerstoffs wirkt sich auf die O−H-Bindung aus, indem diese leichter dissoziiert. Die Zunahme der Azidizität erfolgt in der Reihe

$H_4SiO_4 < H_2SiO_3 < H_{14}Si_8O_{22}(OH)_2 < H_6Si_4O_{10}(OH)_2$.

Die erste Dissoziationskonstante für H_4SiO_4 beträgt $K_1 = 2{,}2 \cdot 10^{-10}$, diejenige für kolloidale Kieselsäure jedoch $2{,}3 \cdot 10^{-4}$. Ähnliche Änderungen der Azidizität kennt man auch bei anderen Säuren und ihren Polymeren; z. B. betragen die ersten Dissoziationskonstanten

für Orthophosphorsäure H_3PO_4 $K_1 = 7{,}5 \cdot 10^{-3}$,
für Pyrophosphorsäure $H_4P_2O_7$ $K_1 = 1{,}4 \cdot 10^{-1}$.

Die Substitution von SiO_4 durch AlO_4 führt zu einer Änderung der Ionenbindungsanteile. Aus der Elektronegativitätsdifferenz, $\chi_{Al} - \chi_O$, folgt nur noch 50% kovalenter Anteil (Tabelle 2.4) gegenüber 60% für die Si−O-Bindung. Die Substitution von Si durch Al hat also einen direkten Einfluß auf die effektive Elektronegativität der außenstehenden Sauerstoffionen, indem diese im Mittel verringert wird.

Wie bereits besprochen, wird SiO_4 in Orthosilikaten nicht durch AlO_4 substituiert (vgl. 3.1). Mit Zunahme der Polymerisation jedoch nimmt die Möglichkeit zur Substitution zu, bis in Tektosilikaten bis zu

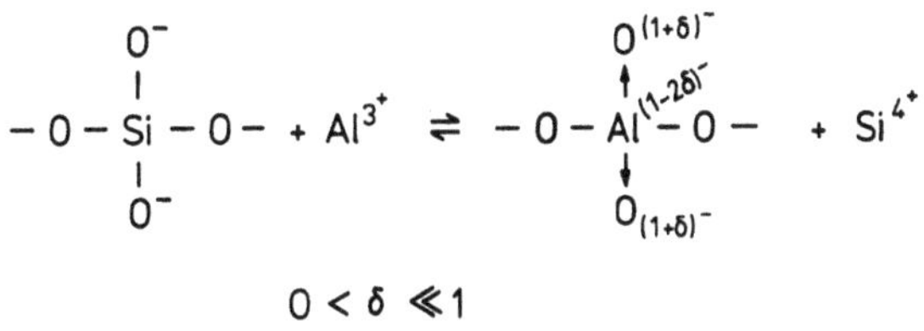

$$-\text{O} - \underset{|}{\overset{|}{\text{Si}}} - \text{O} - + \text{Al}^{3+} \rightleftharpoons -\text{O} - \underset{\downarrow}{\overset{\uparrow}{\text{Al}^{(1-2\delta)-}}} - \text{O} - + \text{Si}^{4+}$$

with O^- and $\text{O}^{(1+\delta)-}$ terminal oxygens.

$$0 < \delta \ll 1$$

Abb. 3.9. Schematische Darstellung der durch Aluminium-Substitution in Silikaten eintretenden Veränderung in der Elektronegativität der endständigen Sauerstoffe. Da die Sauerstoffe im Aluminat einen negativeren Charakter haben als im Silikat, wird durch sie bei der Substitution in Silikaten die Elektronegativität aller endständigen Sauerstoffe im Mittel erniedrigt

50% des Si ersetzt werden. AlO_4 substituiert um so eher SiO_4, je elektronegativer die Sauerstoffe um tetraedrische Positionen werden, oder AlO_4 geht bevorzugt in Schicht- und Tektosilikate. Durch den Einbau von AlO_4 sinkt im Mittel die Elektronegativität der außenständigen Sauerstoffe. Dies wird verständlich, wenn man berücksichtigt, in welcher Weise sich die Elektronegativität der endständigen Sauerstoffe im Aluminat- gegenüber dem Silikation verändert (Abb. 3.9). Ersetzt man das weniger elektropositive Silizium durch das stärker elektropositive Aluminium, so werden die resultierenden Al–O-Bindungen stärker ionisch, der Sauerstoff wird damit negativiert, d. h. weniger elektronegativ. Dieser weniger elektronegative Sauerstoff vermag auch weniger elektropositive Kationen wie Fe^{2+} zu binden. Daraus erklärt sich, warum das $\text{Fe}^{2+}/\text{Mg}^{2+}$-Verhältnis in Aluminosilikaten gegenüber den Silikaten vergleichbarer Struktur ansteigt,

z. B. Talk (eisenfrei)   Biotit

$\text{Mg}_3[\text{Si}_4\text{O}_{10}|(\text{OH})_2]$ $\text{K}(\text{Mg},\text{Fe}^{2+})_3[\text{AlSi}_3\text{O}_{10}|(\text{OH})_2]$.

Die Elektronegativitätsüberlegungen für den endständigen Sauerstoff in Silikaten führen somit zu einer Begründung für das Verhalten der Metallionen. Die Verteilung der Metallionen auf die verschiedenen Silikate ist demnach von der Ionengröße und damit verknüpft von der Elektronegativität der Metalle abhängig (vgl. 2.1). Die elektropositivsten Metallionen wie K^+, Na^+, Cs^+ verbinden sich nur mit den elektronegativsten Sauerstoffen. Sie gehen daher in die Tektosilikate und in die Zwischenschichten der Phyllosilikate. Die weniger elektropositiven Metallionen, wie Fe^{2+}, Mg^{2+}, verbinden sich bevorzugt mit den weniger elektronegativen Sauerstoffen der Meta- und Orthosilikate, wobei Fe^{2+} unter Gleichgewichtsbedingungen die weniger kondensierten Silikate bevorzugt. Da durch Substitution von SiO_4 durch AlO_4-Tetraeder die außenstehenden Sauerstoffe weniger elektronegativ werden, steigt die Tendenz für die Aufnahme von Mg^{2+} und Fe^{2+} in den Aluminosilikaten (Tabelle 3.2).

Tabelle 3.2. Qualitative Angabe über die Verteilung der angegebenen Kationen auf die unterschiedlichen Silikatstrukturen: $^+$ kommt vor; $^{++}$ ist häufig

		Tekto-	Phyllo-	Ino-	Soro-	Neso-
		Silikate				
Zunahme der Elektronegativität ↓	Cs^+, Rb^+, K^+	+ +	+ +			
	Na^+	+ +	+ +	+		
	Ca^{2+}	+ +	+ +	+ +	+ +	+
	Mg^{2+}		+ +	+ +	+ +	+ +
	Fe^{2+}		+	+ +	+ +	+ +

Vertiefende Literatur

Ramberg (1952), Ramberg und DeVore (1951), Ramdohr und Strunz (1978), Rösler (1981), Schröcke und Weiner (1981)

4 Zusammensetzung der Materie

Wegen der Größe des Systems ist uns die Erde nur oberflächlich zugänglich (ca. 10 km in wenigen Bohrlöchern und bis zu 11 km in Tiefseegräben). In der Erforschung der Atmosphäre sind uns durch die Raketentechnik keine Grenzen mehr gesetzt.

Der größte Teil der festen Erde ist – und bleibt wohl auch – der direkten chemischen Untersuchung entzogen. Will man die mittlere stoffliche Zusammensetzung der Erde erfassen, so ist es naheliegend, über Bildung und Zusammensetzung der Materie im Sonnensystem nachzudenken. Die Beschreibung der Entstehung der gegenwärtigen Materie muß aber unterschieden werden von den spekulativen Ansätzen über ihren Ursprung. Letzteres ist Aufgabe von Kosmologien.

4.1 Systematik der Atomkerne und Häufigkeitsverteilung der Elemente

Wir stellen uns heute die Atomkerne im wesentlichen aus Nukleonen aufgebaut vor. Ein Nukleon tritt sowohl in Form eines Protons als auch eines Neutrons auf, wobei der Übergang durch Austausch eines Myons (schweres Elektron) erfolgt. Die Myonen bilden somit den Kitt zwischen Protonen und Neutronen in einem Atomkern.

Zählt man in einer Nuklidkarte die stabilen Nuklide aus und ordnet sie nach geraden bzw. ungeraden Neutronen- und Protonenzahlen, so wird man feststellen, daß es 164 Kerne mit geraden Protonen- und Neutronenzahlen gibt, 55 mit geraden Protonen- und ungeraden Neutronenzahlen, 50 mit ungeraden Protonen- und geraden Neutronenzahlen und nur 4 mit ungeraden Protonen- und Neutronenzahlen. Die überwiegende Anzahl der Nuklide ist demnach geradzahlig aufgebaut. Unter ihnen befinden sich die in der Natur äußerst wichtigen Elemente Sauerstoff und Silizium, die zusammen etwa 75% der Krustenmaterie ausmachen. Die vier aus ungeraden Protonen- und Neutronenzahlen zusammengesetzten Kerne sind ^1_1H, ^6_3Li, $^{10}_5B$ und $^{14}_7N$, also alles leichte Elemente. Es

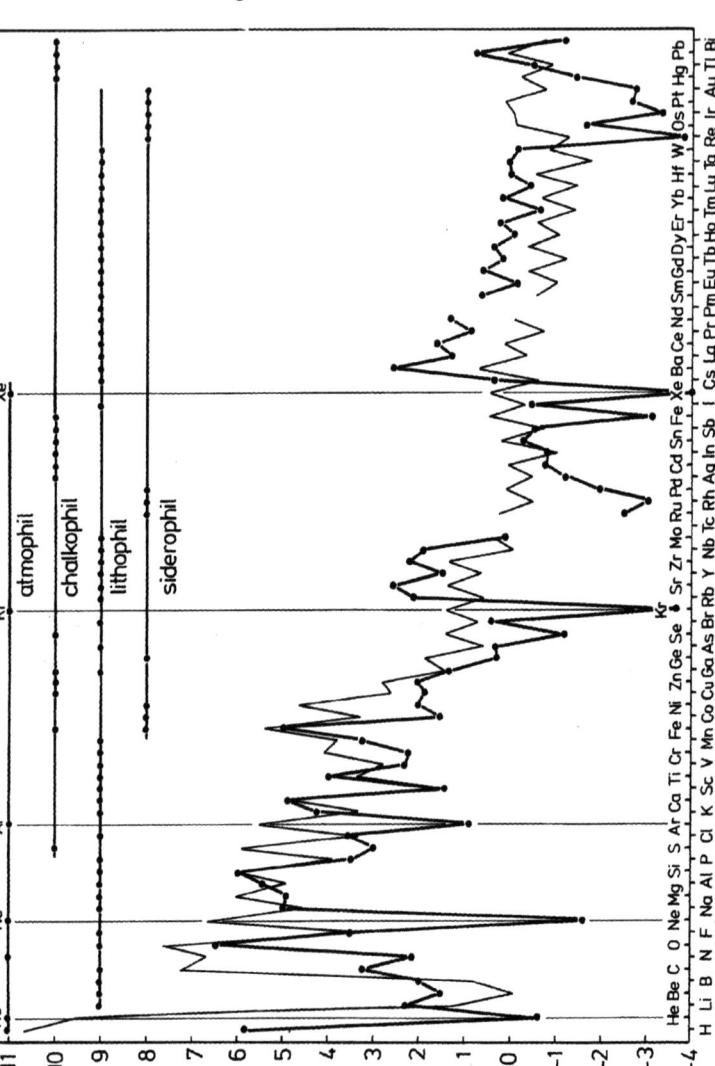

Abb. 4.1. Häufigkeit der Elemente (bezogen auf Si = 10^6 Atome) in kosmischer Materie (nach Goles 1969) und Gesteinen der Erdkruste (nach Angaben in Rösler und Lange 1976). Die geochemische Klassifikation erfolgte nach Mason und Moore (1982)

ist offensichtlich, daß Kerne mit paarigen Neutronen- und Protonenzahlen energetisch besonders begünstigt sind. Die Ursache für diesen Befund liegt in der Freisetzung der Spinkopplungsenergie, die unabhängig für Protonen und Neutronen auftritt.

Die besondere Stabilität der Nuklide mit geradzahligen Ordnungszahlen zeigt sich in der kosmischen und irdischen Elementhäufigkeit (Abb. 4.1). Trägt man die Elementhäufigkeit über der Ordnungszahl ab, so ergibt sich eine sehr charakteristische Zickzack-Verteilung, wobei die jeweils höheren Werte den Elementen mit gerader, die niedrigeren denen mit ungerader Ordnungszahl zuzuordnen sind. Dieses gilt in sehr ausgeprägtem Maße für die kosmische Häufigkeit, gilt aber im Prinzip auch – mit einigen Ausnahmen – für die Elemente in der oberen Lithosphäre. Ein besonders schönes Beispiel für diese Zickzack-Verteilung ist die relative Häufigkeit der Lanthaniden (Abb. 4.2).

Der Einfluß gerader Neutronenzahlen zeigt sich in der Isotopenverteilung eines jeden Elementes. Die geradzahligen Isotope sind sehr viel häufiger und meist stabil, während die unpaarig aufgebauten weniger häufig und meist auch instabil sind. Bei geraden Neutronen- und Protonenzahlen verstärkt sich dieser Befund (Tabelle 4.1).

In den kosmischen und irdischen Häufigkeitsverteilungen zeigen sich neben der Abhängigkeit von der Ordnungszahl diskrete Häufigkeitsmaxima sowie eine drastische Abnahme der Elementhäufigkeiten oberhalb des Elementes Zink. Diese Strukturen in den Häufigkeitsverteilungen der Elemente vermag die Theorie der Nukleosynthese zu erklären.

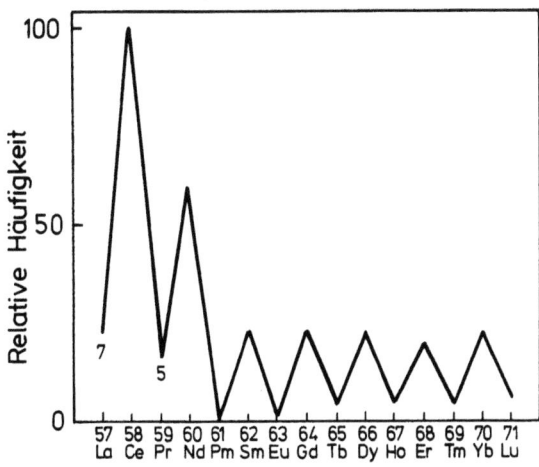

Abb. 4.2. Relative Häufigkeit der Lanthaniden in der Erdkruste

Tabelle 4.1. Häufigkeitsverteilung der Isotope des Sauerstoffs und des Calciums

Sauerstoff		Calcium		
$^{16}_{8}O$	99,756%	$^{40}_{20}Ca$	96,94%	
$^{17}_{8}O$	0,039%	$^{42}_{20}Ca$	0,65%	$^{41}_{20}Ca$
$^{18}_{8}O$	0,205%	$^{43}_{20}Ca$	0,14%	instabil
		$^{44}_{20}Ca$	2,08%	(radioaktiv)
				$^{45}_{20}Ca$
		$^{46}_{20}Ca$	0,03%	$^{47}_{20}Ca$
$^{Massenzahl}_{Protonenzahl}$Element		$^{48}_{20}Ca$	0,19%	

4.2 Nukleosynthese

Die Theorie der Nukleosynthese (Burbridge et al. 1957) geht davon aus, daß zunächst einmal überwiegend nur Wasserstoff (Protonen) in einer großen Masse entsprechend der des Sonnensystems vorhanden war. Da der Übergang von Protonen in Neutronen nur unter Energiezufuhr möglich ist, bedarf es sehr hoher Temperaturen, um über Verschmelzungsvorgänge von Protonen unter anschließendem β^+-Zerfall in mehreren Schritten α-Teilchen (He-Kerne) aufzubauen. Man nimmt an, daß in dieser Stufe der Wasserstoffusion zu Helium Temperaturen von $20 \cdot 10^6$ K vorgelegen haben (Hoyle 1966).

$$^1H + ^1H \rightarrow {}^2H + \beta^+ + \nu \tag{4.1}$$
$$^2H + ^1H \rightarrow {}^3He + \gamma \tag{4.2}$$
$$^3He + ^3He \rightarrow {}^4He + 2\,^1H \tag{4.3}$$
$$\overline{4\,^1H \rightarrow {}^4He + \text{Energie}.} \tag{4.4}$$

Alternativ zu (4.4) lassen sich zwei weitere Reaktionsfolgen als sehr wahrscheinlich angeben, wobei die auftretenden Zwischenkerne im wesentlichen als Katalysatoren wirken.

$$^3He + {}^4He \rightarrow {}^7Be + \gamma \tag{4.5}$$
$$^7Be + e^- \rightarrow {}^7Li + \nu + \gamma \tag{4.6}$$
$$^7Li + {}^1H \rightarrow 2\,^4He \tag{4.7}$$

$$^3He + {}^4He \rightarrow {}^7Be + \gamma \tag{4.8}$$
$$^7Be + {}^1H \rightarrow {}^8B + \gamma \tag{4.9}$$
$$^8B \rightarrow {}^8Be + \beta^+ + \nu \tag{4.10}$$
$$^8Be \rightarrow 2\,^4He \tag{4.11}$$

e^- = Elektron; γ = Gammaquant; ν = Neutrino; β^+ = Positron.

In jeder dieser Reaktionsfolgen wird ein He-Kern aufgebaut. Energetische Betrachtungen zeigen, daß die Wasserstoffverschmelzung die Quelle für die Sonnenenergie darstellt.

Ist der Wasserstoff im wesentlichen verbraucht, wird mit dem ansteigenden He-Gehalt auf Grund einer gravitativen Kontraktion der Gaswolke eine zweite, höhere Temperaturstufe erreicht. Sie wird meist mit $100 \cdot 10^6$ K angegeben. In dieser zweiten Stufe wird He zu höheren Kernen fusioniert, wie z. B.

$$^4He + {}^4He \rightarrow {}^8Be + \gamma \tag{4.12}$$
$$^8Be + {}^4He \rightarrow {}^{12}C + \gamma \tag{4.13}$$
$$^{12}C + {}^4He \rightarrow {}^{16}O + \gamma, \tag{4.14}$$

wobei zu bemerken ist, daß das ^8Be instabil ist [vgl. (4.11)]. Wird jedoch schnell genug, d. h. bei hoher He-Dichte ein weiteres α-Teilchen hinzugefügt, so daß im Grunde genommen ein Dreierstoß von ^4He-Kernen vorliegt, wird der stabile ^{12}C-Kern aufgebaut. Durch stetige Addition von α-Teilchen können so ^{16}O, ^{20}Ne, ^{24}Mg, ^{28}Si usw. aufgebaut werden. Dies geht bis in den Bereich der Massen zwischen 52 und 56 (Eisengruppe). Dieser Massenbereich stellt die energieärmsten Kerne dar. In ihnen ist die Bindungsenergie pro Nukleon im Kern am höchsten. Die Kerne dieses Bereiches stellen gewissermaßen die nukleare Asche bei der Fusion dar.

Auf Grund der durch Fusion schwerer werdenden Kerne wird über die Gravitation die nächste Stufe bei Temperaturen von $3 \cdot 10^9$ K erreicht. In dieser Phase wird die Vielzahl der in der Natur zu beobachtenden Nuklide oberhalb des Eisens durch wiederholten Einfang von Neutronen aufgebaut. Die Neutronen entstammen Prozessen wie der Folge

$$^{12}C + {}^1H \rightarrow {}^{13}N + \gamma \tag{4.15}$$
$$^{13}N \rightarrow {}^{13}C + \beta^+ + \nu \tag{4.16}$$
$$^{13}C + {}^4He \rightarrow {}^{16}O + n. \tag{4.17}$$

Durch Einfangen der Neutronen lassen sich schwerere Kerne als Fe sowie Massen aufbauen, die nicht durch 4 teilbar sind.

$$^{56}Fe + n \rightarrow {}^{57}Fe + \gamma \tag{4.18}$$
$$^{57}Fe + n \rightarrow {}^{58}Fe + \gamma \tag{4.19}$$

usw.

Bei niedriger Neutronenflußdichte ist die Wahrscheinlichkeit groß, daß β⁻ radioaktive Zerfälle instabiler Kerne zwischen zwei aufeinander folgenden Neutroneneinfängen erfolgen können. Geschieht der Einfang von Neutronen auf Grund von extrem hoher Neutronenflußdichte schnell nacheinander, dann werden selbst kurzlebige radioaktive Kerne mit hoher Wahrscheinlichkeit Neutronen einfangen. Der langsame und der schnelle Einfang während der He-Verschmelzung bzw. einer Super nova führt zu der Vielfalt der zu beobachtenden stabilen sowie einer Vielzahl von instabilen Kernen. In Abb. 4.3 ist in einem Ausschnitt der Nuklidkarte der Aufbau von Nukliden durch den langsamen und schnellen Neutronen- sowie Protoneneinfangprozeß wiedergegeben. Der Aufbau von Nukliden durch langsamen Neutroneneinfang erfolgt längs dem durchgezogenen, horizontalen Pfad, in dem senkrechte Übergänge β^--Zerfälle angeben. Nuklide, die durch Neutroneneinfang gebildet wurden, sind durch gewinkelte Pfeile angezeigt. Der gewinkelte Pfeil deutet darauf hin, daß der β^--Zerfall des jeweils links stehenden Nuklids durch den schnellen n-Einfang übersprungen wurde. Der Protoneneinfangprozeß ist durch diagonale Pfeile gekennzeichnet, die in rückwärtiger Verlängerung auf die jeweils stabilen Targetkerne zurückführen.

Von den primordial instabilen Kernen sind nur noch diejenigen in irdischer Materie vorhanden, die Halbwertzeiten von $<10^7$ a haben. Beispiele für primordial instabile Nuklide und deren stabile Zerfallsprodukte sind in Tabelle 4.2 zusammengestellt.

Der radioaktive Zerfall der schwersten Elemente, zu denen alle Elemente oberhalb von Blei gehören, hat zu einer Veränderung der Ele-

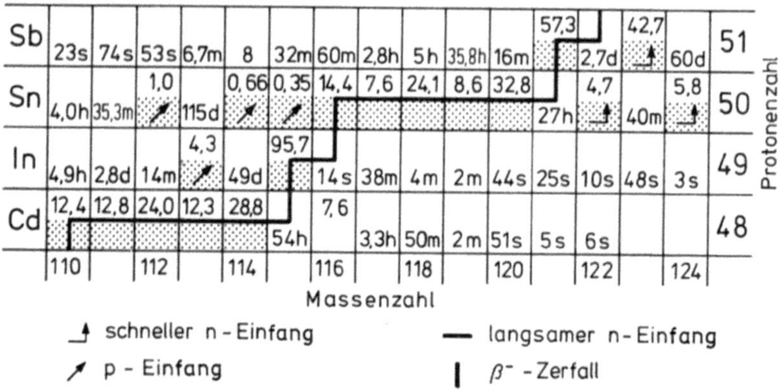

											57,3		42,7			
Sb	23s	74s	53s	6,7m	8	32m	60m	2,8h	5h	35,8h	16m		2,7d		60d	51
Sn			1,0		0,66	0,35	14,4	7,6	24,1	8,6	32,8		4,7		5,8	50
	4,0h	35,3m		115d									27h		40m	
In			4,3		95,7											49
	4,9h	2,8d	14m		49d		14s	38m	4m	2m	44s	25s	10s	48s	3s	
Cd	12,4	12,8	24,0	12,3	28,8		7,6									48
						54h		3,3h	50m	2m	51s	5s	6s			
	110		112		114		116		118		120		122		124	

Massenzahl

↙ schneller n-Einfang — langsamer n-Einfang
↗ p-Einfang | β^--Zerfall

Protonenzahl

Abb. 4.3. Ausschnitt aus der Nuklidkarte.
Punktierte Felder zeigen stabile Nuklide an; die Zahlenangabe bezieht sich auf die Isotopenhäufigkeit. *Weiße Felder* entsprechen instabilen Nukliden; die Zahlenangabe bezieht sich auf die Halbwertzeit. *Pfeile* und *Striche* geben den Bildungspfad der Nuklide an, in dessen Feld sie sich jeweils befinden. Die Basis des Pfeiles zeigt auf das Targetnuklid, aus dem das Nuklid, in dessen Feld sich der Pfeil befindet, entstanden ist. Der *kräftige Strich* indiziert den Prozeß des langsamen n-Einfangs mit β-Zerfällen. Der *Pfad* ist von links unten nach rechts oben zu lesen

Tabelle 4.2. Einige wichtige primordiale Nuklide und ihre stabilen Zerfallsprodukte
($a = 3{,}17 \cdot 10^{10}$ s)

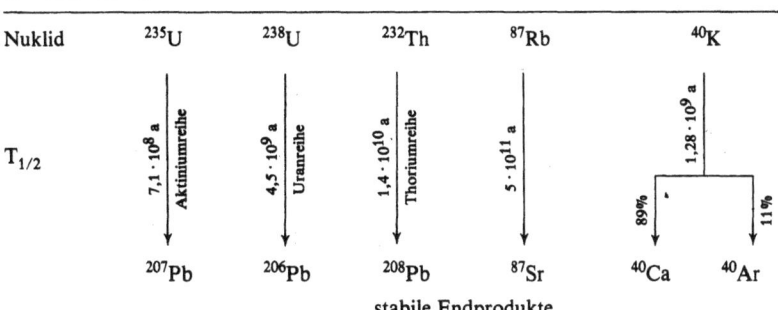

Nuklid	^{235}U	^{238}U	^{232}Th	^{87}Rb	^{40}K
$T_{1/2}$	$7{,}1 \cdot 10^8$ a Actiniumreihe	$4{,}5 \cdot 10^9$ a Uranreihe	$1{,}4 \cdot 10^{10}$ a Thoriumreihe	$5 \cdot 10^{11}$ a	$1{,}28 \cdot 10^9$ a 89% / 11%
	^{207}Pb	^{206}Pb	^{208}Pb	^{87}Sr	^{40}Ca ^{40}Ar

stabile Endprodukte

ment- und Isotopenverteilungen nach der Nukleosynthese geführt. Die Spontanspaltung des Urans und der ursprünglich vorhandenen Transuranelemente hat mit ihren charakteristischen Reaktionsprodukten die Element- und Isotopenhäufigkeiten der Elemente in der Nähe der Edelgase Krypton und Xenon geringfügig verändert. Der α-Zerfall von Uran und Thorium hat zum Aufbau der Bleiisotope 206, 207 und 208 geführt, der radioaktive Zerfall des ^{239}Np hat die Häufigkeit des Wismuts ^{209}Bi erhöht.

Die Übereinstimmung zwischen den theoretischen Häufigkeitsberechnungen von Nukliden und der beobachteten kosmischen Häufigkeit ist erstaunlich gut (Hoyle 1966). Das ausgeprägte Minimum in der Häufigkeitsverteilung der Elemente Li, Be, B in Abb. 4.1 geht darauf zurück, daß diese Elemente große Reaktionsquerschnitte für Protonen haben. Deshalb können Nuklide dieser Elemente nur mit sehr niedrigen Häufigkeiten vorliegen, weil sie während ihres Aufbaues bereits mit großer Wahrscheinlichkeit weiterreagiert. Dadurch bildete sich das zu beobachtende Defizit dieser Elemente in der Häufigkeitsverteilung aus. Im Hinblick auf die Theorie kommen sie sogar noch viel zu häufig in der kosmischen Materie vor. Daher vermutet man, daß Li-, Be- und B-Nuklide als Spallationsprodukte aus mittelschweren Kernen unter Einwirkung von hochenergetischen Teilchen gebildet wurden.

4.3 Häufigkeitsverteilung der Elemente

Die Bestimmung der Elementhäufigkeiten (eine atomare Skala) oder der Elementkonzentrationen in einer vorgegebenen Probe ist die Aufgabe des Chemikers. Diese Aufgabe kann schwierig werden, wenn äußerst niedrige Konzentrationen gefragt sind. Zumeist ist sie aber immer lösbar, da heute hinreichend gute Methoden, gerade für den Spurenelementbereich, vorhanden sind. Anders stellt sich jedoch das Problem für den Geo- oder Kosmochemiker, wenn z. B. die Elementhäufigkeiten in unserer Erde oder unserem Sonnensystem zu bestimmen sind. In diesem Falle geht es weniger um die analytischen Schwierigkeiten als vielmehr um die Probe selbst. Woher bekommt man eine repräsentative Probe, die alle Elemente, oder zumindest den allergrößten Teil derselben, in repräsentativen Atomverhältnissen enthält? Welches sind die Kriterien, um zu entscheiden, daß ein bestimmtes Material diese Bedingungen hinreichend gut erfüllt? Die hier skizzierte Problematik wird im Zusammenhang mit der Ermittlung der Elementhäufigkeit im Krustengestein und im Sonnensystem erläutert.

4.3.1 Häufigkeitsverteilung der Elemente in der oberen Erdkruste

Als obere Erdkruste wird das im Mittel ca. 16 km mächtige, bis zur Conrad-Diskontinuität reichende Gesteinspaket betrachtet. Es trägt auf seiner Oberfläche im allgemeinen Böden, Sedimente und Sedimentite. Im Unterliegenden besteht es aus Magmatiten und Metamorphiten. Bei der Ermittlung der mittleren Elementkonzentrationen sind verschiedene Wege beschritten worden:

Clarke und Washington (1924) bildeten das arithmetische Mittel aus einer großen Anzahl von vorhandenen Analysen verschiedener kontinentaler Gesteine. Goldschmidt (1938) leitete seine Daten aus künstlichen Mischungen der häufigsten Effusivgesteine ab. Daly (1914) und von Engelhardt (1936) legten die Konzentrationen von Elementen in individuellen Gesteinstypen der Lithosphäre zugrunde und wichteten diese Daten entsprechend der vermuteten Häufigkeit dieser Gesteine in der Lithosphäre. Poldervaart (1955) ermittelte zunächst die mittlere Zusammensetzung der Tiefseekruste, der kontinentalen Schilde, der jungen Faltengebirgsgürtel und der kontinentalen Plattformen mit ihren Kontinentalabhängen. Durch Wichtung ihrer jeweiligen Anteile am Aufbau der Erdkruste leitete er die mittlere Krustenzusammensetzung ab.

Aus den genannten unterschiedlichen Verfahren geht hervor, warum die in der Literatur aufzufindenden Mittelwerte von der Konzeption über den Aufbau der Kruste, dem Verfahren der angewandten Mittelung und erst zu allerletzt von der Analysengenauigkeit abhängen.

Abb. 4.1 gibt die Elementhäufigkeit in der Erdkruste in einer atomaren Skala ($Si \equiv 10^6$ Atome) wieder. Deutlich sind Unterschiede zur solaren Elementhäufigkeit zu erkennen. Besonders auffällig ist, daß die Elementhäufigkeiten in der Erdkruste bis auf wenige Bereiche (z. B. die Lanthaniden) kaum die für die solare Häufigkeitsverteilung charakteristische Zick-Zack-Verteilung aufweisen, wie sie nach der Nukleosynthese zu erwarten ist. Die Erklärung hierfür ist, daß die Zusammensetzung der Erdkruste in hohem Maße das Ergebnis von wiederholten chemischen Fraktionierungen ist (vgl. § 5 und § 6).

In Tabelle 4.3 sind ausgewählte Häufigkeitswerte (in Gew.%) für die wichtigsten Elemente in der Lithosphäre, Hydrosphäre, Atmosphäre und Biosphäre angegeben. Ihre Summe macht in jedem Fall mehr als 98% aus. Es zeigt sich, daß nur wenige Elemente dominieren, im allgemeinen pro Sphäre weniger als 8. Eine durchgehend sehr dominante Rolle spielt nur das Element Sauerstoff, das in allen Bereichen in einigen 10er Prozenten enthalten ist. Die Angaben in Gewichts-% vermitteln ein falsches Bild im Hinblick auf die Volum-Anteile der verschiedenen Elemente in den verschiedenen Sphären. Zum Beispiel ist Sauerstoff in der Lithosphäre in der Volumskala fast doppelt so häufig wie in der Gewichtsskala, wohingegen das sehr häufige Element Si auf der Volumskala nur mit etwa 1/15 seines Wertes in der Gewichtsskala zu Buche schlägt (Tabelle 4.4). Das voluminöse Sauerstoffion ist das in der Natur bedeutsamste Anion. Es wird für die Oxidbildung und insbesondere für die Komplexierung der hochgeladenen Kationen benötigt: SiO_4^{4-}, SO_4^{2-} usw.

Tabelle 4.3. Ausgewählte Clarke-Werte (Gew.-%)

	H	C	N	O	Na	Mg	Al	Si	Cl	Ar	K	Ca	Fe
Atmosphäre		0,01	75,5	23,1						1,3			
Biosphäre	9,3	19,4	5,1	62,6								1,4	
Hydrosphäre	10,6			85,9	1,1				1,9				
Lithosphäre				46,6	2,8	2,1	8,1	27,7			2,6	3,6	5,0

Tabelle 4.4. Angaben zum Masse-, Atom- und Volumenanteil der häufigsten Elemente in der Erdkruste

	O	Si	Al	Fe	Mg	Ca	Na	K
Gew.-%	46,6	27,7	8,1	5,0	2,1	3,6	2,8	2,6
Atom-%	63	21	6,5	1,9	1,8	1,9	2,6	1,4
Vol.-%	86	2,2	1,4	0,7	0,8	1,9	2,8	3,3

80 Zusammensetzung der Materie

Tabelle 4.5. Einige Angaben zu den Geosphären

Geosphäre	Mächtigkeit (km)	Volumen (10^{18} m^3)	Durchschnittliche Dichte (g cm^{-3})	Masse (10^{24} g)	(%)
Atmosphäre	–	–	–	0,005	0,00009
Hydrosphäre	3,8	1,37	1,03	1,41	0,024
Erdkruste	30	15	2,8	43	0,7
Erdmantel	2870	892	4,5	4054	67,8
Erdkern	3471	175	10,7	1876	31,5
Gesamt	6371	1083	5,52	5974	100,0

Tabelle 4.6. Geochemische Klassifikation der Elemente. Anordnung entsprechend ihrem Platz im Periodensystem. (Nach Mason und Moore 1982). Diese Klassifizierung geht im wesentlichen auf die Verteilung der Elemente in Meteoriten zurück

atmophil:	He; N, Ne; Ar; Kr; Xe;
lithophil:	H; Li, Be, B, C, O, F;
	Na, Mg, Al, Si, P, Cl;
	K, Ca, Sc, Ti, V, Cr, Mn, Br;
	Rb, Sr, Y, Zr, Nb, I;
	Cs, Ba, La-Lu, Hf, Ta;
	Th, U;
chalkophil:	S; Cu, Zn, Ga, As, Se;
	Ag, Cd, In, Sb, Te;
	Hg, Tl, Pb, Bi;
siderophil:	Fe, Co, Ni, Ge;
	Mo, Ru, Rh, Pd, Sn;
	W, Re, Os, Ir, Pt, Au;

Zur Charakterisierung der Elementhäufigkeit in der Lithosphärenkruste prägte Fersman (russischer Geochemiker, 1883–1945) den Begriff des Clarke-Wertes zu Ehren von F. W. Clarke (amerikanischer Geochemiker, 1874–1931). Der Clarke-Wert eines Elementes entspricht der mittleren Häufigkeit in der oberen Erdkruste und wird meist in Gewichts-% oder seltener in Atom-% angegeben. Darüber hinaus unterscheidet man regionale Clarke-Werte, die geologische Einheiten charakterisieren, und lokale Clarke-Werte, die nur für einzelne geologische Objekte definiert werden.

Bei der Ermittlung der irdischen Elementhäufigkeit ist der Beitrag der Kruste vernachlässigbar gering, da die Erdkruste+Hydrosphäre+Atmosphäre weniger als 0,5 Gewichts-% der Erde ausmachen (Tabelle

4.5). Da die Erdkruste deutlich verschieden vom Erdmantel und Erdkern zusammengesetzt ist, läßt sich auch nicht aus der Elementhäufigkeit der Kruste auf die irdische Elementhäufigkeit schließen. Um die irdische Elementhäufigkeit abzuschätzen, muß ein völlig anderer Weg eingeschlagen werden, dem Annahmen über die Akkretion der Erde zugrunde liegen (vgl. § 5.5).

Entsprechend der Erfahrung, daß viele Elemente bevorzugt bestimmte Verbindungen eingehen, hat Goldschmidt eine Klassifikation der Elemente vorgeschlagen. Diese Klassifikation baut wesentlich auf den Kenntnissen auf, die an Meteoriten gewonnen wurden. Es werden danach siderophile, chalkophile und lithophile Elemente unterschieden, je nach dem bevorzugten Vorkommen in Eisen-, Sulfid- oder Silikatphasen. Als atmophil werden jene Elemente bezeichnet, die bevorzugt in der Atmosphäre vorkommen (Tabelle 4.6, Abb. 4.1).

4.3.2 Solare Häufigkeitsverteilung der Elemente

Geochemiker haben schon lange über die chemische Zusammensetzung aller Planeten in unserem Sonnensystem nachgedacht. Obwohl das Sonnensystem nur einen äußerst kleinen Ausschnitt des Kosmos darstellt, hat sich doch der Begriff kosmische Häufigkeit anstelle von solarer Häufigkeit eingebürgert (Goles 1969).

Der für die Ermittlung der kosmischen Häufigkeiten befruchtendste Anstoß kam von Suess und Urey (1956), die beide davon ausgingen, daß

1. die Element- und Isotopenhäufigkeiten kein zufälliges Ergebnis sind, sondern mit den Eigenschaften der Nuklide der verschiedenen Elemente im Zusammenhang gesehen werden sollten (Nukleosynthese);
2. Mondmaterie sowie die chondritisch zusammengesetzten Meteorite am ehesten den 'nichtflüchtigen Anteil' der Solarmaterie wiedergeben.

Auf Grund dieses Zusammenhanges wird es verständlich, warum das Interesse an Mondmaterie so groß war. Bevor die ersten Mondproben erhältlich waren, standen nur Meteorite als extraterrestrische Materie zur Verfügung, die in verschiedenen chemischen Zusammensetzungen nach einem mehr oder weniger langen Kontakt mit Erdatmosphäre und Krustenmaterial gesammelt werden konnten.

Im wesentlichen werden drei Gruppen von Meteoriten unterschieden:

Steinmeteorite enthalten im Mittel 42% O_2, 20% Si, 15,8% Mg und 15,6% Fe. Der Beitrag aller übrigen Elemente liegt jeweils unter 2%.

Die Zusammensetzung der Steinmeteorite ist der der Erdkruste sehr ähnlich. Diese Gruppe wird nach chemischen und mineralogischen Gesichtspunkten in Chondrite und Achondrite unterteilt. Die Chondrite sind benannt nach den kleinen, oft kugeligen Kristallaggregaten – den Chondren –, die für die Chondrite charakteristisch sind. Obwohl nicht konsequent, zählt man doch auch jene Steinmeteorite zu den Chondriten, die keine Chondren enthalten, aber chemisch den Chondriten weitgehend gleichen. Die Chondren stellen wahrscheinlich Kondensationsprodukte von bei hohen Temperaturen verdampfter Solarmaterie dar.

Eisenmeteorite enthalten im Durchschnitt 91% Fe, 8% Ni und 0,6% Co. Alle anderen Elemente sind nur mit sehr geringer Häufigkeit vorhanden.

Stein-Eisen-Meteorite sind Übergangsformen, bei denen tropfenartig Silikate in eine Eisenmatrix oder Eisenausscheidungen in eine Silikatmatrix eingelagert sind.

Leider ist es sehr schwierig, aus der spektralen Zusammensetzung des Sonnen- bzw. Sternenlichts auf die solare bzw. stellare Häufigkeit der Elemente zu schließen. Dies hängt mit den zum Teil stark unterschiedlichen Oberflächentemperaturen der Himmelskörper wie auch methodischen Unzulänglichkeiten zusammen.

Soll von der Zusammensetzung der Meteoritenmaterie auf die Solarmaterie geschlossen werden, so muß zunächst herausgefunden werden, welcher Typ von Meteorit die primitivste, d. h. am wenigsten differenzierte Materie repräsentiert. Mit Sicherheit sind es nicht die Stein-Eisen- sowie Eisen-Meteorite. Von den verschiedenen Steinmeteoriten vereinigt die Gruppe der C1-Chondrite die primitivsten, da sie den höchsten Kohlenstoffgehalt und die größte Vielzahl an Kohlenstoffverbindungen enthält. Dieser Typ wird also am ehesten die bei niedrigen Temperaturen kondensierte Fraktion des Solarnebels repräsentieren.

Folgende Argumente sprechen für die Richtigkeit dieser Annahme (Anders 1971):

– trotz unterschiedlichem chemischen Verhalten der Edelgase und anderer volatiler Elemente sowie der refraktären und siderophilen Elemente bilden die Elemente in ihrer Gesamtheit eine zusammenhängende Häufigkeitskurve (Abb. 4.1). Dies ist nach der Vorstellung der Nukleosynthese für eine unfraktionierte Verteilung der Elemente zu erwarten. Wären Fraktionierungen während der Kondensation aufgetreten, so sollten Sprünge in der Häufigkeitsverteilung die Folge sein. Sie werden weder beim Übergang von refraktären zu siderophilen (z. B. Hf – Ta – W) noch von siderophilen zu volatilen (z. B. Rh – Pd – Ag) Elementen beobachtet;

Tabelle 4.7. Häufigkeit von ausgewählten Elementen in solarer, meteoritischer und kosmischer Materie

	Sonne Goles 1969	C1-Chondrite Wasson 1974	Kosmische Häufigkeiten nach	
			Suess und Urey 1956	Cameron 1959
Si	10^6	10^6	10^6	10^6
H	$5 \cdot 10^{10}$	$4 \cdot 10^6$	$4 \cdot 10^{10}$	$3 \cdot 10^{10}$
C	$2 \cdot 10^7$	$7 \cdot 10^5$	$4 \cdot 10^6$	$1 \cdot 10^7$
O	$4 \cdot 10^7$	$7 \cdot 10^6$	$2 \cdot 10^7$	$2 \cdot 10^7$
Al	$8 \cdot 10^4$	$8 \cdot 10^4$	$9 \cdot 10^4$	$8 \cdot 10^4$
Mg	$1 \cdot 10^6$	$1 \cdot 10^6$	$9 \cdot 10^5$	$1 \cdot 10^6$
Ca	$7 \cdot 10^4$	$7 \cdot 10^4$	$5 \cdot 10^4$	$7 \cdot 10^4$
Fe	$3 \cdot 10^5$	$9 \cdot 10^5$	$6 \cdot 10^5$	$9 \cdot 10^5$
Na	$4 \cdot 10^4$	$6 \cdot 10^3$	$4 \cdot 10^4$	$6 \cdot 10^4$
K	$2 \cdot 10^3$	$3 \cdot 10^3$	$3 \cdot 10^3$	$3 \cdot 10^3$
Sr	25	27	19	58
Ba	5	5	4	5
Pb	1,3	4	0,5	3

– viele Elementverhältnisse in der kosmischen einschließlich der solaren Korpuskularstrahlung entsprechen denen in C1-Chondriten;
– unter den Chondriten sind nur die chondrenfreien C1-Chondrite nicht an volatilen Elementen verarmt. Ihnen gegenüber sind die Chondren an 20–70 volatilen Elementen ärmer; daher kommen nur die chondrenfreien C1-Chondrite der primordialen Zusammensetzung am nächsten. Die Möglichkeit, daß C1-Chondrite an den fraglichen Elementen angereichert wurden, wird ausgeschlossen, da bisher kein Vorgang aufgefunden wurde, der die Anreicherung erklären könnte;
– soweit bekannt, stimmen die Elementhäufigkeiten in C1-Chondriten recht gut mit denen überein, die spektroskopisch für die Sonne ermittelt wurden. Allerdings sind die spektroskopischen Ergebnisse nicht sehr genau, so daß die Übereinstimmung auch z. T. zufällig sein kann.

Anders (1971) vermutet, daß die solaren Häufigkeiten im Mittel nur um den Faktor 1,5 unsicher sind. Im Einzelfall kann der Unsicherheitsfaktor auch 5 betragen.

Ergebnisse zu Elementhäufigkeiten in der Sonne, Meteoriten und daraus abgeleiteten kosmischen Häufigkeiten sind in Tabelle 4.7 zusammengestellt. Von den angegebenen Elementen weisen nur H, C, O in

Meteoriten nennenswerte Unterschiede gegenüber der kosmischen Häufigkeit auf (vgl. Abb. 4.1 und Tabelle 5.1).

Überlegungen zur Elementfraktionierung während der Kondensationsphase des Solarnebels werden in § 5.5.1 dargelegt.

Vertiefende Literatur

Anders (1971), Barnes (1979), Kiesl (1979), Kuroda (1982), Suess and Urey (1956)

5 Chemischer Aufbau der Erde

Der chemische Aufbau unserer Erde in Schalen bzw. Sphären unterschiedlicher Zusammensetzung ist das Ergebnis von Vorgängen, in denen die chemischen Elemente und deren Verbindungen auf Grund unterschiedlichen Verhaltens und Anpassung an das Prinzip des kleinsten Zwanges fraktionierten. Diese Fraktionierung hat ein gigantisches Ausmaß, wenn man die gegenwärtige Elementverteilung auf die Geosphären (vgl. Tabellen 4.3 und 5.1) vor dem Hintergrund einer ursprünglich einmal homogenen Verteilung der Elemente mit nahezu kosmischer Häufigkeit sieht (vgl. § 5.5).

Unter dem Einfluß von Gravitation und Konvektion setzte die chemische Differentiation von Feststoffen und Gasen schon während der Kondensation der Erde ein und wurde fortgesetzt, als die Schmelzen aus dem Erdinneren entgasten und damit die Hydrosphäre und Atmosphäre aufbauten. Dieser Vorgang führte im Laufe von $4 \cdot 10^9$ Jahren im wesentlichen zum gegenwärtigen Bild des chemischen Aufbaus unseres Planeten. Alle Geosphären – Atmosphäre, Hydrosphäre, Erdkruste, Erdmantel und Erdkern – sind in dauernder Bewegung und unterliegen einem kontinuierlichen Stoffumsatz sowie einem Stoffaustausch untereinander (vgl. § 6). Wesentliche globale Änderungen in der chemischen Zusammensetzung einer der Geosphären haben seit dem Kambrium nicht mehr stattgefunden.

5.1 Atmosphäre

Während die Erde kondensierte, setzte sicherlich schon eine gravitative Fraktionierung ein (vgl. § 5.5). Gase, insbesondere die leichten wie H_2 und He wurden nur bruchteilhaft als Restphase gravitativ in der Atmosphäre gehalten. Der geringe Gehalt an Edelgasen in der Atmosphäre im Vergleich zu deren kosmischer Häufigkeit deutet darauf hin, daß die primitive Erde in einem sehr frühen Stadium entweder ihre Uratmosphäre in einem kosmischen Ereignis verloren hat oder aber die Konden-

Chemischer Aufbau der Erde

Tabelle 5.1. Gegenüberstellung der Elementhäufigkeiten (Si $\equiv 10^6$) in C1-Chondriten, der Erde, der Erdkruste und Meerwasser ($-$ nicht berechnet)

	C1-Chondrit Wasson 1974	Erde Brownlow 1979	Erdkruste	Meerwasser Turekian 1969
Ag	0,72	–	0,065	25
Al	$8,5 \cdot 10^4$	$9,4 \cdot 10^4$	$3,0 \cdot 10^5$	359
Ar	$2,3 \cdot 10^5$	$5,9 \cdot 10^{-2}$	–	$1,1 \cdot 10^5$
As	6,6	–	2,4	337
Au	0,19	–	0,002	0,5
B	140	–	90	$4 \cdot 10^6$
Ba	4,8	–	310	$1,5 \cdot 10^3$
Be	0,81	–	31	0,66
Bi	0,16	–	0,08	0,93
Br	15	–	3,1	$8,1 \cdot 10^6$
C	$7,0 \cdot 10^5$	$7,0 \cdot 10^3$	$1,7 \cdot 10^3$	$2,3 \cdot 10^7$
Ca	$7,2 \cdot 10^4$	$3,3 \cdot 10^4$	$1 \cdot 10^5$	$9,8 \cdot 10^7$
Cd	2,4	–	0,18	9,5
Ce	0,99	–	43	0,082
Cl	$2,5 \cdot 10^3$	$3,2 \cdot 10^3$	370	$5,3 \cdot 10^9$
Co	$2,3 \cdot 10^3$	$3,5 \cdot 10^3$	42	64
Cr	$1,3 \cdot 10^4$	$8 \cdot 10^3$	190	37
Cs	0,38	–	2,3	22
Cu	540	–	87	136
Dy	0,30	–	1,8	0,054
Er	0,23	–	1,7	0,051
Eu	0,084	–	0,097	0,0083
F	$2,5 \cdot 10^3$	300	$3,3 \cdot 10^3$	$6,7 \cdot 10^5$
Fe	$9,0 \cdot 10^5$	$1,4 \cdot 10^6$	$1 \cdot 10^5$	600
Ga	43	–	22	4,0
Gd	0,44	–	3,4	0,043
Ge	135	–	2,1	8,1
H	–	$8,4 \cdot 10^3$	$1,4 \cdot 10^5$	$1,1 \cdot 10^{12}$
He	–	$3,5 \cdot 10^{-5}$	–	18
Hf	0,30	–	1,7	<0,4
Hg	1,4	–	0,04	7,3
Ho	0,09	–	0,73	0,013
I	0,7	–	0,39	$4,5 \cdot 10^3$
In	0,20	–	0,087	–
Ir	0,8	–	–	–
K	$3,5 \cdot 10^3$	$4 \cdot 10^3$	$5,3 \cdot 10^4$	$9,4 \cdot 10^7$
Kr	53	$6 \cdot 10^{-6}$	–	24
La	0,43	–	22	0,20
Li	50	–	290	$2,4 \cdot 10^5$
Lu	0,037	–	0,29	0,0084
Mg	$1,1 \cdot 10^6$	$8,9 \cdot 10^5$	$9,6 \cdot 10^4$	$5,3 \cdot 10^8$
Mn	$9,2 \cdot 10^3$	$4,0 \cdot 10^3$	$1,7 \cdot 10^3$	71
Mo	4	–	1,6	$1 \cdot 10^3$

Tabelle 5.1 (Fortsetzung)

	C1-Chondrit Wasson 1974	Erde Brownlow 1979	Erdkruste	Meerwasser Turekian 1969
N	$5 \cdot 10^4$	20	140	$1,1 \cdot 10^7$
Na	$6 \cdot 10^4$	$4,6 \cdot 10^4$	$1,0 \cdot 10^5$	$4,5 \cdot 10^9$
Nb	1,1	–	22	1,6
Nd	0,66	–	19	0,19
Ne	$2,4 \cdot 10^6$	$1 \cdot 10^{-4}$	–	58
Ni	$5 \cdot 10^4$	$1 \cdot 10^5$	130	$1,1 \cdot 10^3$
O	$7,5 \cdot 10^6$	$3,5 \cdot 10^6$	$2,9 \cdot 10^6$	$5,3 \cdot 10^{11}$
Os	0,72	–	–	–
P	$1 \cdot 10^4$	$1 \cdot 10^4$	$3,4 \cdot 10^3$	$2,7 \cdot 10^4$
Pb	4	–	6	1,36
Pd	1,3	–	–	–
Pt	1,2	–	–	–
Rb	7	–	110	$1,4 \cdot 10^4$
Re	0,052	–	–	0,44
Rh	0,30	–	–	–
S	$5 \cdot 10^5$	$1 \cdot 10^5$	810	$2,7 \cdot 10^8$
Sb	2,9	–	0,16	26
Sc	31	–	49	<0,6
Se	69	–	0,063	11
Si	$\equiv 1,0 \cdot 10^6$	$\equiv 1,0 \cdot 10^6$	$\equiv 1,0 \cdot 10^6$	$\equiv 1,0 \cdot 10^6$
Sm	0,21	–	4	0,03
Sn	3,6	–	1,7	66
Sr	27	–	430	$8,9 \cdot 10^5$
Ta	0,02	–	1,1	<0,1
Tb	0,076	–	0,57	0,0085
Te	5,8	–	–	–
Th	0,043	–	4,1	0,017
Ti	$2,4 \cdot 10^3$	$2,0 \cdot 10^3$	$1,2 \cdot 10^4$	202
Tl	0,12	–	0,22	–
Tm	0,035	–	0,28	0,0098
U	0,013	–	1,1	130
V	254	–	260	361
W	0,16	–	0,82	0,046
Xe	2,2	$5,0 \cdot 10^{-7}$	–	3,4
Y	4,8	–	37	1,4
Yb	0,21	–	1,7	0,046
Zn	$1,6 \cdot 10^3$	–	110	735
Zr	27	–	180	2,8

sation unseres Planeten in einem Teil des Solarnebels erfolgte, der bereits um viele Größenordnungen im Hinblick auf die Edelgase verarmt war. Die Erde begann also ohne nennenswerte Atmosphäre und Hydrosphäre. Andererseits sind marine Sedimentite bekannt, die älter als

$3{,}8 \cdot 10^9$ Jahre sind. Damit hatte die Erde – zumindest seit dieser Zeit – eine Atmosphäre und Hydrosphäre, denn ohne sie hätten sich keine Sedimente ausbilden können. Die erste Atmosphäre wird sich aus den Gasen aufgebaut haben, die auch heute noch in Magmen eingefangen sind, wie CO_2, SO_2, H_2O, CO, N_2, HCl, H_2, S_2 sowie Spuren weiterer Gase (vgl. Tabelle 7.4). Damit war die für uns erste registrierbare Atmosphäre und Hydrosphäre frei von elementarem Sauerstoff ($P_{O_2} < 1$ mPa; gegenwärtig beträgt $P_{O_2} = 2{,}3 \cdot 10^4$ Pa).

Schon vor $3{,}5 \cdot 10^9$ Jahren muß sich ein anaerob orientiertes Leben entwickelt haben, das jedoch auf spezifische Nahrungsquellen angewiesen war, die bereits vorlagen. Die organischen Verbindungen müssen sich ähnlich den organischen Verbindungen in C1-Chondriten auf anorganischem Wege gebildet haben. Die begrenzte Verfügbarkeit geeigneter Nährstoffe hat die Ausbreitung des heterotrophen Lebens eingeschränkt. Beispiele für heterotrophes Leben aus der Gegenwart sind die Sulfat-reduzierenden und die Methan-bildenden Bakterien, die organische Komponenten in Sedimenten in körpereigene Stoffe überführen.

Die Evolution des Lebens aber wurde erst von jenen Organismen eingeleitet, die ihre eigene Substanz aus den häufig vorkommenden Verbindungen wie H_2O und CO_2 aufbauen konnten. Für diese autotrophen Organismen war die Nutzung der Photosynthese und damit die Nutzung des Sonnenlichtes als Energiequelle essentiell. Die Photosynthese (5.1) jedoch ist der wichtigste chemische Vorgang, der zur Entwicklung von elementarem Sauerstoff, zunächst in der Hydrosphäre

$$CO_2 + H_2O \underset{\text{Respiration}}{\overset{\text{Photosynthese}}{\rightleftharpoons}} CH_2O + O_2 \tag{5.1}$$

CH_2O steht allgemein für Kohlenhydrat,

und später in der Atmosphäre, führt. Bis vor etwa $2 \cdot 10^9$ Jahren waren Fe^{2+}-Ionen im Meerwasser der bevorzugte Sauerstoffakzeptor (5.2).

$$Fe^{2+}_{aq} + 2OH^- + O_2 = 2FeO(OH) \tag{5.2}$$

$$(Ca_xFe_{1-x})CO_3 + \frac{1-x}{2}O_2 = xCaCO_3 + (1-x)FeO(OH)$$
$$+ (1-x)CO_2 \tag{5.3}$$

Die Oxidation und Ausfällung des Oxidhydrats (5.2) des in großer Menge in den Ozeanen und den karbonatischen Sedimenten enthaltenen zweiwertigen Eisens führte zur Ausbildung von gebänderten Quarz-Eisenerzen, den Itabiriten. Diese gebänderte Eisenformation wird auf allen Kontinenten in unterschiedlicher Mächtigkeit und Ausdehnung gefunden. Die Bänderung wird durch ein Fluktuieren von Sauerstoff-produzierenden Biotopen und Zufuhr von Fe^{2+} gedeutet. Da die Biotope sich nur im Küstenbereich der Kontinente (Schelfregionen) ansiedeln konnten, wurde der Sauerstoff auch nur in diesen Regionen gebildet und durch die Oxidation des Fe^{2+} in situ verbraucht. Es bedurfte offensichtlich etwa 10^9 Jahre, um alles Fe^{2+} aus den Tiefen der Ozeane aufgrund des langsamen Wasseraustausches mit kontinentnahen Flachwasserregionen (5.2) und aus dem Eisenaustausch während der Sedimentdiagenese (5.3) zu oxidieren.

Leicht oxidierbare Minerale im Detritus treten erst seit etwa $2 \cdot 10^9$ Jahren nicht mehr in Metasedimenten auf. Seit $1,8 \cdot 10^9$ Jahren treten von Eisenoxid umgebene Sedimente (red beds) nicht marinen Ursprungs auf. Aus diesen Angaben läßt sich qualitativ die zeitliche Entwicklung des Sauerstoffs in der Atmosphäre rekonstruieren (Abb. 5.1).

Nachdem der Prozeß der Fe^{2+}-Oxidation in den Ozeanen abgeschlossen war, konnte der nun überschüssige elementare Sauerstoff in der Atmosphäre anwachsen. Unter dem Einfluß der UV-Strahlung der Sonne wurde — und wird auch heute noch — ein Teil des Sauerstoffs in Ozon (O_3) überführt. Dieses Ozon bildete einen wirksamen Schutz für die an der Wasseroberfläche lebenden Organismen und gab ihnen eine Chance, sich zunehmend im Küstenbereich, Gezeitenbereich und später auch an Land zu entfalten.

Mit dem Einsetzen der photosynthetisch arbeitenden Organismen traten auch jene auf den Plan, die als Stützskelett $CaCO_3$ einlagerten. Mit ihrer massenhaften Zunahme mußte der CO_2-Partialdruck in der Hydro- und Atmosphäre sinken. Mit Abnahme des Partialdruckes nahm auch die $CaCO_3$-Löslichkeit ab, wodurch die Stabilität der Karbonatskelette gesteigert wurde. Die Entwicklung von photosynthetisch arbeitenden, $CaCO_3$-sekretierenden Organismen (Stromatolithe, Algen) führte konsequenterweise zu einer Zunahme von Sauerstoff und Abnahme von CO_2 in der Atmosphäre. Ein Teil des ursprünglichen, in der Atmosphäre vorhandenen CO_2 wurde im Laufe der Zeit in Karbonatgesteine überführt und nur zu einem geringen Teil in biogenen, Kohlenstoffführenden Lagerstätten (fossile Energieträger) konserviert (Tabelle 5.2).

Als die Atmosphäre etwa 1% ihres gegenwärtigen Sauerstoffanteils erreicht hatte, wurde die aerobe Atmung möglich. Mit Erreichen etwa von 1 – 10% des gegenwärtigen Sauerstofflevels wurden auch die Skelette der kalkabscheidenden Organismen nach deren Absterben im Sediment erhalten. Diese Zeitmarke wird in etwa mit dem Beginn des Kambriums gleichgesetzt. Von dieser Zeit bis zum Ende des Perms entwickelte sich der Sauerstoff- und Kohlendioxid-Gehalt der Atmosphäre zu seinem heutigen Wert.

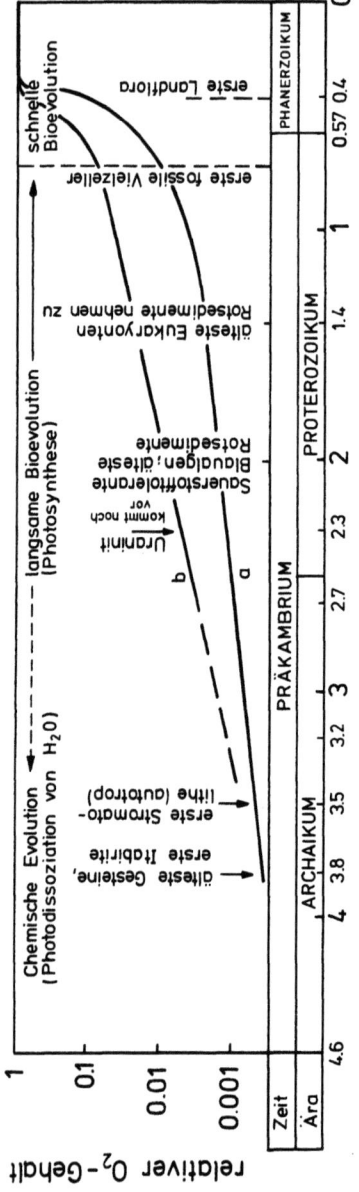

Abb. 5.1. Vermuteter Verlauf der Sauerstoffentwicklung in der Erdatmosphäre. **a** Schidlowski 1971; **b** Cloud 1983. Eukaryonten sind Organismen mit echten Zellkernen im Gegensatz zu Prokaryonten, Organismen ohne echte Zellkerne

Tabelle 5.2. Verteilung des Kohlenstoffs (berechnet nach Angaben von Holland 1978)

Reservoir	Kohlenstoff g cm^{-2}-Erdoberflächen
Atmosphäre	0,14
Biosphäre	0,09
Humus	0,14
Ozeane	8,43
Austauschfähiger Kohlenstoff	$\sum = 8,80$
In Sedimenten gebundener Kohlenstoff	
karbonatisch	13 700
elementar	3 900
	$\sum = 17 600$

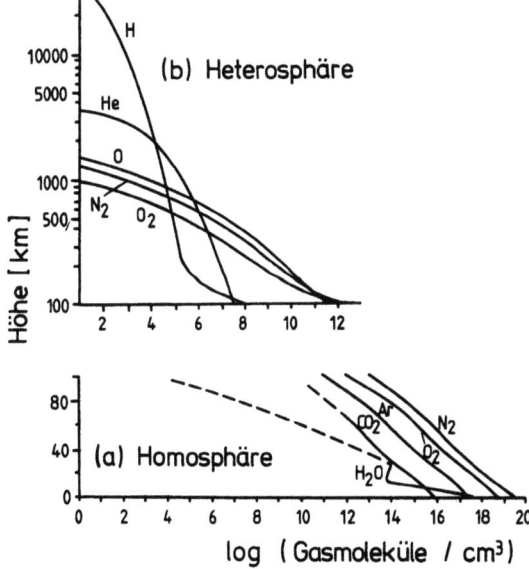

Abb. 5.2a, b. Chemische Zusammensetzung der Atmosphäre. (Nach Handbook of Geophysics 1960, Donahoe 1968)

Aus chemischer Sicht wird die Atmosphäre in eine Homo- und Heterosphäre unterteilt. Die *Homosphäre* ist gekennzeichnet durch ein von der Höhe über der Erdoberfläche unabhängiges Verhältnis $N_2 : O_2 : Ar : CO_2$. In der *Heterosphäre* liegt ein heterogener Aufbau aufgrund von gravitativer Entmischung der Gase vor (Abb. 5.2).

Chemischer Aufbau der Erde

Der chemische Aufbau der Atmosphäre ändert sich systematisch mit der Höhe. Im erdnahen Bereich besteht die Atmosphäre aus Luft der bekannten Zusammensetzung (Abb. 5.2). In ca. 25 km Höhe tritt die für das biologische Leben äußerst wichtige Komponente, das Ozon, hinzu, welches die lebensfeindlichen UV-Strahlen der Sonne absorbiert. Oberhalb der Stratopause setzt eine Vielfalt von durch Radikale ausgelösten Reaktionen ein. In der Exosphäre liegen im wesentlichen nur noch die leichten Komponenten H und He vor.

Es wird vermutet, daß eine Störung der Gasgleichgewichte, von denen einige in Abb. 5.3 aufgezeigt sind und die sich in den verschiedenen Höhenzonen tageszeitlich abhängig einstellen, Rückwirkungen auf die Lebensbedingungen (Klima, Strahlenbeeinflussung) auf der Erde haben werden.

Die Verteilung der Edelgase zeigt auf besonders eindrucksvolle Weise, daß sich die Entwicklung der Atmosphäre nicht konsequent bis zum Kondensationsstadium der Erde zurückverfolgen läßt. In diesem Falle müßte erwartet werden, daß die Konzentrationen der Edelgase von He zum Xe analog den kosmischen Häufigkeiten (Tabelle 5.1, Abb. 4.1) abnehmen. Die Tatsache, daß ausgerechnet Argon das häufigste Edelgas in der Atmosphäre ist, zeigt auf, daß für die heute zu beobachtende Verteilung der Edelgase anderweitige Quellen in Frage kommen. Sieht man von den geringen Anteilen der Edelgase ab, die während der Kondensationsphase in fester Materie eingefangen wurden und im Zuge von

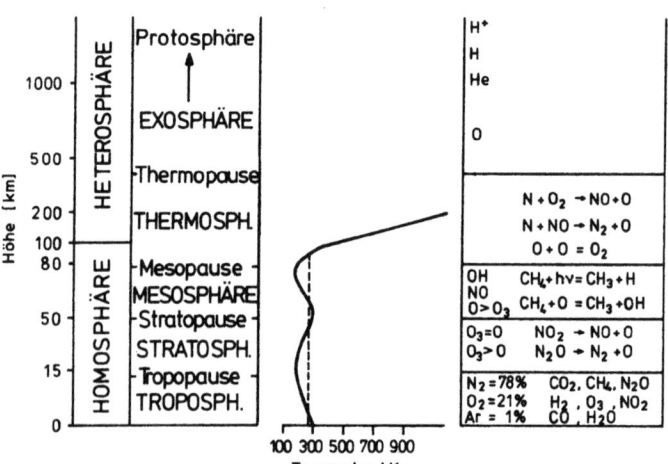

Abb. 5.3. Gliederung der Atmosphäre, Angaben zum Temperaturverlauf und zur chemischen Zusammensetzung. (Nach Kertz 1971)

Aufschmelzungen durch Entgasen freigesetzt wurden und noch heute mit vulkanischen Gasen freigesetzt werden, so bildet der radioaktive Zerfall die wesentlichste Quelle für Helium und Argon. Krypton und Xenon wurden und werden noch in geringem Maße durch Spontanspaltung des Urans gebildet.

Helium wird durch α-Zerfall der Nuklide ^{238}U und ^{235}U sowie ^{232}Th gebildet, während Argon zu 11% aus dem ^{40}K-Zerfall hervorgeht. Die größere Häufigkeit des Argons folgt unmittelbar aus der größeren Häufigkeit von Kalium gegenüber Uran und Thorium. Die Produktionsraten von He und Ar, bezogen jeweils auf 1 g Uran, Thorium oder Kalium, multipliziert mit der Element- und Nuklid-Häufigkeit der Mutternuklide, zeigen eine leicht bevorzugte Bildung von Ar gegenüber He an (Tabelle 5.3). Das radiogene Ar/He-Verhältnis berechnet sich zu etwa 1,6.

In der Atmosphäre wird demgegenüber ein Ar/He-Verhältnis von 1790 gefunden. Da Argon in der Atmosphäre zu 99,6% aus dem radio-

Tabelle 5.3. Berechnung des Ar/He-Verhältnisses auf Grund des radioaktiven Zerfalls der primordialen Nuklide ^{40}K, ^{232}Th, ^{235}U und ^{238}U

M	H	$t_{1/2}$	Zerfallsart	D
^{238}U	99,28%	$4,49 \cdot 10^9$a	8α	^{206}Pb + 8 He
^{235}U	0,715%	$7,13 \cdot 10^8$a	7α	^{207}Pb + 7 He
^{232}Th	100%	$1,39 \cdot 10^{10}$a	6α	^{206}Pb + 6 He
^{40}K	0,011%	$1,26 \cdot 10^9$a	β-Zerfall K-Eingang	89% ^{40}Ca 11% ^{40}Ar

$$He_h = \sum_i n(\alpha,i) \Delta M_i = \sum_i n(\alpha,i) M_{h,i} \left(\exp\left\{ \frac{\ln 2}{t_{1/2,i}} \theta \right\} - 1 \right)$$

He_h = jetzige Anzahl der He-Atome
$M_{h,i}$ = jetzige Anzahl der Mutteratome der Sorte i
$n(\alpha,i)$ = Multiplikator, der aus der Zerfallsart folgt
θ = Erdalter (= $4,5 \cdot 10^9$a)
H_i = Isotopenhäufigkeit von i

Nuklid	Elementkonzentration in der Lithosphäre	Edelgas-Produktion in $4,5 \cdot 10^9$a mol g^{-1}-Gestein
^{238}U	} 2,5 ppm	$8,3 \cdot 10^{-8}$
^{235}U		$4,1 \cdot 10^{-8}$
^{232}Th	13 ppm	$8,4 \cdot 10^{-8}$
^{40}K	2,5%	$He_h = 20,8 \cdot 10^{-8}$ $Ar_h = 3,3 \cdot 10^{-7}$
daraus folgt:		$(Ar/He)_{rad} \simeq 1,6$

genen ^{40}Ar besteht, wird vermutet, daß He aus der Atmosphäre ins Sonnensystem entweicht. Für Helium errechnet sich dann eine mittlere Verweilzeit [vgl. (6.3)] in der Atmosphäre von nur wenigen 10^6 Jahren.

5.2 Hydrosphäre

Die Hauptmasse der Hydrosphäre bilden die Ozeane, die zu etwa 71% die Erdoberfläche bedecken. Die Binnengewässer der Kontinente, das Grundwasser, die Bergfeuchtigkeit, Eis und Schnee machen nur etwa 0,3% der gesamten Hydrosphäre aus.

In Tabelle 5.4 sind die Konzentrationen der wichtigsten Bestandteile im Ozeanwasser und ihre mittlere Verweilzeit [vgl. (6.3)] angegeben. Dabei wird die Annahme gemacht, daß sich die chemische Zusammensetzung der Ozeane in einem stationären Gleichgewicht befindet:

Zuflußrate des Elementes i = Sedimentationsrate des Elementes i.

Bis auf geringe Schwankungen ist das Ozeanwasser weltweit recht einheitlich zusammengesetzt.

Aus der einheitlichen mineralogischen Abfolge von Evaporiten sowie der konstanten Zusammensetzung von marinen Sedimenten läßt sich ableiten, daß sich seit dem Kambrium die Gewichtsanteile der Hauptkomponenten im Ozeanwasser nicht um mehr als um den Faktor 2–3 verändert haben können (Drever et al. im Druck). Im Verlauf der letzten $2 \cdot 10^9$ Jahre nahm jedoch der Gehalt an gelöster Kieselsäure ab, weil sich Organismen mit SiO_2-Skeletten (Radiolarien und Diatomeen) herausbildeten. Das Auftreten von freiem Sauerstoff führte zur Oxida-

Tabelle 5.4. Mittlere Zusammensetzung von Ozean- und Flußwasser (Angaben nach Holland 1978, Stumm und Morgan 1981, und Turekian 1969 zusammengestellt)

Element	Ozeanwasser		Durchschnittsflußwasser
	Konzentration mol · dm^{-3}	Verweilzeit a	Konzentration mol · dm^{-3}
Na^+	0,47	$4,8 \cdot 10^7$	$2,7 \cdot 10^{-4}$
Mg^{2+}	$5,4 \cdot 10^{-2}$	$1 \cdot 10^7$	$3,4 \cdot 10^{-4}$
Ca^{2+}	$1 \cdot 10^{-2}$	$8,5 \cdot 10^5$	$3,8 \cdot 10^{-4}$
K^+	$1 \cdot 10^{-2}$	$5,9 \cdot 10^5$	$5,9 \cdot 10^{-5}$
Cl^-	0,55	$7,3 \cdot 10^7$	$2,2 \cdot 10^{-4}$
SO_4^{2-}	$2,8 \cdot 10^{-2}$	$7,9 \cdot 10^6$	$1,2 \cdot 10^{-4}$
HCO_3^-	$2,4 \cdot 10^{-3}$	$8 \cdot 10^{-4}$	$9,6 \cdot 10^{-4}$

tion von Fe^{2+}- und Mn^{2+}-Ionen, die unter reduzierenden Bedingungen in Karbonaten mitgefällt wurden. Unter oxidierenden Bedingungen bildeten sich – und bilden sich auch heute noch – Konkretionen von Fe-Mn-Oxidhydraten (z. B. Manganknollen). In der Tat sind archaische Karbonate Fe- und Mn-reicher als die sehr häufigen mesozoischen. Bedingt durch die Entwicklung des Phytoplanktons mit Kalkskeletten im mittleren Mesozoikum (Foraminiferen) hat sich der Karbonatabsatz vom kontinentalen Schelfbereich in den pelagischen Bereich ausgebreitet.

Die geringen Veränderungen der marinen Sedimentzusammensetzung legen nahe, daß die Chemie des Meerwassers in den vergangenen $2 \cdot 10^9$ Jahren in hohem Maße konservativ war. Die Zusammensetzung der Ozeane ist letztlich das Ergebnis der geochemischen Zyklen (vgl. § 6) aller Elemente. Es könnte daher vermutet werden, daß die Zusammensetzung des Meerwassers auf globale Veränderungen in der Erdkruste anspricht wie z. B. großräumige tektonische Hebungen, sea floor spreading oder die biologische Evolution (Drever et al., im Druck). Die offensichtliche Konstanz in der Zusammensetzung der Ozeane widerspricht diesem Gedanken und weist möglicherweise auf eine kohärente Stabilität von gekoppelten Zyklen.

Vertikal gesehen lassen sich die Ozeane nach verschiedenen Gesichtspunkten gliedern; z. B. in eine obere, gut durchmischte euphotische Zone, die mit der Atmosphäre in Wechselwirkung steht und in die hinein sich die Verwitterungslösungen der Kontinente ergießen. Sie wird von Sonnenlicht erhellt, mit dessen Energie das Phytoplankton Kohlendioxid und Wasser in organisches Material umsetzt. Das warme Oberflächenwasser setzt sich gegenüber dem kalten Tiefenwasser (untere Zone) mit seiner erhöhten Dichte ab. Dieser Dichteunterschied setzt der Vermischung der beiden Reservoire Grenzen.

Eine andere vertikale Untergliederung ergibt sich aus der Tatsache, daß Meerwasser nur bis in Tiefen von ~1 km (Pazifik) bzw. 4 km (Atlantik) Karbonat-gesättigt ist. Unterhalb dieser Grenze (CCD = *c*arbonate *c*ompensation *d*epth) lösen sich sedimentierende Karbonatpartikel wieder auf. Diese Karbonat-Sättigungsgrenze ist für die Freisetzung aller im Karbonat gebundenen Elemente von Bedeutung, weil sie damit anderen Reaktionen zugänglich werden.

Die chemische Zusammensetzung des Meerwassers hängt davon ab, was den Ozeanen über Flüsse und die hydrothermale Konvektion entlang den Riftzonen als Verwitterungslösung zugeführt (Tabelle 5.4) sowie durch chemische Reaktion und Ausfällung entzogen wird.

Die chemische Zusammensetzung von natürlichen Wässern läßt sich aus der Löslichkeit der schwerstlöslichen Mineralkomponenten ihres

Tabelle 5.5. Bindung einiger Elemente im Flußwasser an Schwebstoffpartikel (Mittelwerte für Rhein- und Mainwasser). (Nach Lieser pers. Mitt.)

Element	Prozentualer Anteil in	
	Schwebstoff	Restlösung
Na	2	98
K	40	60
Rb	75	25
Cs	85	15
Ca	7	93
Ba	60	40
Cr	90	10
Fe	90	10
Co	80	20
Zn	85	15
Br	3	97

Einzugsgebietes abschätzen. Einige Aspekte, die die Zusammensetzung von natürlichen Wässern regulieren, werden in § 6.2 behandelt.

Die chemischen Analysen von Schwebstoffen und den von Schwebstoffen befreiten Flußwässern zeigen charakteristische Verteilungen der Elemente auf diese beiden Phasen. Beispiele sind in Tabelle 5.5 wiedergegeben. Die Alkalien und Erdalkalien werden mit steigendem Molekulargewicht zunehmend an die Schwebstoffe gebunden. Die Übergangselemente sind zu ca. 90% in der Schwebstofffraktion zu finden. Halogene liegen weitestgehend gelöst vor.

5.3 Feste Erde

Aus planetarischen Daten ist die mittlere Dichte der Erde zu $5{,}52$ g cm^{-3} abgeleitet worden. Da die gesteinsbildenden Minerale i. M. nur Dichten von $2{,}7 - 2{,}9$ g cm^{-3} aufweisen, folgt, daß die Erde nicht homogen aufgebaut sein kann. Aus der chemischen Zusammensetzung von Asteroiden-Bruchstücken, die als Meteorite auf die Erde gelangten, wurde schon sehr früh auch für den Erdkörper geschlossen, daß er aus mehreren, chemisch unterschiedlich zusammengesetzten Schalen aufgebaut ist. Seismische Untersuchungen belegen, daß der Erdkörper in mindestens drei Schalen untergliedert ist, wobei jede Schale in eine obere und untere zerlegt werden kann (Abb. 5.4). Beginnend mit der Oberkruste

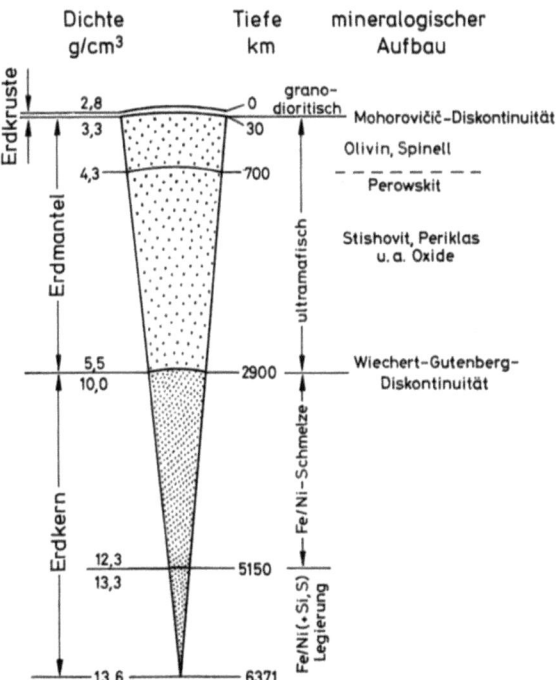

Abb. 5.4. Gliederung der Erde, Verlauf der Dichte und des chemisch-mineralogischen Aufbaus

steigt die mittlere Dichte von 2,8 auf 13,6 g cm^{-3} über Unterkruste, oberen Mantel, unteren Mantel, äußeren Kern und inneren Kern an.

Die Grenzen Kruste–Mantel bzw. Mantel–Kern werden durch die Mohorovičič- bzw. Wiechert-Gutenberg-Diskontinuitäten gekennzeichnet.

5.3.1 Erdkruste

Die Erdkruste (oberhalb der Mohorovičič-Diskontinuität, auch kurz Moho genannt) wird in eine Unter- und Oberkruste untergliedert, wobei die Grenze durch die Conrad-Diskontinuität gebildet wird. Sie liegt im Tiefseebereich im Mittel bei 1,7 km Krustentiefe (Abb. 5.6) und schwankt im Kontinentalbereich erheblich, wird aber allgemein im Mittel mit 16 km Tiefe angesetzt. Unter diesen Bedingungen entfallen

88 Vol.-% der oberen Kruste auf den kontinentalen Bereich (Tabelle 5.6). In dieser Abschätzung sind die Schelf- und hemipelagischen Regionen in den Kontinentalbereich einbezogen worden. Flächenmäßig überwiegt der Tiefsee-Bereich mit ca. 55% am Aufbau der Erdkruste.

Obere kontinentale Erdkruste

Die obere kontinentale Kruste wird meist mit 16 km (10 Meilen) als Durchschnittswert angesetzt. Dieser Anteil entspricht etwa der Hälfte der kontinentalen Kruste insgesamt. Es ist derjenige Teil, der im Laufe der Erdgeschichte am intensivsten in geologische und geochemische Vorgänge einbezogen worden ist. Faltung und Klüftung machten tiefere Teile der Kruste der Erosion zugänglich. Dabei wurden und werden weiterhin Magmatite und Metamorphite mechanisch und/oder chemisch aufgearbeitet (vgl. § 6.1 – 6.5). Ihre klastischen Komponenten und gelösten Anteile bildeten und bilden noch – räumlich getrennt – unterschiedlich zusammengesetzte Sedimente. Ein Teil der Sedimente wurde in der geologischen Vergangenheit nach Durchlaufen der Diagenese und Metamorphose partiell oder vollständig aufgeschmolzen und erneut in Magmatite überführt. Dies ist ein immerwährender Kreislauf, in dem lediglich durch chemische Lösung oder physikalische Vorgänge (Klassieren und Sortieren) bei der Sedimentbildung graduelle stoffliche Veränderungen eintreten.

Will man die mittlere mineralogische und chemische Zusammensetzung der Erdkruste abschätzen, so ist es zunächst einmal notwendig, den flächenhaften Anteil der verschiedenen magmatischen, metamorphen und sedimentären Gesteine zu ermitteln. Dies wird an Hand von geologischen Karten durchgeführt. Sieht man einmal von den Sedimentiten ab, so wird im allgemeinen angenommen, daß die flächenhafte Exponierung einer Intrusion etwa proportional ihrem Volumanteil in der oberen Erdkruste ist. Einige Vorsicht ist bei der Interpretation des Anteils an Eruptiva geboten. Da die flächenhaften Lavaergüsse nur von geringer Mächtigkeit sind, werden sie bei der allgemeinen Beurteilung ausgeschlossen oder ihr Volumanteil mit nur 0.1 Vol.-% angesetzt.

Die *Magmatite* und *Metamorphite* machen etwa 91 Vol.-% (entspricht auch etwa Gew.-%) und Sedimentite etwa 9 Vol.-% aus. Der jeweilige Flächenanteil beträgt demgegenüber jedoch 75% für die Sedimente und nur 25% für die Magmatite (Tabelle 5.6). Diese Zahlen beschreiben das Ausmaß der Abdeckung der Magmatite der Kruste durch Sedimente. Weiter hat man festgestellt, daß die Intrusivgesteine zu 44% Granite, 34% Granodiorite, 8% Quarzdiorite, etwa 1% Diorite und

Tabelle 5.6. Gegenwärtige Volum- und Flächenverteilung der Erdkruste (bis zur Conrad-Diskontinuität) und deren Magmatite und Sedimentite im kontinentalen Bereich (einschließlich der Schelfe und hemipelagischen Regionen) und der Tiefsee
Zahlenangaben bedeuten: Vol.-%/Flächen-%

	kontinental	ozeanisch
obere Erdkruste (gesamt)	88[a] /45	12[a]/ 55
davon entfallen auf		
Intrusivgesteine und Metamorphite	91[b] /23	– / –
Extrusivgesteine	0,1 / 2	82[b]/ <50
Sedimente	9[b] /75	18[b]/ >50

[a] berechnet aus der mittleren Mächtigkeit der oberen Erdkruste von 16 km bzw. 1,7 km im kontinentalen bzw. ozeanischen Bereich und den entsprechenden Flächenanteilen
[b] berechnet aus den gegenwärtigen Sedimentanteilen bzw. mittleren Sedimentmächtigkeiten

13% Gabbro-Gesteine sind. Die Extrusivgesteine mit etwa 0,1 Vol.-% sind demgegenüber vernachlässigbar. Somit errechnet sich hieraus ein granodioritischer Durchschnittsmagmatit für die kontinentale obere Kruste (Tabelle 5.7). Chemisch gesehen besteht somit die obere kontinentale Erdkruste zu 2/3 aus SiO_2, etwa 15% aus Al_2O_3 und jeweils 3–4% aus FeO, CaO, Na_2O und K_2O. Normativ-mineralogisch (Müller und Braun 1977, Scharbert 1984) besteht dieser Magmatit zu 2/5 aus Plagioklas, zu je 1/5 aus Quarz und Kalifeldspat. Das verbleibende 1/5 teilen sich Amphibole, Biotit, Pyroxene, Olivin, Magnetit und Apatit.

Obwohl die Extrusivgesteine nur mit ca. 0,1% am Aufbau der kontinentalen Erdkruste beteiligt sind, beträgt ihr Flächenanteil ~2%. Ihre Zusammensetzung ist insofern interessant, als sie deutlich verschieden ist von der des Durchschnittsmagmatits, wie er auf der Basis der plutonischen Gesteine errechnet wurde. Allerdings beziehen sich die Angaben nur auf die mesozoischen und känozoischen Extrusionen und vernachlässigen alle älteren. Geht man von der Annahme aus, daß die Häufigkeit für vulkanische Ereignisse zeitkonstant gewesen ist, so darf man aus dem für die jüngste Zeit beobachteten Volumanteil der Vulkanite rückschließen, daß Effusiva mit etwa insgesamt 2 Vol.-% am Aufbau der oberen kontinentalen Erdkruste beteiligt sind. Von diesen ca. 2% sind ca. 80% tholeiitische Basalte und nur 2% Alkali-Olivin-Basalte (Tabelle 5.7). Es folgen Andesite mit 16% sowie Rhyolithe, Dacite, Trachyte, Latite und Alkaligesteine mit insgesamt etwa 2%. Der Vergleich der Effusiv- und Intrusivgesteine zeigt, daß im Mittel die Effusiva ausgesprochen basisch ($45 < SiO_2 < 52$ Gew.-%), die Intrusiva intermediär ($52 < SiO_2 < 66$ Gew.-%) bis sauer ($SiO_2 > 66$ Gew.-%) sind.

Tabelle 5.7. Angaben zur Häufigkeit (Vol.-%/Flächen-%) und zur Zusammensetzung der Magmatite in der oberen Erdkruste (Gew.-%) (Angaben nach Wedepohl 1969; Sibley und Wilband 1977)

	Intrusivgesteine (inkl. Metamorphite)					Extrusivgesteine (inkl. Metamorphite)				Andesit	Durchschnittsmagmatite			
	Granit	Grano-diorit	Quarz-diorit	Diorit	Gabbro	Alkali-Olivin-Basalt	Tholeiite				in der oberen Erdkruste		in der oberen Erdkruste	
							kontin.	ozean.			kontin.	ozean.	nach Daten dieser Tab. berechnet	Sibley u. Wilband 1977
kontinent.	44/45	34/~30	8/~10	1/2	13/13	2/2	80/80	–/–	16/16		88/88	12/12		
ozeanisch	0/0	0/0	0/0	0/0	0/0	<30/<30	–/–	>70/>70	–/–					
SiO_2	72,1	66,9	66,2	51,9	48,4	45,8	50,8	49,2	54,2		66,6	48,2	64,4	59,0
TiO_2	0,37	0,57	0,62	1,5	1,3	2,6	2,0	1,5	1,3		0,6	1,8	0,7	
Al_2O_3	13,9	15,7	15,6	16,4	16,8	14,6	14,1	15,8	17,2		15,2	15,4	15,2	15,0
Fe_2O_3	0,86	1,33	1,36	2,73	2,55	3,16	2,88	2,2	3,48		1,3	2,5	1,4	
FeO	1,67	2,59	3,42	6,97	7,92	8,73	9,0	7,2	5,49		3,0	7,7	3,5	
MnO	0,06	0,07	0,08	0,18	0,18	0,20	0,18	0,16	0,15		0,08	0,2	0,1	
MgO	0,52	1,57	1,94	6,12	8,06	9,39	6,34	8,5	4,36		2,0	8,8	2,8	
CaO	1,33	3,56	4,65	8,40	11,07	10,74	10,42	11,1	7,92		3,7	11	4,6	3,6
Na_2O	3,08	3,84	3,9	3,36	2,26	2,63	2,23	2,7	3,67		3,3	2,7	3,3	7,0
K_2O	5,46	3,07	1,42	1,33	0,56	0,95	0,82	0,26	1,11		3,7	0,5	3,3	3,4
H_2O^+	0,53	0,65	0,69	0,80	0,64	0,76	0,91		0,86		0,6			3,2
P_2O_5	0,18	0,21	0,21	0,35	0,24	0,39	0,23		0,28		0,2			

Mineralogische Zusammensetzung:
Granit: Plagioklas ~ 30%, K-Feldspat ~ 35%; Quarz ~ 27%; Biotit ~ 5%; Granodiorit: Plagioklas ~ 46%, K-Feldspat ~ 15%; Quarz ~ 21%, Amphibol ~ 13%, Biotit ~ 3%; Quarzdiorit: Plagioklas ~ 53%, K-Feldspat ~ 6%; Quarz ~ 22%; Amphibol ~ 12%; Diorit: Plagioklas ~ 63%, K-Feldspat ~ 3%; Quarz ~ 2%, Amphibol ~ 12%, Biotit ~ 5%; Gabbro: Plagioklas ~ 56%, Pyroxene ~ 32%, Olivin ~ 5%; Alkali-Olivin-Basalt: Plagioklas ~ 43%, K-Feldspat ~ 6%, Pyroxene ~ 21%, Olivin ~ 17%, Nephelin ~ 2%; Tholeiite: Plagioklas ~ 45%, K-Feldspat ~ 5%, Quarz ~ 4%, Pyroxene 37%, Olivin ~ 17%; Andesit: Plagioklas ~ 58%, K-Feldspat ~ 7%, Quarz ~ 6%, Pyroxene ~ 15%, Amphibol ~ 3%, Biotit ~ 2%

Feste Erde 101

Tabelle 5.8. Angaben zur Häufigkeit (Vol.-%/Flächen-%) und zur Zusammensetzung der typischen Sedimentgesteine (Gew.-%) (Angaben nach Wedepohl 1969a, Riley and Chester 1971, Sibley und Wilband 1977)

Vol.-%	Kontinentale Sedimente (Wedepohl 1969a)								pelagische Sedimente (Riley and Chester 1971)			Durchschnitt der			
	Sandstein [55]	Durchschnitt Sandstein und Grauwacke 15	Grauwacke [45]	Tonschiefer Geosynkl. [75]	Tonschiefer Plattform [25]	Tonschiefer Durchschnitt 75	Evaporite 2	Karbonat-gestein 8	karbonatisch 48	tonig 38	kieselig 14	kontinentalen Sedimente 80	pelagischen Sedimente 20	Sedimente nach Angaben dieser Tab. berechnet	Sedimente Sibley und Wilband 1977
SiO_2	78,7	73,3	66,7	58,9	50,7	56,8		8,2	27,0	55,3	63,9	54,3	43	45,2	55,9
TiO_2	0,25	0,4	0,6	0,78	0,78	0,8			0,38	0,84	0,65	0,7	0,6	0,7	
Al_2O_3	4,8	8,7	13,5	16,7	15,1	16,2		2,2	8,0	17,8	13,3	14	13	13,8	13,8
Fe_2O_3	1,1	1,3	1,6	2,8	4,4	3,3		1,0	3,0	7,0	5,7	2,8	4,9	3,2	
FeO	0,3	1,7	3,5	3,7	2,1	3,2		0,68	0,87	1,1	0,7	2,7	0,9	2,3	
MnO	0,03	0,06	0,1	0,09	0,08	0,09		0,07	0,33	0,48	0,5	0,08	0,4	0,1	
MgO	1,2	1,6	2,1	2,6	3,3	2,8		7,7	2,4	3,8	2,5	3,0	3,0	3,0	3,6
CaO	5,5	4,2	2,5	2,2	7,2	3,7	9,1	40,5	28,3	1,2	1,2	6,8	14	8,2	5,8
Na_2O	0,45	1,6	2,9	1,6	0,8	1,4	13,1		0,8	1,5	0,9	1,6	1,1	1,5	1,2
K_2O	1,3	1,6	2,0	3,6	3,5	3,6	0,3		1,5	3,3	1,9	2,9	2,2	2,8	2,6
H_2O^+	1,3	1,8	2,4	5,0	5,0	5,0			3,9	6,5	7,1	4,0	5,3	4,3	
P_2O_5	0,08	0,13	0,2	0,16	0,1	0,14		0,07	0,15	0,14	0,27	0,1	0,2	0,1	
CO_2	3,9	2,7	1,2	1,3	6,1	2,5		35,5	23,1	0,8	1,2	5,1	12	6,5	5,2
C_{org}	0,2	0,26	0,1	0,6	0,7	0,6		0,2	0,31	0,24	0,22	0,7	0,3	0,7	
SO_3	0,1	0,2	0,3	0,2	0,6	0,3		3,1				0,5			

Mineralogische Zusammensetzung:
Sandstein: Quarz > 80%, Feldspäte ~ 5%, Phyllosilikate ~ 8%, Karbonate ~ 3%; Grauwacken: Quarz < 40%, Feldspäte < 70%, Phyllosilikate ~ 3%, Karbonate ~ 3%; Tonschiefer: Quarz ~ 20%, Feldspäte < 15%, Phyllosilikate ~ 65%, Karbonate ~ 3%; Karbonatgestein: Karbonate ~ 85%, Phyllosilikate ~ 15%. [ ] gibt den Vol.-Anteil in % am gewichteten Durchschnittswert an

Die *Sedimentite* bestehen zu etwa 75 Vol.-% aus Tongestein, ~15% aus Sandsteinen und Grauwacken, zu ~2% aus Evaporiten und zu ~8% aus Karbonatgesteinen (Tabelle 5.8).

Sieht man einmal von den primär-biogenen Sedimenten der Karbonatgesteine und den Evaporiten ab, so bestehen die beiden anderen Gruppen im wesentlichen aus Quarz, Feldspat sowie Schichtsilikaten. In den jeweils vorletzten Spalten der Tabelle 5.7 und 5.8 sind Durchschnittszusammensetzungen des die Oberkruste aufbauenden Magmatits und Sediments angegeben. Diese Zusammensetzung errechnet sich aus den Gesteinstyp-Analysen und ihrem relativen Anteil am Aufbau der Oberkruste. Für Vergleichszwecke sind in den jeweils letzten Spalten die von Sibley und Wilband (1977) angenommenen Durchschnittszusammensetzungen angegeben. Diese Daten wurden von den Autoren verwendet, um die lithologischen Verhältnisse des Durchschnittssedimentes zu berechnen. Danach besteht es aus 13% Sandstein, 12% Karbonaten, 1% Evaporiten, 33% Tongestein und 41% pelagischen Sedimenten (Sedimenten des Tiefsee-Bereichs). Das sich daraus ableitende Verhältnis von kontinentalen zu pelagischen Sedimenten von 59:41 weicht deutlich von den Angaben in Tabelle 5.6 ab, woraus sich ein Verhältnis von 79:21 errechnen läßt. Diese Unterschiede beleuchten die Unsicherheiten in den notwendigen Abschätzungen, die den Berechnungen zugrunde liegen.

In § 6.1 wird eine geochemische Bilanz diskutiert, die auf Drever et al. (im Druck) zurückgeht. Ihr liegt sogar ein Verhältnis kontinentaler : pelagischer Sedimente von 95:5 zugrunde. Allerdings beziehen diese Angaben auch Metamorphite in die Sedimente mit ein, da dieses Verhältnis für den Zeitraum der letzten $1,5 \cdot 10^9$ Jahre gelten soll. Aus diesem Grunde weicht diese Abschätzung auch erheblich von den obigen ab, die im wesentlichen den gegenwärtigen Zustand charakterisieren.

Vergleicht man die Zusammensetzung des Durchschnittssedimentes mit der des Durchschnittsmagmatits (jeweils vorletzte Spalten in Tabellen 5.7 und 5.8), so fallen die Unterschiede im SiO_2-, CaO- und Na_2O-Gehalt auf. Die Unterschiede im SiO_2-Gehalt gehen weitestgehend auf die Wichtung des Sandstein-Anteils bei der Berechnung des Durchschnittssedimentes zurück. Ein höherer Sandstein-Anteil auf Kosten des Tongesteins würde den SiO_2-Gehalt anheben. Das beobachtete Defizit an Na_2O in den Sedimenten gegenüber dem Magmatit hat seine Ursache darin, daß der Na_2O-Gehalt im Meerwasser so hoch ist. Auffällig ist jedoch der CaO-Überschuß im Durchschnittssediment gegenüber dem Durchschnittsmagmatit. Das Problem des CaO-Überschusses wird in § 6.1 ausführlich diskutiert.

Untere kontinentale Erdkruste

Die untere Erdkruste gibt sich im Seismogramm durch eine höhere Geschwindigkeit der longitudinalen Raumwellen zu erkennen. Dieser Anstieg von der Oberkruste zur Unterkruste ist zu groß, um nur aus der möglichen Kompression der Minerale heraus gedeutet zu werden. Das bedeutet, daß neben einer Kompression auch eine Veränderung in der chemischen Zusammensetzung berücksichtigt werden muß. Das führte zur Vermutung, daß die Unterkruste basischer als die Oberkruste sein sollte. Petrologische Betrachtungen jedoch zeigen, daß unter den dort herrschenden P-T-Bedingungen die die Basalte bzw. Gabbros aufbauenden Minerale wie Plagioklas, Augit und Olivin nicht stabil sind. Je nach An- oder Abwesenheit von Wasser werden diese Gesteine in Amphibolite oder Eklogite überführt (Abb. 5.5). Reaktionsmäßig lassen sich diese Umsetzungen wie folgt beschreiben:

Gabbro → Amphibolit

$$Mg_2SiO_4 + CaMgSi_2O_6 + \underline{NaAlSi_3O_8 + CaAl_2Si_2O_8} + FeO + H_2O$$

,Olivin'   ,Pyroxen'   ,Plagioklas'   aus Ilmenit, Magnetit

44 cm³   66 cm³   2 × 100 cm³   12 cm³

332 cm³

$$= NaCa_2(Mg, Fe)_4Al[Al_2Si_8O_{22} | (OH)_2] \quad (5.4)$$

,Hornblende'
280 cm³

$\Delta V_R = 280 - 322 = -42 \text{ cm}^3$.

Amphibolite sind Gesteine, die hauptsächlich aus Amphibolen und Plagioklas ohne oder mit nur geringem Quarzanteil bestehen. Eklogite sind aus Granat (Pyralspit), Na-Pyroxen (Omphacit, Mischkristall von Jadeit und Diopsid) und Quarz zusammengesetzt.

Gabbro → Eklogit

$$3\, Mg_2SiO_4 + 3\, CaMgSi_2O_6 + \underline{3\, CaAl_2Si_2O_8 + 2\, NaAlSi_3O_8}$$

,Olivin'   ,Pyroxen'   ,Plagioklas'

3 × 44 cm³   3 × 66 cm³   5 × 100 cm³

830 cm³   (5.5)

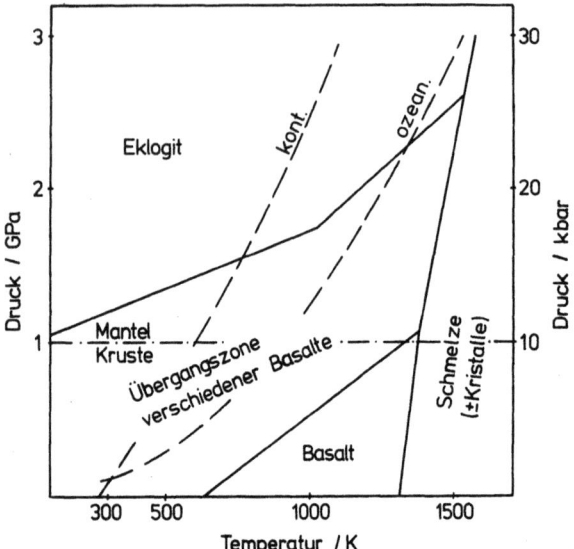

Abb. 5.5. Zusammenfassung von verschiedenen trockenen Basalt-Eklogit-Gleichgewichten. (Nach Ernst 1976). *kont., ozean.* Druck-Temperaturverlauf im kontinentalen und ozeanischen Bereich

$$= 3\ CaMg_2Al_2Si_3O_{12} + \underbrace{2\ NaAlSi_2O_6 + 3\ CaMgSi_2O_6}_{} + 2\ SiO_2$$

$$\text{Granat} \qquad\qquad \text{Omphacit}$$

$$\underbrace{3 \times 117\ cm^3 \qquad 2 \times 60\ cm^3 \qquad 3 \times 66\ cm^3 \qquad 2 \times 23\ cm^3}_{715\ cm^3}$$

$\Delta V_R = 715 - 830 = -161\ cm^3$.

Die Reaktionen (5.3) und (5.4) zeigen, daß sie unter Volumreduktion ablaufen. Daher sind sie mit steigendem Druck begünstigt (vgl. § 2.9).

Nähere Untersuchungen zur Wellengeschwindigkeit als Funktion der Dichte deuten darauf hin, daß die Dichte des Eklogits (3,45 g cm^{-3}) zu groß ist und zudem noch die des Peridotits im Mantel (3,26 g cm^{-3}) übersteigt (vgl. § 5.3.2). Bliebe man bei der Annahme, daß in der Unterkruste Eklogite vorliegen, so würden sie zu einer gravitativen Instabilität zwischen Unterkruste und dem peridotitisch zusammengesetzten oberen Mantel führen.

Die Dichte des weit geringer mafischen Granulits mit 2,6–2,8 g cm^{-3} liegt in einem Bereich, der die vorgefundene Wellengeschwindigkeit in der Unterkruste hinreichend erklären kann. Granulite – feinkörnige metamorphe Gesteine aus Quarz, Plagioklas, Granat und Pyroxenen – haben als wesentliches Merkmal, daß sie keine wasserhaltigen Minerale (Amphibole und Glimmer) führen. Granulite bilden sich bei hohen P-T-Bedingungen und werden in den tiefaufgeschlossenen metamorphen Gesteinen – z. B. im skandinavischen Schild – beobachtet. Im Vergleich zu den Konzentrationen, wie sie im Mittel in dem Ausgangsgestein (Gneisen) vorgefunden werden, sind sie leicht verarmt an SiO_2, K, Rb, Th und U (Tabelle 5.9). Sie haben dagegen höhere Gehalte an Al, Fe, Mn, Mg, Ca, Na und sind dementsprechend in ihrem Chemismus etwas basischer als ihr Ausgangsgestein. Die chemische Zusammensetzung der Gneise entspricht der Durchschnittszusammensetzung der oberen kontinentalen Erdkruste (Tabelle 5.9).

Wenn diese Betrachtung eine Verallgemeinerung erlaubt, so ergibt sich aus der Gegenüberstellung der chemischen Zusammensetzung der Granulite und der Gneise, daß die Kruste chemisch zoniert aufgebaut ist. Diese Zonierung wird besonders deutlich in der Anreicherung der radioaktiven Elemente K, U und Th in der oberen kontinentalen Kruste. Diese Elemente führen über ihre Zerfallswärme der Oberkruste einen

Tabelle 5.9. Vergleich der Zusammensetzung von benachbartem Gneis und Granulit aus Nordnorwegen (Gew.-%)

	Obere kontinentale Erdkruste[a]	Gneis[b]	Granulit[b]
SiO_2	65,5	65,6	61,2
TiO_2	0,6	0,5	0,6
Al_2O_3	15,1	14,9	16,4
Fe_2O_3	1,4	1,1	2,3
FeO	3,0	3,4	3,5
MnO	0,08	0,06	0,1
MgO	2,1	2,4	3,0
CaO	4,0	3,4	4,4
Na_2O	3,2	3,5	4,0
K_2O	3,6	3,7	3,0
P_2O_5	0,2	0,1	0,16
		ppm	ppm
Rb		155	56
Th		13,9	5,1
U		2,2	0,5

[a] nach Daten in Tabelle 5.7 und 5.8 (vorletzte Spalte) und der Angabe in Tabelle 5.6, wonach die kontinentale Erdkruste zu ca. 91 Vol.-% aus Intrusiva und Metamorphiten sowie zu ca. 9 Vol.-% aus Sedimenten aufgebaut ist
[b] Daten aus: The Open University S2-2, unit II p 34

nennenswerten Energiebetrag zu (Tabelle 2.22). Lokale Konzentrierung insbesondere von U kann zur lokalen Konvektion von hydrothermalen Lösungen beitragen, wenn die Permeabilität des Gesteins den Aufstieg der aufgeheizten Lösungen zuläßt. Solche hydrothermalen Konvektionszellen sind häufig die Ursache für den Absatz von Erzen in höheren Krustenstockwerken.

Die granulitische Zusammensetzung der unteren kontinentalen Erdkruste wird heute weitestgehend akzeptiert, doch muß man sich trotz allem immer vor Augen halten, daß wir nur über wenige Hinweise auf die chemische Zusammensetzung der Unterkruste verfügen. Sie sind in ihrer Anzahl geringer und weniger gewichtig als diejenigen, die uns über die Zusammensetzung des oberen Mantels berichten.

Ozeanische Kruste

Die ozeanische Kruste ist deutlich verschieden von der kontinentalen Kruste aufgebaut. Aus den bisher zur Verfügung stehenden Proben sowie seismischen Untersuchungen läßt sich folgendes Bild ableiten (Abb. 5.6): Der ozeanische Tiefseeboden trägt im Mittel eine etwa 0,3 km mächtige Sedimentdecke. Diese Sedimente bestehen teils aus Tonen (z. B. roten Tonen) teils aus Karbonat- oder Kiesel-Schlämmen. Im oberen Teil sind die Sedimente unverfestigt, jedoch mit zunehmender Tiefe verfestigt. Dieser ersten Schicht folgt eine Schicht von 1,4 km, die hauptsächlich aus Pillowlaven besteht, die in ihrem oberen Teil nicht, im unteren jedoch schwach metamorph überprägt sind. Diese Pillow-

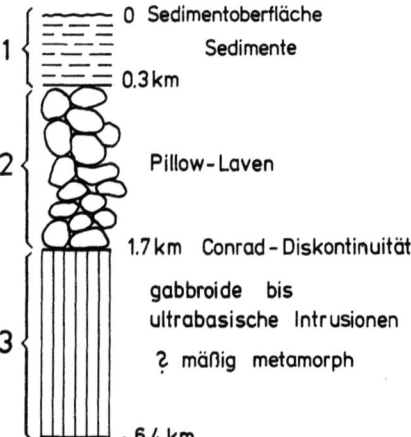

Abb. 5.6. Schematischer Aufbau der ozeanischen Kruste

lavadecken bestehen, ähnlich wie die ozeanischen Inseln und die Seamounts (Seeberge), zum größten Teil aus ozeanischen Tholeiiten (Tabelle 5.7). Unter diesem Schichtpaket insgesamt von ca. 1,7 km folgt die Schicht 3 mit im Mittel 4,7 km Mächtigkeit, die aus gabbroiden, doleritischen und ultrabasischen Intrusionen aufgebaut ist. Diese Schicht, die sich bereits unterhalb der Conrad-Diskontinuität (Unterkruste) befindet, ist wahrscheinlich mäßig metamorph überprägt.

Bedingt durch die dynamischen Vorgänge der Riftbildung (Neubildung von ozeanischer Kruste) und der Subduktion (Abtauchen der ozeanischen Kruste unter Kontinenten) ist der Tiefseeboden insgesamt sehr jung. Die älteste ozeanische Kruste im Pazifik hat zum Zeitpunkt ihrer Subduktion ein Alter von nur $2 \cdot 10^8$ Jahren, im jüngeren Atlantik werden sogar $1,8 \cdot 10^8$ Jahre nicht überschritten.

Die Riftbasalte sind ozeanische Tholeiite und als solche erstaunlich einheitlich zusammengesetzt. Die Gesteine der ozeanischen Inseln und der untermeerischen Gebirgszüge sind dagegen oft sehr verschieden: meist aber Alkali-Olivin-Basalte (Tabelle 5.7). Diese Gesteine sind SiO_2-ärmer und Fe^{2+}- und Mg^{2+}-reicher als die Tholeiite.

Die marinen Sedimente haben sich unter Bedingungen gebildet, bei denen die Ozeane im stationären chemischen Gleichgewicht mit den von den Kontinenten und den Riftsystemen zugeführten Verwitterungslösungen und der Atmosphäre standen (vgl. § 5.1, § 5.2, § 6.2).

Es muß an dieser Stelle darauf verwiesen werden, daß die ozeanischen Tholeiite charakteristische Unterschiede gegenüber den kontinentalen aufweisen. Insbesondere sind die ozeanischen Tholeiite reicher an Mg, Ca und Na (Tabelle 5.7), während die kontinentalen Tholeiite erhöhte Gehalte an K, Rb, Ba und Th – typische Elemente der oberen Erdkruste – aufweisen (Tabelle 5.9). Als Ursachen für diese Unterschiede gelten

– Entwicklung der Magmen durch partielles Aufschmelzen aus verschiedenen Muttergesteinen im Mantel, d. h. der Mantel unter Kontinenten ist chemisch verschieden von dem unter der ozeanischen Kruste;
– unterschiedliche Wechselwirkung in der oberen Kruste zwischen Magma und Nebengestein während der Aufstiegsphase, d. h. ausgeprägte Kontamination des einheitlich gedachten Mantelmagmas mit kontinentalem Krustenmaterial, oder
– eine Kombination von beiden.

5.3.2 Erdmantel

Der Erdmantel stellt mit ca. 68% der Erdmasse die größte Geosphäre dar. Unsere Kenntnisse über die chemische und mineralogische Zusammensetzung des Mantels basieren im wesentlichen auf Interpretationen des wenigen Materials, von dem angenommen werden kann, daß es aus dieser Schicht der Erde kommt.

Die longitudinalen Raumwellengeschwindigkeiten im oberen Mantel liegen zwischen 8,1 und 8,3 km s^{-1}. Im Vergleich zu diesen Werten liegen die entsprechenden Wellengeschwindigkeiten unter den Drücken des oberen Erdmantels in Peridotiten bei 8,15, in gabbroidem Gestein bei 7,24, in Granodioriten bei 6,56 und in Graniten bei 6,45 km s^{-1}. Aus dieser Gegenüberstellung folgt, daß nicht saure, sondern nur ultramafische Gesteine wie die Peridotite die vorgefundene Wellengeschwindigkeit erklären können.

Erdbeben mit nachfolgenden Basalteruptionen weisen auf Herdtiefen von meist mehr als 60 km hin. Da es sehr wahrscheinlich ist, daß Schmelzen sich in den Bereichen von Erdbebenzentren bilden, würde diese Tiefenangabe bereits auf die Herkunft dieser Basalte aus dem Mantel hindeuten.

Einen Einblick in die chemische und mineralogische Zusammensetzung des Mantels geben in begrenztem Maße die ultramafischen Auswürflinge von Vulkanen und Diatremen. Diese Olivinknollen bestehen zu mehr als 80% aus Olivin neben Diopsid, Enstatit und Chromspinell. Die Knollen stellen höchstwahrscheinlich Restite dar, die von dem sie umgebenden Teil der Schmelzen bei der Eruption mitgerissen und zutage gefördert wurden. Eine alternative Möglichkeit wäre, daß die Knollen erst im Zuge der fraktionierten Kristallisation aus Alkali-Olivin-Basaltschmelzen gebildet wurden. Anhand von mineralchemischen, paragenetischen und texturellen Merkmalen lassen sich beide Typen von Olivinknollen unterscheiden.

Kimberlite stellen ein ultramafisches Gestein mit Fragmenten von Granatperidotit, Eklogit, Granat und Diamant dar, die in eine feinkörnige Matrix von Calcit und Glimmer eingebettet sind. Die Granate sind meist Pyrope, $Mg_3Al_2Si_3O_{12}$, und die Glimmer Phlogopite, $KMg_3[AlSi_3O_{10}|(OH)_2]$. Kimberlite werden als Explosiva in Diatremen gefördert und haben in Einzelfällen Herdtiefen von mehr als 150 km. Dieses muß aus dem Auftreten des Diamanten geschlossen werden, für dessen Herkunft Drücke von mindestens 4 GPa ($\triangleq 120$ km) bei 1300 K erforderlich sind. Dies geht aus dem Schnittpunkt der Diamant-Graphit-Umwandlungskurve mit dem kontinentalen geothermischen Gradienten hervor (Abb. 5.7). Das Auftreten des Diamanten ist somit ein

Abb. 5.7. Zustandsdiagramm des Kohlenstoffs mit Angaben zum Verlauf des kontinentalen und ozeanischen geothermischen Gradienten sowie der mittleren Kruste-Mantel-Grenze. *kont., ozean.* Druck-Temperaturverlauf im kontinentalen und ozeanischen Bereich

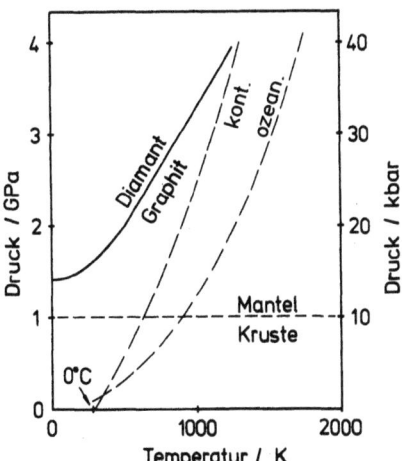

Tabelle 5.10. Mittlere chemische Zusammensetzung von Gesteinen (Gew.-%), die dem Mantel entstammen im Vergleich mit dem Chemismus von gabbroiden Gesteinen (aus: The Open University S2-2, unit II, p 42)

	Alpino-typer Peridotit	Olivin-Knollen	Granat-Peridotit	Gabbro ≙ Eklogit
SiO_2	41,32	43,4	45,7	49,0
TiO_2	< 0,1	0,08	0,13	1,0
Al_2O_3	0,54	1,8	2,7	18,2
Fe_2O_3	1,21	2,7	1,6	3,2
FeO	5,91	6,7	5,7	6,0
MnO	0,11	0,16	0,12	0,2
MgO	49,81	42,4	41,5	7,6
CaO	< 0,1	1,8	2,0	11,2
Na_2O	0,05	0,21	0,22	2,6
K_2O	0,005	0,01	0,03	0,9

recht deutlicher Hinweis, daß die Kimberlite aus Tiefen unterhalb der Moho (Kruste-Mantel-Grenze) kommen. Sie entstammen damit einem deutlich tieferen Horizont des Mantels als die Alkali-Olivin-Basalte.

Eine besondere Gruppe von Peridotiten sind die ‚alpinotypen' Peridotite (Tabelle 5.10), jene linsenförmigen Körper in gefalteten marinen Sedimenten von km-Dimensionen. Unter dem enormen Druck der Gebirgsbildung sind vermutlich Teile des oberen Mantels abgeschält und in die Oberkruste eingeschuppt worden. Dieses ultrabasische Gestein wurde zuerst aus den Alpen beschrieben. Seine Zusammensetzung ist ähnlich der der Olivinknollen (Tabelle 5.10). Große Schollen solcher ultramafischer Gesteine liegen im Troodos-Gebirge (Zypern) und auf der Oman-Halbinsel vor. Dort werden sie von basischen Gesteinen – ähnlich denen der Ozeanböden – überlagert. Daher läßt sich an ihnen eher als an den alpinen Funden die Beziehung zur Ozeankruste erfassen. Da diese Peridotite im Bereich von Subduktionszonen angetroffen werden, wird die Vermutung erhärtet, daß es sich in der Tat um Fragmente des Ozeanbodens handelt, die an sich abbauenden Plattenrändern in die Kruste abgeschuppt wurden und in der Kruste verblieben. Diese ultrabasischen Gesteine werden auch als Ophiolithe bezeichnet (Coleman 1977).

Eine eklogitische (Omphacit, Granat) Zusammensetzung für den oberen Mantel erscheint fragwürdig, da sich Eklogite mit Sicherheit erst bei Drücken >1 GPa ($\triangleq >30$ km Tiefe) (Abb. 5.5) bilden, die erst unterhalb der Moho angetroffen werden. Die Moho liegt im Bereich der ozeanischen Becken bereits in Tiefen von ca. 10 km ($\triangleq 0,3$ GPa) und der ozeanische geothermische Gradient verlagert sich deutlich in Richtung auf das Stabilitätsfeld des Basaltes (Abb. 5.5).

Der Übergang Kruste – Mantel ist in den Seismogrammen aber gut erkennbar. Diese Befunde sprechen gegen einen eklogitischen Mantel, dessen chemische Zusammensetzung identisch mit einem basaltischen Mantel ist. Vielmehr spricht der seismisch gut erkennbare Übergang Kruste – Mantel mehr für eine Änderung der chemischen Zusammensetzung als für eine ausschließliche Phasenänderung der an der Zusammensetzung beteiligten Minerale.

Phasenänderungen und Bildung dichterer Minerale sind vermutlich die Ursache für die stufenweisen Änderungen der Raumwellengeschwindigkeiten im oberen Mantel (Abb. 5.1).

Der Temperaturgradient unter den Ozeanen ist größer als unter den Kontinenten. Dies bedeutet nicht notwendigerweise, daß sich deshalb die chemische Zusammensetzung des Mantels im ozeanischen Bereich von dem unter den Kontinenten unterscheidet. Nicht auszuschließen ist jedoch, daß die mineralogische Zusammensetzung verschieden ist. Im ozeanischen Bereich wird bereits in einer Tiefe von 300 km eine Temperatur von ~1800 K gegenüber ~1500 K im Kontinentalbereich vermutet. Dieser Temperaturunterschied kann bereits für eine unterschiedliche mineralogische Zusammensetzung hinreichend sein. Abb. 5.8 zeigt schematisch den unterschiedlich mächtigen Aufbau des Mantels und der Kruste im ozeanischen und kontinentalen Bereich.

Clark und Ringwood (1964) haben für ein primitives Mantelmaterial den Namen Pyrolit vorgeschlagen, der auf die wesentliche mineralogische Zusammensetzung aus *Pyr*oxen und *Ol*ivin hinweist. Die chemische

Feste Erde 111

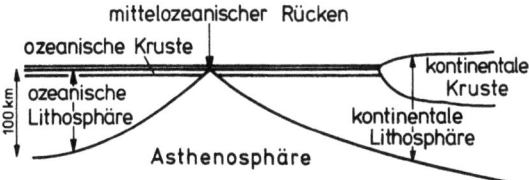

Abb. 5.8. Schematischer Aufbau der Lithosphäre

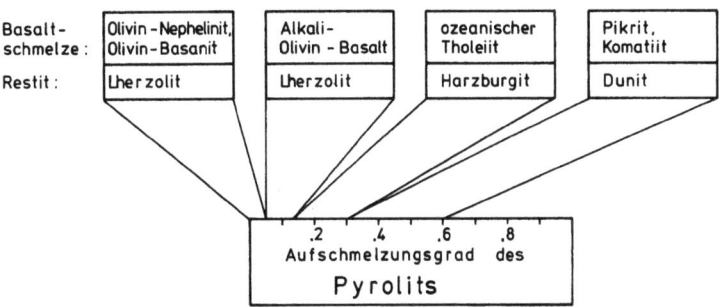

Abb. 5.9. Beziehungen von Basalten und ihren Restiten zum Aufschmelzungsgrad des hypothetischen Pyrolits. (Nach Ringwood 1979a und b)

Zusammensetzung des Pyrolits soll einer Mischung von 1 Teil Basalt und 3 Teilen Dunit entsprechen. Aus dem Pyrolit lassen sich durch zunehmendes partielles Aufschmelzen basaltische Magmen wie Olivin-Nephelinit, Olivin-Basanit, Alkali-Olivin-Basalt, ozeanische Tholeiite, Pikrite und Komatiite (Tabelle 5.11) ableiten. Abb. 5.9 gibt die vermutete Beziehung von Basaltschmelzen und Restit als Funktion des Aufschmelzungsgrades des Pyrolits wieder.

Es gibt viele Gründe anzunehmen, daß der obere Mantel nicht eine homogene Zusammensetzung aufweist, sondern daß der Pyrolit aufgrund von Fraktionierungsprozessen eine breite Streuung insbesondere in der Zusammensetzung der inkompatiblen Elemente aufweist. Die Zusammensetzung der Haupt- und kompatiblen Spurenelemente wird dagegen nur eine geringe Streubreite aufweisen. Abb. 5.10 gibt das von Ringwood (1979a, 1979b) vorgeschlagene Modell des zonierten oberen Mantels wieder. Er besteht im kontinentalen Bereich demnach aus Peridotiten und nur untergeordnet aus Eklogit. Der Name Peridotit wird oft als Sammelbegriff für Lherzolite, Harzburgite und Dunite verwendet.

Im Zuge des partiellen Aufschmelzens des Pyrolits werden Al_2O_3, TiO_2, Fe_2O_3, CaO, Na_2O, K_2O und P_2O_5 in basaltischen Teilschmelzen

Tabelle 5.11. Chemische Zusammensetzung (in Gew.-%) der basaltischen Magmen (Coleman 1977, Scharbert 1984) im Vergleich zum Pyrolit (Ringwood 1979a und b)

	Olivin-Nephelinit	Olivin-Basanit	Alkali-Olivin-Basalt	Ozeanischer Tholeiit	Pikrit	Komatiit	Pyrolit
SiO_2	40,3	44,6	46,5	47,2	44,0	45,2	45,1
TiO_2	2,9	2,9	2,7	0,7	0,6	0,3	0,2
Al_2O_3	10,3	11,7	13,9	15,0	8,3	6,2	3,3
Fe_2O_3	5,9	3,0	2,6	3,4	2,2	–	–
FeO	7,7	9,4	9,5	6,6	8,8	11,5	8,0
MnO	0,2	0,2	0,12	0,1	0,2	0,2	0,15
MgO	13,3	13,9	9,7	10,5	26,0	28,6	38,1
CaO	13,0	7,7	10,4	11,4	7,3	5,6	3,1
Na_2O	3,1	3,7	2,8	2,3	0,9	0,6	0,4
K_2O	1,4	2,0	0,7	0,1	0,06	0,04	0,03
P_2O_5	0,78	1,0	0,35	0,07	0,07	0,02	0,02

Olivin-Nephelinit: Olivin ~ 17%; Nephelin ~ 20%; Anorthit ~ 12%; Pyroxen ~ 40%; Magnetit ~ 5%; Ilmenit ~ 4%
Olivin-Basanit: Olivin ~ 17%; Nephelin ~ 12%; Plagioklas ~ 25%; Orthoklas ~ 12%; Pyroxen ~ 25%; Magnetit ~ 4%; Ilmenit ~ 4%
Alkali-Olivin-Basalt: Olivin ~ 18%; Nephelin ~ 3%; Plagioklas ~ 45%; Orthoklas ~ 5%; Pyroxen ~ 20%; Magnetit ~ 3%; Ilmenit ~ 3%
Ozeanischer Tholeiit: Olivin ~ 2%; Plagioklas ~ 50%; Orthoklas ~ 2%; Pyroxen ~ 40%; Magnetit ~ 3%; Ilmenit ~ 3%
Pikrit: Olivin ~ 30%; Plagioklas <10%; Pyroxen ~ 35%; Hornblende >25%
Komatiit: Olivin ~ 50%; Anorthit ~ 10%; Pyroxen ~ 35%

Abb. 5.10. Schematischer Aufbau des oberen Mantels unter der ozeanischen und kontinentalen Kruste. (Nach Clark und Ringwood 1964)

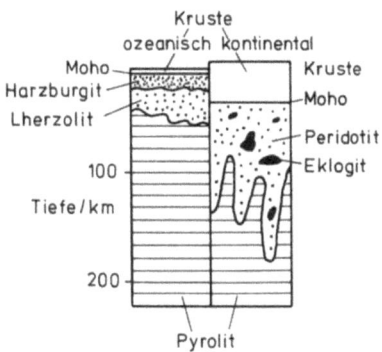

Tabelle 5.12. Zusammensetzung (in Gew.-%) der Peridotite. (Ringwood 1979a und b, Coleman 1977)

	‚Pyrolit'	Lherzolit	Harzburgit	Dunit
SiO_2	45,1	44,4 – 47,9	43	41
TiO_2	0,2	0,02 – 2,3	0,01	0,01
Al_2O_3	3,3	1,1 – 3,3	1,0	0,5
Cr_2O_3	0,4	0,2 – 0,5	0,5	0,6
FeO	8,0	5,9 – 8,9	6,5	7,8
MnO	0,15	0,1 – 0,2	0,1	0,11
NiO	0,2	0,25 – 0,4	0,3	0,3
MgO	38,1	37,7 – 45,7	48	49
CaO	3,1	0,9 – 3,5	0,6	0,7
Na_2O	0,4	0,06 – 0,4	0,07	0,06
K_2O	0,03	0 – 0,4	0,01	0,01
P_2O_5	0,02	0 – 0,05		

Mineralogische Zusammensetzung: Lherzolit: Olivin >60%, Orthopyroxen >20%, Klinopyroxen <10%, Spinell ~2%; Granat-Lherzolit: Klinopyroxen ~60%, Granat ~40%; Harzburgit: Olivin >70%, Orthopyroxen ~20%, Spinell ~2%; Dunit: Olivin >95%, Pyroxene ~2%, Spinell ~2%

angereichert (Tabelle 5.12). MgO, Cr_2O_3 und SiO_2 verbleiben als Restit (Tabelle 5.12). Basalte und Restite verhalten sich demnach in ihren Zusammensetzungen komplementär. Die basaltischen Schmelzen sind somit chemische Repräsentanten von Teilschmelzen des Mantels. Die mitgeförderten Knollenaggregate charakterisieren den an leicht schmelzbaren Bestandteilen verarmten Mantel.

Eine sehr häufig diskutierte Frage ist, ob der Mantel zu irgendeinem Zeitpunkt als Ganzes geschmolzen vorlag oder nicht. Würde ein so großes Magmenreservoir vorgelegen haben, wie es der Mantel darstellt, müßte im Zuge einer fraktionierten Kristallisation eine deutliche Differenzierung der Elemente eingetreten sein, insbesondere sollten die inkompatiblen Elemente im kristallinen Mantel in geringeren Konzentrationen vorliegen als während der Kondensationsphase. Geht man heute davon aus, daß die höchst schmelzenden Oxide der Elemente Mg, Ca, Al nicht thermisch fraktioniert wurden und bildet man nun die Verhältnisse der inkompatiblen Elemente mit Mg, Ca oder Al, so zeigt sich, daß Ti, Y, Zr, Nb, Sc sowie die schweren Lanthaniden im wesentlichen ein primordiales Verhältnis aufweisen. Damit kann der Mantel nicht als Ganzes geschmolzen gewesen sein. Dies hätte eine deutliche Verarmung des Mantels an den genannten inkompatiblen Elementen zur Folge gehabt.

Es wird heute allgemein angenommen, daß die C1-Chondrite (vgl. § 4.3.2) Elementkonzentrationen aufweisen, die den primordialen Häufigkeiten der Elemente in dem solaren Nebel sehr nahekommen. Dies gilt zumindest für Elemente mit geringerer Flüchtigkeit als den Edelgasen. Geht man von einer mittleren Zusammensetzung der Erde entsprechend den C1-Chondriten aus, so ist zu berücksichtigen, daß sich dieser Stoffbestand in zwei Fraktionen aufgeteilt hat, nämlich den silikatischen Mantel und den metallischen Kern. Ausgehend von dieser Überlegung hat Ringwood (1979a und b) die siderophilen Elemente aus der primordialen Zusammensetzung, wie sie der der C1-Chondrite entspricht, herausgezogen, jedoch soviel FeO zurückgelassen, daß das für den Mantel mit angenommener Pyrolitzusammensetzung abgeleitete Verhältnis von $MgO/(MgO + FeO) = 0{,}88$ verbleibt. Die so erhaltene Zusammensetzung für den Mantel wird als primordialer Modellmantel bezeichnet (Tabelle 5.13). Die Übereinstimmung dieser Zusammensetzung mit der für den Pyrolit abgeleiteten ist hinreichend. Es gibt jedoch einige prinzipielle Unterschiede zwischen dem Pyrolit und der primordialen Mantelzusammensetzung, die auch in Tabelle 5.13 erkennbar sind. So ist der Pyrolit um 17% ärmer an SiO_2 (Tabelle 5.14), und zunehmend verarmt an den volatilen Oxiden Cr_2O_3, MnO, Na_2O und K_2O. In Abb. 5.11 sind die Verarmungsfaktoren gegen die Kondensationstemperaturen der Elemente abgetragen, und es ergibt sich eine ausgeprägte Korrelation. Die ausgesprochen volatilen Elemente wie Cs, In und Zn sind nur noch mit weniger als einem Zehntel ihrer Ausgangshäufigkeit vertreten. Ganz extreme Verarmungen im Mantel haben die siderophilen Elemente wie z. B. Cu, Ag, Bi, Pb, Tl, Cd, Ge, S und Se erfahren, die im Erdkern angereichert wurden.

Unter den siderophilen Elementen (Tabelle 4.6) sind einige weniger volatil als Si, wie z. B. Ni, Co, Ir, Pt und Re. Von ihnen kann angenommen werden, daß sie in etwa primordialer Zusammensetzung in der Erde

Tabelle 5.13. Chemische Zusammensetzung des C1-Chondrits Orgueil und des daraus abgeleiteten primordialen Mantels und des hypothetischen Pyrolits (Gew.-%). (Angaben nach Ringwood 1979a, b)

	C1-Chondrit	primordialer Modellmantel	Pyrolit
SiO_2	21,7	48,2	45,1
TiO_2	0,1	0,15	0,2
Al_2O_3	1,6	3,5	3,3
Cr_2O_3	0,35	0,7	0,4
MgO	15,2	34,0	38,1
FeO	22,9	8,1	8,0
MnO	0,2	0,5	0,15
CaO	1,2	3,3	3,1
Na_2O	0,7	1,6	0,4
K_2O	0,07	0,15	0,03
$\frac{MgO^a}{MgO+FeO}$	0,4	0,88	0,88

Tabelle 5.14. Vergleich der Element/Magnesium-Atomverhältnisse im primordialen Modellmantel und Pyrolit. (Nach Angaben in Tabelle 5.13 berechnet)

Atomverhältnis	Primordialer Modellmantel	Pyrolit
Si/Mg	0,95	0,79
Ti/Mg	0,0022	0,0026
Al/Mg	0,079	0,084
Cr/Mg	0,012	0,0076
Fe/Mg	0,096	0,11
Mn/Mg	0,0060	0,0020
Ca/Mg	0,050	0,053
Na/Mg	0,044	0,012
K/Mg	0,0027	0,00061

vorhanden sind, jedoch bevorzugt im Erdkern. Andere sidero- und chalkophile Elemente wie Cu, Ag, Au, Ge, As sind volatiler als Si, so daß bei ihnen auch die Möglichkeit besteht, daß sie in geringerer Konzentration als der primordialen Häufigkeit in der Erde anzutreffen sind.

Für einige dieser Elemente sind auch Verteilungskoeffizienten zwischen metallischem Eisen und einer Silikatschmelze bekannt. Es läßt sich zeigen, daß die Häufigkeiten, mit der die siderophilen Elemente im oberen Mantel vorkommen, größer sind, als sie unter der Annahme er-

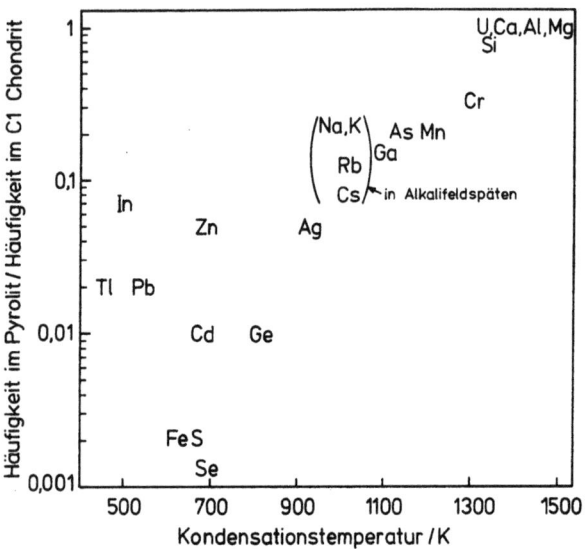

Abb. 5.11. Verarmung der angegebenen Elemente im Pyrolit gegenüber ihrer Häufigkeit in C1-Chondriten als Funktion der Kondensationstemperatur der Elemente. (Nach Angaben von Ringwood 1979a und b). Alkalien kondensieren als Bestandteil der Feldspäte, Schwefel an Eisen gebunden

Tabelle 5.15. Verarmungsfaktoren für einige Elemente in irdischer Materie nach Angaben in Tabelle 5.1

	Häufigkeit in irdischer Materie / Häufigkeit in C1-Chondrit
S	0,2
Cr	0,6
Mn	0,4
Na	0,8

Ringwood (1979a und b) gibt sogar noch niedrigere Werte für die Verarmungsfaktoren von Cs, Mn und Na an

wartet werden könnten, daß die Verteilung unter Gleichgewichtsbedingungen zwischen den den Mantel und Kern charakterisierenden Silikat- und Eisenphasen stattgefunden hat. Diese qualitative Beobachtung ist von besonderer Bedeutung bei der Diskussion der Bedingungen, unter denen sich der Erdkern gebildet hat.

Ein großes Problem stellt die große irdische Häufigkeit von Schwefel gegenüber den Elementen Cr, Mn, Na, K, Rb, Cs, und Zn dar (Abb.

5.11). Der chalko- bis siderophile, aber sehr volatile Schwefel ist bei weitem nicht so verarmt, wie es gegenüber den genannten nicht siderophilen Elementen, die aber alle eine deutlich geringere Flüchtigkeit als Schwefel aufweisen, zu erwarten wäre (Tabelle 5.15).

5.3.3 Erdkern

Bei der Diskussion des Erdmantels haben wir gesehen, daß es nur wenig Material gibt, aus dem wir auf die Zusammensetzung des Erdmantels schließen können. Aus dem Erdkern werden wir vermutlich nie Proben im Labor zur Verfügung haben. Daher sind alle Vermutungen über die chemische Zusammensetzung des Erdkerns aus der Anpassung chemischer Daten an physikalische Beobachtungen abgeleitet.

Das Auffinden von Eisenmeteoriten, die Kenntnis der chemischen Zusammensetzung dieser Eisenmeteorite (94% Fe + 6% Ni) sowie die zu fordernde hohe spezifische Dichte des Erdkerns zwischen 10,0 g cm^{-3} in 2900 km und 13,6 g cm^{-3} in 6370 km Tiefe legen für den Erdkern im wesentlichen eine Zusammensetzung nahe, wie sie in Eisenmeteoriten beobachtet wird. In Schockwellen-Experimenten konnte gezeigt werden, daß Silikate nicht so hoch verdichtet werden können, daß sie die geowissenschaftlichen Eigenschaften des Kerns annehmen. Andererseits jedoch ist auffällig, daß die Dichte des Erdkerns etwa 10% geringer ist, als sie einer Fe/Ni-Zusammensetzung entsprechen sollte. Dies kann jedoch durch die Aufnahme von leichten Elementen erklärt werden. Da die Elemente He, H, C, O und N in das Zwischengitter der Fe-Ni-Legierung passen, würde ihr Einbau die Dichte nicht hinreichend verringern. Die nächsthäufigen Elemente Al, Mg, Na gehen bevorzugt in den Mantel und die Kruste. Somit verbleiben von den häufigen Elementen nur noch Si, O und S als mögliche zusätzliche Elemente im Erdkern. Man stellt sich daher vor, daß der Erdkern entweder aus einer Fe-Ni-Si-Legierung besteht oder aber, daß Schwefel in Form von Sulfidschwefel im Kern gelöst wird. Diese Zusammensetzung ist in Tabelle 5.16 angenommen worden. FeS ist ein guter elektrischer Leiter (wichtig für die Erklärung des Erdmagnetfeldes) und schmilzt schon bei Temperaturen, die einige hundert Grad unter dem Schmelzpunkt typischer Mantelminerale liegen. Die Existenz dieser Verbindung würde erklären, wieso der äußere Kern geschmolzen zwischen festem unterem Mantel und innerem Erdkern liegt. Ergänzend sei bemerkt, daß auch eine Lösung von FeO in der Fe-Ni-Legierung diskutiert wird (Ringwood 1979a und b).

Tabelle 5.16. Mittlere chemische Zusammensetzung des Erdmantels und des Erdkernes sowie die daraus abgeleitete Gesamtzusammensetzung der Erde und die irdischen Häufigkeiten der häufigsten Elemente.
Die ermittelten Angaben zur irdischen Häufigkeit stimmen recht gut mit denen in Tabelle 5.1 überein

Element	Erdmantel inkl. Kruste (Pyrolit) 68,5 Gew.-%	Erdkern (nach Mason und Moore 1982) 31,5 Gew.-%	Erde	irdische Häufigkeit
Fe	6,2	86,3	31,4	$1 \cdot 10^6$
O	44,4		30,4	$4 \cdot 10^6$
Mg	22,9		15,7	$1 \cdot 10^6$
Si	21,0		14,4	$1 \cdot 10^6$
Ni		7,4	2,3	$7 \cdot 10^4$
S		6,0	1,9	$1 \cdot 10^5$
Ca	2,2		1,5	$7 \cdot 10^4$
Al	1,8		1,2	$9 \cdot 10^4$
Na	0,3		0,2	$2 \cdot 10^4$

5.4 Mittlere chemische Zusammensetzung der Erde

Die chemische Zusammensetzung der Erdkruste ist das Ergebnis extrem komplexer und sehr effizienter Differenzierungsprozesse, die im Laufe der geologischen Zeit die inkompatiblen Elemente (z. B. Rb, Cs, U, Th, Ba, Lanthaniden) in der dünnen Oberflächenhaut der Erde, der Kruste, konzentriert haben. Da aber vergleichsweise die Masse der Erdkruste gegenüber der des Erdmantels und des Erdkerns vernachlässigbar ist, bietet die mittlere Zusammensetzung der Erdkruste keinen Einblick in die mittlere chemische Zusammensetzung der Erde als Ganzem und damit jener Staubwolke, aus der durch Kondensation unser Sonnensystem und damit auch die Erde hervorgegangen ist.

In § 5.1 – 5.3 wurde die mittlere chemische Zusammensetzung der einzelnen Geosphären angegeben. Die Ergebnisse für die häufigsten Elemente im Mantel und im Kern sind in Tabelle 5.16 zusammengestellt. Bei der Berechnung der mittleren Zusammensetzung der Erde wurde die Pyrolitzusammensetzung (Tabelle 5.13) mit dem Massenanteil von Mantel + Kruste (Tabelle 4.5) gewichtet, da die unterschiedliche Zusammensetzung der Kruste mit 0,7 Gew.-% gegenüber dem Mantel mit 67,8 Gew.-% vernachlässigbar ist. Die Zusammensetzung des Erdkerns ist mit dem Massenanteil des Kernes (Tabelle 4.5) gewichtet worden. Die relative Unsicherheit der Angaben in Tabelle 5.16 sind auf jeden Fall größer, als es die Zahlenangaben vermuten lassen (vgl. Angaben über Ca und Na nach Tabelle 5.1 und Tabelle 5.16).

Es zeigt sich, daß die Elemente O, Fe, Mg und Si gemeinsam bereits ca. 92% der Erdmasse ausmachen. Weitere 7% erbringen die Elemente Ni, S, Ca und Na. Alle anderen Elemente addieren sich zu ca. 1% insgesamt. Damit erweist sich die Erde in ihrer chemischen Zusammensetzung als deutlich verschieden von der solaren Materie.

5.5 Akkretion der Erde

5.5.1 Randbedingungen bei der Akkretion der Erde

Die Metalle Mg, Fe, Al und Ca kommen in der Erde als Ganzem etwa mit primordialer Häufigkeit vor. Si ist geringfügig gegenüber der kosmischen Häufigkeit verarmt (Tabelle 5.17). Die relativen Häufigkeiten der Elemente Ca, Al und Fe in primordialer Mantelmaterie und Pyrolit stimmen untereinander gut überein (Tabelle 5.13). Daraus folgt, daß Eisen im silikatischen Mantel nicht verarmt sein kann. Es ist auch schon erwähnt worden (vgl. § 5.3.2), daß viele inkompatible Elemente wie Ti, Zr, Nb, Sc, Y, die schweren Lanthanide und wahrscheinlich auch Ba, Sr, U und Th kaum gegenüber den Hauptmetallen Ca, Al, Mg, Fe und Si verarmt sind. Für diese wenig volatilen Elemente gilt, daß sie offensichtlich im Mantel mit nahezu primordialer Häufigkeit vorliegen.

Die Erde ist an jenen Elementen verarmt, deren Flüchtigkeit diejenige von Silizium wesentlich übersteigt (Abb. 5.11). Die nicht siderophilen Elemente zeigen eine starke Korrelation zwischen dem Grad der Verarmung und der Volatilität. Ringwood (1979a und b) hat daraus abgeleitet, daß die Gesamtzusammensetzung der Erde sich qualitativ als eine Mischung beschreiben läßt, bestehend aus

1. 10 – 20% eines Tieftemperaturkondensats eines kosmischen Nebels, ähnlich der Zusammensetzung von C1-Chondriten, in denen die ur-

Tabelle 5.17. Vergleich normierter Gewichts-Anteile der gering-flüchtigsten Elemente in C1-Chondriten und der Erde (Nach Ringwood 1979a und b)

	C1-Chondrite[a]	Erde
Mg	1,00	1,00
Si	0,95	0,80
Fe+Ni	0,90	0,92
Al	0,08	0,07
Ca	0,07	0,06

[a] Mittel der Meteorite Orgueil und Ivuna

sprüngliche Häufigkeit auch der volatilen Metalle erhalten geblieben ist, mit
2. ca. 90% eines Hochtemperaturkondensates, das zunehmende Verluste an volatilen Elementen mit deren steigender Flüchtigkeit erlitten hat und dessen Metall- und Silikatphasen in einem chemisch stark reduzierten Zustand vorlagen.

Nach dieser Vorstellung läßt sich die chemische Zusammensetzung des Planeten Erde aus der primordialen Zusammensetzung der C1-Chondrite ableiten (Tabelle 5.17) und wird daher als chondritisches Erdmodell bezeichnet.

Es wird angenommen, daß der Erdmantel anfänglich in hohem Maße chemisch homogen war, dies galt auch für die Verteilung der kompatiblen Elemente mit sehr unterschiedlicher Flüchtigkeit (z. B. Mg, Fe, Mn, Zn; Al, Ga; Si, Ge) und sehr unterschiedlicher siderophiler Natur (Mg, Ni, Co, Mn; Si, Ge; Al, Ga). Dieses hohe Maß an Homogenität innerhalb des Mantels von Elementgruppen, die extrem unterschiedliches, kosmochemisches Verhalten im solaren Nebel aufweisen, schränkt die Möglichkeiten für den Kondensationsprozeß ein.

5.5.2 Akkretionsmodelle

In seiner jüngsten Fassung geht dieses Modell von der Vorstellung aus, daß sich zunächst eine Protosonne bildete, die sich vom Zentrum einer diskusartigen rotierenden Gas- und Staubwolke befand (Abb. 5.12). Diese zirkumstellare Hülle von Partikeln und Gas hat einen im Zentrum nach außen hin gerichteten negativen Temperaturgradienten, d. h. nach außen abnehmende Kondensationstemperatur. Innerhalb der diskusar-

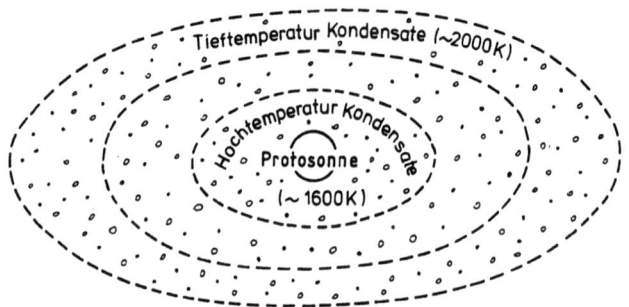

Abb. 5.12. Schematische Skizze eines Zustandes während der Kondensationsphase. Dieses „Diskus-Modell" gibt anschaulich die Verteilung von Hoch- und Niedertemperaturkondensaten wieder. (Nach Ringwood 1979a und b)

tigen Wolke kann angenommen werden, daß durch Kollision auf nahezu koplanaren Orbitalen die Aggregation fortschritt. Da die Kondensate im Gleichgewicht stehen mit dem sie umgebenden Gas, muß erwartet werden, daß mit zunehmender Entfernung von der Sonne und fallenden Temperaturen sich Planetesimale bildeten, die zunehmend reicher an volatilen Komponenten waren und in ihrer Zusammensetzung den C1-Chondriten nahe kamen. In den inneren Zonen bildeten sich Silikat-Eisen-reiche Körper, die weitestgehend entgast und wegen der Anwesenheit von H_2 chemisch reduziert waren. Es wird nun angenommen, daß sich der Planet Erde durch Akkretion der Materie eines Gürtels um die Protosonne bildete. Die Temperatur der kondensierenden Erde lag vermutlich unterhalb 300 K, weil das Gas-Feststoffsystem der Staubwolke für die solare Strahlung undurchdringbar war.

Dieses homogene Akkretionsmodell kann wesentliche Züge des chemischen Aufbaus der Erde erklären. Jedoch ergeben sich einige chemische Probleme. Wenn die Erde einst aus einer Mischung von Eisen- und Silikat-Phasen bestand, die langsam aufgeheizt wurden, um das Eisen im Erdkern zu sammeln, dann war es notwendig, daß sich lokal Elementverteilungsgleichgewichte zwischen Mantel- und Kernmaterial einstellten. Die für den Mantel abgeleiteten Häufigkeiten von Ni, Co, Cu, Au und anderen siderophilen Elementen sind jedoch um den Faktor 10–1000 zu hoch, um sie durch eine chemische Gleichgewichtsverteilung erklären zu können. Weiterhin ist das Fe^{3+}/Fe^{2+}-Verhältnis des Mantels etwa um eine Größenordnung zu groß, als es erwartet werden sollte, wenn der Mantel als Ganzes mit metallischem Eisen im chemischen Gleichgewicht gestanden hat. Auch die Tatsache, daß die magmatischen Gase im wesentlichen CO_2 und H_2O führen, weist darauf hin, daß metallisches Eisen nicht für die Gleichgewichtseinstellung $CO_2 - CO$ und $H_2O - H_2$ zur Verfügung gestanden hat. In Gegenwart von metallischem Eisen müßten die magmatischen Gase hauptsächlich aus CO und H_2 bestehen. Weiterhin läßt das homogene Akkretionsmodell nicht verstehen, wieso gerade im Erdkern leichte Elemente wie Schwefel, Sauerstoff oder Silizium vorkommen sollen (vgl. § 5.3.3). Gerade die sehr volatilen Elemente O und S sollten dort nicht angetroffen werden.

Die Weiterentwicklung dieses homogenen Akkretionsmodells geht ebenfalls von einer Diskusscheiben-ähnlichen Nebelwolke mit Temperaturgradient vom Zentrum zum Außenrand hin aus. Es wird jedoch angenommen, daß sich kleinere Körper bis zu 1 km Durchmesser durch Kondensation bildeten. Da diese Körper wegen zunehmender Gravitation kollidierten, kondensierten sie zusammen mit Staub zu Planetesimalen. Ihre Bestandteile hatten sehr unterschiedliche Zusammensetzung: Hochtemperaturkondensate mit metallischem Eisen und starken Verlusten an volatilen Elementen bis hin zu Tieftemperaturkondensaten mit C1-Chondrit-Zusammensetzung. Die homogene Akkretion der Erde aus einer Mischung solcher Planetesimale unterschiedlicher chemischer Zusammensetzung erklärt, warum die wesentlichen Elemente Mg, Fe, Si, Ca, Al und alle jene Elemente, die weniger flüchtig sind als Si, in chondritischer Häufigkeit in der Erde vertreten sind. Weiterhin erklärt es die zunehmende Verarmung an volatilen Elementen mit steigender Flüchtigkeit.

Um im Sinne dieses Akkretionsmodells den Erdkern zu bilden, war eine Temperatur im Erdinnern erforderlich, bei der der Schmelzpunkt der metallischen Fe-Phase nicht überschritten wurde. Es wird vermutet, daß der Schmelzpunkt des reinen Eisens durch Drucklösen von FeO und FeS herabgesetzt wurde. Da im Laufe der Erdkernabtrennung die angrenzenden Silikat-Oxid-Phasen an FeO verarmten, kann angenommen werden, daß die FeO-armen Restphasen diapirisch oder konvektiv aufstiegen, um damit neuen FeO-reichen Massen aus dem Mantel Platz zu machen. Nach diesem Modell wurde das FeO – Fe-Gleichgewicht im Inneren der Erde eingestellt. Wegen des – nach unserer bisherigen Kenntnis – sehr konstanten FeO/(FeO + MgO)-Verhältnisses im Mantel muß gefolgert werden, daß im Laufe der Zeit das gesamte Mantelvolumen in die Konvektion einbezogen wurde. Eine weitestgehende Homogenität des primordialen Mantels war demnach eine notwendige Folge.

Es wird davon ausgegangen, daß die frühen Erdoberflächentemperaturen während der Kondensation oberhalb 100 °C lagen, was dazu führte, daß das Wasser in die primitive Atmosphäre verdampfte, zusammen mit H_2, N_2, NH_3, CO_2 und CO. Elemente mit geringerer Flüchtigkeit als diese Gase konnten kondensieren. Es wird vermutet, daß z. B. S als FeS kondensierte und so über die Hochtemperaturkondensate der Erde zugeführt wurde. Die Löslichkeit von FeS im metallischen Eisen unter Druck und bei hoher Temperatur erklärt das mögliche Vorliegen von Schwefel im Erdkern (vgl. § 5.3.3).

Da während der fortschreitenden Kondensation Planetesimale und Staub mit hoher Geschwindigkeit auf die primitive Atmosphäre stießen, wird stark reduzierende Materie dazu beigetragen haben, den Wasserstoffanteil der Atmosphäre durch die Umsetzung

$$Fe + H_2O = FeO + H_2 \qquad (5.6)$$

zu erhöhen. Der Wasserstoff hat, wie auch heute noch, das Gravitationsfeld der Erde verlassen.

Radiometrische Daten legen ein Alter von $4{,}55 \cdot 10^9$ Jahren für die Erde, für die Entstehung unseres Sonnensystems und damit auch für die

Materie, aus der die Erde kondensierte, nahe. Wann jedoch die Kondensation der Erde abgeschlossen war, ist ungewiß, denn die ältesten Gesteine, die bisher gefunden wurden, zeigen nur ein Alter von 10^9 Jahren an. Unsicher ist jedoch, was dieses Alter im geologischen Sinn aussagt.

Dieses Alter wurde mittels sehr verschiedener radiometrischer Methoden (vgl. § 10.3.2) unter Verwendung unterschiedlicher Modelle an irdischem wie auch extraterrestrischem Material ermittelt.

Für die Ausbildung des Erdkerns wird in den verschiedenen diskutierten Modellen ein Zeitraum von weniger als $4 \cdot 10^8$ Jahren angesetzt (Ringwood 1979a und b).

Vertiefende Literatur

Holland (1978), Ringwood (1979a), Scharbert (1984), Turekian (1969), Wedepohl (1969a, b).

6 Geochemische Zyklen

6.1 Der große geochemische Zyklus

Die Verteilung der Elemente auf die äußeren Geosphären, Atmo-, Hydro- und Lithosphäre, ist das Ergebnis von gekoppelten geochemischen Zyklen (Abb. 6.1). In erster Näherung besteht dieses Konzept von geochemischen Zyklen aus einem anorganischen Teilbereich, dem ein biogener angekoppelt ist. Im anorganischen Zyklusbereich erstarren Magmen zu Magmatiten, die im Laufe geologischer Zeiten unter den chemischen und physikalischen Bedingungen der Erdoberfläche verwittern. Das aufgearbeitete klastische Material aus den Gebirgen sedimentiert in Senken und Meeresbecken. Die physikalische und chemische Verwitte-

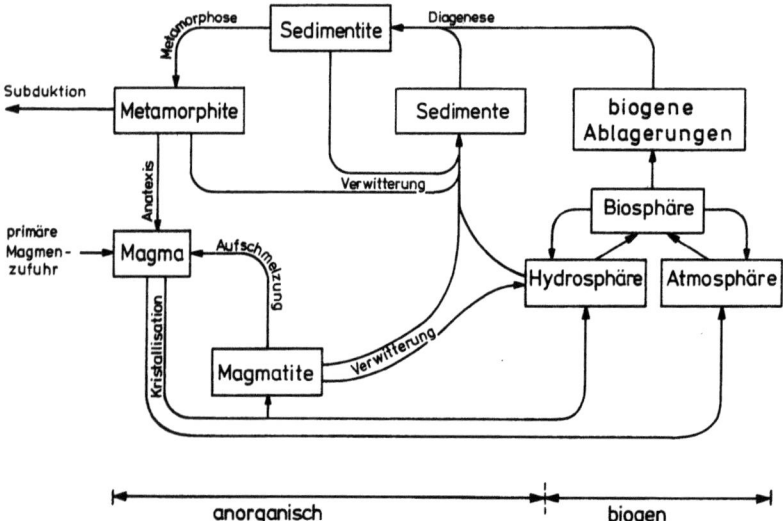

Abb. 6.1. Der große geochemische Zyklus. Er gliedert sich in einen dominant anorganischen und einen dominant biogenen Zyklus. Der anorganische ist offen gegenüber dem Erdmantel

rung trägt damit wesentlich zur Gestaltung der Oberfläche bei. Später werden die Sedimente dem magmatischen Zyklus über Diagenese, Metamorphose und Anatexis erneut zugeführt. Magmen können auch direkt durch Wiederaufschmelzen von Magmatiten gebildet werden.

Der Inhalt der Verwitterungslösungen gelangt in die Weltmeere und wird langfristig in marine Sedimente überführt (z. B. Evaporite, Fe-Mn-Konkretionen, Karbonate usw.).

Chemische Potential- und Wärmegradienten (vgl. § 2.9) sind die treibenden Kräfte der Diagenese, Metamorphose, Anatexis, Alteration, Konvektion hydrothermaler Lösungen etc.

Der anorganische Zyklus ist stofflich wie auch energetisch offen. Ihm wird primäres Magma wie auch Wärme in den Riftzonen aus dem Mantel zugeführt. Die kontinentale Kruste bezieht darüber hinaus Energie aus dem radioaktiven Zerfall der Elemente U, Th und K (vgl. Tabelle 2.22), die in der kontinentalen Kruste angereichert sind, und aus der Einstrahlung der Sonne.

Der Stoffaustausch zwischen Mantel und Kruste findet an den mittelozeanischen Rücken und in den Subduktionszonen statt. Inwieweit dieser Austausch Elementkonzentrationen in der Hydrosphäre und ozeanischen Kruste beeinflußt, läßt sich gegenwärtig noch nicht quantifizieren. Drever et al. (im Druck) vermuten, daß etwa 30% des den Meeren zugeführten Magnesiums in den Riftzonen bei der Alteration von Basalten dem Meerwasser entnommen wird. Die genaue Abschätzung der Aufnahme von Magnesium ist deshalb so schwierig, weil bei hohen Temperaturen die Mg^{2+}-Ionen in die Smectite gehen, bei niedriger Temperatur jedoch ein Teil wieder durch K^+-Ionen verdrängt wird. K^+-Ionen ihrerseits werden bei hohen Temperaturen fast quantitativ aus den Basalten ausgelaugt. Sie werden bei Temperaturen < 600 K von den Smectiten aufgenommen, wobei sie Mg^{2+}-Ionen verdrängen. Insgesamt wird vermutet, daß die ozeanische Kruste eine Senke und keine Quelle für Mg^{2+}- und K^+-Ionen darstellt.

In den Subduktionszonen werden beträchtliche Massen von H_2O-, K^+- und Mg^{2+}-Ionen mit der subduzierten Kruste in den Mantel überführt. Es ist jedoch offen, welcher Anteil der pelagischen Sedimente in den Mantel verbracht bzw. wieviel von ihnen während der Subduktion an der inneren Wand des Grabens abgeschält wird.

Es scheint möglich, daß über den Vorgang der Subduktion das sogenannte Calcium-Problem der Ozeane erklärt werden kann. Die Summe aller Sedimente der Lithosphäre enthält scheinbar mehr Ca^{2+}-Ionen als die Magmatite, aus denen sie durch Verwitterung freigesetzt wurden. Dieser Ca^{2+}-Überschuß in der Bilanz kann dadurch zustande kommen, daß die pelagischen Sedimente vor dem Auftreten der Karbonatskelettführenden Organismen im Mesozoikum relativ karbonatarm waren, weil das durch Verwitterung freigesetzte Ca^{2+} weitestgehend im Flachwasserbereich als Karbonat ausgefällt wurde. Mit dem Auftreten von Foraminiferen verlagerte sich die Karbonatbildung auch in den Bereich außerhalb der Schelfe und damit die Karbonatablagerung in den Bereich der Tiefsee. Aus diesem Grund waren die prämesozoisch subduzierten Sedimente vermutlich anormal niedrig im $CaCO_3$. Als Konsequenz führten die marinen Flachwassersedimente erhöhte Karbonatgehalte. Diese erhöhten Karbonatgehalte sind die Ursache des Calcium-Problems.

Drever et al. (im Druck) haben gezeigt, daß für fast alle Elemente i die Massenbilanz (6.1) erfüllt ist. Sie besagt, daß die Masse des Elementes i aller verwitterten Magmatite der Summe der Massen des Elementes i in allen Sedimenttypen und im Meerwasser entspricht. An den Sedimenten sind Tonschiefer (sh) zu ~ 70%, Sandstein (ss) zu 11%, Karbonate (c) zu 12%, Evaporite (ev) zu 2%, pelagische Tone (ps) zu 2,4% und die ozeanischen Karbonate (oc) zu 2,4% beteiligt. Diese Angaben differieren in den kontinentalen und ozeanischen Sedimentanteilen erheblich von denen in Tabelle 5.6. Eine mögliche Ursache wird in § 5.3.1 diskutiert.

$$m_{ig} \cdot c_{i,ig} = m_{sed} \sum_j A_j c_{i,j} + m_{ow} c_{i,ow}. \qquad (6.1)$$

Nach Drever et al. (im Druck) betragen

$m_{ig} = 0{,}88\, m_{sed}$ = Masse der verwitterten magmatischen Gesteine
$m_{sed} = (2{,}5 \pm 0{,}4) 10^{24}\, g$ = gebildete Sedimentmasse
$c_{i,j}$ = Konzentration des Elementes i im Gesteinstyp j
A_j = Anteil des Typs j an den Sedimenten
$m_{ow} = 1{,}4 \cdot 10^{24}\, g$ = Masse Ozeanwasser.

Bis auf die Elemente F, Cl, Br, Na, Cd, Hg, S und P wird die folgende Bilanz erfüllt:

$$0{,}88\, c_{i,ig} = 0{,}70\, c_{i,sh} + 0{,}11\, c_{i,ss} + 0{,}12\, c_{i,c} + 0{,}02\, c_{i,ev} + 0{,}024\, c_{i,ps}$$
$$+ 0{,}024\, c_{i,oc} + 0{,}56\, c_{i,sw}. \qquad (6.2)$$

Die Ursachen für die Dynamik in der Asthenosphäre sind noch weitgehend ungeklärt. Die Kontinente wie auch die ozeanische Kruste schwimmen auf der Asthenosphäre und zerfallen in Platten, die sich voneinander weg oder aufeinander zu bewegen. So entstehen Riftzonen oder Subduktionszonen. In den Riftzonen wird Material aus dem Mantel in die Kruste gefördert, wo es wegen der dort herrschenden P-T-X-Bedingungen instabil ist. In den Subduktionszonen wird Krustenmaterial tief in den Mantel gedrückt, wo es ebenfalls wegen der veränderten P-T-X-Bedingungen nicht mehr stabil ist. Die Krustendynamik führt somit zu großräumigen, chemischen Potential- und Temperaturgradienten. Diese Gradienten sind den treibenden Kräften bei den Stoffumsetzungen proportional. Sie bedingen Mineralanreicherungen und Bildung von Lagerstätten.

In der Hydro- und Atmosphäre (Exosphäre) werden gewaltige Transportströme durch tages- und jahreszeitliche Änderungen der Sonneneinstrahlung sowie der gravitativen Beeinflussung durch Mond und Sonne (Gezeitenenergie) bewirkt. Auch anthropogene Einwirkungen beeinflussen – zur Zeit zwar noch in umstrittenem Ausmaße – die insbesondere zwischen Atmosphäre und Hydrosphäre ablaufenden Prozesse.

Unter dem Einfluß der Wärmeeinstrahlung der Sonne verdampfen riesige Massen an Wasser hauptsächlich in tropischen bis subtropischen Bereichen. Der Anteil des Niederschlags, der nicht wieder direkt den Meeren zugeführt wird, wird in kontinentalen Aquifern und in Gletschern der Polarzonen gespeichert. Die kalten, durch Abschmelzen der polaren Gletscher entstehenden sauerstoffreichen Wassermassen sind schwerer als das marine Oberflächenwasser. Die kalten Schmelzwässer sinken auf den Meeresboden ab, um in mittleren Breitengraden wieder aufzusteigen. Diese sauerstoff- und nährstoffreichen Wassermassen stellen einen wichtigen Faktor in marinen Biotopen (vgl. § 6.6.3) dar und beeinflussen großräumig das Klima. In analoger Weise werden die Luftmassen in äquatorialen und mittleren Breiten aufgeheizt, auf beiden Erdhälften in Polrichtung abgelenkt und der Erdoberfläche zugeführt.

In den drei uns zugänglichen Bereichen – Atmosphäre, Hydrosphäre und Lithosphäre – sind die Zeitmaßstäbe für die Zyklen sehr verschieden und hängen von der räumlichen Erstreckung der Zyklen ab. So betragen die Austauschzeiten zwischen extremen Zonen innerhalb der Atmosphäre Jahrzehnte, der Hydrosphäre 100–1000 Jahre und der Lithosphäre $>10^9$ Jahre. In diesen Zahlen spiegelt sich eine Parallelität zur Viskosität der Medien Luft, Wasser und Gesteinsschmelzen wider.

Der biogene Teilzyklus ist für eine Reihe von Elementen wie C, O und P verteilungsbestimmend und liefert als biogene Sedimente C_{org} in einer Vielzahl von organischen Verbindungen in Kohlen, Erdöl und Erdgas sowie Karbonate (Foraminiferen, Korallen etc.) und Kieselschlämme (Diatomeen- und Radiolarienablagerungen).

Im biogenen Kreislauf beziehen die autotrophen Organismen die Energie für den Aufbau körpereigener Substanzen aus der Energieeinstrahlung der Sonne. Die heterotrophen Organismen sind auf die Substanzen angewiesen, die von anderen Organismen aufgebaut wurden.

Dieses idealisiert dargestellte Konzept von gekoppelten Zyklen bildet die Grundlage, um geochemische Umsätze zwischen den verschiedenen Reservoiren zu diskutieren. Der Geochemiker versucht, das Inventar aller Elemente in allen Reservoiren abzuschätzen und die Umsatzraten zwischen den Reservoiren zu ermitteln. Aus diesen Größen läßt sich die Verweilzeit τ eines Elementes i in einem Reservoir unter Bedingungen des stationären Gleichgewichts ableiten:

$$\tau(i) \, [a] = \frac{\text{Inventar (i) [g]}}{\text{Zuflußrate (i) } [g \cdot a^{-1}]}. \tag{6.3}$$

6.2 Verwitterung

Der mechanische Zerfall eines Gesteins (physikalische Verwitterung) und die Gesteinszersetzung (chemische Verwitterung) unter den Bedingungen an der Erdoberfläche werden als Verwitterung zusammengefaßt. Beteiligen sich auch Organismen an der Gesteinszerlegung und -zersetzung, so spricht man häufig auch von biologischer Verwitterung.

Die Temperaturverwitterung beruht auf dem steten Wechsel von Sonneneinstrahlung und Abkühlung. Der Temperaturwechsel führt zu Spannungen im Gestein, die den Fels allmählich zermürben.

Die Frostverwitterung wird durch die Eigenschaft des Wassers ausgelöst, sich beim Erstarren auszudehnen. Dieser Verwitterungstyp wirkt nur in gut durchfeuchtetem Gestein und hier um so kräftiger, je größer das Porenvolumen ist.

Die Salzverwitterung tritt nur in trockenen Klimazonen auf. Hier werden die löslichen, bei der chemischen Verwitterung freigesetzten Salze nicht oder ungenügend ausgewaschen. Beim Austrocknen werden die salz-reichen Restlösungen in die Gesteinskapillaren gesaugt. Dort kristallisieren die Salze bei weiterem Feuchtigkeitsentzug. Unter dem Einfluß von Tau oder Regen wandeln sich viele dieser Salze in Hydrate unter Volumenvermehrung um, was bei häufiger Wiederholung zur Gesteinssprengung führen kann.

Der Wachstumsdruck von Wurzeln in Gesteinsspalten führt ebenfalls zur Gesteinssprengung.

Diesen physikalischen Verwitterungsvorgängen stehen die folgenden chemischen Verwitterungsprozesse gegenüber. Beide Arten von Verwitterungsvorgängen laufen meist parallel ab.

Als Kohlensäureverwitterung lassen sich alle chemischen Umsetzungen zusammenfassen, bei denen unter dem Einfluß des meist atmosphärischen (aber auch vulkanischen und industriellen) CO_2 Minerale gelöst oder umgesetzt werden.

$CaCO_3 + CO_2 + H_2O = Ca^{2+} + 2 HCO_3^-$ (6.4)

$Ca_5(PO_4)_3OH + 4 H_2CO_3 = 5 Ca^{2+} + 3 HPO_4^{2-} + 4 HCO_3^- + H_2O$
Apatit (6.5)

$2 NaAlSi_3O_8 + 2 CO_2 + 11 H_2O = 2 Na^+ + 2 HCO_3^-$
Albit $\quad\quad + Al_2Si_2O_5(OH)_4 + 4 H_4SiO_4$ (6.6)
$\quad\quad\quad$ Kaolinit

H_4SiO_4 kennzeichnet die gelöste Kieselsäure

$3 KAlSi_3O_8 + 2 CO_2 + (14 + n) H_2O =$
Orthoklas

$2 K^+ + 2 HCO_3^- + 6 H_4SiO_4 + KAl_2[AlSi_3O_{10}(OH)_2] \cdot n H_2O$ (6.7)
$\quad\quad\quad$ „Illit"

Die Hydrolyse von Mineralen wird als hydrolytische Verwitterung bezeichnet:

$SiO_2 + 2 H_2O = H_4SiO_4$ (6.8)
Quarz

$CaCO_3 + H_2O = Ca^{2+} + 2 HCO_3^-$ (6.9)
Calcit

$2 KAlSi_3O_8 + 8 H_2O =$
K-Feldspat

$Al_2[Si_4O_{10}(OH)_2] \cdot 4 H_2O + 2 H_4SiO_4 + 2 K^+ + 2 OH^-$ (6.10)
„Montmorillonit"

$2 KAl_2[AlSi_3O_{10}(OH)_2] + 5 H_2O = 3 Al_2Si_2O_5(OH)_4 + 2 K^+$
$\quad\quad$ Muskovit $\quad\quad\quad\quad\quad\quad\quad$ Kaolinit
$\quad\quad\quad\quad\quad\quad\quad\quad\quad\quad\quad + 2 OH^-$. (6.11)

Die Hydrolyse der häufigen Feldspäte (6.6), (6.7), (6.10) und Glimmer (6.11) führt zur Bildung von Tonmineralen nach Abfuhr der Alkalien und Erdalkalien. Die als „Illit" (6.7) und „Montmorillonit" (6.10) angegebenen Formeln entsprechen nur annähernd der chemischen Zusammensetzung der genannten Minerale

Illit (Hydromuskovit) $(K, H_2O)Al_2[(H_2O,OH)_2AlSi_3O_{10}]$
(vgl. Abb. 3.6)

Montmorillonit $\left\{\begin{array}{l}Al_{1,67}Mg_{0,33}\\Na_{0,33}(H_2O)_4\end{array}[(OH)_2Si_4O_{10}]\right\}$. (vgl. Abb. 3.6)

Der Unterschied der Calcitauflösung nach (6.4) und (6.9) liegt darin, daß der Umsatz nach (6.9) geringer und damit die hydrolytische Verwitterung weniger effektiv ist. Die Auflösungsreaktionen (6.4), (6.5), (6.8), (6.9) sind Beispiele für kongruente, die Reaktionen (6.6), (6.7), (6.10), (6.11) für inkongruente Löslichkeit.

In Gegenwart von Luftsauerstoff werden verschiedene Metallionen niedriger Oxidationsstufe in eine höhere überführt. Diese Oxidationsverwitterung erfaßt insbesondere die Minerale mit Fe^{2+}-Ionen, wobei sich das braun-rote FeOOH (Goethit) bildet (6.12). Das Redoxpotential der Verwitterungslösung

$$4\,FeS_2 + 15\,O_2 + 10\,H_2O = 4\,FeOOH + 16\,H^+ + 8\,SO_4^{2-} \cdot \quad (6.12)$$

Pyrit

läßt sich nach (2.63) berechnen.

Die chemisch-biologische Verwitterung beruht auf der Einwirkung der von Organismen abgesonderten H^+-Ionen auf das Gestein. Bakterien, Pilze, Algen, Flechten und auch Moose lösen so den Fels an, auf dem sie wachsen. Nach der Ansammlung von genügend Lockererden wird so die Möglichkeit geschaffen, daß sich auch höhere Pflanzen ansiedeln können. Das Ausmaß der chemisch-biologischen Verwitterung wird im Aschengehalt der Pflanzen qualitativ sichtbar. Er beträgt mehrere $10\,g/m^2$ in Wäldern und auf Wiesen. Dieser Mineralgehalt wurde durch Anlösen von Mineralteilchen durch Organismen dem Boden entzogen.

Während der Verwitterung verhält sich Al im allgemeinen konservativ, d. h. der Rückstand ist reicher an Al als die Ausgangssilikate. Da die Alkalinität (vgl. § 2.7) der Verwitterungslösungen gegenüber der des Regenwassers ansteigt, muß der Verwitterungsrückstand eine höhere Azidität haben. Bei dem pH-Wert von Regenwasser ist H_2CO_3 und HCO_3^- der Protonendonator (Säure) beim Angriff auf die Primärsilikate (Basen, vgl. § 2.7).

Der Partialdruck des CO_2 im Bodengas kann den in der Atmosphäre um 2 Größenordnungen übersteigen. Daher können Porenlösungen saurer sein als Oberflächenwasser. Die erhöhte Azidität führt dazu, daß im allgemeinen Minerale der Kaolinitgruppe die Hauptalterationsprodukte bei der Verwitterung darstellen. Dabei treten Montmorillonit und andere Schichtsilikate als intermediäre Produkte auf.

Aus thermodynamischen Daten läßt sich eine Verwitterungssequenz für die häufigsten Minerale bei niedrigen Temperaturen aufstellen. Demnach nimmt in der Reihe

Gips, Calcit, Plagioklas, Kalifeldspat, Albit, Ca- und Na-Montmorillonit, Quarz, Muskovit, Gibbsit, Kaolinit, Hämatit
die Tendenz zur Verwitterung ab. Mafische Minerale wie Hornblende, Augit und Biotit sind zwischen Calcit und den Feldspäten anzusiedeln. Aus dem Vergleich der ersten mit den letzten Mineralen dieser Sequenz folgt, daß Ca^{2+}, Na^+ und K^+ mobiler als Fe^{3+}, Al^{3+} sind, während Mg^{2+}, Mn^{2+}, H_4SiO_4 mit ihrer Mobilität dazwischen liegen. Die Mobilitätsreihe der Elemente ändert sich jedoch bei hohen P-T-Bedingungen (z. B. 800 K, 0,1 GPa, 1 M NaCl) und lautet dann:
Na^+, Fe^{2+}, H_4SiO_4, Ca^{2+}, Mg^{2+}.

In Magmatiten greift die Verwitterung zunächst jene Minerale an, die im Hinblick auf die physikalisch-chemischen Bedingungen der Erdoberfläche am wenigsten stabil sind. Das sind diejenigen, die in ultrabasischen und basischen Magmen als erstes kristallisieren. Tabelle 6.1 gibt eine vereinfachende Übersicht über die Reihenfolge der Stabilität der wichtigsten magmatischen Minerale gegenüber der Verwitterung wieder.

In Tabelle 6.2 werden die wichtigsten Reaktionsprodukte bei der chemischen Verwitterung magmatischer Minerale aufgezeigt. Allgemein läßt sich das Ergebnis der Verwitterung so beschreiben, daß durch sie magmatische wie auch metamorphe Minerale in Oxide und Hydroxide der Elemente Fe, Al, Ti und Si sowie in Tonminerale überführt werden.

Von besonderem ökonomischen Interesse ist die Lateritbildung. Unter tropischen bis subtropischen Bedingungen werden aus primären Aluminiumsilikaten sowie auch ihren Verwitterungsprodukten SiO_2, Alkalien, Erdalkalien und teilweise auch Eisen herausgelöst und in Lösung abgeführt. Der Rückstand besteht aus amorphen und kristallinen wasserhaltigen Aluminium- und/oder Eisenoxiden und -hydroxiden zusammen mit freiem SiO_2 und Tonmineralen. Laterite, die im wesentlichen Al-Hydroxide führen, werden Bauxite genannt und bilden den wichtigsten Rohstoff für die Aluminiumproduktion.

Tabelle 6.1. Stabilität magmatischer Minerale gegenüber Verwitterung

Zunehmende Instabilität gegenüber Verwitterung →			Zunehmende Stabilität gegenüber Verwitterung →
		Quarz	
		Muskovit	
		Kalifeldspat	
		Biotit	
	Na-reiche Plagioklase		
			Hornblende
			Pyroxene
	Ca-reiche Plagioklase		
			Olivin

Tabelle 6.2. Magmatische Minerale und ihre Verwitterungsprodukte. (Fieldes and Swindale 1954)

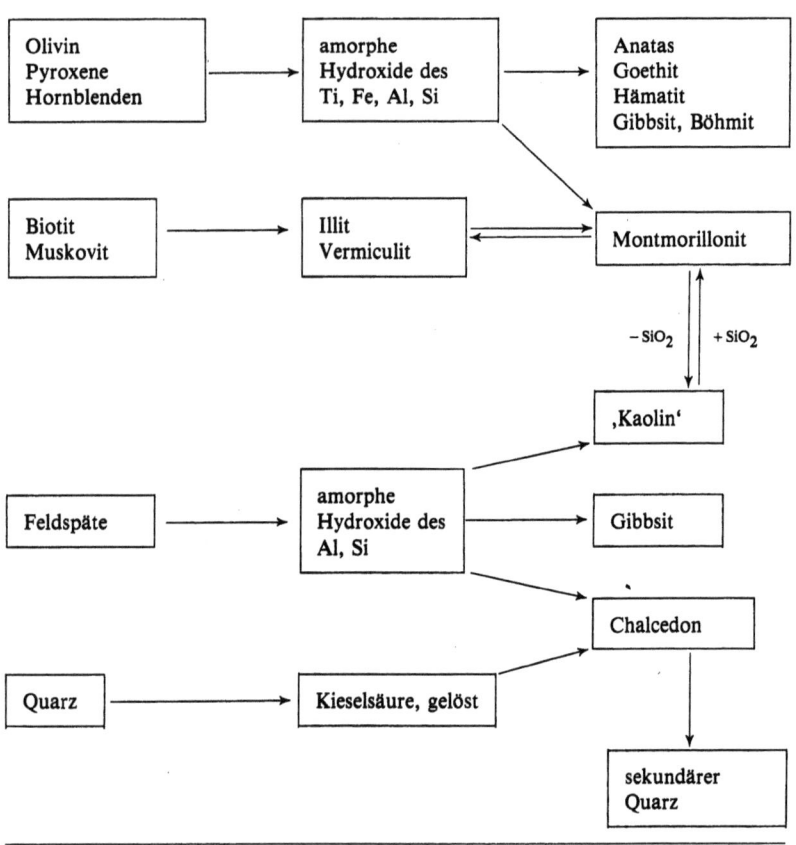

Kaolin ist ein Lockergestein (Porzellanerde), das hauptsächlich aus Kaolinit, $Al_4[Si_4O_{10}|(OH)_8]$, besteht

Die chemische Verwitterung (Tieftemperaturalteration) von Mineralen wird durch Komplexbildung in der Lösungsphase, Ionenaustausch und Redoxprozesse unterstützt. Im allgemeinen begünstigen steigende Azidität, Zunahme der Komplexbildung und steigendes Redoxpotential die Intensität der Verwitterung.

6.3 Diagenese

Als Diagenese werden alle chemischen, physikalischen und biologischen Veränderungen eines Sedimentes während und nach seiner Verfestigung verstanden. Nicht zur Diagenese gezählt werden Verwitterung und Metamorphose. Damit umfaßt die Diagenese eines Sedimentes die Kompaktion, Zementation und Auslaugung sowie Alteration, Authigenese, Verdrängungen, Kristallisation, bakterielle Aktivitäten und Hydration von Mineralen. In die Diagenese fallen auch die Bildung von Konkretionen. Diese Prozesse laufen unter den Bedingungen der Erdoberfläche oder der äußersten Erdkruste ab (Drücke unter 0,1 GPa ≙ 1 kbar und Temperaturen < 500 K ≙ < 230 °C). Mineralogisch faßt man unter Diagenese auch jene Vorgänge zusammen, bei denen durch Reaktion oder Umordnung neue Minerale entstehen, so z. B. die geochemischen, mineralogischen und kristallographischen Veränderungen, die Tonminerale in marinen Sedimenten auf ihrem Weg zu einem kompakten Tongestein erfahren haben, wie z. B. Illitisierung, Glaukonitisierung.

Illit (Hydromuskovit): $K(Al,Fe,Mg)[(AlSi)_4O_{10}(OH)_2] \cdot nH_2O$

Glaukonit: $(K,Na)(Al,Fe^{3+},Mg)_2[(Al,Si)_4O_{10}(OH)_2]$.

Die diagenetische Differentiation führt zu einer Umverteilung von Elementen in einem Sediment. Durch Auflösen und Stoffwanderung bilden sich z. B. Kieselsäureknollen in Kalkgestein und in Tonschiefern. Die gelöste Kieselsäure nach den Reaktionen wie (6.5), (6.7) oder (6.10) wird, wenn die Lösungsreaktion bei höherer Temperatur stattfindet, beim Abkühlen in ein SiO_2-Kolloid übergehen. Als solches ist die Kieselsäure immer noch in Lösung, solange das Kolloid nicht koaguliert und ein SiO_2-Gel bildet. Dieses Gel setzt sich ab und bildet zunächst amorphe SiO_2-Massen, die später auch kryptokristallin werden können (vgl. § 2.4).

Einer der augenscheinlichsten Vorgänge während der Diagenese ist die Zementation, wodurch die Lithifizierung des Sediments eingeleitet wird. Betrachtet man z. B. ein rezentes Karbonatsediment, so hat es eine mittlere Porosität von 60 – 70%. Im Vergleich dazu verfügen Karbonatgesteine nur über eine Porosität von 1% oder weniger. Diese Verdichtung erfolgt nur unwesentlich durch die Kompaktion. Sie wird ausschließlich erreicht, indem Calciumkarbonat-Zement in dem vorhandenen Porenraum abgelagert wird. Die notwendigen Massen an Calciumkarbonat für die Zementation werden häufig durch Auflösen entsprechender Sedimentanteile gewonnen, die subaerisch mit Süßwasser in Berührung gekommen sind. Unter dem Einfluß von Süßwasser werden der biogene Hochmagnesium-Calcit und Aragonit in geringer löslichen Niedrigmagnesium-Calcit überführt.

Die Verfestigung von Karbonatsedimenten unter ausschließlich marinen Bedingungen wird weit weniger gut verstanden. Ein typisches Kennzeichen ist die Verdrängung von Argonit oder auch Quarz durch Hochmagnesium-Calcit, wie er sich nur im marinen Milieu zu bilden vermag. Dieser ist weit magnesiumreicher ($\sim$12 Mol-%) als der Niedrigmagnesium-Calcit ($\sim$3 Mol-%), der bei der Süßwasserzementation anfällt. Andererseits ist bekannt, daß Karbonatsedimente in Meerwasser über Millionen von Jahren erhalten bleiben können, ohne diagenetisch verfestigt zu werden.

Im Gegensatz zu den Vorgängen bei der Zementation im Karbonatgestein sind die Prozesse bei der Zementation von Sandsteinen weit weniger gut bekannt. Der häufigste Zement in Sandsteinen ist Kieselsäure oder Karbonat. Es ist auffällig, daß junge Sandsteine meist Karbonatzement-führend sind, wohingegen ältere SiO_2-Zement enthalten. Dies mag aber damit zusammenhängen, daß der Karbonatzement besser löslich ist als der SiO_2-Zement und daher diese Sandsteine leichter chemisch verwittern. Die Calcit-Zementation in oberflächennahen Bereichen kann häufig durch biogene Prozesse ausgelöst werden, bei denen z. B. Bakterien Sulfat reduzieren und auf diese Weise Gips in Karbonat überführen:

$$CaSO_4 \cdot 2H_2O + \quad 2CH_2O = CaCO_3 + 3H_2O + CO_2 + H_2S.$$
$$\text{Gips} \qquad \qquad \text{org. Material} \quad \text{Calcit} \qquad \qquad \qquad (6.13)$$

In ariden und semiariden Gebieten kann CO_2-haltiges Wasser Ca^{2+}-Ionen aus dem Boden und dem darunter liegenden Gestein herauslösen. Bei starker Verdunstung führt dieser Prozeß zu einer Karbonatzementation des Bodens. Das sich bildende Gestein wird als Caliche (Kalksteinkruste) bezeichnet, auch dann, wenn Quarz- und nicht Karbonatpartikel zementiert worden sind. Karbonathaltige Wässer vermögen Quarzpartikel zu korrodieren.

Die Lithifizierung durch Kieselsäure basiert darauf, daß SiO_2 dem Sediment von außen zugeführt wird, sei es durch aufwärtswandernde SiO_2-reiche Lösungen, durch die Verdunstung von SiO_2-reichen Wässern oder durch Ausfällung aus SiO_2-reichen Grundwässern. Die Quelle der Kieselsäure aller dieser Wässer ist die Laugung von Quarz in anderen Regionen. Die Löslichkeit von Quarz bei Normalbedingungen beträgt 6–10 ppm. Im Gegensatz dazu liegt die Löslichkeit von Chalcedon und Opal bei 22–34 ppm und diejenige von frisch gefällter amorpher Kieselsäure bei 120–140 ppm (Abb. 6.2). Chemische Verwitterungslösungen wie Flußwasser zeigen häufig SiO_2-Gehalte von

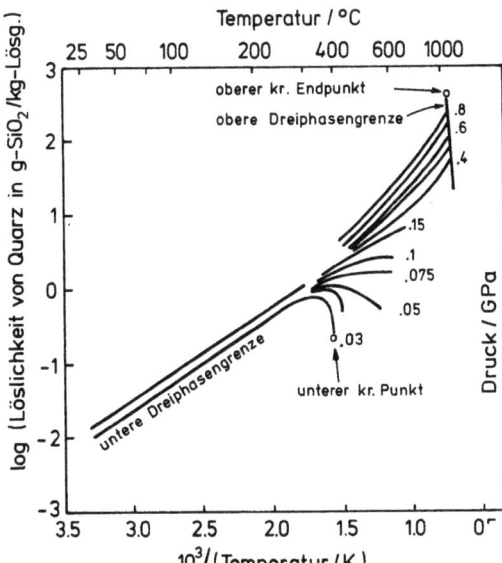

Abb. 6.2. Löslichkeit von Quarz als Funktion der Temperatur. Die drei Phasen sind Quarz, Quarz-gesättigte Lösung bzw. wassergesättigte Quarzschmelze und SiO_2-gesättigter Dampf. (Nach Holland und Malinin 1970)

22–30 ppm und sind damit übersättigt im Hinblick auf Quarz. Diese geringen Überschußmengen an gelöstem SiO_2 gegenüber Quarz reichen jedoch nicht für eine Zementation aus, solange nicht die übersättigten Wässer durch intensive Zirkulation ausgetauscht werden.

Neben der Zufuhr von SiO_2 von außerhalb des Sedimentes wird auch die Drucklösung einen Beitrag zur Verminderung des Porenraumes liefern. Unter Druck löst sich Quarz an Punktkontakten mit benachbarten Partikeln und übersättigt somit die im Porenraum befindliche Lösung. Aus dieser wird Quarz als Überzug auf freien Flächen von Quarzkörnern abgeschieden.

6.4 Metamorphose

Als Metamorphose wird die mineralogische, chemische und strukturelle Anpassung von Gesteinen an physikalische und chemische Bedingungen verstanden, wie sie in Tiefen unterhalb der Verwitterungs- und Zementationszone angetroffen werden. Das Ergebnis der Metamorphose sind Metamorphite. Diese Gesteine unterscheiden sich nur wenig von den Ausgangsgesteinen, soweit es ihre chemische Zusammensetzung angeht. Mineralogisch sind sie jedoch grundverschieden.

Als metamorphe Differentiation werden die verschiedenen Prozesse verstanden, bei denen sich neue Minerale aus dem anfänglich einheitlichen Muttergestein während der Metamorphose bildeten, z. B. Granatblastese in Glimmerschiefern.

Die treibende Kraft während der Metamorphose ist das Bestreben des Systems, neue Gleichgewichtslagen einzunehmen. Es werden bevorzugt solche Mineralreaktionen ablaufen, die durch Volumreduktion und/oder Energieaufnahme gekennzeichnet sind. Diese Reaktionen können unter isochemen (keine Änderung der chemischen Zusammensetzung) oder allochemen (unter Änderung der chemischen Zusammensetzung) Bedingungen erfolgen.

Die Abgrenzung der Metamorphose gegenüber der Diagenese ist nicht ganz scharf. Die obere Grenze für die Metamorphose bildet die Anatexis. Da die Mineralreaktionen wie auch das Einsetzen des Aufschmelzens von der chemischen Gesamtzusammensetzung des Systems abhängt, lassen sich keine exakten Angaben über die P-T-Grenzen machen. Qualitativ wird durch das Auftreten von Laumonit, Lawsonit, Prehnit und Pumpellyit der Beginn, durch das Auftreten von ersten Schmelzen die obere Grenze der Metamorphose angezeigt.

Die drei Faktoren – Wärme, Druck und chemisch aktive fluide Phasen – bestimmen den Grad der Metamorphose. Die Wärme wird aus der Temperaturzunahme mit der Tiefe oder aus dem Umfeld eines Plutons bzw. Vulkans erhalten. Der Druck kann in Form eines einheitlichen hydro- oder lithostatischen Druckes oder in Form eines gerichteten Druckes, bedingt durch Scherkräfte, vorliegen. Ein einheitlicher Druck wird zu einer granularen, nicht orientierten Kristalltextur führen, wohingegen Scherkräfte parallele oder gebänderte Strukturen erzeugen. Die chemisch aktiven Lösungen beeinflussen den Ablauf der notwendigen Lösungs- und Kristallisationsvorgänge, da die migrierenden fluiden Phasen mit dem vorgefundenen Mineralbestand meist nicht a priori im Gleichgewicht sind. Die fortschreitende Aufheizung und Druckerhöhung wirkt der Gleichgewichtseinstellung entgegen. Die bei steigenden Temperaturen erhöhten Reaktionsgeschwindigkeiten ermöglichen jedoch das Erreichen von Quasi-Gleichgewichten. Lösungen sind besonders aktive fluide Phasen, insbesondere wenn sie CO_2, Borsäure oder Halogensäuren enthalten.

Jeder prograden Metamorphose folgt eine retrograde, bei der sich die unter hohen Drücken und Temperaturen eingestellten Mineralgleichgewichte an die abfallenden P-T-Bedingungen anpassen. In vielen Fällen werden Mineralgleichgewichte, die hohe P-T-Bedingungen charakterisieren, jedoch eingefroren, weil die kinetischen Prozesse zu langsam sind und mit fallenden Temperaturen weiter abnehmen. Dies gilt insbesondere dann, wenn im Verlauf der Metamorphose tektonische Ereignisse (Faltung, Blocktektonik) den Metamorphit sehr schnell unter niedrige P-T-Bedingungen setzen.

Auf den ersten Blick erscheint die mineralogische Zusammensetzung der Metamorphite außerordentlich vielfältig. Bedenkt man jedoch, daß die Metamorphite in einem weiten Bereich von Temperatur und Druck gebildet wurden, so wird durchaus verständlich, daß selbst unter Voraussetzungen der Nichtveränderung der gesamt-chemischen Zusammensetzung eine große Anzahl von stabilen Mineralassoziationen zu erwarten ist. So kommt entweder Quarz, Tridymit oder Cristobalit (vgl. Abb. 2.16) in allen SiO_2-reichen Gesteinen vor. Feldspäte sind sehr häufig und zeigen deutliche Unterschiede in ihrer Zusammensetzung und ihrem Ordnungszustand als Funktion der Temperatur. Kali-Feldspäte treten in Metamorphiten meist als Mikroklin (hohe Si-Al-Ordnung), weniger als Orthoklas (Si, Al ungeordnet) auf, was darauf hindeutet, daß unter den Bedingungen der Metamorphose die Kristallisation von geordneten Strukturen bevorzugt ist. Die Zusammensetzung der Plagioklase ist ein sehr sensitiver Indikator des Metamorphosegrades. In der niedrigsten Stufe tritt reiner Albit auf. Mit steigenden Temperaturen nimmt der Ca^{2+}-Gehalt zu. Pyroxene und Amphibole sind recht häufige Bestandteile, wobei die Amphibole mehr für den tiefen und gemäßigten Temperaturbereich, die Pyroxene für die höheren Temperaturen typisch sind. Schichtsilikate wie Talk, Serpentin, Chlorit, Muskovit und Biotit sind sehr häufig und einige ausschließlich beschränkt auf Metamorphite. Unter den Nesosilikaten werden insbesondere Granat, Epidot und Aluminiumsilikate in Metamorphiten gebildet. Die polymorphen Aluminiumsilikate (Al_2SiO_5), Kyanit, Sillimanit und Andalusit werden nur in Metamorphiten mit hohem Aluminiumgehalt gebildet. Ihr Auftreten charakterisiert den Metamorphosegrad durch entsprechende P-T-Bedingungen (Abb. 6.3) (vgl. § 11).

Allgemein sind die Ino- und Phyllosilikate die wichtigsten Vertreter in metamorphen Gesteinen. Dies ist nicht rein zufällig so. Sie stellen jene Minerale mit hoher Dichte dar, deren Bildung durch ansteigenden Druck begünstigt ist. Tektosilikate mit ihren relativ offenen Raumstrukturen sind unter den Bedingungen der Metamorphose instabil.

Eine besondere Rolle spielt das Al^{3+}-Ion. Im allgemeinen bevorzugt Al^{3+} tetraedrische Koordinationen mit steigender Temperatur. Das führt dazu, daß Al^{3+} in Amphibolen und Pyroxenen sowie Schichtsilikaten mit steigendem Metamorphosegrad Si^{4+} substituiert. Das oktaedrisch koordinierte Al^{3+} nimmt jedoch den geringeren Raum ein und sollte statt dessen mit steigendem Druck häufiger werden. Bei den während der Metamorphose herrschenden Drücken und Temperaturen ist

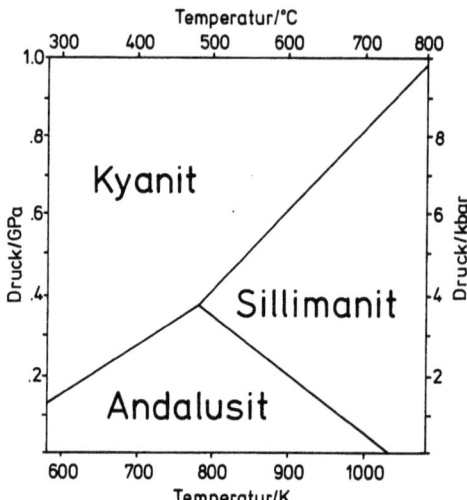

Abb. 6.3. P-T-Diagramm von $Al_2[O|SiO_4]$. (Nach Holdaway 1971)

dieser Druckeffekt den Zwängen des Temperatureinflusses unterlegen. Minerale mit tetraedrisch koordiniertem Al^{3+} sind daher typisch für Magmatite und Produkte der hochthermalen Regionalmetamorphose. In diagenetischen und niedriggradig metamorphen Gesteinen werden Al^{3+}-Ionen typischerweise nur in der oktaedrischen Koordination angetroffen (vgl. § 2.3).

Nach den verschiedenen Silikaten sind die Karbonate Calcit und Dolomit die nächst wichtige Gruppe von Mineralen in metamorphen Gesteinen. Ihre Stabilität hängt von dem CO_2-Partialdruck während der Metamorphose ab. Da $MgCO_3$ sich bei tieferen Temperaturen als $CaCO_3$ zersetzt (Tabelle 2.5), erweist sich Calcit stabiler als Dolomit und wird daher auch noch in höheren Metamorphosegraden im Marmor angetroffen.

Die Stabilität von Mineralen ist eine relative Eigenschaft. Die Stabilität wird definiert durch Temperatur, Druck und chemisches Milieu, in dem das Mineral vorkommt. Eine stabile Mineralassoziation ist gekennzeichnet durch das Minimum der Gibbsschen Enthalpie. Eine metastabile Assoziation, die selbst über lange geologische Zeiträume hin unverändert erhalten bleiben kann, hat ihre Ursache in kinetischen Hemmungen. Diese kinetischen Hemmungen können lokal durch Energiezufuhr oder Änderung des chemischen Environments, z. B. Änderung der Porenlösungszusammensetzung, überwunden werden (vgl. § 2.9).

Die Metamorphite lassen sich an Hand der Bedingungen, unter denen sie entstehen, klassifizieren. Eskola (1929) erkannte, daß Mineralassoziationen indikativ für die Bildungsbedingungen wie auch die chemische Zusammensetzung der Gesteine selbst sind. Bei vergleichbarer chemischer Zusammensetzung kann jedoch die mineralogische Zusammensetzung sehr verschieden ausfallen. Die mineralogische Zusammensetzung wurde von ihm als Fazies bezeichnet. Heute versteht man unter einer mineralogischen Fazies alle Gesteine, die in einem P-T-Feld gebildet wurden oder rekristallisierten, das durch kritische Minerale gekennzeichnet ist. Die Abgrenzung der so definierten P-T-Felder ist nicht ganz scharf und variiert etwas von Autor zu Autor. In Abb. 6.4 werden die wesentlichen metamorphen Fazies-Bereiche im P-T-Diagramm wiedergegeben.

Die Tieftemperaturbegrenzung in der Metamorphose ist durch den niedrigsten geothermalen Gradienten in der Kruste definiert. Die normale Faziesabfolge während der Regionalmetamorphose ist die Reihenfolge Grünschiefer-, Epidot-Amphibolit-, Amphibolit- und Granulit-Fazies. Die Eklogit-Fazies wird nur unter trockenen Bedingungen und

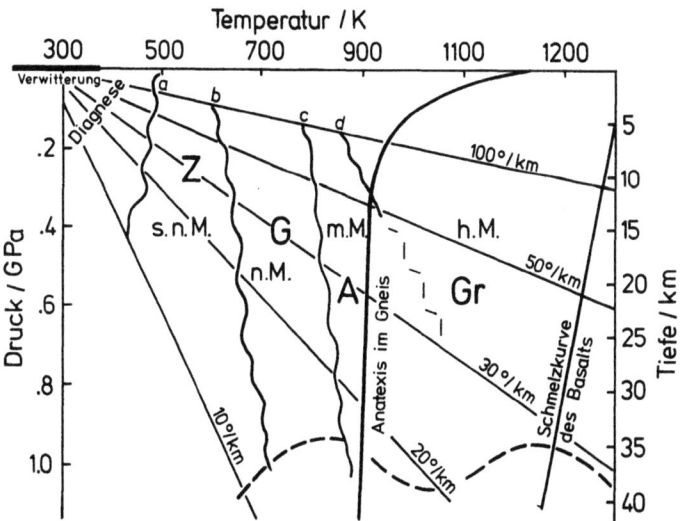

Abb. 6.4. P-T-Diagramm (P = P_{H_2O}) der metamorphen Fazies-Bereiche. (Winkler 1974). *Z* Zeolith-Fazies; *G* Grünschiefer (Epidot-Amphibolit)-Fazies; *A* Amphibolit-Fazies; *Gr* Granulit-Fazies. Unterhalb von 1 GPa schließt sich der Bereich der Eklogit-Fazies an, sofern $P_{H_2O} \ll P$ ist. *s.n.M.* sehr niedriger Metamorphosegrad; *n.M.* niedriger Metamorphosegrad; *m.M.* mittlerer Metamorphosegrad; *h.M.* hoher Metamorphosegrad; *diagonale Linien* kennzeichnen P-T-Bedingungen bei angegebenem geothermischem Gradienten. Die Faziesgrenzen sind mineralogisch durch das Auftreten der Mineralassoziationen charakterisiert. *a* Bildung von Laumontit, Lawsonit, Prehnit, Pumpellyit; *b* Bildung von Klinozoisit und Zoisit; *c* Bildung von Cordierit, Staurolith; *d* Bildung von Migmatiten in Gneisen

Tabelle 6.3. Vorgeschlagene Kriterien zur Unterscheidung von Graniten, die aus der magmatischen Differentiation (I-Typ) bzw. aus der Anatexis von Metasedimenten (S-Typ) hervorgegangen sind [White und Chappell (1974), Takahashi et al. (1980), Beckinsale (1979)]

Merkmale	I-Typ	S-Typ	Bemerkungen
$\dfrac{Al_2O_3}{Na_2O+K_2O+CaO}$	<1,1	>1,1	
Na_2O/K_2O	hoch	niedrig	
SiO_2	geringer als S-Typ	hoch	
Element-Korrelationen	gut	streuend	
$^{87}Sr/^{86}Sr$		bei Peliten als Ausgangssediment höher als bei zeitgleichen I-Typ-Graniten	S-Typ-Charakteristik könnte auch das Ergebnis eines postmagmatischen Stoffaustausches über fluide Phasen zwischen Granit und Nebengestein sein
$\delta^{18}O$	niedrig	hoch	
$Fe^{3+}/(Fe^{2+}+Fe^{3+})$	hoch	niedrig	
Opake Minerale	Magnetit	Ilmenit	
Restit-Minerale	Hornblende <1% Korund[a]	Biotit und Muskovit Monazit, Granat, >1% Korund[a]	

[a] C.I.P.W. Norm

unter hohen Drücken erreicht. Die Aufschmelzungskurve der Granite hängt ganz wesentlich von dem Wassergehalt der Metamorphite (vgl. § 7.2.2) ab. Die Schmelzkurve des trockenen Basalts ist die obere Temperaturbegrenzung, die sich für das Aufschmelzen von Magmen unter trockenen Bedingungen ergibt. Der Prozeß des differentiellen Aufschmelzens oder der partiellen Anatexis kann verstanden werden als das Ausschwitzen einer niedrig schmelzenden Fraktion und ihrer Sammlung in linsenförmigen Körpern (vgl. § 8.5). Das erschmolzene Produkt wird beim Abkühlen zu Quarz und Feldspat-führenden Linsen innerhalb des höher schmelzenden Restgesteins (Restit) erstarren. Unter den Bedingungen der Ultrametamorphose werden primär Magmen granitischer Zusammensetzung gebildet. Sie werden auch als granitische Minimum-Schmelzen bezeichnet. Diese Schmelzen haben eine eutektische Zusammensetzung mit Schmelzpunkten, die vom Gehalt an gelöstem H_2O abhängen. Die Mineralassoziationen des Granits: Quarz, Kalifeldspat, Biotit und/oder Hornblende ist auch typisch für die Amphibolit-Fazies. Jedes Gestein, das in seiner chemischen Gesamtzusammensetzung dem des Granits entspricht oder sich durch Metasomatose dahin entwickelt hat, rekristallisiert zu einer granitoiden Mineralassoziation unter den Bedingungen der Fazies. Bei gerichtetem Druck wird sich ein Gneis, bei isotropem Druck ein Granit bilden.

Für die Granitbildung werden mindestens drei unterschiedliche Wege diskutiert:

1. Kristallisation aus einer anatektischen Schmelze, die aus einem vorhandenen Krustengestein hervorgegangen ist (Palingenese) (Winkler 1976),
2. Rekristallisation eines vorhandenen Gesteins ohne Aufschmelzung,
3. fraktionierte Kristallisation eines Magmas.

Das Problem der Granitisierung ist in der Literatur umfangreich beschrieben, und es hat nicht an Versuchen gefehlt, Kriterien für den einen oder anderen Vorgang zu finden. Dabei spielt die Frage nach der Herkunft des Stoffbestandes der Granite (Granit-Problem) eine wesentliche Rolle (Carmichael et al. 1974). White and Chapell (1974) sowie Takahashi et al. (1980) versuchen an Hand von chemischen bzw. mineralogischen Kriterien eine Unterscheidung zwischen I-(igneous) und S-(sedimentary) Graniten herbeizuführen. In Tabelle 6.3 sind die vorgeschlagenen Kriterien zur Unterscheidung aufgeführt. In der Praxis zeigt jedoch die Anwendung aller Kriterien auf Granitoide, daß häufig keine eindeutige Entscheidung für die eine oder andere Genese getroffen werden kann.

6.5 Hydrothermale Überprägung

Eine besondere Form der chemischen und mineralogischen Gesteinsveränderung stellt die hydrothermale Alteration von Gesteinen dar. Je nach der Zusammensetzung der zugeführten hydrothermalen Lösung und der chemischen sowie mineralogischen Zusammensetzung des reagierenden Gesteins können sehr unterschiedliche Prozesse ablaufen.

Die Durchdringung eines Gesteins mit hydrothermalen Lösungen hängt ganz wesentlich von der Permeabilität des Gesteinskörpers ab. Daher finden sich ausgedehnte hydrothermale Veränderungen in stark mylonitisierten Gesteinen sowie in Sedimenten. Dichte Gesteine sind meist nur entlang der Klüftung verändert worden.

Viele Magmatite erfahren postmagmatisch mineralogische Veränderungen, die durch Zuführen einer meist sauren (CO_2-haltigen) hydrothermalen Phase ausgelöst werden. Hierfür sollen einige Beispiele aufgezeigt werden:

Die *Serpentinisierung* erfaßt in ultrabasischen Gesteinen die Mg^{2+}-haltigen Minerale wie Olivin, Pyroxene und Amphibole. Diese werden in Serpentin überführt. Die Reaktion (6.14) beschreibt die Umwandlung von Olivin in Serpentin und Quarz, wobei für die Freisetzung der überschüssigen Mg^{2+}- und Fe^{2+}-Ionen Wasserstoff-Ionen benötigt werden. Das Reaktionsmolvolumen der Feststoffe ΔV_R [vgl. (2.22)] ist, wie aus den angegebenen Zahlen zu ersehen ist, positiv, sofern aller Quarz im System verbleibt. Da die Reaktion im wesentlichen nur unter Volumkonstanz ablaufen kann, muß gefolgert werden, daß unter Zugrundelegung von (6.14) etwa 60% der freigesetzten Kieselsäure das System verlassen muß.

Die Reaktion (6.15) beschreibt den Umsatz von Forsterit und Enstatit zu Serpentin. In diesem Fall wird Wasser bei der Reaktion verbraucht. Das Reaktionsmolvolumen ist ohne Berücksichtigung des Molvolumens von H_2O mit 55 cm^3 stark positiv, woraus geschlossen werden muß, daß unter den Randbedingungen der Volumkonstanz die Gleichung (6.15) den Umsatz nicht befriedigend beschreibt. Die stärkere Volumzunahme in (6.15) im Vergleich zu (6.14) resultiert daraus, daß die Pyroxene ein äußerst dichtes Gitter aufweisen, wohingegen im Serpentin durch die Einlagerung der Brucitschichten eine beachtliche Volumzunahme erfolgt (vgl. § 3.1). Wird (6.15) zugrundegelegt, müssen ca. 35% der Kieselsäure und der Mg^{2+}-Ionen abgeführt werden, um das Volumen konstant zu halten. Serpentinisierung von ultrabasischen Gesteinen wird also nur bei Druckentlastung entlang von Frakturen oder in Gängen erfolgen.

$$5\,(Mg,Fe)_2SiO_4 + 8\,H^+ = Mg_6Si_4O_{10}(OH)_8 + 4\,(Mg,Fe)^{2+} + SiO_2$$

Olivin	Serpentin	Quarz
$5 \times 44\,cm^3$	$211\,cm^3$	$23\,cm^3$

$$\Delta V_R = (211 + 23 - 220)\,cm^3 = +14\,cm^3 \tag{6.14}$$

$$2\,Mg_2SiO_4 + Mg_2Si_2O_6 + 4\,H_2O = Mg_6Si_4O_{10}(OH)_8 \tag{6.15}$$

Forsterit	Enstatit	Serpentin
$2 \times 44\,cm^3$	$68\,cm^3$	$211\,cm^3$

$156\,cm^3$

$$\Delta V_R = (211 - 156)\,cm^3 = +55\,cm^3.$$

Als *Spilitisierung* bezeichnet man die Albitisierung von Basalten, in denen der Plagioklas in Albit überführt wird. Diese Reaktion läuft häufig unter marinen Bedingungen ab. Typischerweise treten in den Spiliten neben Albit, Chlorit, Calcit auch Epidot und Chalcedon auf. Die Reaktion (6.16) beschreibt den Umsatz von Plagioklas und Pyroxenen zu Albit, Chlorit, Calcit und Chalcedon. Das Reaktionsmolvolumen ist, sofern Calcit und Chalcedon gelöst abgeführt werden, negativ. Unter der Randbedingung, daß das Reaktionsmolvolumen gerade null beträgt, können nur etwa 16% des Calcits und Chalcedons im System verbleiben. Dies ist im Tiefseebereich, wo karbonatuntersättigtes Meerwasser mit frischen ozeanischen Basalten in Kontakt kommt, sehr wohl möglich.

Eine ähnliche Reaktion zu Albit und Chlorit beschreibt (6.17). Jedoch zeigt die Abschätzung des Reaktionsmolvolumens, daß die Produkte (selbst ohne Calcit) ein größeres Molvolumen einnehmen als die Edukte. Diese Reaktion kann also nur in der Folge anderer Reaktionen, die unter Volumverminderung ablaufen, einsetzen.

$$6\,CaAl_2Si_2O_8 + 4\,Mg_2Si_2O_6 + 4\,Na^+ + 4\,HCO_3^- + 2\,CO_2 + 6\,H_2O$$

,Plagioklas'	,Pyroxen'
$6 \times 100\,cm^3$	$4 \times 68\,cm^3$

$872\,cm^3$

$$= 4\,NaAlSi_3O_8 + 2\,Mg_4Al_2[Al_2Si_2O_{10}(OH)_8] + 6\,CaCO_3 + 4\,SiO_2$$

Albit	,Chlorit'	Calcit	Chalcedon
$4 \times 100\,cm^3$	$2 \times 211\,cm^3$	6×36	4×23

$822\,cm^3 \qquad\qquad 308\,cm^3$

$$\Delta V_R = 822 + 0.16 \cdot 308 - 872 \simeq 0 \qquad (6.16)$$

$$4\,CaAl_2Si_2O_8 + 5\,Mg_2Si_2O_6 + 4\,Na^+ + 4\,HCO_3^- + H_2O \qquad (6.17)$$
‚Plagioklas'   ‚Pyroxen'
$4 \times 100\,cm^3$ $5 \times 68\,cm^3$

$$\underbrace{}_{740\,cm^3}$$

$$= 4\,NaAlSi_3O_8 + 2\,Mg_5Al[AlSi_3O_{10}(OH)_8] + 4\,CaCO_3$$
Albit   ‚Chlorit'   Calcit
$4 \times 100\,cm^3$ $2 \times 211\,cm^3$ $4 \times 36\,cm^3$

$$\underbrace{}_{822\,cm^3}$$

$$\Delta V_R = (822 + 144 - 740)\,cm^3 = 266\,cm^3.$$

Die unterschiedliche Zusammensetzung des Chlorits nach (6.16) und (6.17) erklärt sich dadurch, daß der ‚Chlorit' eine feste Lösung (vgl. § 8.4) der Endglieder Mg_6-Chlorit und Mg_4Al_2-Chlorit darstellt.

Die *Chloritisierung* von Magmatiten wird postmagmatisch bei relativ niedrigen Temperaturen $>500\,K$ durch saure Lösungen eingeleitet. Reaktion (6.18) zeigt die Umsetzung von Pyroxenen und Plagioklas in basischen Magmatiten zu Chlorit, Albit und Calcit. Die Abschätzung des Reaktionsvolumens zeigt, daß nicht nur aller Calcit, sondern auch ein Teil der Silikate gelöst werden muß. Reaktion (6.19) beschreibt den Umsatz von Biotit und Plagioklas zu Chlorit, Quarz und Calcit. Wiederum zeigt die Abschätzung des Reaktionsvolumens, daß nur etwa 90% des Quarz- und Calcitanteils im System verbleiben können.

$$5\,Mg_2Si_2O_6 + 4\,CaAl_2Si_2O_8 + 4\,Na^+ + 4\,HCO_3^- + 6\,H_2O \qquad (6.18)$$
‚Pyroxen'   ‚Plagioklas'
$5 \times 68\,cm^3$ $4 \times 100\,cm^3$

$$\underbrace{}_{740\,cm^3}$$

$$= 2\,Mg_5Al[AlSi_3O_{10}(OH)_8] + 4\,NaAlSi_3O_8 + 4\,CaCO_3$$
‚Chlorit'   Albit   Calcit
$2 \times 211\,cm^3$ $4 \times 100\,cm^3$ $4 \times 36\,cm^3$

$$\underbrace{}_{822\,cm^3}$$

$$\Delta V_R = (822 + 144 - 740)\,cm^3 = 226\,cm^3$$

$10\ KMg_3[AlSi_3O_{10}(OH)_8] + CaAl_2Si_2O_8 + 10\ H^+ + 9\ H_2O + CO_2$
‚Biotit' ‚Plagioklas'
$10 \times 150\ cm^3$ $100\ cm^3$
$\underbrace{\qquad\qquad\qquad\qquad\qquad\qquad}_{1600\ cm^3}$

$= 6\ Mg_5Al_2Si_3O_{10}(OH)_8 + 14\ SiO_2 + CaCO_3 + 10\ K^+$
‚Chlorit' Quarz Calcit
$6 \times 211\ cm^3$ 14×23 $36\ cm^3$
$\underbrace{\qquad\qquad\qquad\qquad\qquad}_{1624\ cm^3}$

$$\Delta V_R = (1266 + 0{,}93 \cdot 358 - 1600)\ cm^3 \approx 0\ cm^3. \tag{6.19}$$

Der Ersatz von Plagioklas in Basalten und Gabbros durch Zoisit, Epidot, Albit, Calcit, Sericit und Zeolith wird als *Saussuritisierung* bezeichnet. Reaktion (6.20) beschreibt die Bildung von Zoisit und Sericit aus Plagioklas. Das Reaktionsmolvolumen ist stark negativ. Die Reaktionsprodukte nehmen also ein geringeres Volumen ein als die Edukte. Der Fortgang der Alteration erhöht also die Wegsamkeit für nachdrängende fluide Phasen. Der Umsatz von Plagioklas und Pyroxenen führt zur Albitisierung und Freisetzung von Mg^{2+}-Ionen, die u. a. für die Bildung der Tonminerale (Smectite) benötigt werden. Von dem nach (6.21) gebildeten Karbonat müssen zwei Drittel abgeführt werden, wenn nicht durch andere Reaktionen wie (6.20) zusätzlicher Raum für die Reaktionsprodukte geschaffen wird.

$6\ CaAl_2Si_2O_8 + K^+ + 3\ H_2O = 3\ Ca_2Al_3[O\,|\,OH\,|\,SiO_4\,|\,Si_2O_7]$
‚Plagioklas' Zoisit
$6 \times 100\ cm^3$ $3 \times 139\ cm^3$

$$+ KAl_2[AlSi_3O_{10}(OH)_2] + H^+ \tag{6.20}$$
Sericit
$141\ cm^3$

$\Delta V_R = (417 + 141 - 600)\ cm^3 = -42\ cm^3$

$$6\ CaAl_2Si_2O_8 + 2\ CaMgSi_2O_6 + 2\ Na^+ + 3\ CO_2 \tag{6.21}$$
‚Plagioklas' ‚Pyroxen'
$100\ cm^3$ $2 \times 68\ cm^3$
$\underbrace{\qquad\qquad\qquad\qquad}_{236\ cm^3}$

$$= 2\,NaAlSi_3O_8 + 3\,CaCO_3 + 2\,Mg^{2+} + H_2O$$

Albit Calcit
$2 \times 100\,cm^3$ $3 \times 36\,cm^3$

$$308\,cm^3$$

$\Delta V_R = (308 - 236)\,cm^3 = +72\,cm^3.$

Im Kontaktbereich aufdringender Plutone und im Gebiet der Regionalmetamorphose werden Augite häufig in Hornblenden überführt. Dieser Prozeß wird als *Uralitisierung* bezeichnet. In (6.22) wird der Umsatz von Augit in Hornblende und einen geringen Quarzüberschuß beschrieben. Die Reaktion läuft unter Volumkonstanz ab, wenn 83% des Quarzes abgeführt werden.

$$8\,CaMgAl_{0,125}[Al_{0,125}Si_{1,875}O_6] + 3\,Mg^{2+} + 2\,Na^+ + 2\,H_2O \qquad (6.22)$$

Augit
$8 \times 68\,cm^3$

$$= 2\,NaCa_2Mg_5[AlSi_7O_{22}(OH)_2] + 4\,Ca^{2+} + SiO_2$$

Hornblende Quarz
$2 \times 270\,cm^3$ $23\,cm^3$

$\Delta V_R = (540 + 23 - 544)\,cm^3 = +19\,cm^3.$

In vielen der aufgezeigten Reaktionen werden Quarz und Calcit freigesetzt. Die Diskussion der Reaktionsvolumen hat gezeigt, daß diese beiden Substanzen im allgemeinen abgeführt werden müssen, d. h. die alterierenden Lösungen sind nach Verlassen der Alterationszone gesättigt im Hinblick auf Calcit und Quarz. Daher können diese Lösungen beim weiteren Aufstieg und Abkühlen in Kluftsystemen und Frakturen Quarz und Karbonat absetzen. Dieser Stoffbestand hat seine Herkunft in den Alterationsreaktionen bei höheren Temperaturen in der Tiefe.

Besonders erwähnt werden soll noch die *Silifizierung* von Gestein, worunter die Imprägnation oder die Verdrängung einzelner Minerale durch SiO_2 verstanden wird. In den alterierten Gesteinen wird dann in höherem Maße Quarz, Chalcedon oder auch Opal gefunden.

Es gibt einige charakteristische Alterationsprozesse, die im Zusammenhang mit der Bildung von Lagerstätten auftreten. Die auftretenden Alterationshöfe sind meist räumlich begrenzt. Ihre Größe ist von der Permeabilität des Gesteins, das die Lagerstätten beinhaltet, abhängig. In Tabelle 6.4 sind einige dieser Prozesse angegeben.

Unter *Propylitisierung* versteht man die Bildung eines Propylits. Als Propylit wird ein alterierter, grüngesteinsähnlicher Andesit bezeichnet,

Tabelle 6.4. Charakteristische Alterationsreaktionen von einigen Gesteinen im Zusammenhang mit der Bildung von Minerallagerstätten

Prozeß	Ausgangsgestein	Veränderung in modaler Zusammensetzung	Veränderung in petrochemischer Zusammensetzung
Kaolinitisierung, Argillitisierung	Diorite und Andesite	Feldspäte → Tonminerale (Alunit, Serizit, Pyrit, Topas, Turmalin)	$-K_2O$, $-Na_2O$, ($+F^-$, $+SO_4^{2-}$, $+BO_3^{3-}$)
Vergreisenung	Granite	Feldspäte + Glimmer → Serizit, Quarz, Topas, Lepidolith, Turmalin, Fluorit	$-Na_2O$, $+SiO_2$, $+Al_2O_3$, $+F^-$, $+Li^+$, $+BO_3^{3-}$
Serizitisierung	Feldspatreiche Gesteine	Feldspäte → Sericit, Quarz, Pyrit, Tonminerale	$-CaO$, $+K_2O$, $+H^+$, $+H_2S$
Propylitisierung	Diorite und Andesite	mafische Minerale + Plagioklas → Albit + Epidot, (Chlorit, Sericit, Sulfide)	$-CaO$, ($+F^-$, $+H_2S$)
Silifizierung	jedes Gestein	Imprägnation oder Verdrängung von Feldspäten und Glimmern durch SiO_2	$-Na_2O$, $-K_2O$, $-CaO$, $+SiO_2$
Muskovitisierung	Granite	Feldspäte und Glimmer → Muskovit	$-K_2O$

der im wesentlichen die Paragenese Epidot, Calcit, Chlorit, Quarz und Sulfide enthält. Die chemische Reaktion der Bildung dieser Paragenese erfolgt entsprechend den Reaktionen (6.18), (6.19) und (6.20). Da das Ausgangsgestein des Propylits saurer ist, tritt zusätzlich Quarz auf. Die aus den Gesteinen freigesetzten Metallionen bilden zusammen mit dem zugeführten H_2S auf Frakturen und Klüften Sulfide: z. B.: disseminierte Vererzung; ‚porphyry copper'-Lagerstätten.

Bei der Sericitbildung aus Plagioklas und K-Feldspäten werden Wasserstoffionen verbraucht. Die *Sericitisierung* kann also nur durch saure, alkaliarme Lösungen ausgelöst werden (Tabelle 6.5). Die Reaktionen (6.23) und (6.24) verlaufen beide unter erheblicher Volumabnahme, auch wenn in Reaktion (6.24) aller gebildeter Quarz im System verbleibt. Die Reaktion läuft daher auch bei Temperaturen oberhalb 400 K ab.

$$3\,CaAl_2Si_2O_8 + 2\,K^+ + 4\,H^+ = 2\,KAl_2[AlSi_3O_{10}(OH)_2] + 3\,Ca^{2+} \quad (6.23)$$

‚Plagioklas'   Sericit
$3 \times 100\,cm^3$ $2 \times 141\,cm^3$

$\Delta V_R = (285 - 324)\,cm^3 = -39\,cm^3.$

Tabelle 6.5. Beispiel zur Berechnung der Gleichgewichtskonstanten einer Alterationsreaktion aus Angaben über Hydrolysegleichgewichte

---

Muskovitisierung:

$3\,KAlSi_3O_8 + 2\,H^+ + H_2O = KAl_2[AlSi_3O_{10}|(OH)_2] + 2\,K^+ + 6\,H_4SiO_4$
K-Feldspat   Muskovit

Diese Reaktion läßt sich in die Hydrolysegleichgewichte gliedern:

$\;\;\;3 \times \quad KAlSi_3O_8 + 8\,H_2O = K^+ + Al(OH)_4^- + 3\,H_4SiO_4\,;$ \hfill $K_{K\text{-Fsp}}^T$

$-1 \times \quad KAl_2[AlSi_3O_{10}|(OH)_2] + 10\,H_2O + 2\,OH^-$
$\qquad\quad = K^+ + 3\,Al(OH)_4^- + 3\,H_4SiO_4\,;$ \hfill K_{Mica}^T

$-6 \times \quad SiO_2(Quarz) + 2\,H_2O = H_4SiO_4\,;$ \hfill K_{Qz}^T

$-2 \times \quad H_2O = H^+ + OH^-\,;$ \hfill K_W^T

$\log K_{K\text{-Fsp}\to Mica}^T = 3\log K_{K\text{-Fsp}}^T - \log K_{Mica}^T - 6\log K_{Qz}^T - 2\log K_W^T$

Aus dem Massenwirkungsgesetz folgt für obige Alterationsreaktion

$$K_{K\text{-Fsp}\to Mica}^T = \left(\frac{a_{K^+}}{a_{H^+}}\right)^2$$

Das Verhältnis der Aktivitäten von K^+/H^+ läßt sich also aus den Hydrolysegleichgewichten berechnen bzw. die Gleichgewichtskonstante aus analytisch zugänglichen Daten berechnen.

Angaben über Hydrolysegleichgewichte sind bei Helgeson (1969) und Arnorsson et al. (1983a) zu finden.

$3\,KAlSi_3O_8 + 2\,H^+ = KAl_2[AlSi_3O_{10}(OH)_2] + 2\,K^+ + \;\;6\,SiO_2$ \hfill (6.24)
K-Feldspat \hspace{3.5cm} Sericit \hspace{3cm} Quarz
$3 \times 188\,cm^3$ \hspace{3cm} $141\,cm^3$ \hspace{2.5cm} $6 \times 23\,cm^3$

$\Delta V_R = (279 - 324)\,cm^3 = -45\,cm^3.$

Bei der *Argillitisierung* (Vertonung) werden im wesentlichen Feldspäte in Tonminerale überführt. Daneben treten Sericit, Alunit, Topas und Turmalin auf. Voraussetzung für deren Bildung ist, daß die alterierende Lösung Sulfat, Fluorid und Borat führt. Die Reaktionen (6.25) und (6.26) geben Beispiele für die Bildung von Kaolinit und Montmorillonit aus Plagioklas. Das Reaktionsmolvolumen für die Reaktion (6.25) zeigt, daß unter Konstanthaltung des Volumens das sich bildende Karbonat vollständig abgeführt werden muß. Die Reaktion (6.26) wird unter Volumvermehrung ablaufen, da im Montmorillonit pro Molekül 4 Moleküle Wasser eingelagert sind.

$2\,CaAl_2Si_2O_8 + 2\,CO_2 + 4\,H_2O = Al_4Si_4O_{10}(OH)_8 + 2\,CaCO_3$ \quad (6.25)

,Plagioklas' \qquad\qquad\qquad Kaolinit \qquad\qquad Calcit

$2 \times 100\,cm^3$ \qquad\qquad\qquad $200\,cm^3$ \qquad\quad $2 \times 26\,cm^3$

$\Delta V_R = (200 + 72 - 200)\,cm^3 = +72\,cm^3$

$3\,NaAlSi_3O_8 + CaAl_2Si_2O_8 + SiO_2 + Mg^{2+} + CO_2 + 15\,H_2O$ \quad (6.26)

,Plagioklas' \qquad\qquad\qquad Quarz

$= 3\,Na_{0,33}(Al_{1,67}Mg_{0,33})[Si_4O_{10}(OH)_2] \cdot 4\,H_2O + CaCO_3 + 2\,Na^+$.

Montmorillonit

Die Vertonung ist ein typischer Prozeß bei der Bodenbildung (Verwitterung von Gestein), bei der im wesentlichen Montmorillonit neben Kaolinit gebildet wird. Überschüssiges SiO_2 wird häufig abgeführt, bis letztlich Laterite (auch Bauxite) als Residualbestände übrig bleiben (vgl. § 6.2).

Argillitisierung, Sericitisierung und Propylitisierung sind Vorgänge, die charakteristisch sind für ,porphyry copper'-Lagerstätten. Diese sind gebunden an andesitische und dioritische Gesteine. Die Alterationsreaktionen sowie die Vererzung wird ausgelöst von sauren Fluorid-, H_2S- und Karbonat-haltigen Lösungen.

Eine typische hochthermale Alterationserscheinung in intermediären bis sauren Gesteinen ist die *Vergreisenung*. Die hydrothermale Alteration der Feldspäte und Glimmer durch Fluorid-, Borat- und auch Lithium-führende Wässer führt zur Bildung von Quarz, Topas, Turmalin, Lepidolith (nur bei Li-Zufuhr). In den Greisen von Granitoiden werden häufig die ökonomisch interessanten Mineralisationen von Fluorit, Cassiterit und Wolframit gefunden. Reaktion (6.27) beschreibt die Bildung von Topas, Quarz und Fluorit. Das Reaktionsvolumen

$CaAl_2Si_2O_8 + 4\,F^- + 4\,H^+ = Al_2[F_2|SiO_4]$

,Plagioklas' \qquad\qquad\qquad Topas

$100\,cm^3$ \qquad\qquad\qquad\qquad $52\,cm^3$

\qquad\qquad\qquad\qquad $+\,SiO_2\,+\,CaF_2\,+H_2O$ \quad (6.27)

\qquad\qquad\qquad\qquad Quarz \quad Fluorit

\qquad\qquad\qquad\qquad $23\,cm^3$ \quad $25\,cm^3$

$\Delta V_R = 52 + 23 + 25 - 100 \simeq 0$

beträgt null, so daß diese Reaktion unter Konstanthaltung des Volumens in sauren Alterationslösungen ablaufen kann.

Am Beispiel der Muskovitbildung aus K-Feldspat wird in Tabelle 6.5 gezeigt, wie sich temperaturabhängige Gleichgewichtskonstanten aus bekannten Gleichgewichtskonstanten für die Hydrolyse aller an der Reaktion beteiligten Minerale ableiten lassen. Für alle Alterationsreaktionen ergeben sich Ausdrücke für die Gleichgewichtskonstanten, in denen nur Konzentrationen von gelösten Ionen vorkommen. Im allgemeinen verdrängen H^+-Ionen [z. B.: (6.14), (6.19), (6.23), (6.25), (6.27)] oder Alkaliionen [z. B.: (6.16), (6.17), (6.18), (6.21), (6.22)] Erdalkalien gemeinsam mit den sie substituierenden Übergangsmetallionen in den Primärsilikaten.

Ca^{2+}-Ionen werden meist als Karbonate gefällt, während Mg^{2+}-Ionen in Tonminerale gehen. Die in deutlich geringerer Konzentration anfallenden Übergangsmetallionen werden unter geeigneten Bedingungen als Erzminerale abgesetzt (vgl. § 6.6).

Von den bisher geschilderten hydrothermalen Alterationsreaktionen lassen sich jene allochemen Mineralumsetzungen unterscheiden, die im wesentlichen unter Beibehaltung der Struktur und Textur eine chemische Veränderung des Gesteins herbeiführen. Dieser teilweise Ersatz des Stoffbestandes von Mineralen (Verdrängungsprozeß) wird als *Metasomatose* bezeichnet. Der Metasomatit unterscheidet sich also stofflich von seinem Ausgangsgestein. Die metasomatisch gebildeten Minerale nehmen den Platz der Primärminerale ein. Beispiele hierfür sind die Dolomitisierung eines Karbonatsedimentes während der Diagenese oder die Magnesitbildung aus Dolomit unter hydrothermalen Bedingungen (Tabelle 6.6).

Metasomatose darf nicht mit Pseudomorphose verwechselt werden. Letztere zielt ausschließlich auf die Einhaltung der äußeren Form eines

Tabelle 6.6. Beispiele für metasomatische Reaktionen

Mg^{2+}-Metasomatose
  Dolomitisierung von Calcit
  $2\,CaCO_3 + Mg^{2+} = MgCa(CO_3)_2 + Ca^{2+}$

  Magnesitisierung von Dolomit
  $MgCa(CO_3)_2 + Mg^{2+} = 2\,MgCO_3 + Ca^{2+}$

CO_2-Metasomatose
  Magnesitisierung von Olivin (Bildung von Gelmagnesit)
  $Mg_2SiO_4 + 2\,CO_2 + 2\,H_2O = 2\,MgCO_3 + H_4SiO_4$

Na^+-Metasomatose
  Albitisierung von K-Feldspat
  $KAlSi_3O_8 + Na^+ = NaAlSi_3O_8 + K^+$

Kristalls (Tracht) ab. Pseudomorphose ist das Ergebnis einer Alteration oder auch Verdrängung eines Minerals, Ersatz durch einen völlig neuen Stoffbestand unter Beibehaltung der Tracht des Altbestandes, z. B. Pseudomorphose von Quarz nach Baryt.

6.6 Alteration und Bildung hydrothermaler Erzlagerstätten

Ein Ergebnis der hydrothermalen Alteration ist, daß die fluide Phase bei günstiger chemischer Zusammensetzung (vgl. § 7.1.3) während der Mineralumsetzungen Spurenelemente des primären Mineralbestandes des Gesteins aufnimmt. Dabei reichert sich die Lösung an den für die Erzbildung notwendigen Elementen an (Tabelle 6.7). Das Verhalten der Elemente bei der Wechselwirkung von Lösungen mit Gestein (Tabelle 6.8) kann in groben Zügen aus dem Ionenpotential abgeleitet werden (vgl. Abb. 2.2). Ionen mit niedrigem Ionenpotential (<2.7) wie Li, Ba, Ca und Mg bilden hydratisierte Kationen, während solche mit Ionenpotentialen >6.5 lösliche Oxoanionenkomplexe bilden. In die erste Grup-

Tabelle 6.7. Herkunftsminerale wichtiger erzbildender Elemente. (Nach Beus und Grigorian 1977)

Element	Vorkommen einiger wichtiger Erzelemente in Mineralen		
	vererzter Gesteine	nicht-vererzter	
		intermediärer Gesteine	saurer Gesteine
Li	Spodumen, Amblygonit Li-Glimmer	Hornblende, Biotit Feldspäte	Biotit, Feldspäte
Rb	sekundäre Glimmer, Tonminerale, Adular	Biotit, Feldspäte	Biotit, Feldspäte
F	Fluorit, Topas, Apatit	Amphibole, Glimmer	Glimmer
Cu	Sulfide	Pyroxene, Amphibole, Biotit, Magnetit	Biotit
Zn	Sulfide	Amphibole, Biotit, Magnetit	Biotit
Pb	Sulfide	Feldspäte, Biotit, U/Th-reiche Phasen	Feldspäte U/Th-reiche Phasen
Sn	Cassiterit, Turmalin	Glimmer, Ilmenit	Glimmer, Ilmenit
W	Wolframit, Scheelit	Biotit	Biotit
Ba	Baryt, Celsian	Glimmer, Plagioklas	Glimmer, K-Feldspat

pe gehören die lithophilen Ionen mit großem Radius, die allgemein als petrogenetische Indikatoren verwandt werden wie Rb, Sr, K und Pb. Sie bilden auch die Grundlage für verschiedene radiometrische Datierungsmethoden (vgl. § 10.3.2). Die Elemente mit Ionenpotentialen im Bereich 3 bis 6 sind in wäßrigen neutralen Lösungen relativ immobil und tendieren zur Hydroxidbildung. Hierzu gehören die großen Ionen mit großer Kationenfeldstärke (z. B. As, Ta, Nb, Zr, Ti, vgl. § 2.1), die kaum oder gar nicht in Silikaten mitkristallisieren und daher zur Bildung akzessorischer Minerale neigen. Diese inkompatiblen Elemente bilden häufig Minerale, die gegenüber der Alteration resistent sind (z. B.: Zirkon, Rutil).

Hydrothermale Lösungen im Kontakt mit Graniten sind sauer bis neutral, in denen Hydroxo-Komplexe kaum, Chloro-Komplexe jedoch eine dominante Rolle spielen. Freisetzung und Transport von Zr, Sn, W, Be, Al und Mo werden im Zusammenhang mit der Bildung von sauren Chloro- oder Fluoro-Komplexen gesehen (Beus und Grigorian 1977). Diese Reaktionen laufen im Temperaturbereich von 800 – 500 K ab.

Bei Temperaturen > 900 K können sich auch mit Cl^--Ionen gesättigte überkritische fluide Phasen bilden. Wiederholte Wassersättigung des Gesteins und nachfolgende Abtrennung der überkritischen Phase könnte ein sehr effektiver Mechanismus sein, um Elemente wie Zn, Mn, Fe, Cu, Sn und Mo zu extrahieren (vgl. § 7.1.4 und § 7.1.5).

In Tabelle 6.8 sind verschiedene Reaktionstypen angegeben, über die erzbildende Ionen freigesetzt werden (Tabelle 6.7). Unter sauren Bedingungen sind die kongruente Auflösung von Oxiden, die inkongruente Auflösung von Aluminosilikaten sowie der Austausch zwischen fluiden Phasen besonders wirksam. Die Alteration von Biotit zu Muskovit (Tabelle 6.7) führt zur Freisetzung vieler erzbildender Metallionen. Dieser Vorgang ist besonders bei der Bildung von disseminierten Mineralisationen (porphyry-Typ) von Bedeutung.

Hydrothermale Lösungen entstehen im Temperaturenbereich 500 – 800 K meist unter sauren, reduzierenden bis neutralen, oxydierenden Bedingungen. Letztere stellen sich unter dem Einfluß von meteorischen Wässern ein (vgl. § 7.1.3). Durch die Wechselwirkung von hydrothermalen Lösungen mit den Mineralen der Gesteine werden die in Tabelle 6.7 und 6.8 aufgeführten Elemente als Ionen freigesetzt. Mit Zunahme des pH-Wertes und der Sauerstoffugazität wird bei abnehmender Temperatur die Freisetzung der großen, hochgeladenen Kationen herabgesetzt (letzte Spalte in Tabelle 6.8).

Der Absatz von Erzmineralen ist das Ergebnis der Neutralisation der sauren hydrothermalen Lösungen sowie der Umwandlung von Metall-Halogeniden in Oxide (Sn, W, U), Sulfide (Cu, Fe, Pb, Zn) oder Sul-

Tabelle 6.8. Freisetzungsmechanismen und ihre relative Bedeutung für erzbildende Elemente. (Nach Eugster 1984, – keine, × geringe, × × wichtig, × × × sehr wichtig)

Freisetzungsreaktionen	Kationenfeldstärken (nach Abb. 2.2)			
	<6	6–11	>11	
	Na^+, K^+, Rb^+, Cs^+, Ag^+, Ca^{2+}, Sr^{2+}, Ba^{2+}, Hg^{2+}	Mg^{2+}, Fe^{2+}, Co^{2+}, Ni^{2+}, Cu^{2+}, Zn^{2+}	As^{5+}, Mo^{6+}, Sn^{4+}, Sb^{5+}, Ta^{5+}, Nb^{5+}, W^{6+}, Fe^{3+}, Ti^{4+}	
Kongruente Auflösung bei niedrigen pH und P_{O_2} z.B. $3Fe_3O_4 + 18HCl + 3H_2 \rightarrow 9FeCl_2 + 12H_2O$ Magnetit	× × ×		× × ×	
Inkongruente Auflösung ohne Oxidation z.B. $3KAlSi_3O_8 + 2H^+ \rightarrow KAl_3Si_3O_{10}(OH)_2 + 6SiO_2 + 2K^+$ K-Feldspat Muskovit	× ×	× × ×	×	
Inkongruente Auflösung mit Oxidation z.B. $4FeS_2 + 15O_2 + 14H_2O = 4Fe(OH)_3 + 16H^+ + 8SO_4^{2-}$	× ×	× × ×	–	
Inkongruenter Ionenaustausch mit Oxidation z.B. $KFe_3AlSi_3O_{10}(OH)_2 + 1,5O_2 + 3Mg^{2+} + 6OH^- \rightarrow$ Biotit $KMg_3AlSi_3O_{10}(OH)_2 + 3FeO(OH) + 3H_2O$ Biotit Goethit	–	×	×	
Kongruenter Ionenaustausch, neutraler pH, keine Oxidation z.B. $2KAlSi_3O_8 + Ca^{2+} \rightarrow CaAl_2Si_2O_8 + 4SiO_2 + 2K^+$ K-Feldspat Anorthit	× ×	× × ×	–	
Austausch zwischen fluiden Phasen z.B. $FeO(m) + HCl \rightarrow FeCl_2 + H_2O$	×	× ×	× ×	

Alteration und Bildung hydrothermaler Erzlagerstätten

fate (Ba). In Graniten und Schiefern wird der Erzabsatz durch die Alteration von Feldspäten und Biotit in Muskovit begünstigt. In beiden Fällen werden Metallionen freigesetzt (Tabelle 6.7). Zusätzlich werden bei der Muskovitisierung der Feldspäte H^+-Ionen verbraucht (Tabelle 6.5). Kalkstein sowie basische und ultrabasische Gesteine neutralisieren saure Lösungen. F^--Ionen führende Lösungen setzen Fluorit (CaF_2) ab, wodurch die Komplexbildungskapazität der Lösungen für alle als Fluoro-Komplexe gelöste Metallionen erniedrigt wird. Die betroffenen Metallionen können dann gemeinsam mit dem Fluorit abgeschieden werden.

Die Cassiterit (SnO_2)-Bildung aus $SnCl_2$-führenden Lösungen setzt eine Oxidation voraus. Die Bildung von Wolframit und Scheelit wird im allgemeinen durch Mischen von H_2WO_4-führenden, meist aus Graniten abgeleiteten, hydrothermalen Lösungen mit $FeCl_2$ bzw. $CaCl_2$-haltigen Lösungen, die sich aus der sauren Alteration des Nebengesteins ergeben, hervorgerufen. Es bildet sich entsprechend Wolframit (Fe, Mn)WO_4 oder Scheelit ($CaWO_4$). Die Bildung von Sulfiden ergibt sich ebenfalls aus der Neutralisation von sauren metallreichen Lösungen in chloridischer Ausprägung nach Mischen mit einer H_2S-führenden Lösung. H_2S-reiche, magmatische Lösungen mit hoher Salinität können auch Sulfide absetzen, nachdem sie sich mit meteorischen Wässern geringer Salinität gemischt haben.

Experimentelle Untersuchungen hydrothermaler Systeme sowie Beobachtung an geothermalen Systemen haben gezeigt, daß Hoch- bis Niedrigdruckdämpfe hohe Gehalte an Chloriden und Fluoriden führen. Mit abnehmender Temperatur entwickeln sich die Lösungen zu sauren Sulfat-führenden Wässern (Ellis und Mahon 1977). Postmagmatische, hydrothermale Konvektionslösungen sind neutrale, chloridführende Wässer mit Na^+, K^+, $HAsO_4^{2-}$, HBO_3^{2-}, SO_4^{2-}, HCO_3^-, NH_4^+, Br^-, F^-, Li^+, Rb^+ und Cs^+. Die Zusammensetzung dieser Lösungen zeigt, daß sie im Bereich von 500–550 K mit vielen Gesteinen der Zusammensetzung Quarz, K-Feldspat, Albit, Muskovit im Gleichgewicht stehen. Bei Temperaturen unterhalb 500 K wird Kaolinit die stabile Aluminiumsilikatphase.

Mineralisierte Magmatite unterscheiden sich von schwach bis unvererzten durch ihre intensive Alteration der primären Silikate und ihrer Begleitminerale.

6.7 Beispiele einzelner Element-Zyklen

6.7.1 Kohlenstoff-Zyklus

Der Kohlenstoff-Zyklus besteht im wesentlichen aus zwei Gliedern: dem biologischen Teilzyklus und dem Verwitterungs-Sedimentations-Teilzyklus, von denen angenommen wird, daß sie sich in stationärem Zustand befinden. Beiden überlagert sich allerdings in jüngster Zeit ein anthropogen verursachter Umsatz, dessen Auswirkungen auf den Gesamtzyklus z. Zt. noch nicht eindeutig beurteilbar sind.

Der biogene Teilzyklus ist im wesentlichen in sich geschlossen. Das CO_2 der Atmosphäre wird darin in etwa 10 Jahren einmal umgesetzt. Die terrestrische Biosphäre ist daran wesentlich stärker beteiligt als die marine, wobei jedoch der Anfall an toter organischer Materie im marinen Bereich sehr viel größer ist als im terrestrischen. Dies hängt mit der Sauerstoffverfügbarkeit beim oxidativen Abbau der organischen Verbindungen zusammen, die subaerisch größer ist als submarin. Die Flüsse des CO_2 lassen sich aus den Materialströmen der Verwitterung und Sedimentation und den Mittelwerten für die Kohlenstoffgehalte in Gesteinen bzw. deren Verwitterungsprodukten ermitteln. Die Verläßlichkeit dieser Angaben beruht im wesentlichen auf der richtigen Einschätzung der prozentualen Beteiligung der verschiedenen Gesteine an der Verwitterung.

Durch Oxidation des in jedem Gestein enthaltenen Kohlenstoffs wird bei Annahme von 0,45% elementarem Kohlenstoff und einer Sedimentbildungsrate von 2×10^{16} g-Sediment/a (Holland 1978)

$$0{,}45 \cdot 10^{-2} \frac{\text{g-C}}{\text{g Sediment}} \times 2 \cdot 10^{16} \frac{\text{g Sediment}}{a}$$

$$= 0{,}09 \cdot 10^{15} \text{g-C} \, a^{-1} \qquad (6.28)$$

in CO_2 überführt. Diesem Zugewinn von CO_2 in der Atmosphäre stehen Verluste an CO_2 gegenüber. So benötigt die Verwitterung von Ca- und Mg-Silikaten CO_2 in Form von HCO_3^--Ionen. Pro Mol ($Ca^{2+} + Mg^{2+}$)-Ionen aus Karbonaten wird nach (6.29) 1 Mol CO_2 benötigt; pro Mol ($Ca^{2+} + Mg^{2+}$)-Ionen aus Silikaten sind nach (6.30) 2 Mol CO_2 erforderlich.

$$(Ca, Mg)CO_3 + CO_2 + H_2O = (Ca, Mg)^{2+} + 2\, HCO_3^- \qquad (6.29)$$

$$(Ca, Mg)SiO_3 + 2\, CO_2 + H_2O = (Ca, Mg)^{2+} + 2\, HCO_3^- + SiO_2. \qquad (6.30)$$

In Tabelle 6.9 ist im Vergleich zur mittleren Zusammensetzung des Flußwassers angegeben, welche Mengen der betrachteten Komponenten

Tabelle 6.9. Beziehung von Verwitterung und mittlerer Zusammensetzung von Flußwasser. (Nach Holland 1978)

	Konzentrationen mmol^{-1} kg^{-1}			CO_2-Verbrauch mmol kg^{-1}
	Ca^{2+}	Mg^{2+}	HCO_3^-	
Flußwasser	0,32	0,17	0,96	
davon entfallen auf:				
Karbonatverwitterung	0,25	0,065	0,31	0,31
Silikatverwitterung	0,07	0,10	0,34	0,34
Summe	0,32	0,17	0,65	0,65

aus der Verwitterung von Karbonaten und Silikaten abgeleitet werden können (Holland 1978). Entsprechend den freigesetzten Mengen an Ca^{2+}- und Mg^{2+}-Ionen läßt sich der Verbrauch an CO_2 bei der Verwitterung berechnen:

$$0,65 \frac{\text{mmol } CO_2}{\text{kg Lösung}} \times 4,6 \cdot 10^{16} \frac{\text{kg Lösung}}{\text{a}}$$

$$\times 12 \cdot 10^{-3} \frac{\text{g-C}}{\text{mmol } CO_2} = 0,36 \cdot 10^{15} \text{ g-Ca a}^{-1}. \qquad (6.31)$$

Diesem Verlust an CO_2 durch Verwitterung steht eine ähnlich große Gewinnrate an CO_2 gegenüber, die aus der Karbonatbildung im marinen Milieu resultiert. Holland nimmt an, daß die Ausfällungsrate von Ca^{2+} ($+Mg^{2+}$)-Ionen im Mittel 0,4 mmol kg^{-1} Verwitterungslösung beträgt. In dieser Größe sind auch diejenigen Massen von Ca^{2+}-Ionen enthalten, die durch Ionenaustausch aus Tonmineralen sowie durch Basaltalterationen an dem mittelozeanischen Rücken freigesetzt werden (vgl. § 6.5). Daher ist dieser Betrag auch etwas größer als die Summe der durch Verwitterung freigesetzten Ca^{2+}-Konzentrationen in Tabelle 6.9.

Entsprechend der Reaktion

$$(Ca, Mg)^{2+} + 2 HCO_3^- = (Ca, Mg)CO_3 + CO_2 + H_2O \qquad (6.32)$$

wird pro Mol gefälltes $(Ca, Mg)CO_3$ ein Mol CO_2 freigesetzt. Die gebildeten Karbonate jedoch enthalten weit weniger Mg^{2+}-Ionen, als sie anteilig dem Meerwasser durch Verwitterungslösungen zugeführt werden. Als Senke für die Mg^{2+}-Ionen wird deren Aufnahme in pelagischen Sedimenten angenommen (vgl. § 6.1). Dieser aufgenommene Anteil ist unbestimmt, wird aber von Holland zu etwa 50% angenommen. Denkt man sich diese Mg^{2+}-Ionen als Brucit-Schichten in Schichtsilikaten abgelegt (vgl. § 3.1), so ergibt sich formal die Reaktionsgleichung (6.33):

$$Mg^{2+} + 2\,HCO_3^- = Mg(OH)_2 + 2\,CO_2. \tag{6.33}$$

Aus ihr geht hervor, daß mit der Entfernung von 1 Mol Mg^{2+}-Ionen 2 Mol CO_2 freigesetzt werden. Damit berechnet sich eine Freisetzungsrate von Kohlenstoff

$$(0{,}40 + 2 \cdot 0{,}08)\frac{\text{mmol } CO_2}{\text{kg Lösung}} \times 4{,}6 \cdot 10^{16} \frac{\text{kg Lösung}}{a}$$

$$\times 12 \cdot 10^{-3} \frac{\text{g-C}}{\text{mmol } CO_2} = 0{,}31 \cdot 10^{15}\,\text{g-C}\,a^{-1}, \tag{6.34}$$

bedingt durch Entfernung von ($Ca^{2+} + Mg^{2+}$)-Ionen aus dem Meerwasser. Aus den Ergebnissen von (6.31) und (6.34) folgt eine Nettoflußrate von $0{,}05 \cdot 10^{15}$ g-C a^{-1} aus der Atmosphäre in Richtung Ozean.

Im Mittel führen rezente Sedimente um 0,6% elementaren Kohlenstoff, woraus nach Multiplikation mit der mittleren Sedimentationsrate folgt, daß $0{,}12 \cdot 10^{15}$ g-C a^{-1} in Sedimenten abgelagert werden.

$$0{,}6 \cdot 10^{-2} \frac{\text{g-C}}{\text{g Sediment}} \times 2 \cdot 10^{16} \frac{\text{g Sediment}}{a} = 0{,}12 \cdot 10^{15}\,\text{g-C}\,a^{-1}. \tag{6.35}$$

Die Verwitterung der Alkalifeldspäte benötigt ähnlich wie die der Erdalkalisilikate nach (6.30) CO_2. Es werden für 1 Mol Alkalien 1 Mol CO_2 benötigt. Dieses gebundene CO_2 wird bei der Bildung von Alkalisilikaten wieder freigesetzt, so daß es bilanzmäßig nicht berücksichtigt werden muß.

Die Bildungs- und Verwitterungsraten der Karbonate lassen sich aus den Angaben 0,4 mmol kg^{-1} Lösung (siehe oben) sowie 0,31 mmol kg^{-1} Lösung (Tabelle 6.9) berechnen:

$$\left.\begin{matrix}0{,}40\\0{,}31\end{matrix}\right\} \frac{\text{mmol } CO_2}{\text{kg Lösung}} \times 4{,}6 \cdot 10^{16} \frac{\text{kg Lösung}}{a} \times 12 \cdot 10^{-3} \frac{\text{g-C}}{\text{mmol } CO_2}$$

$$= \begin{cases} 0{,}22 \cdot 10^{15}\,\text{g-C}\,a^{-1} \\ 0{,}17 \cdot 10^{15}\,\text{g-C}\,a^{-1}. \end{cases} \tag{6.36}$$

Die Entgasungsrate, bedingt durch Metamorphose und Vulkanismus, ergibt sich aus der Bilanzierung aller Raten in Abb. 6.5 zu $0{,}08 \cdot 10^{15}$ g-C a^{-1}. Diese Rate ist demnach notwendig, um den Kohlenstoff-Zyklus zu schließen. Bedenkt man, daß vulkanische Gase im Mittel etwa 10% CO_2 enthalten (Tabelle 7.5), so erscheint eine solche Rate nicht unwahrscheinlich.

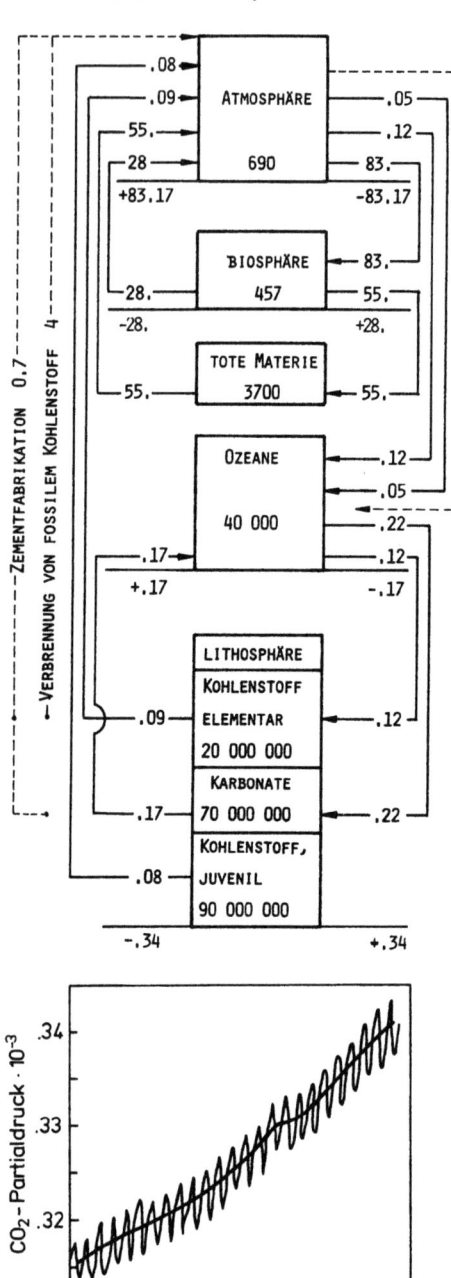

Abb. 6.5. Kohlenstoffzyklus. (Nach Holland 1978). Alle Zahlenangaben kennzeichnen Raten in 10^{15} g-C a^{-1}. Berechnung der Raten wird im Text erläutert

Abb. 6.6. Anstieg des Kohlendioxidpartialdruckes in der Atmosphäre seit 1958. (Gemessen von der Wetterstation auf dem Mauna Loa, Hawaii)

In Abb. 6.5 sind außerdem noch CO_2-Flüsse gestrichelt aufgezeigt, die auf anthropogene Ursachen zurückzuführen sind. Diese Teilflüsse lassen sich z. Zt. nicht vollständig bilanzieren, da es noch unklar ist, wie sich das überschüssige CO_2 auf die verschiedenen Geosphären verteilt. Langzeitbeobachtungen des CO_2 in der Atmosphäre zeigen, daß seit 1957 bis heute der CO_2-Gehalt der Atmosphäre stetig um etwa 0,3% pro Jahr zugenommen hat (Abb. 6.6).

Das Ausmaß der anthropogenen CO_2-Produktion wird ersichtlich, wenn man die Emissionsrate mit natürlichen Verbrauchsraten vergleicht. So beträgt die CO_2-Verbrauchsrate im Rahmen der Verwitterung nur 9% der Immissionsrate durch Verbrennen fossiler und rezenter Energierohstoffe. Diese Immissionsrate beträgt immerhin ca. 6% der CO_2-Verbrauchsrate während der Photosynthese. Diese Zahlen belegen, daß die anthropogene CO_2-Produktion ein geochemisch signifikantes Ausmaß erreicht hat.

6.7.2 Sauerstoff-Zyklus

Von besonderem Interesse ist der Kreislauf des Sauerstoffs, der aufs engste mit dem des Kohlenstoffs verbunden ist. Nach Holland (1978) werden jährlich circa $83 \cdot 10^{15}$ g-C als CO_2 der Atmosphäre (Abb. 6.5) über die Photosynthese der Pflanzen entnommen (5.1).

Der Entnahme des CO_2 aus der Atmosphäre stehen die Bildung von

$$83 \cdot 10^{15} \cdot \frac{32}{12} = 2,2 \cdot 10^{17} \text{ g-}O_2 a^{-1}$$

gegenüber. Dieser Sauerstoff wird fast vollständig wieder für die Respiration und den oxidativen Abbau organischer Materie verwendet. Bei einem Sauerstoffinventar in der Atmosphäre von $1,2 \cdot 10^{21}$ g führt diese Umsatzrate zu einer mittleren Verweilzeit nach (6.3)

$$\tau(O_2) = \frac{1,2 \cdot 10^{21} \text{ g}}{2,2 \cdot 10^{17} \text{ g a}^{-1}} \approx 5500 \text{ a},$$

d. h., in ca. 6000 Jahren wird einmal der Sauerstoffinhalt der Atmosphäre über den Kreislauf Assimilation/Respiration umgesetzt.

Zu einem geringen Teil wird organisch gebundener Kohlenstoff in elementaren Kohlenstoff überführt und als solcher im Sediment abgelegt. Die Kohlenstoffsenke beträgt etwa $1,2 \cdot 10^{14}$ g-C a^{-1} (Abb. 6.5), was zu einem Überschuß von etwa

Tabelle 6.10. Verbrauch von Sauerstoff bei der Verwitterung. (Nach Holland 1978)

Oxidierbare Bestandteile		Reaktion	Sauerstoffverbrauch
Spezies	Gehalt[a]		
C	~0,45	$C + O_2 = CO_2$	~12 g-O_2 kg^{-1}
S^{2-}	~0,3	$S^{2-} + 2O_2 = SO_4^{2-}$	~6 g-O_2 kg^{-1}
FeO	~1,9	$4FeO + O_2 = 2Fe_2O_3$	~2 g-O_2 kg^{-1}
		Gesamtverbrauch:	~20 g-O_2 kg^{-1}

[a] mittlere Gehalte in verwitterndem Oberflächengestein

$$1{,}2 \cdot 10^{14} \cdot \frac{32}{16} = 3{,}2 \cdot 10^{14}\, g-O_2\, a^{-1}$$

führt. Durch Ablage von elementarem Kohlenstoff in Sedimenten wird somit das Sauerstoff-Inventar in der Atmosphäre erhöht. In bezug auf den gegenwärtigen O_2-Inhalt der Atmosphäre folgt aus (6.3), daß innerhalb von

$$\tau(O_2) = \frac{1{,}2 \cdot 10^{21}\, g-O_2}{3{,}2 \cdot 10^{14}\, g-O_2\, a^{-1}} = 4 \cdot 10^6\, a$$

die Sauerstoffmasse sich verdoppeln würde. Dies wird im wesentlichen jedoch durch Oxidationsreaktionen verhindert, die im Zuge der Verwitterung von magmatischem Material einsetzen. Der Gehalt an elementarem Kohlenstoff, an S^{2-} und an Fe^{2+}-Ionen in Magmatiten führt dazu, daß i. M. etwa 20 g O_2 kg^{-1} verwitterndes Material verbraucht werden (Tabelle 6.10). Insgesamt wird somit bei einer Verwitterungsrate (Sedimentationsrate) von $2 \cdot 10^{16}$ g Gestein a^{-1} (Holland 1978)

$$0{,}02\, \frac{g-O_2}{g\, Gestein} \times 2 \cdot 10^{16}\, \frac{g\, Gestein}{a} = 4 \cdot 10^{14}\, \frac{g-O_2}{a} \quad (6.37)$$

$4 \cdot 10^{14}$ g-O_2 a^{-1} verbraucht. Diese Menge entspricht etwa derjenigen, die durch die Überführung von elementarem Kohlenstoff in Sedimenten freigesetzt wird. Damit scheint der Sauerstoffkreislauf durch die Kopplung des biogenen mit dem Verwitterungskreislauf geschlossen zu sein.

6.7.3 Mariner Phosphat-Zyklus

Von besonderem Interesse ist der Kreislauf des Phosphates in den Weltmeeren. In Abb. 6.7 sind Angaben über den Phosphatzyklus wiederge-

Abb. 6.7. Phosphatkreislauf. (Lerman et al. 1975). Alle Zahlenangaben kennzeichnen Raten in 10^{12} g-P a^{-1}

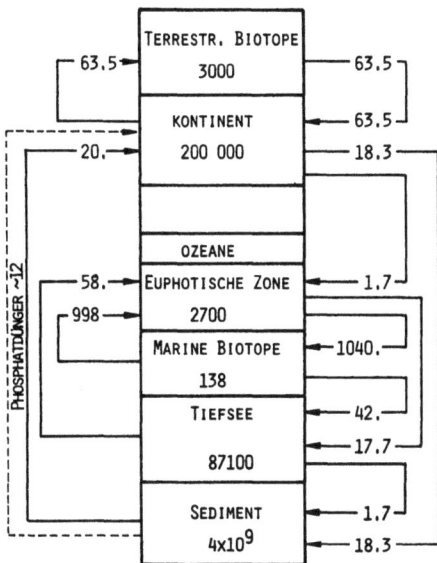

geben. Die anthropogene Beeinflussung des stationär gedachten Kreislaufes ist gestrichelt angegeben, aber nicht in der Bilanzierung berücksichtigt, obwohl durch Phosphatdüngung gegenwärtig ca. 50% des durch Verwitterung freigesetzten Phosphates zusätzlich in Umlauf gebracht werden.

Neben dem Kohlenstoff ist Phosphor ein essentielles Element in der Biosphäre und wird daher in der lichtdurchfluteten, warmen euphotischen Zone für das Wachstum des Planktons benötigt. Wenn die Organismen absterben, werden sie zum Teil schnell, zum Teil aber auch nur langsam zersetzt. Die unzersetzten Bestandteile sinken ab und werden von den Tiefsee-Strömen mitgeführt. Etwa 3% des Phosphors, der an diese organogenen, sedimentierenden Partikel gebunden ist, wird endgültig dem Sediment zugeführt. Der übrige Phosphor wird nach der vollständigen Zersetzung des organischen Materials mit aufsteigendem Tiefenwasser erneut der euphotischen Zone zugeführt. Neben dem Nitrat ist Phosphat essentiell für die Organismen und stellt den limitierenden Faktor für die biologische Aktivität der Meere dar.

Vertiefende Literatur

Berner (1971), Carmichael et al. (1974), Dietrich und Skinner (1979), Ellis und Mahon (1977), Friedman und Sanders (1978), Holland (1978), Lasaga (1980), Lasaga und Kirkpatrick (1984), Mason und Moore (1982), Ollier (1984), Winkler (1976)

7 Fluide Phasen

7.1 Hydrothermale Lösungen

7.1.1 Eigenschaften von H_2O unter erhöhter Temperatur und erhöhtem Druck

Flüssiges Wasser verfügt über eine statistische Nahordnung der H_2O-Moleküle untereinander, aber nicht über eine Fernordnung. Aus infrarotspektroskopischen Daten hat man abgeleitet, daß die H_2O-Cluster bei 273 K aus etwa 600, bei 373 K aus 74, bei 473 K aus 16 und bei 623 K aus 1 bis 2 Molekülen H_2O bestehen (Abb. 7.1). Die aus dem Dipolcharakter des H_2O-Moleküls (vgl. § 2.2) resultierende Dielektrizitätskonstante ε des Wassers nimmt von 273 K bis 647 K stetig ab (Abb. 7.1). Die Abnahme von ε mit zunehmender Temperatur ist mit dem Abbau der Nahordnung der H_2O-Moleküle korreliert. Wird unter isothermen Bedingungen der Druck erhöht, so steigt die Dielektrizitätskonstante wieder an. Dieser Befund deutet darauf hin, daß mit Druckzunahme die Nahordnung der Wasserdipole aufgebaut wird. Gleichsinnige Druck- und Temperaturänderungen beeinflussen die Dielektrizitätskonstante gegenläufig.

Die wichtigste Eigenschaft des Wassers ist seine Fähigkeit, Ionenverbindungen (Elektrolyte) zu lösen. Die Dissoziation von ionaren Verbindungen (vgl. § 2.7) hängt damit zusammen, daß sich die Wassermoleküle mit ihren Dipoleigenschaften zwischen die verschiedenen geladenen Ionen lagern. Dabei bauen sie um die Ionen eine Koordinationssphäre auf. Innerhalb der Koordinationssphäre ist die Größe von ε bedeutungslos, da ε eine makroskopische Größe und keine auf das Molekül H_2O bezogene Angabe ist. Verallgemeinernd kann gesagt werden, daß das Wasser bei Temperaturen unterhalb 420 K $\triangleq$ ca. 150 °C ausgezeichnete Lösungsmitteleigenschaften besitzt. Bei Temperaturen oberhalb 420 K nimmt die Lösungsmitteleigenschaft jedoch ab, weil wegen der geringen Dielektrizitätskonstante die elektrolytische Dissoziation zurückgeht.

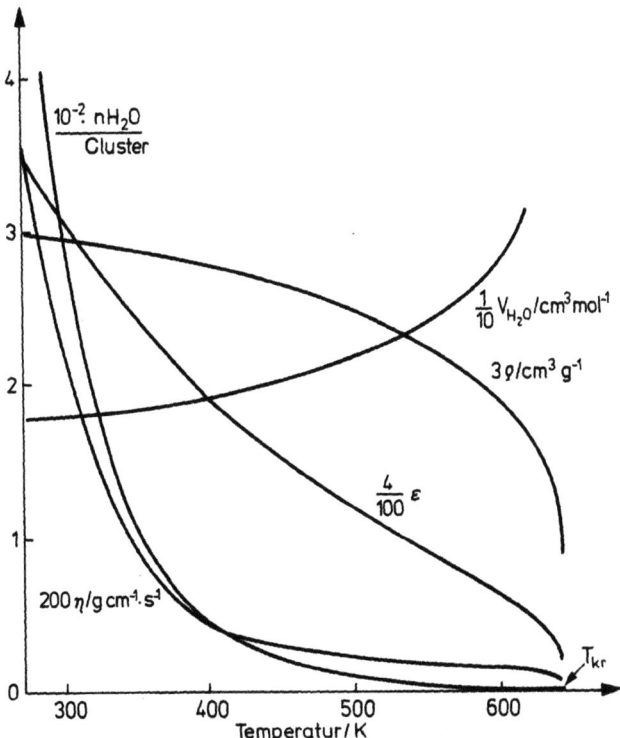

Abb. 7.1. Die Änderung verschiedener Eigenschaften von Wasser mit der Temperatur: Clustergröße, Viskosität, Dielektrizitätskonstante ε, Dichte ρ und Molvolumen V_{H_2O}

Ähnlich, wie mit steigender Temperatur die Größe der H_2O-Cluster abnimmt, verhält es sich mit der Viskosität (Abb. 7.1). Diese ist also direkt ein Ausdruck für den Zusammenhalt der Wassermoleküle über Wasserstoffbrückenbindung (vgl. § 2.2).

Mit steigender Temperatur nimmt auf Grund erhöhter Wärmebewegung die Dichte des Wassers ab, um in der Nähe der kritischen Temperatur drastisch abzusinken (Abb. 7.1). Den entsprechend entgegengesetzten Verlauf hat das Mol-Volumen des Wassers V_{H_2O}, das im Bereich der kritischen Temperatur sprunghaft zunimmt.

Die Eigendissoziation von H_2O nimmt wegen ihres positiven Enthalpiewertes mit steigender Temperatur zu (Abb. 7.2).

$$H^+ + OH^- = H_2O \qquad (7.1)$$

$\Delta H = +13{,}5 \text{ kcal mol}^{-1} \triangleq 56{,}5 \text{ kJ mol}^{-1}$

weshalb ΔG mit steigender Temperatur positiv bleibt [vgl. (2.13)].

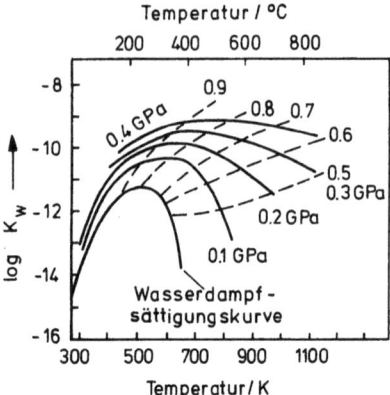

Abb. 7.2. Ionenprodukt des Wassers bei verschiedenen Drücken und Temperaturen; Isopyknen sind *gestrichelt* wiedergegeben, Isobaren sind *ausgezogen*. (Helgeson und Kirkham 1976)

Entlang des Zweiphasengleichgewichtes beobachtet man eine Zunahme des Ionenproduktes bis etwa 500 K (Abb. 7.2). Oberhalb 500 K bis zur kritischen Temperatur nimmt es stark ab. Dieser Kurvenverlauf ergibt sich aus der Überlagerung der Zunahme der Eigendissoziation und der Abnahme der Dichte mit steigender Temperatur. Oberhalb 500 K dominiert die Dichte-Abnahme. Bei konstanter Dichte steigt die Eigendissoziation des Wassers auch bei hohen Temperaturen stark an. So hat neutrales Wasser bei 1300 K und einer Dichte von 1,5 g cm^{-3} einen K_W-Wert von 10^{-2}, d. h. pH 2 oder eine Wasserstoffionenaktivität von 0,01 mol 1000 cm^{-3} (Franck 1966).

Aus Abb. 7.2 geht auch hervor, daß sich die Dissoziation von H_2O bei konstanter Temperatur mit steigendem Druck erhöht. Diese Erscheinung wird bei allen Elektrolyten beobachtet und hängt ursächlich mit der Erscheinung der Elektrostriktion des Wassers in Elektrolytlösungen zusammen (vgl. § 7.1.2).

7.1.2 Partielle molare Volumen von Elektrolyten

Löst man ein Mol eines Elektrolyten in 1000 cm^3 Wasser unter Standardbedingungen, so zeigt sich, daß – je nach Elektrolyt – sehr unterschiedliche Volum-Änderungen zu beobachten sind. Diese Volum-Änderung wird aus praktischen Gründen als partielles molares Volumen $\bar{V}_i$ des Elektrolyten i in Lösung betrachtet. Partielle molare Volumina sind von P-T-X abhängig und haben positive wie auch negative Vorzeichen.

Der Elektrolyt dissoziiert in der Lösung ganz oder nur teilweise, wobei die Ionen solvatisiert werden. Solvatisierte Ionen sind statistische

Gebilde. Die Wasserdipole haben meist nur eine begrenzte Verweilzeit bei den Ionen. Bei niedrigen Temperaturen und geringer Ionengröße wird eine tetraedrische Koordination mit H_2O in der inneren Koordinationssphäre angestrebt, z. B. $H_9O_4^+$, bei höheren eine oktaedrische [z. B. $Na(H_2O)_6^+$] innere Koordinationssphäre (Abb. 7.3). Diese innere Koordinationssphäre ist von einer diffusen äußeren umgeben. Elektrolyte bedingen den Zusammenbruch der Nahordnung des Wassers. Je nach der Größe der eingebrachten Ionen kann es zu einer erheblichen Neuorientierung der H_2O-Moleküle kommen. Große Ionen führen lediglich zum Abbau der dem Wasser typischen Struktur, kleine Ionen richten die Wasserdipole aus.

Das partielle molare Volumen setzt sich aus zwei Anteilen zusammen (Helgeson und Kirkham 1976): dem intrinsischen (Eigen)Volumen $\bar{V}_{ei}$ und einer Volumänderung $\Delta \bar{V}_e$, bedingt durch Elektrostriktion der H_2O-Moleküle

$$\bar{V}_i = \bar{V}_{ei} + \Delta \bar{V}_e. \tag{7.2}$$

Die partiellen molaren Volumina sind immer geringer als die Molvolumina.

Das Eigenvolumen des Elektrolyten kann mit seinem Molvolumen gleichgesetzt werden und ist immer positiv. $\Delta \bar{V}_e$ gibt also an, um welches Volumen das Lösungsmittel durch Zusammenbruch seiner Struktur verändert wird. $\Delta \bar{V}_e$ ist für Elektrolyte immer negativ.

Ein Vergleich des partiellen molaren Volumens als Funktion der Temperatur für die Elektrolyten KCl und NaCl zeigt die unterschiedlichen Einflüsse der beiden Volum-Terme in (7.2). KCl, das aus zwei großen Ionen besteht, zeigt eine geringere Tendenz zur Solvatisation als NaCl. Aus den Angaben in Tabelle 7.1 folgt für 298 K, daß die Elektrostriktion des Wassers − 38% bzw. − 29% des Eigenvolumens von NaCl bzw. KCl ausmacht. Das zeigt deutlich, daß die destruktive Wirkung auf die Nahordnung der Wasserdipole bei Anwesenheit von NaCl größer ist als bei KCl. Das partielle molare Volumen nimmt bis etwa 350 K noch zu (Abb. 7.4). Oberhalb 350 K nimmt es ab, weil nun der Ein-

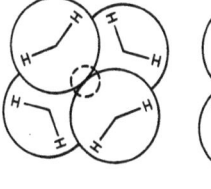

Abb. 7.3. Anordnung von H_2O-Dipolen in der inneren Koordinationssphäre um H^+ (tetraedrische Koordination) und Me^+-Ionen (oktaedrische Koordination)

Tabelle 7.1. Vergleich der Molvolumina und partiellen molaren Volumina von NaCl und KCl. (Daten nach Helgeson und Kirkham 1976)

T/K	$V_i \triangleq \bar{V}_{ei}/\text{cm}^3\,\text{mol}^{-1}$	
	NaCl	KCl
298	27,02	37,52

nimmt mit steigender Temperatur minimal entsprechend der thermischen Ausdehnung zu.

Partielles Molvolumen in wäßrigen Lösungen

T/K	$\bar{V}_i/\text{cm}^3\,\text{mol}^{-1}$	
	NaCl	KCl
298	16,7	26,7
325	18,0	27,4
373	16,8	25,8
425	11,0	20,2
473	3,3	6,8

Aus (7.2) folgt für die Elektrostriktion des Wassers bei 298 K $-10{,}32$ (NaCl) bzw. $-10{,}82$ (KCl) cm^3 mol^{-1}, d. h. sie ist in beiden Lösungen vergleichbar. Jedoch beträgt die Elektrostriktion des Wassers 38 % bzw. 29 % für NaCl bzw. KCl bezogen auf das Eigenvolumen der Salze

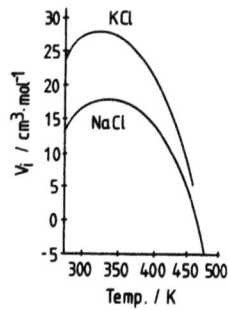

Abb. 7.4. Verlauf des partiellen Molvolumens von NaCl und KCl mit der Temperatur. Das Molvolumen von NaCl und KCl beträgt 27 cm^3 mol^{-1} bzw. 37,5 cm^3 mol^{-1}. (Helgeson und Kirkham 1976)

fluß der thermischen Schwingungen der Wasserdipole gegeneinander dafür sorgt, daß genügend große Zwischenräume vorliegen, um in zunehmendem Maße die K$^+$- und Cl$^-$-Ionen aufzunehmen. Im Falle des NaCl handelt es sich beim Na$^+$ um ein bedeutend kleineres Kation, das deshalb auch eine größere Tendenz zur Solvatisation aufweist. Das partielle molare Volumen von NaCl ist daher gegenüber dem von KCl erheblich geringer, steigt ebenfalls bis zu etwa 350 K an und nimmt dann – ähnlich wie beim KCl – ab.

Bei hohen Temperaturen (>500 K) werden für alle Elektrolyte die partiellen molaren Volumina negativ, d. h. trotz steigender thermischer Wärmebewegung überwiegt die Elektrostriktion, d. h. die den Wassermolekülen durch Elektrolyte aufgezwungene Nahordnung.

Die elektrolytische Lösung nimmt ein kleineres Volumen ein als reines Wasser unter gleichen P-T-Bedingungen. Mit steigender Temperatur zwingt die Anwesenheit von Ionen dem Wasser eine neue Struktur auf, die immer dichter ist als die des reinen Wassers. Die Abnahme der partiellen molaren Volumina mit steigender Temperatur bringt den zunehmenden Einfluß der Elektrolyte auf die Dichte des Wassers zum Ausdruck. Auch hier ist der Einfluß von NaCl (allgemein: den kleinen und hochgeladenen Ionen) größer als von KCl (allgemein: den großen und niedriggeladenen Ionen). So beträgt $\bar{V}_i$ bei 473 K nur noch 20% bei NaCl, aber noch 25% bei KCl des $\bar{V}_i$-Betrages bei 298 K (Tabelle 7.1).

Die Dissoziation der Elektrolyte nimmt allgemein oberhalb 500 K ähnlich wie die Eigendissoziation des H_2O bei konstantem Druck ab, mit steigendem Druck bei gleichbleibender Temperatur jedoch zu. Als Beispiel hierfür sind die Dissoziationskonstanten für NaCl und KCl in Tabelle 7.2 wiedergegeben. Die Zunahme der Dissoziation unter Druck hängt damit zusammen, daß Ionen zu einer wesentlich höheren Elektrostriktion und damit zur Volumverringerung der Lösung führen als undissoziierte Moleküle. Da nach (2.21) bzw. (2.22) sich die Gleichgewichtslage unter Druck auf die Seite mit dem geringeren Volumen verschiebt, wird die Dissoziation gefördert.

Tabelle 7.2. Vergleich der Dissoziation (Ionisation) der Ionenpaare $NaCl^0$ und KCl^0. (Daten nach Frantz et al. 1981)

T/K	$pK_T = -lg K_T$			
	bei 0,1 GPa		bei 0,2 GPa	
	$NaCl^0$	KCl^0	$NaCl^0$	KCl^0
673	0,81	0,97	0,26	0,54
773	2,19	2,27	1,00	1,33
873	3,66	3,59	1,84	2,15

z. B.: $K_T = \dfrac{a_{Na^+} \cdot a_{Cl^-}}{a_{NaCl^0}}$

Tabelle 7.3. K^+–Na^+-Austausch in Feldspäten

$$KAlSi_3O_8 + (NaCl)_{gelöst} \underset{\text{K-Metasomatose}}{\overset{\text{Albitisierung}}{\rightleftarrows}} NaAlSi_3O_8 + (KCl)_{gelöst}$$

Für T = 473 K folgt angenähert:
108,29 + (−3,3)[a]   100,4 + (+6,8)[a]
∼105 cm³   ∼107 cm³

Da das Volumen auf der linken Seite etwas geringer ist, wird im geschlossenen System mit steigendem Druck der K-Feldspat stabilisiert. Bei Druckabfall jedoch wird die Albitisierung begünstigt (vgl. Abb. 11.9)
[a] nach Angaben in Abb. 7.4

Mit den Molvolumina der Feststoffphasen und den partiellen molaren Volumina der gelösten Elektrolyte lassen sich zum Beispiel die Volumänderungen bei Alterationsreaktionen abschätzen (Tabelle 7.3 [vgl. § 6.5]). Das Vorzeichen der Änderung des Reaktionsvolumens zeigt nach (2.21) bzw. (2.22) auf, in welche Richtung die Reaktionen bei Druckänderungen ablaufen.

Der unterschiedliche Einfluß von NaCl und KCl auf wäßrige Lösungen läßt vermuten, daß im Zuge von geochemischen Prozessen, bei denen Na^+ durch K^+ in der Lösung ersetzt wird, sich nicht nur die Struktur der Lösung ändert, sondern auch die Löslichkeit anderer Elektrolyte in der gleichen Lösung. Diese Einflüsse sind jedoch bisher nicht näher untersucht worden.

7.1.3 Natürliche hydrothermale Lösungen

Die Chemie wäßriger Systeme unter P-T-Bedingungen der Erdoberfläche wurde bereits in § 5.2, § 6.2 und § 6.6 allgemein diskutiert. In diesem Kapitel soll daher nur auf Änderungen im chemisch-physikalischen Verhalten von Lösungen eingegangen werden, die sich aus der Änderung von Temperatur und Druck ergeben. Die Lösungen werden allgemein als hydrothermal (oder als geothermal) bezeichnet.

Es wird unterschieden:

juveniles Wasser: Wasser, das noch nicht Teil der Hydrosphäre war, sondern sich von primären Magmen ableitet;

magmatisches Wasser: Wasser, das sich aus Magmen ableitet; es muß nicht deshalb auch juvenil sein, da Magmen auch Formationswasser, meteori-

	sches oder metamorphes Wasser in großen Tiefen aufnehmen können bzw. beim Aufschmelzen von Sedimenten aufnehmen müssen;
meteorisches Wasser:	eigentlich Niederschlagswasser; aber auch Niederschlagswasser, das in die oberste Erdkruste eindringt; allgemein Wasser, das in geologisch rezenter Zeit noch Kontakt mit der Atmosphäre hatte;
Restporenwasser: (konnates Wasser) Formationswasser	fossiles Wasser meist meteorischen Ursprungs, das über geologische Zeiten hinweg keinen Kontakt mit der Atmosphäre hatte; in Sedimentgesteinen eingeschlossenes Wasser; formationales Wasser;
metamorphes Wasser:	bildet sich durch Dehydratation von OH-Gruppen-führenden Mineralen während der Metamorphose.

Hydrothermale Lösungen müssen nicht unbedingt magmatogenen (vulkanogenen, plutonischen, juvenilen) Ursprungs sein, auch dann nicht, wenn sie in Gebieten mit tätigem oder gerade erloschenem Magmatismus vorkommen. Versickernde Niederschlagswässer (meteorische Wässer) werden in diesen Regionen im Kontakt mit einem Wärmespender aufgeheizt und können als geothermale Wässer die Oberfläche erreichen (z. B. Geysire, Thermalwässer) (Norton and Knight 1977). Da hydrothermale Lösungen bei vergleichbarer Salzfracht im spezifischen Gewicht geringer sind als ihre kalten Äquivalente, haben sie die Tendenz aufzusteigen. Dabei bilden sich hydrothermale Konvektionszellen aus, die die Magmatite und deren Nebengesteine alterieren (vgl. § 6.5) und auf Klüften und Gängen hydrothermale Vererzungen (Abb. 7.5) absetzen können (vgl. § 6.6). Diese Konvektionszellen werden von meteorischen Wässern aus einem großen Einzugsgebiet gespeist. Dabei mischen sich die meteorischen Wässer mit Formationswässern derjenigen Schichten, die in die Konvektionszelle mit einbezogen sind.

Einen interessanten Einblick in die chemische Zusammensetzung der hydrothermalen Lösungen gestatten die Flüssigkeitseinschlüsse in Kristallen (Roedder 1979, Burrus 1981). Diese Einschlüsse können einphasig oder mehrphasig sein. Einphasige Einschlüsse enthalten entweder nur Gase (CH_4, CO_2, N_2) oder wäßrige Lösungen. Mehrphasige Einschlüsse können aus einer Gasphase und fallweise aus mehreren Flüssigkeiten (wäßrige Lösung, flüssiges CO_2 oder Öl) und/oder einer bis mehreren Feststoffphasen bestehen (Abb. 7.6). Sofern die hydrothermale Lösung während des Mineralabsatzes nicht siedete, d. h. homogen

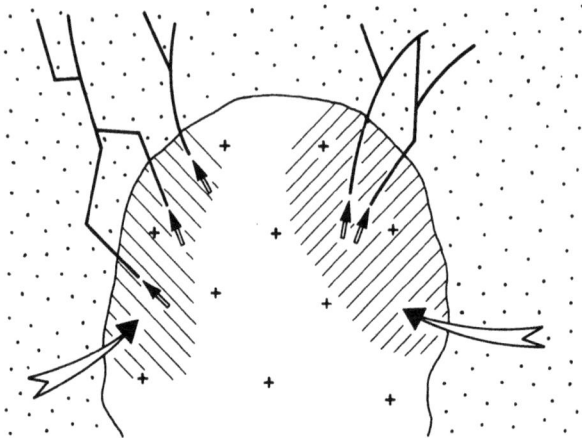

Abb. 7.5. Schematische Skizze für ein hydrothermales Konvektionssystem. Die Konvektion wird hier durch die Wärmequelle Pluton in Gang gesetzt. Die hydrothermalen Lösungen mobilisieren Metallionen sowie F^-, HCO_3^-, BO_3^{3-} usw., die auf Gängen und Klüften als Erze abgesetzt werden. In den Konvektionssystemen mischen sich magmatische, formationale, metamorphe und meteorische Wässer

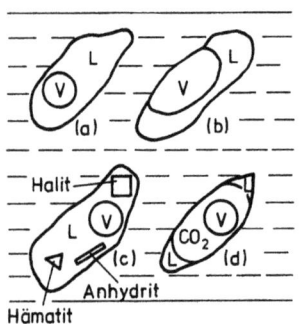

Abb. 7.6. Vier Beispiele für mehrphasige Flüssigkeitseinschlüsse V Dampf; L Lösung; CO_2 verflüssigtes CO_2; **a** und **b** zweiphasig, **c** fünfphasig, **d** dreiphasig mit zwei flüssigen Phasen

war, muß zum Zeitpunkt des Flüssigkeitseinschlusses auch dieser homogen gewesen sein. Bei der folgenden Abkühlung des Minerals und der Einschlußlösung scheidet sich bei Erreichen der Sättigung einer gelösten Komponente eine neue Phase ab. Alle Phasentrennungen in fluiden Einschlüssen erfolgten unter isochoren Bedingungen. Heizt man nun umgekehrt den Wirtskristall langsam auf, so muß die bei tiefen Temperaturen eingetretene Entmischung rückgängig verlaufen, d. h. bei Erreichen der Untersättigung der Lösungsphase im Hinblick auf die Gas- und Feststoffphasen müssen diese verschwinden (Abb. 7.7). Diejenige Tempera-

Hydrothermale Lösungen   171

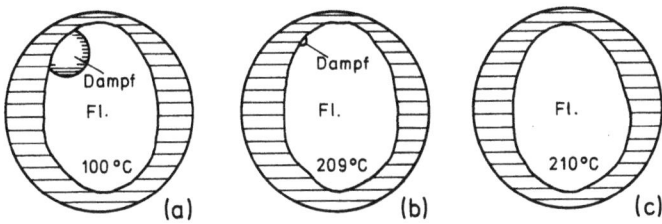

Abb. 7.7a–c. Aufheizen eines zweiphasigen Flüssigkeitseinschlusses zur Bestimmung der Homogenisierungstemperatur. Bei 100 °C (**a**) ist die Gasblase noch gut erhalten, bei 209 °C (**b**) gerade noch zu sehen, bei 210 °C (**c**) ist sie verschwunden: der Einschluß ist nun homogen. 210 °C ist in diesem Fall die Homogenisierungstemperatur

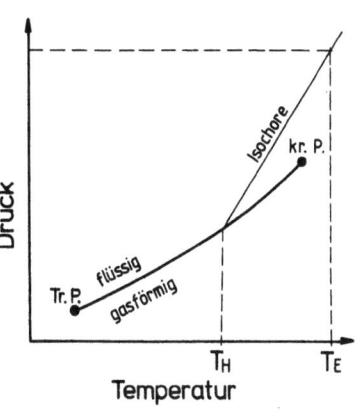

Abb. 7.8. Dampfdruckkurve einer Lösung bekannter Salinität mit Angabe der Homogenisierungstemperatur T_H. Sie bestimmt die Isochore, auf der die korrespondierenden Temperaturen und Drücke der Lösung während des Einschlusses liegen. Die Lage der Dampfdruckkurve ist von der Salinität abhängig. (Vgl. Abb. 7.9 und 7.10)

tur, bei der die Gasphase verschwindet, wird als Homogenisierungstemperatur bezeichnet. Für den Fall, daß die hydrothermale Lösung bei ihrem Einschluß gerade mit ihrer Gasphase im Gleichgewicht stand, entspricht diese Homogenisierungstemperatur exakt der Einschlußtemperatur bei dem gegebenen Druck. Die mikrothermometrisch ermittelte Homogenisierungstemperatur, T_H, liegt damit auf der durch die Salinität der Lösung festgelegten Dampfdruckkurve in Abb. 7.8. Lag jedoch kein Dampfdruck-Lösungsgleichgewicht vor, legt T_H nur die Isochore in Abb. 7.8 fest. Auf dieser Isochore liegt irgendwo die Kombination von Druck und Temperatur, unter der sich der Einschluß gebildet hat. Zur Ermittlung der Einschluß-(oder Mineralbildungs-)Temperatur muß der korrespondierende Druck bekannt sein. Die Homogenisierungstemperatur primärer Einschlüsse stellt somit nur die untere Grenze der Einschlußtemperatur dar.

Setzte eine Gas-Lösungsentmischung oder Sieden vor dem Einschluß der Lösungsphase ein, so erhält man Einschlüsse auf engstem Raum mit

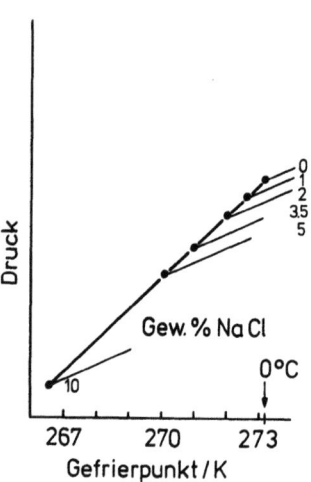

Abb. 7.9. Verlauf des Tripelpunktes und der Dampfdruckkurven in der Nähe des Tripelpunktes einer NaCl-Lösung (Gefrierpunktserniedrigung des Wassers)

unterschiedlichen Verhältnissen von Gas- und Lösungsphasen. Diese Einschlüsse lassen sich mikrothermometrisch nicht auswerten.

Lösen sich vorhandene Sekundärkristalle (meist Halit) vor Erreichen der Homogenisierungstemperatur auf, so ist dies ein Zeichen dafür, daß die Lösung im Hinblick auf NaCl untersättigt war. Aus einer Vielzahl von Untersuchungen weiß man, daß die Lösungen bis zu 4 molar NaCl-Äquivalente an Salzfracht enthalten können. Die Salinität der Einschlußlösungen läßt sich aus der Herabsetzung des Gefrierpunktes des Wassers als NaCl-Äquivalente ermitteln (Abb. 7.9). Die chemische Analyse der Flüssigkeitseinschlüsse erlaubt genauere Aussagen über deren Zusammensetzung.

Die häufigsten Komponenten der eingeschlossenen Lösung sind H_2O und CO_2. Da die betont wäßrigen Phasen am häufigsten in Mineralen von Erzlagerstätten, z. B. in Quarzen, angetroffen werden, scheinen sie die besseren Transportmittel für gelöste Stoffe in der Natur zu sein. Lagerstätten, die sich im Zusammenhang mit extrem CO_2-reichen fluiden Phasen gebildet haben, sind kaum bekannt. Damit kommt der wäßrigen, hydrothermalen Phase für den Stofftransport eine besondere Bedeutung zu. Es kann vermutet werden, daß Lösungen mit mittleren bis hohen CO_2-Gehalten (>50 Vol.-%) oder mit sehr niedrigen Salzgehalten (<6% NaCl) kaum zu einer Mobilisierung von Erzkomponenten in der Lage sind. Lösungen mit sehr hohen Salzfrachten sind zwar für die Mobilisierung geeignet, erschweren aber andererseits das Wiederabsetzen der gelösten Minerale.

Druck und Temperatur sind bei gegebener Zusammensetzung die Parameter, die das *Sieden von hydrothermalen Lösungen* festlegen

Abb. 7.10. Verlauf des kritischen Punktes und der Dampfdruckkurve im Bereich der kritischen Kurve einer NaCl-Lösung

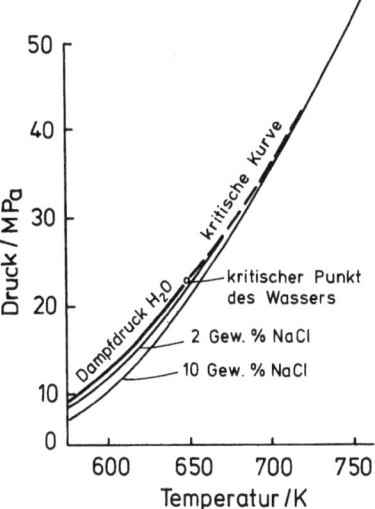

(Abb. 7.10). Das Sieden von Lösungen tritt ein, wenn sich die hydrothermale Lösung im Zweiphasengleichgewicht ‚Lösung – Dampf' befindet. Ist der Druck hoch genug, die Temperatur niedrig, so wird sich die Lösung normalerweise im Einphasenfeld mit zwei Freiheitsgraden befinden.

Beim Aufsteigen in der Erdkruste folgt die Lösung einem Druck- und Temperaturgradienten, wobei der Einfluß des Druckgradienten der größere ist. Mit Abnahme des auf der Lösung lastenden hydrostatischen Druckes bewegt sich die Lösung im Einphasenfeld in Richtung auf das Zweiphasengleichgewicht (Abb. 7.11a). Die Temperaturabnahme ist gering, da die Wärmeleitfähigkeit des Gesteins nicht groß ist. Mit Eintreten des Siedens werden beträchtliche Wärmemengen benötigt, um die Dampfphase zu bilden. Diese Wärmemenge wird der hydrothermalen Lösung entzogen, die sich daraufhin abkühlt. Dampfdruck und Temperatur von Lösung und Dampf bewegen sich von nun an längs des Zweiphasengleichgewichtes. Auf Grund der Temperatur- und Druckänderung mit Eintreten des Siedens kann die Löslichkeit von in den Lösungen enthaltenen Komponenten überschritten werden und damit der Absatz einer Mineralisation eingeleitet werden (hydrothermale Mineralisationen).

Das Eintreten des Siedens von hydrothermalen Lösungen gegebener Zusammensetzung und Temperatur hängt also von der Temperatur und von dem auflastenden hydrostatischen Druck ab (Abb. 7.11a). In submarinen Lagerstätten muß damit die Wassertiefe einen kontrollierenden

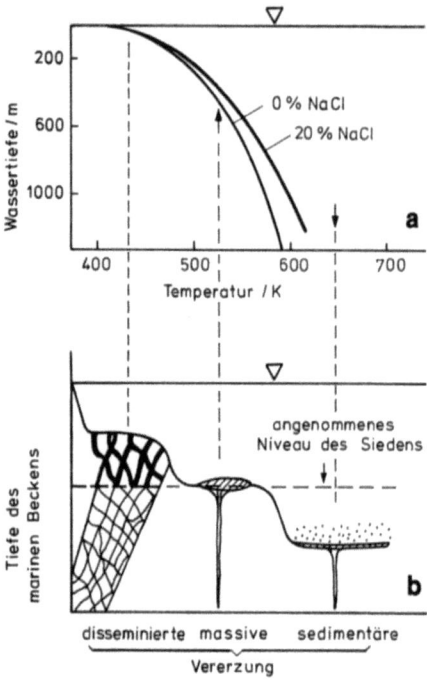

Abb. 7.11a, b. Beziehung zwischen Sieden einer hydrothermalen erzführenden Lösung und dem Typ der sich bildenden Vererzung. (Finlow-Bates und Large 1978).
a Verlauf der Siedepunktskurve von Wasser mit der Wassertiefe. NaCl-haltige Lösungen haben etwas höhere Siedepunkte als reines Wasser bei gleicher Tiefe. (Haas 1971). **b** Schematische Wiedergabe von disseminierter, stratiformer und sedimentärer, schichtgebundener Vererzung

Faktor für den Typ der Mineralisation darstellen (Abb. 7.11 b). Findet das Sieden vor dem Eintritt der hydrothermalen Lösungen in das marine Becken statt, so beginnt der Erzabsatz bereits in den Zufuhrspalten, wobei sich disseminierte Vererzungen ausbilden. Tritt dagegen das Sieden erst mit Austritt der Hydrotherme auf dem Meeresboden ein, so wird sich keine disseminierte Vererzung, sondern statt dessen ein massiver Erzkörper ausbilden. Ist die Wassertiefe so groß, daß die Lösung beim Eintritt am Meeresboden nicht zum Sieden kommt, so wird sich die hydrothermale Lösung mit dem Meerwasser mischen und Anlaß zu einer sedimentären, schichtgebundenen Vererzung geben.

7.1.4 Kritischer Zustand

Kritischer Punkt

Die Siedepunktskurve eines Reinststoffes wird begrenzt durch den Tripelpunkt Feststoff – Gasphase – Flüssigkeit und den kritischen Punkt

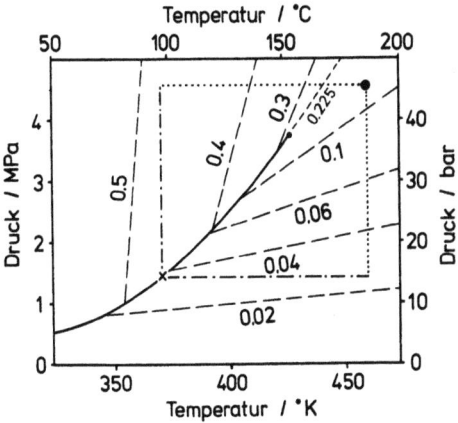

Abb. 7.12. Dampfdruckkurve von Butan. (Roof 1957); *gestrichelt sind Linien gleicher Dichte angegeben.* —·— *isobare und isotherme Änderung eines Flüssigkeits-Gas-Systems.* ··· *isobare und isotherme Änderungen im überkritischen Bereich, wobei keine Phasenübergänge vorkommen.* (Erklärung im Text)

(Abb. 7.8 und 7.12). Obwohl der kritische Punkt von Reinststoffen durch eine maximale Temperatur und einen maximalen Druck charakterisiert ist, bei dem Flüssigkeit und Gasphase gerade noch koexistieren können, ist es besser, den kritischen Punkt über die Dichte des Systems zu definieren. *Der kritische Zustand ist derjenige Zustand, bei dem sich beide Phasen in ihrer Dichte so weit angleichen, daß sie ununterscheidbar werden.* Der kritische Punkt ist dann erreicht, wenn koexistierende Flüssig- und Gasphasen ihre Unterscheidbarkeit verlieren, d. h. eine Phase verschwindet. Wie aus Abb. 7.12 zu ersehen ist, nehmen die Dichten in der Gasphase mit steigender Siedetemperatur und steigendem Siededruck zu, wohingegen jene der Flüssigkeit abnehmen. Bei der Temperatur und dem Druck des kritischen Punktes liegt nur noch eine Phase mit einer einheitlichen Dichte vor. Das System befindet sich im kritischen Zustand. Druck und Temperaturerhöhung im überkritischen Bereich erlauben es nicht, einen Phasenwechsel herbeizuführen. Erhitzt man ein Flüssigkeits-Gas-System (× in Abb. 7.12) auf Temperaturen oberhalb der kritischen Temperatur und erhöht anschließend den Druck, so wird niemals eine Flüssigkeit erhalten. Der gleiche Punkt ● in Abb. 7.12 wird auf dem Weg der Druckerhöhung über den kritischen Druck hinaus und anschließender Temperaturerhöhung erreicht, ohne daß die Flüssigkeit in eine Gasphase übergeht. Im überkritischen Bereich gibt es also keine Phasenübergänge mehr, sondern nur noch kontinuierliche Änderungen in der Dichte des immer einphasigen Systems (punktierte Pfade in Abb. 7.12). Dieses Verhalten zeichnet den ‚überkritischen Bereich' aus. Im Gegensatz zum überkritischen Bereich (immer einphasig) hat ein Stoff am kritischen Punkt einzigartige physikalische

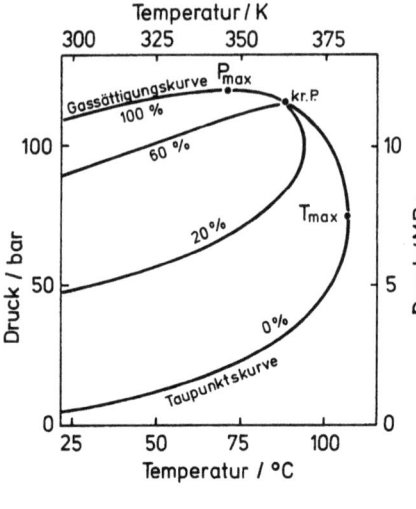

Abb. 7.13. Typischer Verlauf von Dampfdruckkurven in einem binären System. (25% Methan, 75% Butan; nach Roof 1957). Prozentangaben beziehen sich auf das Volumen der Flüssigkeit im Zweiphasen-Gleichgewicht. Die *Taupunktskurve* beschreibt bei einer gegebenen Temperatur das erste Auftreten von Kondensat in der Gasphase bei Druckerhöhung, die *Gassättigungskurve* das Auftreten erster Gasblasen in der Lösung bei Druckerniedrigung

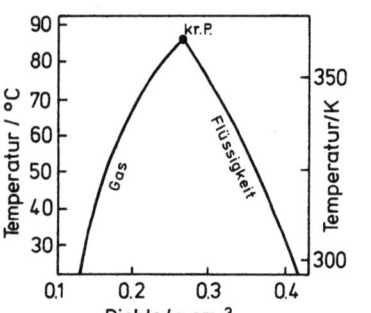

Abb. 7.14. Dichte von Gas und Flüssigkeit entlang der Gassättigungskurve in Abb. 7.13 für das binäre Gemisch 25% Methan – 75% Butan. (Roof 1957)

Eigenschaften: sehr große Expansionskoeffizienten, spezifische Wärmen, Kompressionskoeffizienten u. v. a. m.

Für Lösungen gilt im allgemeinen, daß Gasphase und Flüssigkeit verschiedene Zusammensetzungen haben. In Abb. 7.13 ist für das binäre System Methan – Butan das Gleichgewicht zwischen den verschieden zusammengesetzten Lösungen und Gasphasen im P – T-Diagramm wiedergegeben. Abb. 7.14 und 7.15 zeigen den Verlauf von Druck und Temperatur als Funktion der Dichte beider Phasen. Beide Darstellungen zeigen, daß nur im kritischen Punkt (Abb. 7.14, 7.15) gleiche Dichten für beide Phasen erreicht werden. In bezug auf Abb. 7.13 bedeutet dies, daß neben dem kritischen Punkt sowohl höhere Drücke (P_{max}) als auch höhere Temperaturen (T_{max}) für Zweiphasengleichgewichte erreichbar sind. Dieses Beispiel veranschaulicht, daß die Definition des kritischen

Abb. 7.15. Isothermer Verlauf der Dichte von Gas und Flüssigkeit bei der kritischen Temperatur für das binäre Gemisch 25% Methan – 75% Butan. (Nach Roof 1957)

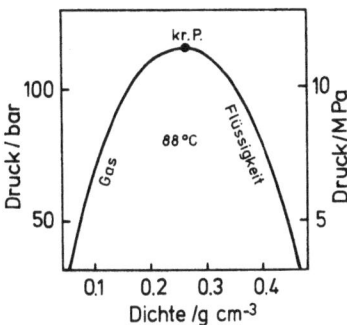

Punktes nur sinnvoll – und für Ein- und Mehrstoffsysteme einheitlich – über die Dichte erreicht werden kann. Der Aggregatzustand oberhalb der Daten des kritischen Punktes wird als überkritisch bezeichnet.

Das System NaCl – H₂O

NaCl-Lösungen sind die häufigsten und wohl auch wichtigsten Lösungen in der Natur. Daher sollen sie näher diskutiert werden. Abb. 7.16 zeigt die Temperatur/Druckkurve für das Dreiphasensystem, NaCl-fest, gesättigte NaCl-Lösung und NaCl-gesättigte Gasphase. Der Verlauf dieses Tripelpunktes zeigt einen Anstieg des Druckes bis zu Temperaturen um 900 K mit anschließendem Abfall des Druckes bei weiter steigender Temperatur. Was dieser Kurve nicht zu entnehmen ist, ist die Veränderung der Sättigungslöslichkeit von NaCl mit steigender Temperatur. Dieser Zusammenhang ist in Abb. 7.17 dargestellt. Die Kurven zeigen für verschiedene Isothermen die Zusammensetzung der NaCl-Lösung als Funktion vom Druck. Die linke bzw. rechte Begrenzung dieser Isothermenschar kennzeichnet die NaCl-gesättigte Gasphase bzw. NaCl-gesättigte Lösung. Zwischen diesen Begrenzungen liegen nur NaCl-ungesättigte Lösungs- und Gasphasen im Gleichgewicht vor. Bei konstantem Druck ergeben die Isothermen die Zusammensetzung von koexistenten Lösungs- und Gasphasen. Die Sättigungskurve der Lösung in Abb. 7.17 gibt den Verlauf des Tripelpunktes wie in Abb. 7.16 wieder. Der Dampfdruck über ungesättigten Lösungen ist immer deutlich höher als über den gesättigten (Abb. 7.17). Unter dem höheren Druck jedoch ist mehr NaCl in der Dampfphase löslich. Die Verbindung der Maxima aller Isothermen ergibt die kritische Kurve (–·–·– in Abb. 7.17), auf der die kritischen Punkte als Funktion des kritischen NaCl-Gehaltes der Systeme liegen.

178 Fluide Phasen

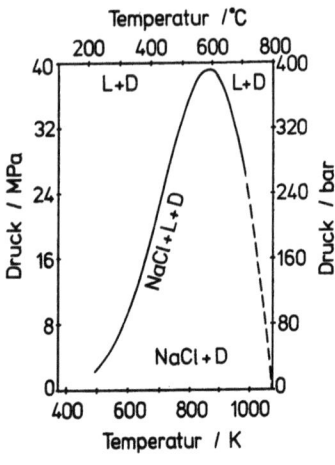

Abb. 7.16. Verlauf des Dreiphasengleichgewichtes im P-T-Diagramm für das System NaCl–H$_2$O. (Nach Sourirajan und Kennedy 1962). L Lösung; D Dampf

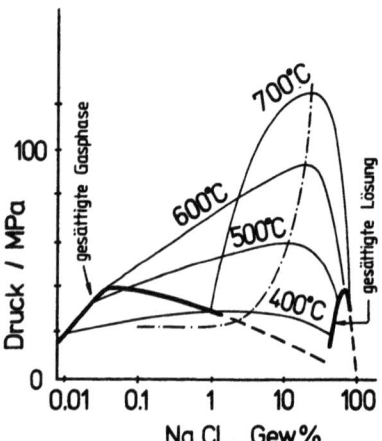

Abb. 7.17. Die Zusammensetzungen von koexistierenden Gas- und Lösungsphasen im Bereich 400°–700°C werden durch die Isothermen angegeben. (Sourirajan und Kennedy 1962). Die Zusammensetzungen von gesättigten Gas- und Lösungsphasen im Gleichgewicht sind durch die Strichstärke hervorgehoben.
– – – kritische Kurve

Aus Abb. 7.17 ist zu entnehmen, daß selbst noch oberhalb 900 K ungesättigte Zweiphasensysteme Lösung/Gasphase vorkommen. Dies ist von besonderer Bedeutung für die Existenz hydrothermaler Lösungen im Temperaturbereich von 600 K – 900 K. Weiterhin zeigt diese Darstellung, daß in der Nähe des kritischen Punktes Lösungen und Gasphasen bei der gegebenen Temperatur weit von ihrer jeweiligen isothermen NaCl-Sättigung entfernt sind. Die überkritischen Systeme gehen also nur aus ungesättigten Gleichgewichten zwischen NaCl-haltigen Lösungen und ihren Gasphasen hervor. Das bedeutet, je mehr NaCl und andere lösliche Salze verfügbar sind, um so unwahrscheinlicher ist es, den kritischen Zustand mit steigender Temperatur und Druckerhöhung zu erreichen, weil gesättigte Lösungen angestrebt werden. Bei einer Salzfracht von >30% (entspricht etwa 5 mol kg^{-1}-NaCl-Lösung) werden kritische P-T-Bedingungen nicht mehr erreicht. Bei geringeren Salzfrachten wird sich der kritische Zustand nur bei Vorliegen von P_{kr} bzw. T_{kr} und dem entsprechenden kritischen Wert für den NaCl-Gehalt einstellen.

Der kritische Punkt für das Reinststoffsystem H_2O liegt bei $T_{kr} = 374\,°C \triangleq 647\,K$ und $P_{kr} = 220\,bar \triangleq 22\,MPa$. Mit zunehmendem NaCl-Gehalt der Lösung steigt der kritische Punkt erheblich an (Abb. 7.10). In Abb. 7.18 wird das System $NaCl - H_2O$ im P-T-X-Diagramm schematisch dargestellt. Es wurde von Morey (1957) aus den beiden Teilsystemen für H_2O und NaCl konstruiert. Die beiden T-X-Projektionen zeigen, daß das System in zwei binäre Systeme aufspaltet. In der P-T-Projektion werden die beiden binären Systeme durch die ausgezogenen Kurvenzüge dargestellt, wobei der Kurvenzug $NaCl + L + D$ als Dreiphasengleichgewicht die Verknüpfung zwischen dem Tripelpunkt

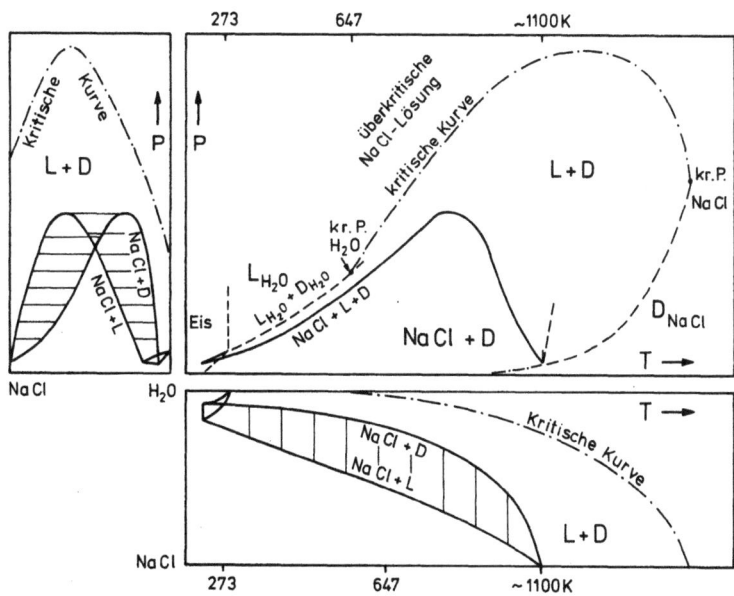

Abb. 7.18. Projektionen des P-T-X-Diagramms für das System $NaCl - H_2O$. (Nach Angaben von Morey 1957). Die Diagramme sind nicht maßstabsgetreu. *D* Dampf (Gasphase); *L* Lösung. Die Kurve *NaCl + L + D* verbindet den Tripelpunkt für Eis in NaCl-Lösung mit dem für NaCl. $L_{H_2O} + D_{H_2O}$ stellt die Dampfdruckkurve für reines Wasser dar. Die Schraffur in den T-X-Darstellungen deutet Phasen im Gleichgewicht an

der gesättigten Lösung – gesättigten Gasphase – Eis und dem Tripelpunkt für NaCl darstellt. Die kritische Kurve des Systems verläuft immer oberhalb des Kurvenzuges NaCl + L + D. Das bedeutet, daß es einen lückenlosen Dreiphasenübergang vom Reinststoffsystem H$_2$O zum Reinststoffsystem NaCl gibt: Eis, Lösung und Gasphase bzw. NaCl, Schmelze und Gasphase. Lösung und Gasphase sind jeweils NaCl-gesättigt. In der P-T-Darstellung (Abb. 7.18) sind die einphasigen Existenzbereiche der überkritischen NaCl-Lösung und des NaCl-Dampfes D_{NaCl}, sowie die zweiphasigen Bereiche Lösung – Dampf im Gleichgewicht (L + D) und NaCl + Dampf (NaCl + D) wiedergegeben.

Bei Stoffen, die nicht so gut ineinander löslich sind wie NaCl und H$_2$O, kann vermutet werden, daß es in der P-T-Darstellung (Abb. 7.19) zu einem Schnitt der Feststoff – Lösung – Dampf-Kurve mit der kritischen Kurve kommt. In diesem Fall spaltet das System in den T-X-Darstellungen in zwei Teilschleifen auf, die nach ihren Schnittpunkten mit

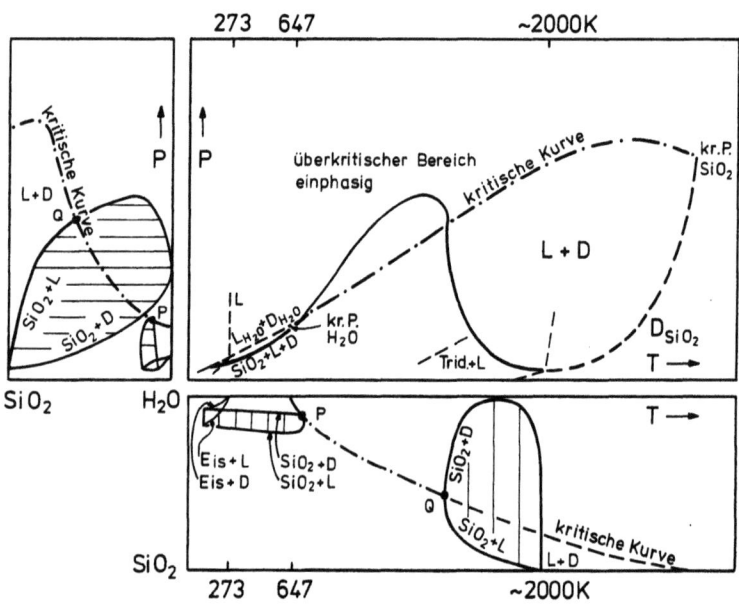

Abb. 7.19. Schematische Wiedergabe der Projektionen des P-T-X-Diagramms für das System SiO$_2$ – H$_2$O. (Nach Angaben von Krauskopf 1967a). *D* Dampf (Gasphase); *L* (Lösung); *Trid.* Tridymit. Die Kurve *SiO$_2$ + L + D* verbindet den Tripelpunkt von Wasser (mit SiO$_2$ gesättigt) und SiO$_2$. Nach den Schnittpunkten *P* und *Q* werden die Zweiphasenfelder in den T-X-Darstellungen als P- und Q-Schleife bezeichnet. $L_{H_2O} + D_{H_2O}$ stellt die Dampfdruckkurve für reines Wasser dar. Die *Schraffur* in den T-X-Darstellungen deutet Phasen im Gleichgewicht an

der kritischen Kurve in der Literatur als P- und Q-Schleife bezeichnet werden.

Geht man von Zweistoff- zu Dreistoffsystemen über, so lassen diese sich qualitativ wiederum als Kombination entsprechender Zweistoffsysteme aufbauen. Im Falle des Systems $NaCl-SiO_2-H_2O$ wird das $NaCl-H_2O$-System mit seinen Eigenschaften dominant sein. Dies ist im wesentlichen durch die hohe Löslichkeit des NaCl und, damit verbunden, die hohe Wechselwirkung mit den Wasserdipolen gegeben. Man kann daher vermuten, daß dieses Dreistoffsystem ähnlich dem Zweistoffsystem $NaCl-H_2O$ nicht in P- und Q-Schleifen aufspaltet. Damit wird das Auftreten von NaCl-gesättigten Phasen im kritischen Zustand (pneumatolytischen Phasen) bei Temperaturen >1000 K eingeschränkt. Ihre Bedeutung für die Bildung von pneumatolytischen Lagerstätten wird damit in Frage gestellt. Es wurde früher vermutet, daß überkritische Phasen besonders große Löslichkeiten für Minerale aufweisen sollten. Experimentell kann gezeigt werden, daß sich die Eigenschaften, wie die Löslichkeiten von Mineralen, kontinuierlich ändern, wenn das einphasige System vom überkritischen in den unterkritischen Bereich wechselt. Erst wenn die Dampfdruckkurve des Systems überschritten wird, bildet es zwei Phasen: Lösung und Dampf.

Die pneumatolytische Phase wurde historisch als Phase zwischen der hydrothermalen und pegmatitischen Phase eingeführt. Sie sollte andere Lösungseigenschaften besitzen als die hydrothermale Phase. Dies ist aber nicht gerechtfertigt, da es keine Diskontinuität zwischen einer unter- und überkritischen Lösung gibt. Der Übergang ist fließend. Der Unterschied ist ausschließlich von den P-T-X-Bedingungen abhängig, denen das System unterliegt.

7.1.5 Entwicklung fluider Phasen aus Schmelzen

Die Anwesenheit von genügend NaCl und/oder anderen gut löslichen Salzen sorgt für ein Verbleiben der Lösungs- und Gasphasen unterhalb der jeweiligen kritischen Kurve. Dies wird auch für Lösungen gelten, die sich während der Kristallisation von Magmen (900 K – 1300 K) absondern. Alkalireiche, saure Schmelzen enthalten K_2SiO_3 und Na_2SiO_3, Verbindungen, die beide gut in Wasser löslich sind und sich voraussichtlich so verhalten wie das beschriebene System $NaCl-H_2O$. Es ist daher nicht auszuschließen, daß sie gegen Ende der Erstarrung das System in Lösung verlassen, sofern sie im Überschuß zu Al_2O_3 in den Schmelzen vorlagen. Die Anwesenheit der Alkalisilikate führt zu einer wesentlichen Schmelzpunkterniedrigung der sauren Magmen.

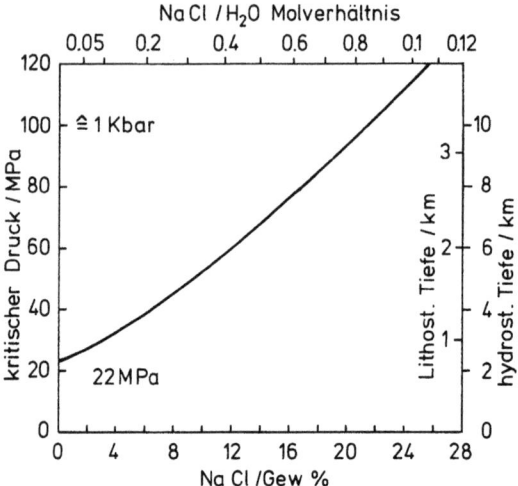

Abb. 7.21. Kritische Temperatur im NaCl–H$_2$O-System als Funktion des kritischen NaCl-Gehaltes. Die Temperatur wurde zur Orientierung in Erdtiefen umgerechnet. (Daten nach Sourirajan und Kennedy 1962)

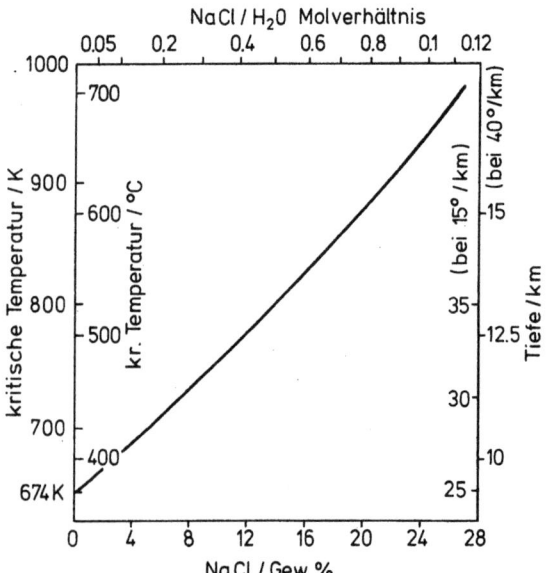

Abb. 7.20. Kritischer Druck im NaCl–H$_2$O-System als Funktion des kritischen NaCl-Gehaltes. Der Druck wurde als lithostatischer bzw. hydrostatischer Druck zur Orientierung in Erdtiefen umgerechnet. (Daten nach Sourirajan und Kennedy 1962)

In Abb. 7.20 wird der Druck als Funktion des NaCl-Gehaltes im kritischen Zustand mit dem Tiefenbereich parallelisiert, in dem die Drücke auftreten können. Die unterschiedlichen Tiefenangaben erfolgen für den lithostatischen bzw. hydrostatischen Druck. Der kritische Druck wird demnach schon in geringen Tiefen überschritten.

In Abb. 7.21 wird die Temperatur als Funktion des NaCl-Gehaltes im kritischen Zustand mit dem Tiefenbereich verglichen, in dem diese Temperaturen als Folge von geothermischen Gradienten zu erwarten sind. Die kritische Temperatur wird also erst in deutlich größeren Tiefen erreicht als der kritische Druck (Abb. 7.20). Daraus folgt, daß bei der isothermen Druckentlastung hydrothermaler Lösungen mit $T < T_{kr}$ immer Zweiphasensysteme (Lösung und Dampf) gebildet werden, sobald die Dampfdruckkurve der Lösungen bzw. die kritische Kurve in ihrer Fortsetzung unterschritten wird (Abb. 7.22). Abb. 7.22 ist eine detaillierte Wiedergabe des P-T-Diagramms aus Abb. 7.18. Außerdem ist noch die Schmelzkurve des granitischen Minimums eingezeichnet.

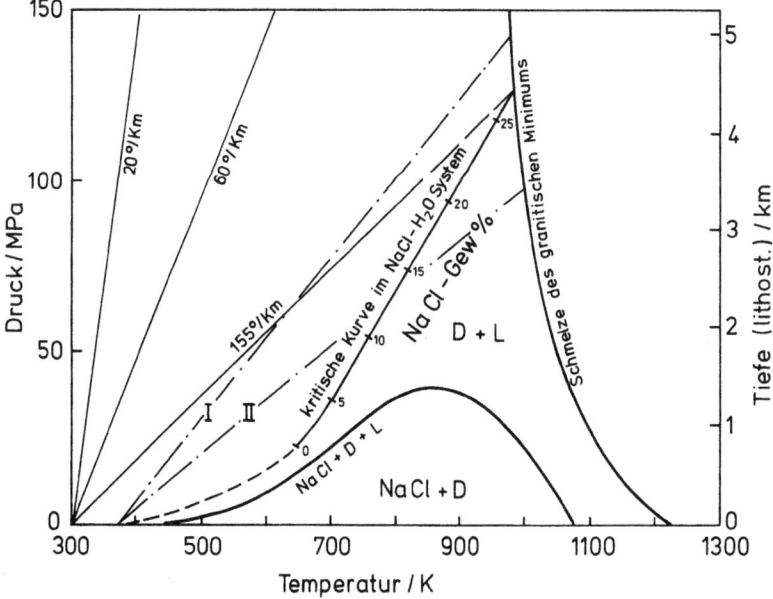

Abb. 7.22. P-T-Diagramm für das NaCl–H$_2$O-System. Die kritische Kurve schneidet die Schmelzkurve des granitischen Minimums in einem P/T-Punkt, der nur durch einen geothermischen Gradienten von 155° km^{-1} erreicht wird. Solche Bedingungen sind jedoch nicht bekannt. Übliche Gradienten im Bereich von 20°–60° km^{-1} verlaufen vollständig im Einphasenbereich wäßriger, fluider Phasen. (Daten nach Sourirajan und Kennedy 1962, Tuttle und Bowen 1958)

Wenn die erstarrende Schmelze eine zweite fluide Phase entläßt, so kann das unter P-T-Bedingungen geschehen, die oberhalb oder unterhalb des Schnittpunktes mit der kritischen Kurve des $NaCl-H_2O$-Systems liegen. Es wird angenommen, daß dieses System hinreichend das Alkalisilikat-Wasser-System beschreibt. Oberhalb der kritischen Kurve liegt ein Einphasenbereich, der oberhalb des jeweiligen kritischen Druckes als überkritisch bezeichnet werden kann. Bei Druckabnahme geht die ‚überkritische Lösung' ohne Diskontinuität in eine unterkritische über.

Wird von der Schmelze eine zweite fluide Phase unterhalb des Schnittpunktes der kritischen Kurve mit der granitischen Schmelzkurve abgesondert, so spaltet sie in ein Zweiphasensystem: Lösung und Dampf. Kühlt diese Mischung entlang der $-\cdot-\cdot-$-Linie II ab, so homogenisiert das zweiphasige System beim Überschreiten seiner Dampfdruckkurve, die annähernd mit der kritischen Kurve gleichgesetzt werden kann (Abb. 7.10). Von nun an liegt nur noch eine Lösungsphase vor, die erst unter Erdoberflächen-nahen Bedingungen eventuell zu sieden beginnt und damit erneut in ein zweiphasiges System zerfällt.

Wird während des Abkühlens und Druckentlastens eventuell die $NaCl+D+L$-Kurve in Abb. 7.22 überschritten, dann scheidet sich Feststoff ab, und es verbleibt nur ein gesättigter Dampf.

Bei der Erstarrung eines Magmas ergeben sich nun drei Möglichkeiten (Abb. 7.23) für die Bildung fluider Phasen:

1. Eine wasserreiche Phase trennt sich von der Silikatschmelze während der fraktionierten Kristallisation unterhalb der kritischen Bedingung des Systems und führt damit zu drei fluiden Phasen: Schmelze, Lösung und Gasphase im Gleichgewicht.

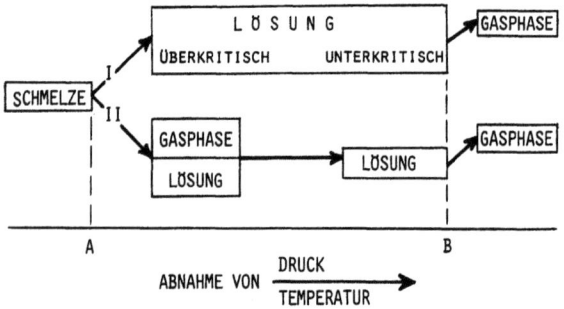

Abb. 7.23. Graphische Wiedergabe der beiden Wege für die Bildung von fluiden Phasen als Folge der Kristallisation von wasserhaltigen Schmelzen. *A* Wassersättigung der Schmelze; *B* Sieden der Lösungen an der Erdoberfläche. Der Verlauf der angenommenen Druckentlastung und Temperaturabnahme entspricht den Pfaden I und II in Abb. 7.22

2. Die wasserreiche Phase führt nur wenig gelöste Salze und trennt sich während der fraktionierten Kristallisation oberhalb des kritischen Punktes des Systems ab; dies führt zunächst zu zwei fluiden Phasen: Schmelze und überkritische Phase im Gleichgewicht. Jede ursprünglich überkritische Phase wird nach Unterschreiten der kritischen Temperatur und des kritischen Druckes und weiterer Druck- und/ oder Temperaturabnahme auf die Dampfdruckkurve des Systems treffen und in ein Zweiphasensystem: Lösungs- + Dampfphase übergehen (Abb. 7.23). Bei weiterem Druckabbau wird schließlich die Lösung unter Ausscheiden von Salzen verdampfen.
3. Eine wasserreiche Phase entsteht nicht, weil zu wenig H_2O in der Schmelze enthalten ist. Das vorhandene H_2O wird durch Alkalisilikate, Amphibole oder Schichtsilikate gebunden. In diesem Falle liegt nur eine fluide Phase vor: die Schmelze.

7.2 Silikatische Schmelzen

7.2.1 Struktur der Schmelzen

Nach Zachariasen (1932) besteht eine Quarzschmelze aus einem Netzwerk von SiO_4-Tetraedern, die alle miteinander über Ecken verbunden sind. Die dreidimensionale Anordnung ist ohne weitreichende Periodizität oder Symmetrie, bedingt durch die statistische Verteilung von $Si-O-Si$-Bindungswinkeln. In den letzten Jahrzehnten ergaben sich jedoch mehr und mehr Hinweise auf das Vorliegen von Strukturen im Kleinbereich (Wong und Angell 1976).

Beim Zusatz von Metalloxiden ändert sich das physikalisch-chemische Verhalten von Quarzschmelzen signifikant. Zum Beispiel wird der Erstarrungsbeginn herabgesetzt und Flüssig-Flüssig-Entmischungen können eintreten. Die Probleme von Phasengleichgewichten in solch komplex zusammengesetzten Systemen lassen sich formal thermodynamisch behandeln. Hierfür sind keine besonderen Informationen über die Struktur der Schmelze nötig. Umgekehrt lassen sich auch aus den thermodynamischen Überlegungen keine Aussagen über die Struktur der Schmelze ableiten. Der Mangel an hinreichenden thermodynamischen Konzepten und Daten erklärt, warum unser Verständnis für Schmelzen noch weitestgehend unterentwickelt ist. Keines der bisher vorgeschlagenen Modelle für Schmelzen ist in der Lage, Phasengleichgewichte vorherzusagen, was letzten Endes das Ziel eines Modells für Schmelzen sein sollte.

In Metalloxid-SiO$_2$-Schmelzen liegen Assoziate und chemische Komplexe vor, die sich analog zu denen in wäßrigen Systemen behandeln lassen (Hess 1980, Mysen et al. 1982, Möller und Muecke 1984).

Elektrische Leitfähigkeitsmessungen weisen darauf hin, daß besondere Strukturen in den Schmelzen vorliegen. Die Leitfähigkeit ist weitgehend kationischer Natur. Die elektrische Leitfähigkeit von Schmelzen ohne Übergangsmetalle zeigt, daß die Äquivalent-Leitfähigkeit der Kationen mit ihrer Konzentration ansteigt. Die Beweglichkeit der Kationen hängt sehr von der Kationenspezies und der chemischen Zusammensetzung der Silikatschmelze ab. Die Viskosität der Silikatschmelze zeigt eine Abhängigkeit von der Bindungsstärke der Alkali-und Erdkaliionen an das Silikatnetzwerk an.

Diffraktometrische Arbeiten legen nahe, daß die mittleren Abstände in binären SiO$_2$-Alkali- bzw. Erdalkali-Oxidsystemen geringer sind, als sie bei einer statistischen Verteilung erwartet werden. Silikatschmelzen sind demnach mikroheterogen. Die Heterogenitätsbereiche umfassen mehrere Tetraedereinheiten.

Me$_2$O – SiO$_2$- und MeO – SiO$_2$-Schmelzen (Me steht für Metallion) mit weniger als 33 Mol-% SiO$_2$ scheinen weitestgehend in dissoziierter Form vorzuliegen: Me$^+$, Me^{2+} und SiO$_4^{4-}$.

Die Polymerisationsreaktion im System MeO – SiO$_2$ läßt sich durch die Gleichung

$$-\overset{|}{\underset{|}{Si}}-O^- + Me^{2+} + {}^-O-\overset{|}{\underset{|}{Si}}- = -\overset{|}{\underset{|}{Si}}-O-\overset{|}{\underset{|}{Si}}- + Me^{2+} + O^{2-},$$

(7.3)

oder in verkürzter Form durch

$$2\,O^- = O^0 + O^{2-} \tag{7.4}$$

O^-, O^0, O^{2-} = einfach, zweifach oder nicht gebundener Sauerstoff

darstellen.

Für diese Gleichung ergibt sich die Gleichgewichtskonstante mit

$$K_T = \frac{n(O^0) \cdot n(O^{2-})}{[n(O^-)]^2}, \tag{7.5}$$

wobei n(O$^-$), n(O^{2-}) und n(O^0) die Anzahl der Gramm-Mole Sauerstoff pro Mol Schmelze angeben, die an ein, kein oder zwei Si-Atome gebunden sind. Toop and Samis (1962) nehmen an, daß

– die Gleichgewichtskonstante nicht von dem Grad der Polymerisation oder der Konzentration der Me-Ionen in der Schmelze abhängt und

– basische Oxide Me$_2$O bzw. MeO vollständig dissoziieren, so daß nur Me$^+$ bzw. Me^{2+}-Ionen vorliegen.

Zur Charakterisierung des Vernetzungsgrades von SiO$_4$-Tetraedern in Schmelzen wird oft die Anzahl der nicht in Brücken gebundenen Sauerstoffe pro Tetraeder herangezogen (im Angelsächsischen: *n*on-*b*ridging *o*xygens per *t*etrahedra, NBO/T). So beträgt NBO/T für Quarz- und Feldspatschmelzen 0, für die Schmelzen von Phyllosilikaten (idealisiert Si$_2$O$_5^{2-}$) 1, von Pyroxenen (Si$_2$O$_6^{4-}$) 2, von Sorosilikaten 3 und von Inosilikaten 4.

Raman-spektroskopische Untersuchungen zeigen, daß sich in Silikatschmelzen Gleichgewichte zwischen verschiedenen Silikatspezien einstellen (Mysen et al. 1982):

NBO/T

4: $\quad 2\,\text{SiO}_4^{4-} = \text{Si}_2\text{O}_7^{6-} + \text{O}^{2-}$ \hfill (7.6)

3: $\quad 2\,\text{Si}_2\text{O}_7^{6-} = \text{Si}_2\text{O}_6^{4-} + 2\,\text{SiO}_4^{4-}$ \hfill (7.7)

2: $\quad 3\,\text{Si}_2\text{O}_6^{4-} = 2\,\text{Si}_2\text{O}_5^{2-} + 2\,\text{SiO}_4^{4-}$ \hfill (7.8)

2: $\quad \text{Si}_2\text{O}_6^{4-} = \text{SiO}_2 + \text{SiO}_4^{4-}$ \hfill (7.9)

1: $\quad 2\,\text{Si}_2\text{O}_5^{2-} = \text{Si}_2\text{O}_6^{4-} + 2\,\text{SiO}_2\,.$ \hfill (7.10)

Bottinga und Richet (1978) machen keine speziellen Annahmen über die Struktur der Schmelze oder über den Grad ihrer Dissoziation. Ihr Vielkomponenten-Modell schließt ein, daß alle Ionen und Molekulareinheiten, die in der Schmelze zugegen sind, ausschließlich durch das Schmelzen bekannter kristalliner Komponenten gebildet werden. Unter diesen formalen Annahmen läßt sich zeigen, daß z. B. das System MgO – SiO$_2$ durch die Mischungskomponenten Si$_4$O$_8$, Mg$_2$Si$_2$O$_6$, Mg$_2$SiO$_4$ und MgO aufgebaut werden kann. Da es jedoch an einem Verfahren zur Berechnung der Wechselwirkung zwischen diesen Komponenten fehlt, ist dieses Modell bisher nicht für die Berechnung von Phasenzustandsdiagrammen einsetzbar.

Analog den Ionen in wäßrigen Lösungen bilden die Ionen in Schmelzen Komplexe. Man ist jedoch noch weit davon entfernt, die chemische Struktur dieser Komplexe angeben zu können. Es darf vermutet werden, daß alle Kationen sich mit weitestgehend vernetzten Silikatresten als vielzähnigen Liganden umgeben. Daraus folgt, daß orthosilikatische Schmelzen keine, Schicht- und Tektosilikatschmelzen starke Komplexe aufbauen. Da die Kationen in diesen Komplexen die Elektronenverteilung und damit die Polarisation der Brückensauerstoffe beeinflussen (vgl. § 3.2), wird die Stabilität dieser Komplexe von der Größe und der

Tabelle 7.4. Kationenfeldstärken (nach Dietzel 1942) für die wichtigsten ein- und zweiwertigen Kationen in silikatischen Schmelzen (KOZ VI). (Nach Abb. 2.2)

Cs^+	1,8	Ba^{2+}	4,2
Rb^+	1,9	Pb^{2+}	4,8
K^+	2,1	Sr^{2+}	4,8
Na^+	2,7	Ca^{2+}	5,6
Li^+	3,4	$Fe^{2+}(HS)$	6,7
		Zn^{2+}	7,0
		Mg^{2+}	7,0

Ladung der Ionen abhängig sein. So steigt die depolarisierende Wirkung auf die Si – O – Si-Bindung mit zunehmender Ladung und kleiner werdendem Ionenradius. Die stabilsten Komplexe bilden daher die großen Ionen wie K^+ und Ba^{2+}. Dies führt dazu, daß z. B. die Kali-Feldspäte später als die Plagioklase kristallisieren und Ba^{2+} und die Alkalien K^+ und Na^+ zum beträchtlichen Anteil in die hydrothermale Restphase gehen. Nach Dietzel (1942) gibt es eine Beziehung zwischen den Kationenfeldstärken, z_i/d_i^2, und der Bildung von Komplexen in Schmelzen. In Tabelle 7.4 sind die Kationenfeldstärken für die wichtigsten Kationen angegeben (vgl. auch Abb. 2.2). Sie zeigen auf, daß der Wert für Ba^{2+} fast mit dem für Li^+ übereinstimmt. Da der Ionenradius für Ba^{2+} größer ist als der für Li^+ (vgl. Tabelle 2.1), wird Ba^{2+} eine höhere Koordination mit Sauerstoff in Schmelzen eingehen als Li^+. Damit sinkt die Kationenfeldstärke des Ba^{2+} weiter; z. B. bei KOZ XII auf 0,22.

Die Bildung von Schmelzen in binären und ternären Systemen wird im Zusammenhang mit der Erläuterung der binären und ternären Phasendiagramme (vgl. § 8.5) behandelt.

7.2.2. Löslichkeit volatiler Phasen

Die chemische Zusammensetzung der Atmosphäre wurde in § 5.1 und die chemische Wechselwirkung von CO_2 und O_2 mit der Hydrosphäre und Lithosphäre in § 6.7.1 und § 6.7.2 beschrieben. Daher wird in diesem Abschnitt ausschließlich die Wechselwirkung von volatilen Phasen mit Magmen behandelt. Unter dem Begriff volatile Phasen werden nur gasförmige und überkritische fluide Phasen bei Temperaturen oberhalb 650 K verstanden. Es geht also um die Komponenten H_2O, CO_2, HF, HCl, CO, CH_4, H_2, O_2, SO_2 und H_2S. Alle wäßrigen Säuren und Basen sowie ihre Salze liegen bei Temperaturen über 800 K und den dazugehörigen Drücken in der fluiden Phase zu mehr als 95% assoziiert und damit größtenteils als Moleküle vor.

Tabelle 7.5. Zusammensetzung vulkanischer Gase (10^5 Pa ≙ 1 atm, in Mol-%). (Angaben nach Holloway 1981)

	Surtsey/Island (Tholeiitischer Basalt) T = 1125 °C	Mt. Ätna/Italien (Alkalibasalt) T = 1075 °C
CO	0,39	0,51
CO_2	5,5	24,3
HCl	0,43	–
H_2	2,9	0,53
H_2O	87,4	49,3
H_2S	0,54	0,20
SO_2	2,7	24,9
S_2	0,09	0,21
log f_{O_2}	–9,75	–9,47

Der Gehalt an volatilen Verbindungen in magmatischen Schmelzen ist im wesentlichen über den Gehalt dieser Verbindungen in Gläsern erstarrter Magmen bestimmt worden. Allerdings muß bei diesen Werten bedacht werden, daß möglicherweise der Anteil der volatilen Phase in den Gläsern höher als in der Schmelze selbst ist, da es durch teilweise Kristallisation der Schmelze zu einer Aufkonzentrierung der volatilen Phasen in der Restschmelze gekommen ist. Die chemischen Analysen der Gasphasen über Magmen haben ergeben, daß die volatilen Phasen hauptsächlich aus H_2O und CO_2 sowie CO, SO_2, HCl, HF und H_2S bestehen (Tabelle 7.5). Die Sauerstoffugazität liegt nahe bei der des Quarz-Fayalit-Magnetit-Puffers, die Schwefelfugazität steht im Gleichgewicht mit der des Pyrrhotins.

Für die *Löslichkeit von H_2O* in Magmen schlägt Burnham (1975) folgende Mechanismen vor:

Bei einem Molenbruch von Wasser < 0,5 in der Schmelze:

$$H_2O(v) + O^{2-}(m) + Na^+(m) = OH^-(m) + ONa^-(m) + H^+(m) \; ; \quad (7.11)$$

bei einem Molenbruch von Wasser > 0,5 in der Schmelze:

$$H_2O(v) + O^{2-}(m) = 2\,OH^-(m) \, . \quad (7.12)$$

In beiden Mechanismen reagiert das Wasser mit den Brückensauerstoffatomen der Kieselsäure und depolymerisiert damit die Schmelze (Mysen et al. 1980):

$$-\mathrm{Si}-\mathrm{O}-\mathrm{Si}- + H_2O = -\mathrm{Si}-\mathrm{OH} + \mathrm{HO}-\mathrm{Si}- \, . \quad (7.13)$$

Aus dieser Reaktion ergibt sich

$$K = \frac{[Si-O]^2}{[Si-O-Si] \cdot P_{H_2O}} . \tag{7.14}$$

$$[Si-OH] = k' \cdot \sqrt{P_{H_2O}} \tag{7.15}$$

und mit $[Si-OH] \approx c_{H_2O}$ folgt

$$c_{H_2O} = k\sqrt{P_{H_2O}} . \tag{7.16}$$

Der Einbau von H_2O in reine SiO_2-Schmelzen folgt bis 0,2 GPa einem Mechanismus, wonach die gelösten Wassermengen proportional der Quadratwurzel aus dem Dampfdruck des Wassers sind (Abb. 7.24). Diese Quadratwurzel-Beziehung (7.16) wird auch für SiO_2-MeO- und SiO_2-Me_2O-Schmelzen gefunden. In Basaltschmelzen gilt diese Beziehung bei 1400 K bis 0,6 GPa, in Andesitschmelzen bis 0,55 GPa und für Granitschmelzen bei 1000 K bis 1 GPa (Abb. 7.24). Damit nimmt dieser Lösungsmechanismus in natürlichen Schmelzen einen größeren Gültigkeitsbereich ein als in reinen SiO_2-Schmelzen.

Die *Löslichkeit für CO_2* in magmatischen Schmelzen geht auf zwei Vorgänge zurück:

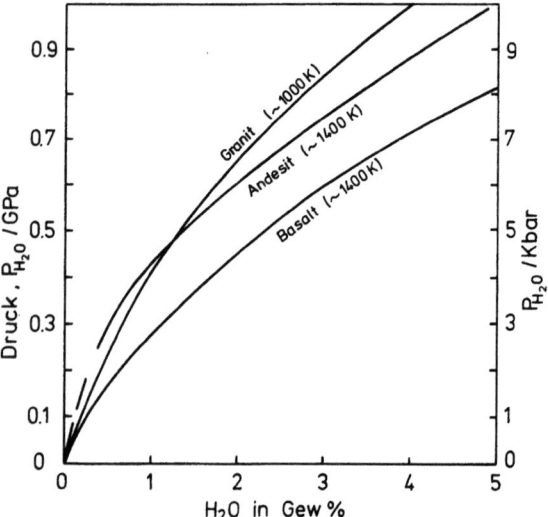

Abb. 7.24. Abhängigkeit des in Schmelzen gelösten Anteils an Wasser als Funktion des H_2O-Druckes über den Schmelzen. (Burnham 1975, 1979)

$$CO_2(v) + \text{Schmelze} = CO_2(m) \tag{7.17}$$

z. B.

$$CO_2(v) + Mg_2SiO_4(m) = MgSiO_3(m) + MgCO_3(m) \tag{7.18}$$

      Forsterit   Enstatit   Magnesit

und

$$CO_2(v) + O^{2-}(m) = CO_3^{2-}(m) \tag{7.19}$$

z. B.

$$CO_2(v) + MeO(m) = CO_3^{2-}(m) + Me^{2+}(m). \tag{7.20}$$

Der Mechanismus (7.18) hat die Polymerisationsreaktion zum Inhalt:

$$-\overset{|}{\underset{|}{Si}}-O^- + CO_2 + {}^-O-\overset{|}{\underset{|}{Si}}- = -\overset{|}{\underset{|}{Si}}-O-\overset{|}{\underset{|}{Si}}- + CO_3^{2-}. \tag{7.21}$$

Darüber hinaus darf nicht übersehen werden, daß die Anwesenheit von gelöstem CO_2 in magmatischen Schmelzen auch Reaktionen auslösen kann. So führt das Lösen von CO_2 in Nesosilikatschmelzen wie denen von Monticellit oder Forsterit zur Bildung einer Enstatit-Karbonat-Schmelze (7.18). Die in Silikatschmelzen gelösten Karbonate bilden Ionenassoziate. Entsprechend einem solchen Ionenpaarmodell läßt sich aus der freien Bildungsenthalpie der Karbonate (Tabelle 7.6) ableiten, daß die CO_2-Löslichkeit in Schmelzen mit konstantem MeO/SiO_2- bzw. Me_2O/SiO_2-Verhältnis in der Reihe Me = Fe, Mg, Ca, Sr, Ba, Na, K zunimmt. Die hochvernetzten Feldspat-Schmelzen zeigen keine Zunahme der CO_2-Löslichkeit als Funktion des Kations, weil (7.21) nicht mehr ablaufen kann.

Die freien Bildungsenthalpien der Karbonate bei 1000 K (Tabelle 7.6) zeigen, daß die Löslichkeit für CO_2 mit zunehmendem Fe/Mg, Fe/Ca und Mg/Ca-Verhältnis abnimmt. Aus dieser Reihe folgt auch, daß CO_2-reiche partielle Schmelzen aus dem Mantel hohe Mg/Fe- und Ca/Mg-Verhältnisse haben sollten. Dies stimmt weitestgehend mit den Beobachtungen an Karbonatitkomplexen überein, die überwiegend Calcit, seltener Dolomit und noch seltener Ankerit führen.

Die Zunahme der CO_2-Löslichkeit mit der Temperatur geht mit der thermischen Depolymerisierung der Silikatschmelzen einher. CO_2 wirkt durch Polymerisation dieser thermischen Depolymerisation entgegen. Eine weitere Ursache ist die zunehmende thermische Ausdehnung der Schmelzen, die für Karbonationenpaare oder CO_2-Moleküle mehr Raum lassen.

Tabelle 7.6. Freie Bildungsenthalpie der Karbonate bei 1000 K und 0,1 MPa ≙ 1 atm CO_2 in Silikatschmelzen mit konstantem MeO/SiO_2 bzw. Me_2O/SiO_2-Verhältnis. (Die thermodynamischen Daten wurden Robie und Waldbaum (1968) entnommen)

Für die Reaktion

$CO_2(v) + 2\,SiO_4^{4-}(m) + 1\,Me^{2+}(m) = MeCO_3^0(m) + Si_2O_7^{6-}(m)$

wird vereinfacht die Reaktionsenthalpie

$MeO + CO_2 = MeCO_3$

berechnet. Man erhält auf jeden Fall qualitativ die richtige Reihenfolge für die Stabilitäten der gelösten Karbonate.

	$\Delta G_{1000K}/KJ(mol\,CO_2)^{-1}$
K_2CO_3	−243
Na_2CO_2	−176
$BaCO_3$	−101
$SrCO_3$	− 67
$CaCO_3$	− 23
$(Ca,Mg)CO_3$	+ 21
$MgCO_3$	+ 54
$FeCO_3$	+134

Die *Löslichkeit des Schwefels* in Magmen wird durch verschiedene Mechanismen bestimmt (Holloway 1981). In Gegenwart von hohen Sauerstoff-Fugazitäten (>Quarz-Fayalit-Magnetit-Puffer) beschreibt (7.22) ‚die Oxidation des Schwefels unter trockenen Bedingungen'

$$\tfrac{1}{2}S_2(v) + \tfrac{3}{2}O_2(v) + O^{2-}(m) = SO_4^{2-}(m)\,. \tag{7.22}$$

In Gegenwart niedriger Sauerstoff-Fugazität (<QFM-Puffer) beschreibt (7.23) ‚die Reduktion von Schwefel unter trockenen Bedingungen':

$$\tfrac{1}{2}S_2(v) + O^{2-}(m) = \tfrac{1}{2}O_2(v) + S^{2-}(m)\,. \tag{7.23}$$

Da das SO_4^{2-}-Ion nicht SiO_4^{4-}-Tetraeder in Silikatnetzwerken ersetzt, ist SO_4^{2-} in nicht polymerisierten Silikatschmelzen löslicher als in polymerisierten. Mit abnehmender Sauerstoff-Fugazität nimmt auch die Masse an gelösten SO_4^{2-}-Ionen ab. Die Gesamtmasse an gelöstem Schwefel (SO_4^{2-} und S^{2-}) ist erheblich größer unter reduzierenden Bedingungen als unter oxidierenden, was darauf verweist, daß S^{2-} eine höhere Löslichkeit hat als SO_4^{2-}.

Unter niedrigen Sauerstoff-Fugazitäten ist die Schwefellöslichkeit mit dem FeO-Gehalt der Schmelze korreliert. Dies läßt darauf schließen, daß in der Schmelze eine Ionenpaarbildung stattfindet:

$$FeO(m) + \tfrac{1}{2}S_2(v) = FeS(m) + \tfrac{1}{2}O_2(v) . \tag{7.24}$$

In wäßrigen Systemen ist H_2S die dominante Schwefel-Spezies unter geringen Sauerstoffpartialdrücken.

$$SO_2(v) + H_2O(v) = H_2S(v) + \tfrac{3}{2}O_2(v) . \tag{7.25}$$

Wegen der chemischen Ähnlichkeit von H_2O und H_2S kann vermutet werden, daß H_2S sich entsprechend der Gleichung

$$H_2S(v) + O^{2-}(m) = HS^-(m) + OH^-(m) \tag{7.26}$$

in Schmelzen löst. Die Aufnahme von H_2S depolymerisiert somit Silikate in Schmelzen. In FeO- und wasserhaltigen Schmelzen jedoch wird H_2S Ionenpaare wie FeS nach (7.27) bilden:

$$H_2S(v) + FeO(m) + O^{2-}(m) = FeS(m) + 2OH^-(m) . \tag{7.27}$$

Fazit: H_2O und CO_2 sind hauptsächlich als OH^- und CO_3^{2-} bzw. $MeCO_3$ in Magmen gelöst, während Schwefel unter oxidierenden Bedingungen als SO_4^{2-}, unter reduzierenden als HS^-, meist jedoch als FeS aufgenommen wird. Die Löslichkeitsgrenzen für Wasser sind sehr weit, wohingegen sie für CO_2 gering und stark von der Magmenzusammensetzung abhängig sind. Die CO_2-Löslichkeit ist stark druckabhängig. Daher werden Magmen auf ihrem Weg zur Erdoberfläche leicht CO_2-Sättigung erreichen und eine CO_2-reiche hydrothermale Lösung abscheiden.

7.2.3 Viskosität von Silikatschmelzen

Bei der laminaren Bewegung der Schmelze müssen Bindungen senkrecht zur Fließrichtung getrennt werden. Die Zähigkeit steht somit in Beziehung zu der hierfür notwendigen Aktivierungsenergie. Da in einer reinen SiO_2-Schmelze die höchste Zahl an $Si-O-Si$-Bindungen gelöst werden muß, hat sie die höchste Viskosität bei einer gegebenen Temperatur. Nach Zugabe von Alkalioxiden sinkt bei gleicher Temperatur die Aktivierungsenergie des Fließens stark ab. Sie sinkt weiter ab bei Zugabe von Erdalkalioxiden. Das bedeutet, daß die Viskosität von sauren zu basischen Silikatschmelzen hin absinkt.

Von besonderem Einfluß auf die Viskosität ist der Wassergehalt der Schmelzen (Abb. 7.25). Die Lösung von Wasser setzt allgemein den Schmelzpunkt herab. Bei gegebener Temperatur der Schmelze sinkt die Viskosität mit steigendem H_2O-Gehalt. So ist eine granitische Schmelze mit hohem H_2O-Gehalt weniger viskos als eine wasserarme bei gleicher Temperatur und vermag in der Erdkruste aufzusteigen. In dem Maße

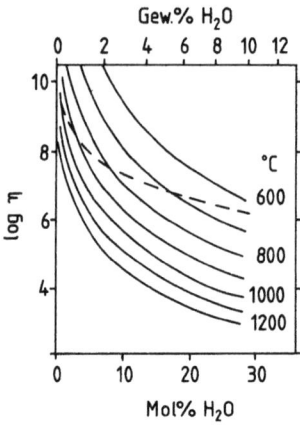

Abb. 7.25. Viskosität als Funktion vom Wassergehalt der Schmelze und der Temperatur. Dargestellt sind die Beziehungen für das System Feldspat – H_2O nach H. R. Shaw (1963). Der vermutete Verlauf der Viskosität von Schmelzen des granitischen Minimums ist *gestrichelt* dargestellt. η in dPa · s ($\triangleq$ Poise)

wie jedoch das gelöste Wasser entweicht, wird die Schmelze viskoser und bleibt bei weiterem H_2O-Verlust als Pluton in der Kruste stecken. Trockene granitoide Schmelzen sind fast immobil, weil sie zu viskos sind.

Ist viel Wasser beim isobaren Aufschmelzen in der Schmelze gelöst, ist ihre Viskosität wegen der niedrigen Schmelztemperatur hoch. Kommt es zur Abtrennung einer volatilen Phase während des Aufschmelzens, dann wird die Viskosität der verbleibenden, wasserärmeren Schmelze wegen ihrer notwendigerweise höheren Schmelztemperatur zunächst nur langsam, unterhalb von 1 Gew-% H_2O jedoch schnell ansteigen. Diese Zusammenhänge zwischen Mobilität von sauren Schmelzen und Wassergehalt sind für die Intrusion von Graniten und den sie begleitenden Lagerstätten bedeutungsvoll (Scharbert 1984, Wyllie 1983).

Vertiefende Literatur

Ellis und Mahon (1977), Fyfe et al. (1978), Henley et al. (1984), Holloway (1981), Stolper (1982).

8 Bildung fester Phasen

8.1 Keimbildung

Die Bildung eines Keimes ist der erste Schritt auf dem Weg zu einer neuen festen Phase. Diese Keimbildung kann entweder homogen (aus der fluiden Phase heraus) oder heterogen (an vorhandenen Oberflächen) erfolgen. Da das geordnete Zusammenfügen der keimaufbauenden Teilchen ein recht unwahrscheinlicher Vorgang ist (thermodynamisch gesehen bedeutet Keimbildung Abnahme der Entropie), bedarf es Randbedingungen, unter denen das System als ganzes – fluide Phasen und Feststoff – an Entropie (vgl. Tabelle 2.9) gewinnt. Dies wird im allgemeinen durch Unterkühlen oder Übersättigen der fluiden Phase im Hinblick auf die sich bildende Feststoffphase erreicht. Auf beiden Wegen werden energetisch metastabile Systeme erzeugt, die sich jeweils in zwei Teilsysteme – oft unter Energieabgabe – auflösen: gesättigte fluide Phase und feste Phasen (Abb. 8.1 und 8.2).

Im Falle des unären Systems des unterkühlten Wassers (Abb. 8.1) hat der Ausgangszustand einen höheren Ordnungszustand als das Was-

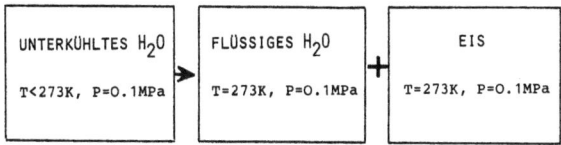

Abb. 8.1. Spontane Änderungen in einem unterkühlten unären System

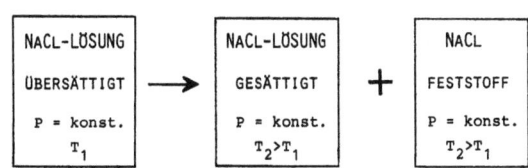

Abb. 8.2. Spontane Änderungen in einem übersättigten binären System

ser bei 273 K. Während ein Teil dieses unterkühlten Wassers zu Eis kristallisiert, erwärmt die dabei freigesetzte Kristallisationsenthalpie das unterkühlte Wasser auf 273 K. Dieses Wasser hat nun eine geringere quasi-kristalline Struktur (vgl. § 7.1.1) als der Ausgangszustand bei $T<273$ K. Das sich mit diesem Wasser im thermodynamischen Gleichgewicht befindende Eis von 273 K hat eine besonders hohe Ordnung der H_2O-Moleküle im Gitterverband. Die durch die Bildung des Eises bedingte Entropieverringerung wird durch eine größere Entropieerhöhung des sich erwärmenden, flüssigen Wassers wettgemacht.

Bilanzmäßig erfolgt die spontane, teilweise Kristallisation von unterkühltem Wasser also unter Entropiegewinn.

Im binären System der übersättigten NaCl-Lösung (Abb. 8.2) sind die Wasserdipole überwiegend um die Na^+-Ionen verteilt. Damit wird eine wesentliche Eigenschaft des flüssigen Wassers, nämlich seine eigenständige, quasi-kristalline Struktur abgebaut und ein anderer, hoher Ordnungsgrad in der Lösung induziert. Die dazu notwendige Energie (Lösungsenthalpie) wird der Lösung entzogen, weswegen sie sich beim Lösen von NaCl abkühlt. Kristallisiert aus einer übersättigten NaCl-Lösung Kochsalz aus, so verbleibt eine gesättigte NaCl-Lösung, in der pro Na^+-Ion mehr H_2O-Dipole zur Verfügung stehen als in der übersättigten Ausgangslösung. Dies hat zur Folge, daß der mittlere erzwungene Ordnungsgrad der H_2O-Dipole um die vorhandenen Kationen abnimmt. Weiterhin wird bei der Kristallisation des NaCl die Solvatationsenthalpie freigesetzt und der Lösung als Wärme zugeführt. Beide Effekte bedingen eine Erhöhung der Entropie. Bilanzmäßig gesehen nimmt bei der Kristallisation des Salzes aus einer übersättigten Lösung die Entropie des Systems zu.

Eine wichtige Größe bei der Keimbildung ist die kritische freie Keimbildungsenthalpie ΔG^* (vgl. Tabelle 2.9). Sie läßt sich mittels thermodynamischer Annahmen in Relation zum Radius des kugelig gedachten Keimes bringen (Abb. 8.3). Die kritische freie Keimbildungsenthalpie nimmt zunächst zu, weil der Keim eine wesentliche Vergrößerung seiner Oberfläche erfährt. Je größer jedoch der Keim geworden ist, desto weniger wirkt sich sein oberflächenbedingter Anteil an der Enthalpie aus. Nach Überschreiten der kritischen Größe des Keims überwiegt die volumenbedingte Abnahme der Differenz der freien Enthalpie von Schmelze und Kristall, die sich aus der Schmelzentropie und der Unterkühlung ΔT ableiten läßt. Keime, die unter der kritischen Größe liegen, werden als Unterkeime, diejenigen, die darüber liegen, als Überkeime bezeichnet. Nur Überkeime sind wachstumsfähig. Statistisch gebildete Unterkeime werden sich immer auflösen.

Die Anzahl der sich bildenden Keime pro Zeiteinheit, J, in einer fluiden Phase ist von der Größe der kritischen Keimbildungsenergie ΔG^*

Abb. 8.3. Freie Keimbildungsenthalpie als Funktion der Keimgröße. ΔG-Oberfläche beschreibt die Zunahme der Enthalpie durch die Vergrößerung der Oberfläche; ΔG ist die Differenz der freien Enthalpie von Schmelze und Kristall. ΔG^* kritische freie Keimbildungsenergie; r^* kritischer Keimbildungsradius

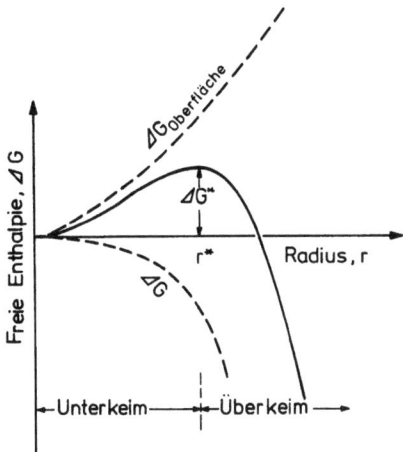

und der Temperatur abhängig. Abb. 8.4 gibt den schematischen Verlauf der Keimbildungsrate als Funktion der Unterkühlung einer Schmelze wieder. Ein Mindestmaß an Unterkühlung (= Übersättigung) muß sein, um überhaupt die Keimbildung einleiten zu können. Wird jedoch die Schmelze zu stark unterkühlt, so nimmt die Keimbildungsrate wieder ab. Dies läßt sich anschaulich durch die reduzierte Beweglichkeit der Gitterbausteine in der höher viskosen, kühleren Schmelze erklären. Wird eine Schmelze sehr schnell abgeschreckt, so wird im allgemeinen ein Glas gebildet, z. B. Obsidian, ein dunkel gefärbtes, vulkanisches Glas aus meist rhyolithischen Schmelzen.

Die Größe des kritischen Keimes wird wesentlich von der Unterkühlung oder Übersättigung der fluiden Phase bestimmt. Je größer die Un-

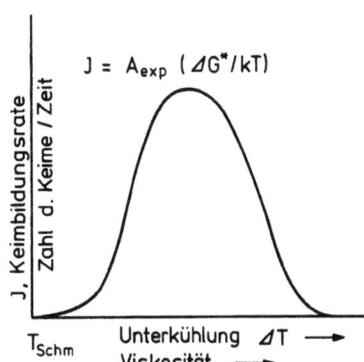

Abb. 8.4. Keimbildungsrate als Funktion der Unterkühlung einer Schmelze

terkühlung ΔT, um so kleiner werden die kritischen Keime. Liegt nur eine geringe Unterkühlung vor, so muß der kritische Keim sehr groß werden. In Schmelzen ohne Unterkühlung bzw. Lösungen ohne Übersättigung lassen sich feste Phasen daher nicht bilden.

Allgemein gilt, daß die homogene Keimbildung höhere Keimbildungsenthalpien benötigt als die heterogene, da bei letzterer energetisch günstige Oberflächen als Keimbildungsmatrizen genutzt werden. Daher wird die heterogene Keimbildung in der Natur bevorzugt. Die Erscheinung des orientierten Aufwachsens von Kristallen auf einem chemisch verschiedenen Trägermineral (Epitaxie) hat hierin seine Ursache.

8.2 Kristallwachstum

Das Wachstum eines Kristalls ist gebunden an die laufende Wiederholung einer Oberflächenkeimbildung. Diese Oberflächenkeimbildung ist eine typisch heterogene Keimbildung. Da sie an mehreren Stellen auf der gleichen Fläche einsetzen kann, wird sich bei geringfügig verschiedener Orientierung der Keime ein Mosaik herausbilden.

Die Kristallisation und damit das Wachstum eines Kristalls besteht in der wiederholten Anlagerung von Gitterbausteinen, die dem Kristall durch eine Phasengrenzschicht zugeführt werden. Die Kinetik des Kristallwachstums wird bestimmt durch die Zufuhrrate der Gitterbausteine und der sich wiederholenden Keimbildungen auf den Kristallflächen. Je nachdem, welcher dieser beiden Vorgänge das Wachstum kontrolliert, spricht man von diffusionskontrolliertem (8.1) oder oberflächen-(keimbildungs-)kontrolliertem Wachstum (8.2). Für das diffusionskontrollierte Wachstum ergibt sich ein $\sqrt{t}$-Gesetz:

$$\dot{r} = k' \cdot \sqrt{t} \qquad (8.1)$$

$\dot{r}$ = lineare Wachstumsgeschwindigkeit [cm s^{-1}] (z. B. Vergrößerungsrate des Radius eines kugelig gedachten Kristalls)
k' = Geschwindigkeitskonstante des linearen Wachstums.

Das oberflächenkontrollierte Wachstum läßt sich durch den Ansatz

$$\dot{r} = k'_p \cdot c^p \qquad (8.2)$$

k'_p Geschwindigkeitskonstante der linearen Wachstumsrate p-ter Ordnung

beschreiben, in dem k' der Koeffizient der Wachstumsgeschwindigkeit, c die geometrisch gemittelte Konzentration der das Gitter aufbauenden Ionen in der Lösung darstellt (8.3), z. B. für gelöstes $CaCO_3$:

$$c = \{[Ca^{2+}] \cdot [CO_3^{2-}]\}^{1/2}, \tag{8.3}$$

und p als Ordnung des Wachstums bezeichnet wird. Die Wachtumsordnung p sagt nichts über den Wachstumsmechanismus aus. Sehr häufig wird p zu 2 bis 4 gefunden, unabhängig von der Struktur und der chemischen Zusammensetzung der untersuchten Minerale (A. E. Nielsen 1964).

Für kleine Kristalle mit Radien $<10^{-5}$ cm gilt, daß sie eine höhere Löslichkeit in der fluiden Phase besitzen als Kristalle mit größeren Radien. Das hat zur Folge, daß bei einer Mischung von verschieden großen Kristallen die größeren auf Kosten der kleineren wachsen. Dieses Phänomen gilt ganz allgemein und erklärt die relativ enge Korngrößenverteilung eines Minerals in erstarrten Schmelzen, z. B. von Quarz, Feldspäten und Glimmern in Graniten oder Pegmatiten.

8.3 Phasenregel

Die Phasenregel beschreibt die Anzahl der koexistenten stabilen Phasen bei einer gegebenen Zahl von unabhängigen Komponenten im chemisch-mineralogischen Gleichgewicht. Bezeichnet man mit Ph die Anzahl der Phasen (n feste, eine flüssige und eine gasförmige Phase), mit Ko die Anzahl der chemisch unabhängigen Komponenten und mit Fr die Anzahl der Freiheitsgrade, so ergibt sich aus thermodynamischen Überlegungen der Zusammenhang

$$Ph + Fr = Ko + 2. \tag{8.4}$$

Unter Phasen werden homogene Teile eines Gleichgewichtssystems verstanden, die durch Grenzflächen voneinander getrennt sind. Daher gelten Modifikationen als unterschiedliche Phasen. Die Komponentenzahl gibt die Mindestanzahl der unabhängigen Bestandteile im System wieder. So beträgt Ko = 1, wenn Gleichgewichte zwischen Kristall und Dampf bzw. zwischen Modifikationen vorliegen. Ko beträgt 2 in einem Dissoziationsgleichgewicht des Typs

$$CaCO_3 = CaO + CO_2. \tag{8.5}$$

In diesem Gleichgewicht wird die dritte Komponente durch das Massenwirkungsgesetz festgelegt. Dieses Gleichgewicht enthält also nur zwei unabhängige Bestandteile.

Zunächst wird die Anwendung der Phasenregel an einem allgemeinen Beispiel diskutiert. Besteht das System ausschließlich aus einer Phase (Ph = 1) und (Ko = 1), so folgt aus der Phasenregel (8.4):

$1 + Fr = 1 + 2$

$Fr = 2$.

So können bei Vorliegen von nur einer festen Phase zwei Variable unabhängig voneinander gewählt werden, z. B. P und T. X ist in diesem Fall keine Variable, da $X = 1$ ist. Das System ist divariant. Liegt diese Komponente in Form von 2 Phasen vor – Feststoff und Schmelze oder Feststoff und Dampf oder zwei Modifikationen –, so folgt aus der Phasenregel (8.4)

$2 + Fr = 1 + 2$

$Fr = 1$.

Man erhält hier ein monovariantes System, in dem die 2 Phasen-Gleichgewichte dargestellt werden durch Funktionen des Typs $P = f(T)$. Die monovarianten Gleichgewichte dieses Systems sind die Schmelz-Sublimations- und Dampf-Druckkurve (Abb. 8.5).

Stehen nun drei Phasen (Kristall, Schmelze und Dampf) miteinander im Gleichgewicht, so verlangt die Phasenregel (8.4)

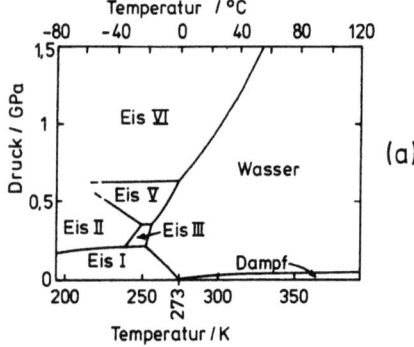

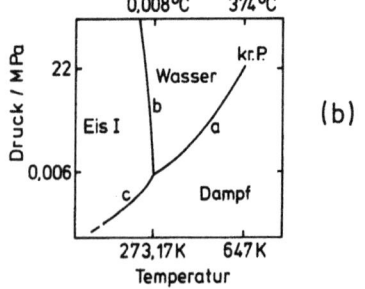

Abb. 8.5a, b. Phasendiagramm des H_2O (unäres System). **a** Stabilitätsfelder der Eismodifikationen, des flüssigen und dampfförmigen Wassers; **b** *a* Dampfdruckkurve; *b* Sublimationsdruckkurve; *c* Schmelzdruckkurve (vereinfacht); *kr. P.* kritischer Punkt des Wassers. In **a** und **b** kommen nur Tripelpunkte vor

$3 + \text{Fr} = 1 + 2$

$\text{Fr} = 0$.

Es liegt ein invariantes Gleichgewicht vor, das sich nur bei ganz bestimmten Kombinationen von T und P einstellt: den Tripelpunkten (Abb. 8.5).

Im folgenden werden einige Karbonatgleichgewichte betrachtet. Befindet sich Calcit im Gleichgewicht mit seiner Lösung, so liegen zwei Phasen vor, aber nur eine Komponente, da in der Lösung Ca^{2+}- und HCO_3^--Ionen in stöchiometrischer Beziehung vorliegen (8.6).

$$CaCO_3 + H_2O = Ca^{2+} + HCO_3^- + OH^- . \tag{8.6}$$

Nach der Phasenregel (8.4) folgt

$2 + \text{Fr} = 1 + 2$

$\text{Fr} = 1$.

Dieses monovariante Gleichgewicht ist der Zusammenhang zwischen Löslichkeit und Temperatur oder Druck.

Wird nun extern der CO_2-Partialdruck festgelegt, steht der CO_2-Gehalt der Lösung nicht in einer stöchiometrischen Beziehung zum Calcit. Daher liegen 2 Komponenten und 3 Phasen vor: Calcit, Lösung und Gasphase

$$CaCO_3 + CO_2 + H_2O = Ca^{2+} + 2\,HCO_3^- . \tag{8.7}$$

Nach der Phasenregel (8.4) folgt

$3 + \text{Fr} = 2 + 2$

$\text{Fr} = 1$.

Wir erhalten wiederum ein monovariantes Gleichgewicht, das entweder die Löslichkeit als Funktion der Temperatur oder des CO_2-Partialdruckes beschreibt.

Die Phasenregel gestattet auch die Bestimmung der Anzahl an Phasen in invarianten Punkten ($\text{Fr} = 0$). Die Phasenanzahl ergibt sich unter dieser Bedingung zu

$\text{Ph} = \text{Ko} + 2$.

Daraus folgt, daß unäre Systeme nur Tripelpunkte (Abb. 8.5), binäre Systeme Quadrupelpunkte etc. aufweisen.

Am Beispiel des unären Systems SiO_2 läßt sich aufzeigen, daß nach Hinzufügen einer chemisch inaktiven Komponente, z. B. H_2O, das System weiterhin als pseudounär beschreibbar ist. Wie der Vergleich der Phasendiagramme in Abb. 8.6 zeigt, verändern sich die Lagen der Sub-

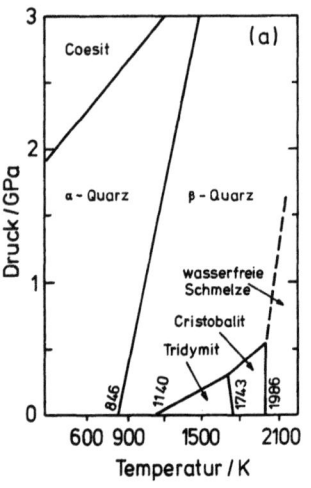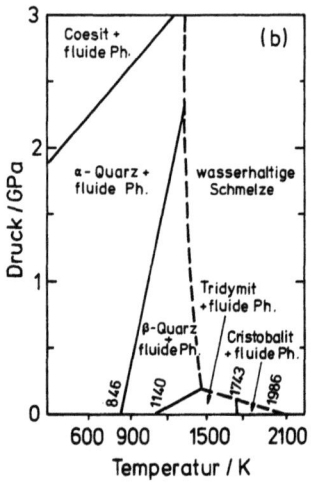

Abb. 8.6a, b. Phasendiagramme des SiO_2 (unäres System) **a** trocken. (Nach Boyd und England 1960); **b** wasserhaltig (pseudounär). (Nach Tuttle und England 1955). Es kommen nur Tripelpunkte vor. Die Gleichgewichte von SiO_2-Modifikationen werden durch die Anwesenheit von Wasser in ihrer Lage nicht beeinflußt. Nur die Schmelzdruckkurven verlagern sich zu niedrigeren Temperaturen

solidusphasenumwandlungen nicht. Lediglich die Lagen der Schmelzdruckkurven verschieben sich zu niedrigeren Temperaturen, wodurch die Schmelze einen weiteren Existenzbereich einnimmt als in Abwesenheit von H_2O. Die wiedergegebene Schmelzkurve in Abb. 8.6b gilt für H_2O-gesättigte SiO_2-Schmelzen. Erreicht die Schmelze beim Abkühlen ihre Schmelzpunktstemperatur, so muß sich eine Lösungsphase absondern. Daher tritt neben den kristallinen Phasen in Abb. 8.6b auch eine SiO_2-gesättigte fluide Phase auf.

8.4 Isomorphie und feste Lösungen

Im kristallographischen Sinne wird unter Isomorphie die Eigenschaft von zwei oder mehreren kristallinen Substanzen verstanden, große Ähnlichkeiten im chemischen Aufbau und im Achsenverhältnis zu haben sowie in derselben Kristallklasse zu kristallisieren. Zwei Minerale, die exakt gleiche Struktur besitzen, werden als isotyp bezeichnet. Sie werden von jenen Mineralen unterschieden, die nur ähnliche Strukturen haben und nicht notwendigerweise über eine 1:1-Beziehung zwischen ihren Atomen verfügen. So sind z. B. isotyp:

NaCl – KCl – PbS

TiO_2 (Rutil) – SnO_2 (Cassiterit)

α-FeOOH (Goethit) – α-AlOOH (Diaspor).

Demgegenüber gehören zur gleichen Kristallklasse und sind sich strukturell nur ähnlich:

TiO_2 (Brookit) – α-AlOOH (Diaspor).

Diaspor verfügt über ein Atom mehr pro Formeleinheit. Wasserstoff geht wegen seiner geringen Raumbeanspruchung ins Zwischengitter und bedarf keiner besonderen Gitterposition.

Der Begriff Isomorphie ist nicht identisch mit dem Begriff feste Lösung. So besagt z. B. das Vorliegen einer gleichen Struktur nicht, daß diese Verbindungen auch homogene Mischkristalle bilden. Zwar gehören die isotypen Verbindungen NaCl, KCl, PbS zur gleichen Kristallklasse und haben analoge chemische Summenformeln, bilden aber keineswegs eine Mischkristallreihe. Die Veränderungen des Bindungscharakters, bedingt durch unterschiedliche Ionengröße und Elektronegativität (vgl. § 2.1) – ionisch bei NaCl und KCl, stärker homöopolar bei PbS –, sind für die Betrachtung der Isomorphie ohne Bedeutung, bei der Bildung fester Lösungen jedoch ein wichtiges Kriterium. Eine Ähnlichkeit im chemischen Charakter der sich substituierenden Endglieder ist nicht unbedingt erforderlich. Die weitgehende Übereinstimmung der Raumbeanspruchung der Moleküle in der festen Lösung scheint ein wichtigeres Kriterium zu sein als die Übereinstimmung der Ladung einzelner Ionen. Dies muß z. B. aus der weiten Verbreitung der festen Lösung ‚Plagioklas' gefolgert werden. Die Plagioklas-Mischkristallreihe besteht aus den Endgliedern Albit, $NaAlSi_3O_8$ und Anorthit, $CaAl_2Si_2O_8$. Na^+- und Ca^{2+}-Ionen haben vergleichbare Ionenradien. Wegen der unterschiedlichen Kationenladung muß jedoch das Anion verschieden zusammengesetzt sein: $AlSi_3O_8^-$ bzw. $Al_2Si_2O_8^{2-}$.

Es lassen sich zwei Formen von festen Lösungen (Mischkristallbildungen) unterscheiden:

1. einfache Substitution: n Struktureinheiten vom Kristall A ersetzen n Struktureinheiten vom Kristall B [z. B. im Olivin $(Mg,Fe)_2SiO_4$, Sphalerit $(Zn,Fe,Cd)S$, Zirkon $(Zr,Hf)SiO_4$], oder
2. gekoppelte Substitution bei unterschiedlich geladenen Ionen in der Moleküleinheit. Die unterschiedlich geladenen Ionen können auf eine Gitterposition beschränkt sein wie z. B. im Monazit (Lanthaniden-Phosphat) $CePO_4$, oder Cheralith $Ce_x(CaTh)_{(1-x)/2}PO_4$ oder

zwei Gitterpositionen erfassen wie im Plagioklas Na[AlSi$_3$O$_8$] – Ca[Al$_2$Si$_2$O$_8$].

In allen Fällen sind die Molvolumina der sich mischenden Minerale sehr ähnlich.

Die Mischbarkeit in einer Mischkristallreihe kann eine solche ohne oder mit Lücke (Solvus) sein. Beispiele für die Mischbarkeit ohne Solvus ist die feste Lösung des Olivins: Forsterit (Mg$_2$SiO$_4$) – Fayalit (Fe$_2$SiO$_4$) (vgl. § 8.5.1).

Hochtemperatur-Alkali-Feldspäte enthalten sowohl K$^+$- wie auch Na$^+$-Ionen. Albit und Orthoklas sind bei hohen Temperaturen völlig mischbar. Bei hinreichend langsamer Abkühlung entmischen sie sich unter Bildung von Albit-Lamellen im verbleibenden K-Feldspat. Eine solche Segregation muß immer dann erwartet werden, wenn die Struktureinheiten nicht hinreichend in ihrer Größe, d. h. im Molvolumen übereinstimmen. Die Tendenz zur Bildung von festen Lösungen bei Hochtemperaturmineralen wird mit der thermischen Aufweitung des Gitters erklärt, die die Aufnahme auch unterschiedlich großer Ionen ermöglicht. Das unterschiedliche Ausmaß der Bildung fester Lösungen als Funktion der Temperatur ist in Abb. 8.7 als Beispiel der Tief- und Hochtemperaturfeldspäte veranschaulicht.

Besondere Formen von meist sehr begrenzten festen Lösungen stellen gekoppelte Substitutionen von strukturell ähnlichen Komponenten mit Ionen unterschiedlicher Ladung dar, bei denen das Zwischengitter einbezogen wird bzw. Leerstellen erzeugt werden. So kann in geringem Ausmaße NaAlSi$_3$O$_8 \rightarrow$ Si$_4$O$_8$ im Tridymit substituieren. Al^{3+} tritt an die Stelle von Si^{4+}, und das zusätzlich eingebrachte Na$^+$ geht in das Zwischengitter. Der Gegensatz zu dieser Art Substitution unter Einbeziehung des Zwischengitters ist der Ersatz von Fe^{2+} durch Fe^{3+} im Pyrrhotin, Fe$_{1-x}$S, bei dem Leerstellen im Kationengitter erzeugt werden.

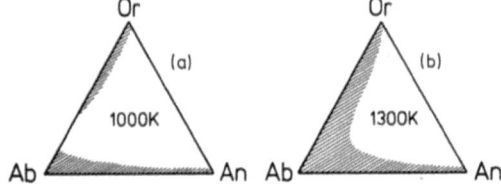

Abb. 8.7a, b. Feste Lösungen der Feldspäte Orthoklas-Albit-Anorthit. **a** bei niedrigen Temperaturen; **b** bei hohen Temperaturen. *Schraffierte* Bereiche kennzeichnen die Existenzbereiche der Feldspäte

8.5 Phasengleichgewichte in Mehrkomponentensystemen

8.5.1 Binäre Systeme

Binäre, eutektische Mischung ohne feste Lösungen

Als Beispiel wird die Kristallisation von Anorthit (An) und Diopsid (Di) aus einer Schmelze betrachtet. In dem Phasendiagramm Abb. 8.8 treten drei 2-Phasenfelder und eine homogene Schmelze auf. Im Eutektikum e (Tabelle 8.1) stoßen vier Phasenfelder mit drei Phasen aufeinander. Die Zahl der Komponenten beträgt 2. Nach (8.4) folgt nur ein Freiheitsgrad

$3 + Fr = 2 + 2$

$Fr = 1$.

Die Lage des Eutektikums ist nur vom äußeren Druck abhängig. Betrachtet man jedoch das Eutektikum bei festgelegtem Druck, so erweist es sich als isobar invariant.

Im Feldbereich der Schmelze können drei Parameter frei gewählt werden: P, T, X – oder isobar: T und X. Längs der 2-Phasengleichgewichte können entweder P und T oder P und X (oder unter isobaren Bedingungen nur T oder X) frei gewählt werden. Die divarianten 2-Phasengleichgewichte sind isobar monovariant.

Tabelle 8.1. Definitionen von Begriffen bei der Diskussion von Phasengleichgewichten

Liquidus: P-T-X-Kurve oder- Fläche (bei mehr als zwei Komponenten), die die im Hinblick auf die kristallinen Phasen gesättigte Schmelze beschreibt. Bei höheren Temperaturen als der Liquidustemperatur ist keine Festphase mehr im Gleichgewicht mit der Schmelze.

Solidus: P-T-X-Kurve oder -Fläche (bei mehr als zwei Komponenten), die die chemische Zusammensetzung der Festphasen im Gleichgewicht mit der Schmelze beschreibt. Die Schmelze selber ist nicht stabil bei Temperaturen unterhalb des Solidus.

Solvus: P-T-X-Kurve oder -Fläche (bei mehr als zwei Komponenten), die durch koexistente Fest- (oder Fluid-)phasen ähnlicher Struktur festgelegt wird. Der Solvus umschreibt eine Mischungslücke.

Eutektikum: niedrigster Punkt des Liquidus, an dem die Schmelzzusammensetzung mit wenigstens zwei kristallinen Phasen im Gleichgewicht steht (invarianter Punkt). Liquidus und Solidus fallen im Eutektikum zusammen.

Peritektikum: Einknickpunkt des Liquidus, zeigt an, daß die Schmelze mit mehreren kristallinen Phasen im Gleichgewicht steht. Der Knickpunkt ist invariant.

Konode: Verbindungslinie zwischen koexistierenden Phasen im chemographischen Raum bei festgelegten P, T-Bedingungen.

206 Bildung fester Phasen

Die Kristallisation der Schmelze mit der Zusammensetzung und der Temperatur des Punktes x in Abb. 8.8 erfolgt derart, daß zunächst die Schmelze abkühlt, bis der Punkt a auf der Liquidus-Kurve erreicht ist. Es bildet sich etwas Diopsid, wodurch die Schmelzzusammensetzung geringfügig verändert wird. Bei weiterem Wärmeentzug bildet sich mehr Diopsid, und die verbleibende Schmelze wird ärmer an Di-Komponente. Die Anreicherung der Schmelze an An-Komponente bei gleichzeitigem Absetzen von Diopsid erfolgt so lange, bis der eutektische Punkt e der Liquidus-Kurve (Tabelle 8.1) erreicht ist. Bei weiterem Wärmeentzug kristallisieren Di und An gleichzeitig, ohne daß die Temperatur absinkt. Der Wärmeentzug wird kompensiert durch das Freisetzen der Kristallisationswärme. Die Temperatur beginnt erst wieder zu sinken, wenn die gesamte Schmelze der Zusammensetzung e als eutektisches Gemisch von Di und An erstarrt ist.

Beim Aufschmelzen einer Mischung von 80% Di und 20% An wird der gleiche Weg in umgekehrter Reihenfolge durchlaufen. Bei Erreichen der eutektischen Temperatur beginnt das eutektische Gemisch von Di und An zu schmelzen, ohne daß trotz Wärmezufuhr die Temperatur steigt. Sie beginnt erst zu steigen, wenn alle An-Komponente aufgebraucht ist. Das Erschmelzen der überschüssigen Di-Komponente erfolgt erst mit Anstieg der Temperatur. Dieses Aufschmelzverhalten wird jedoch nur beobachtet, wenn dem System während des Erschmelzens die Schmelze erhalten bleibt, d. h. nicht abgetrennt wird.

Wird jedoch während des Aufschmelzens die sich jeweils bildende Schmelze abgezogen (fraktionierte Aufschmelzung), so führt dies zu einem veränderten Schmelzpfad in Abb. 8.8. Zunächst wird, wie im vorhergehenden Beispiel, sich bei Erreichen der eutektischen Temperatur eine eutektische Schmelze bilden, so lange, wie noch An-Komponente

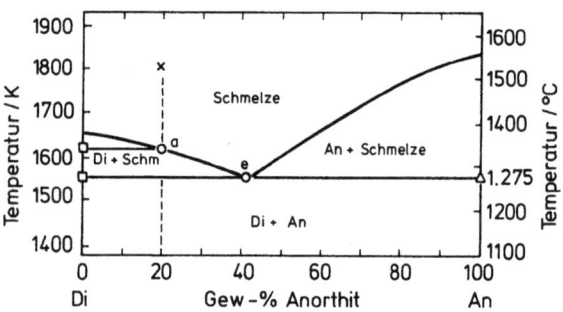

Abb. 8.8. Isobares Phasendiagramm des binären Systems Diopsid ($CaMgSi_2O_6$) und Anorthit ($CaAl_2Si_2O_8$) bei 0,1 MPa. (Nach Osborn 1942). Die *vertikale gestrichelte Linie* bei 20% Di kennzeichnet den im Text diskutierten Reaktionspfad

vorhanden ist. Wird jedoch diese Schmelze systematisch abgezogen, so verbleibt nach Erschmelzen und Abtrennen der eutektischen Schmelze als Rückstand ein Diopsid-Körper (monomineralisch), der erst bei einer Temperatur von 1664 K aufschmilzt. Der Unterschied beim fraktionierten Aufschmelzen gegenüber dem Erschmelzen im geschlossenen System besteht also darin, daß der Schmelzverlauf nicht entlang der Liquidus-Kurve stattfindet. Beim idealisierten fraktionierten Aufschmelzen erhält man zwei unterschiedlich zusammengesetzte Schmelzen bei definierten Temperaturen.

Binäres Peritektikum ohne feste Lösungen

Als Beispiel für ein binäres Peritektikum (Tabelle 8.1) ohne feste Lösungen wird das System Leucit(Lc) – SiO$_2$(Si) diskutiert. In Abb. 8.9 sind eine Schmelzphase, sechs 2-Phasengebiete, elf Phasengleichgewichte wiedergegeben. Es sollen drei Abkühlungspfade diskutiert werden.

Ausgehend von der Zusammensetzung der Schmelze in Punkt a wird der Liquidus unterhalb des Schmelzpunktes des reinen Leucits erreicht. Es bildet sich etwas reiner Leucit. Bei weiterem Wärmeentzug wird die Schmelze SiO$_2$-reicher bei gleichzeitiger Leucitbildung. Bei 1423 K rea-

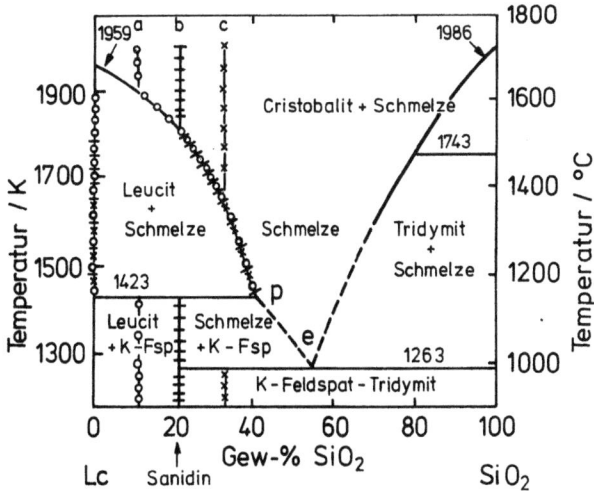

Abb. 8.9. Isobares Phasendiagramm des binären Systems Leucit (KAlSi$_2$O$_6$) – SiO$_2$ bei 0,1 MPa. (Nach Schairer und Bowen 1947b, 1955). Die im Text diskutierten Reaktionspfade *a*, *b* und *c* sind durch unterschiedliche Signaturen hervorgehoben. Temperaturangaben im Diagramm beziehen sich auf die *linke* Skala

giert die verbleibende Restschmelze der Zusammensetzung des Punktes p mit vorhandenem Leucit zu Sanidin (8.8), bis alle Schmelze verbraucht ist.

$$KAlSi_2O_6 + SiO_2 = KAlSi_3O_8 \,. \tag{8.8}$$
Leucit K-Feldspat

Da Leucit im Überschuß vorhanden ist, verbleibt ein Gemenge von Leucit und Sanidin. Der Knickpunkt p (Peritektikum) zeigt an, daß die Schmelze mit einer anderen kristallinen Phase reagiert.

Beim Abkühlen einer Schmelze der Zusammensetzung b bildet sich ebenfalls Leucit und Schmelze, die sich bei weiterer Abkühlung in ihrer Zusammensetzung ändert. Am peritektischen Punkt setzt die Reaktion (8.8) ein. Da im Ausgangspunkt b angenommen wurde, daß stöchiometrische Verhältnisse vorliegen, bildet sich reiner Sanidin ohne Leucitbeimengung.

Wird eine Schmelze der Zusammensetzung c abgekühlt, so bildet sich bei Erreichen des Liquidus Leucit, der, wie in den beiden anderen Fällen, am peritektischen Punkt mit der noch verbleibenden Schmelze reagiert. Da jedoch SiO_2 im Überschuß ist, reagiert aller Leucit zu Sanidin, und es verbleibt eine Restschmelze. Aus der verbleibenden Schmelze kristallisiert bei weiterem Abkühlen nun Sanidin, bis bei der Temperatur des Eutektikums e die Schmelze zu Sanidin + Tridymit erstarrt.

Bei der bisherigen Diskussion wurde vorausgesetzt, daß im Peritektikum ein Gleichgewicht zwischen dem bereits abgeschiedenen Leucit und der Schmelze erreicht wurde. Es muß jedoch bedacht werden, daß, wenn die peritektische Schmelzzusammensetzung auf dem Pfad a erreicht wird, sich bereits große Mengen an Leucit gebildet haben, die nun zum Teil zu Sanidin umgesetzt werden sollen. Wenn dieser Umsatz ver- oder behindert ist (gravitative Abseigerung, zu schnelles Abkühlen, Umkrusten des Leucits mit Sanidin), dann verhält sich die Schmelze wie ein neues System und bildet von nun an Sanidin ausschließlich aus dem Stoffbestand der Schmelze bis zum Erreichen des Eutektikums, in dem die Restschmelze zu Sanidin + Tridymit erstarrt. Dieses Kristallisationsverhalten führt zu Leucit-Phänokristallen, die von Sanidin umgeben und in einer Matrix von Sanidin + Tridymit eingelagert sind.

Die Aufschmelzungswege sind im geschlossenen System mit den Abkühlungswegen identisch, sofern jeweils Gleichgewichtseinstellungen bei den Temperaturen des Peritektikums erreicht werden. Wird jedoch fraktioniert aufgeschmolzen, so werden verschiedene Schmelzen erhalten. Erfolgt die Aufschmelzung längs des Pfades c, so wird bei Erreichen der Temperatur des Eutektikums die erste Schmelzfraktion gebildet. Wird diese quantitativ abgeführt, so hinterläßt sie einen Restkörper von Sanidin, der seinerseits erst bei Temperaturen von 1423 K aufschmilzt (monomineralisches System). Erfolgt demgegenüber die Aufschmelzung längs des Pfades b, so wird erst bei 1423 K die erste Schmelzfraktion erhalten, deren Zusammensetzung dem peritektischen Punkt p entspricht. Bei quantitativer Abtrennung der Schmelze hinterbleibt ein Leucitrestkörper, der, da monomineralisch, erst bei 1959 K schmilzt. Die Aufschmelzung entlang dem Pfad a ist analog der entlang dem Pfad b. Zum Unterschied von b ist lediglich der Leucitanteil höher. Beim idealisierten fraktionierten Aufschmelzen werden also drei unterschiedlich zusammengesetzte Schmelzen bei definierten Temperaturen erhalten.

Binäre feste Lösungen

Zwei Typen von festen Lösungen sind hier petrologisch zu unterscheiden:

1. der niedrigste Schmelzpunkt liegt auf einer unären Seitenlinie [z. B. bei den festen Lösungen des Olivins (Abb. 8.10) und des Plagioklases (Abb. 8.13)] oder
2. der niedrigste Schmelzpunkt liegt auf der Verbindungslinie [z. B. bei den Alkalifeldspäten; (Abb. 8.11)].

Das Olivin-System (Abb. 8.10) enthält die beiden Komponenten Forsterit (Mg_2SiO_4) und Fayalit (Fe_2SiO_4), sowie eine feste und eine flui-

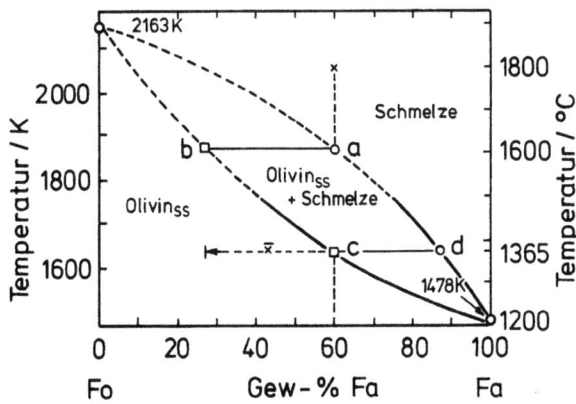

Abb. 8.10. Isobares Phasendiagramm des binären Systems Forsterit (Mg_2SiO_4)-Fayalit (Fe_2SiO_4) bei 0,1 MPa. (Nach Bowen und Schairer 1935). Der *gestrichelte Teil* des Solidus und Liquidus sind extrapoliert, *ss* feste Lösungen

de Phase (Schmelze). Nach der Phasenregel (8.4) hat das Schmelzgleichgewicht

$2 + Fr = 2 + 2$

$Fr = 2$

zwei Freiheitsgrade, die jedoch unter isobaren Bedingungen sich auf einen reduzieren. Damit ist unter isobaren Bedingungen im 2-Phasenfeld zwischen Liquidus und Solidus nur ein Parameter frei wählbar.

Wird die Schmelze der Zusammensetzung und der Temperatur von Punkt x (in Abb. 8.10) abgekühlt, so wird sich bei Erreichen des Liquidus in a ein Olivin mit der Zusammensetzung b auf dem Solidus im Gleichgewicht bilden. Bei weiterem Abkühlen wandert nun der Punkt a auf dem Liquidus und der Punkt b auf dem Solidus so lange, bis der Punkt b den Punkt c erreicht hat. In dieser Gleichgewichts-Reaktionsbeziehung wird die Schmelze wie auch der homogen gedachte Kristall kontinuierlich reicher an Fayalitkomponente. Bei Erreichen der Feststoffzusammensetzung von c ist die Schmelze völlig verbraucht. Ein solcher sehr idealisiert gedachter Verlauf ist nur möglich, wenn das Kristallisat laufend mit den veränderten Schmelzen reequilibriert. Im Normalfall wird dies jedoch nur sehr unvollständig erfolgen, und die Kristalle sind daher zonar aufgebaut mit einem Mg-reichen Kern der Zusammensetzung b, der nach außen mit zunehmend Fe-reicheren Schalen versehen ist. Hat die äußerste Schale die Zusammensetzung c, so liegt die gemittelte Gesamtzusammensetzung der Festphase zwischen b und c, z. B. bei der Zusammensetzung $\bar{x}$, d. h. die Schmelze im Punkt d steht zwar mit der äußersten Schicht der Kristalle im Gleichgewicht, nicht jedoch mit dem Feststoff als ganzem. Die Kristalle sind inhomogen, d. h. zonar aufgebaut. Unterbleibt die Reequilibrierung weitestgehend, so kann es im Extremfall dazu kommen, daß in geringen Mengen sogar reine Fayalitkomponente gebildet werden kann. Sie erstarrt erst bei 1473 K. Die verhinderte Reequilibrierung während des Abkühlens der Schmelze führt somit zu einer teilweisen Trennung der Mg- und Fe-Komponente. Es tritt eine Fraktionierung während der Kristallisation ein. Die Kristalle sind deutlich zonar aufgebaut.

Der idealisierte Aufschmelzungsweg entspricht dem idealisierten Abkühlungsweg, sofern eine laufende Reequilibrierung zwischen Kristallisat und Schmelze erfolgt. Die Schmelztemperatur der Kristalle hängt hier von deren Zusammensetzung ab. Wird jedoch die Schmelze bei einer fraktionierten Aufschmelzung kontinuierlich abgezogen, so ändert sich die Olivinzusammensetzung. Da die ersten Schmelzen besonders Fe-reich sind, wird der verbleibende Olivin zunehmend Mg-reicher, bis bei 2163 K reiner Forsterit vorliegt und erschmilzt.

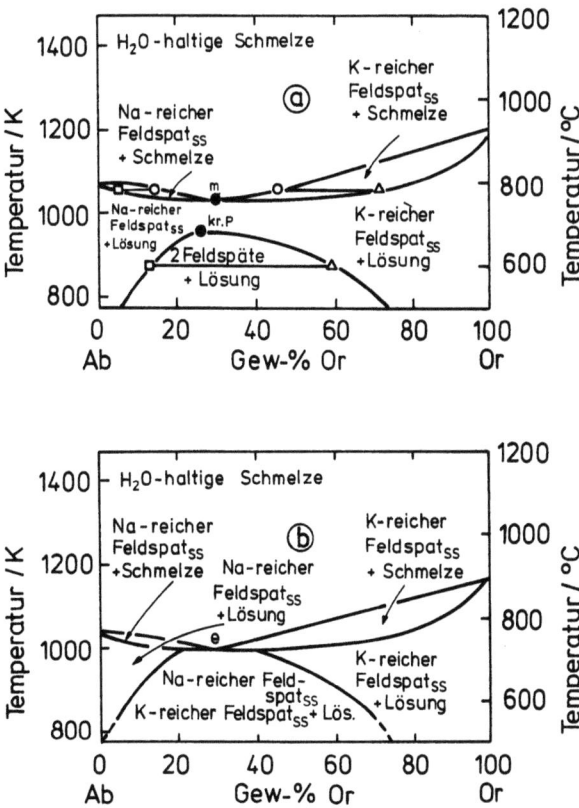

Abb. 8.11a, b. Isobare Phasendiagramme des pseudobinären Systems Albit (NaAlSi$_3$O$_8$) und Orthoklas (KAlSi$_3$O$_8$) bei **a** 300 MPa ($\triangleq$ 3 kbar) und **b** 500 MPa ($\triangleq$ 5 kbar). Die Schmelzen enthalten etwas H$_2$O, die Lösung dagegen ist fast reines H$_2$O. (Nach Ernst 1976). *Feldspat*$_{ss}$ feste Lösung von Feldspäten, **a** Solidus und Solvus schneiden sich nicht, *kr. P.* kritischer Solvuspunkt; *m* Minimum der Liquidus-Solidus-Beziehung; **b** Solidus und Solvus schneiden sich; *e* ein echtes eutektisches Minimum

Das System Albit – Orthoklas

Die Phasengleichgewichte in diesem System sind durch die völlige Mischbarkeit der Schmelzen und Bildung von festen Lösungen gekennzeichnet. Da die Schmelzen beachtliche Mengen Wasser aufzunehmen vermögen, läßt sich durch P_{H_2O} die Lage der Schmelzpunkte beeinflussen. Aus diesem Grund ist das Diagramm (Abb. 8.11) nur als pseudobinär zu bezeichnen. Topologisch besteht es aus zwei gegenläufig ausgerichteten, einfachen binären Systemen mit einem pseudobinären Minimumschmelzpunkt m. In diesem Punkt haben Solidus und Liquidus den gleichen Wert. Unter isobaren Verhältnissen ist m invariant. Je nach der Anfangszusammensetzung werden entweder Na-reiche Feldspäte oder K-reiche Feldspäte gebildet. Die Schmelzen werden während der Kristallisation in beiden Fällen reicher an der Komponente der Zusammensetzung m. m stellt kein Eutektikum dar, obwohl m der niedrigste Punkt der Liquidus-Kurven ist. Entscheidend ist, daß hier nur *eine* Feststoffphase gebildet wird (Tabelle 8.1).

Als weitere Besonderheit weist dieses Diagramm einen Solvus auf. Der Solvus bringt es mit sich, daß oberhalb des kritischen Punktes (maximale Solvustemperatur) der Na-reiche Feldspat und der K-reiche Feldspat physikalisch und chemisch ununterscheidbar werden. Es liegt nur eine feste Lösung vor, das System ist homogen. Im Solvusbereich ist die Anwesenheit von H_2O als weitere chemische Komponente ohne Bedeutung (vgl. auch Abb. 8.6). In ihm liegen echte binäre Gleichgewichte vor: Albit und Orthoklas (sowie Albit- und Orthoklas-gesättigte Lösung).

Im pseudobinären System Ab – Or sinken Liquidus und Solidus mit steigendem Druck (H_2O wird in der Schmelze gelöst (vgl. § 7.2.3)), und der Solvus wird angehoben. Bei hinreichendem Druck schneidet der Solidus den Solvus. Das binäre Minimum m in Abb. 8.11a wird nun durch das echte Eutektikum e in Abb. 8.11b ersetzt. Aus der Schmelze kommend, löst sich mit abnehmender Temperatur zunehmend mehr Or in Ab und umgekehrt. Das Maximum an fester Lösung liegt in e, dem isobar invarianten Punkt des Systems, vor. Unterhalb der eutektischen Temperatur sinkt die gegenseitige Löslichkeit der Komponenten wegen der Abnahme des Solvus mit fallender Temperatur.

Beim Gleichgewichts- wie auch fraktionierten Aufschmelzen treten als erstes immer Schmelzen der Zusammensetzung von m bzw. e auf, bis aller Alkalifeldspat der Zusammensetzung m in Abb. 11a oder eine Alkalifeldspatkomponente in Abb. 8.11b aufgebraucht ist.

8.5.2 Ternäre Systeme

Ternäres Eutektikum ohne feste Lösungen

Ein ternäres System ohne feste Lösungen besteht aus einer homogenen Schmelze und drei festen Phasen. Bei drei Komponenten ergibt sich für das 4-Phasen-Gleichgewicht nach (8.4):

$4 + Fr = 3 + 2$

$Fr = 1$,

d. h. das 4-Phasen-Gleichgewicht ist isobar invariant. Die binären Eutektika werden im ternären System zu kotektischen Linien. Der Kristallisationspfad soll im ternären System Spinell (Sp) – Forsterit (Fo) und Leucit (Lc) erläutert werden (Abb. 8.12). Beginnend mit einer Schmelze der Zusammensetzung und Temperatur des Punktes x, erfolgt die Abkühlung, die zunächst bewirkt, daß bei Erreichen der Liquidusfläche Sp auskristallisiert. In dem Maße, wie der Schmelze Sp-Komponente entzogen wird, wandert die Schmelzzusammensetzung in Richtung auf das binäre System Fo – Lc. Bei Erreichen der kotektischen Linie beginnt bei weiterem Abkühlen die zusätzliche Kristallisation von Fo. Die Schmelze entwickelt sich entlang der kotektischen Linie auf das ternäre Eutektikum e zu. In e steht die Restschmelze mit Sp, Fo und Lc im Gleichge-

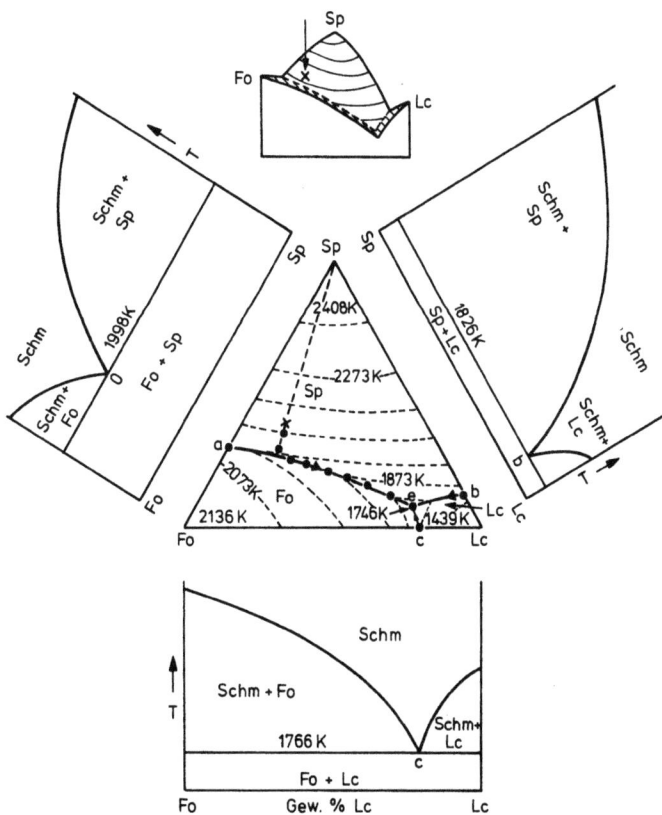

Abb. 8.12. Isobares Phasendiagramm des ternären Systems Spinell ($MgAl_2O_4$)-Forsterit (Mg_2SiO_4)-Leucit ($KAlSi_2O_6$) in 3-Phasen- und 2-Phasenprojektionen bei 0,1 MPa. (Nach Schairer 1955). Der eingezeichnete Reaktionspfad wird im Text diskutiert

wicht. Bei weiterem Wärmeentzug scheiden sich alle drei Minerale aus, solange noch Schmelze vorliegt. Anschließend bewirkt weiterer Wärmeentzug lediglich Abkühlung des Gesamtkristallisats.

Das Aufschmelzen unter Gleichgewichtsbedingungen ist die exakte Umkehrung des geschilderten Kristallisationsvorganges. Im Falle des frakionierten Aufschmelzens mit kontinuierlichem Schmelzabzug wird jedoch folgendes stattfinden:

Das Kristallisat der Gesamtzusammensetzung x erwärmt sich bei Energiezufuhr, bis die Temperatur des ternären Eutektikums erreicht ist. Nun beginnt die Schmelzbildung. Wird diese Schmelze mit eutektischer Zusammensetzung kontinuierlich abgezogen, so geht der Schmelzvorgang bei der eutektischen Temperatur so lange weiter, bis aller Lc verbraucht ist. Durch Überführung der Lc-Komponente in die Schmelze und deren Abzug aus dem ternären System ist aus letzterem ein binäres System geworden, in dem die nächste Schmelze sich erst bei deutlich höherer Temperatur und veränderter Zusammensetzung in Punkt a bildet. Es wird so lange eine neue eutektische Schmelze der Zusammensetzung a gebildet, bis alle Fo-Komponente verbraucht worden ist. Wird auch diese eutektische Schmelze kontinuierlich abgezogen, so verbleibt als Restkörper reiner Spinell. Um diesen zu erschmelzen, ist eine Temperatur von 2408 K nötig. In Gegensatz zum Gleichgewichtsaufschmelzen im geschlossenen System werden bei dem fraktionierten Aufschmelzen drei sehr unterschiedliche Schmelzen gewonnen:

1. ternäre eutektische Schmelze, die der Zusammensetzung Lc, Fo, Sp im Punkt e bei T = 1746 K entspricht;
2. binäre eutektische Schmelze, die der Zusammensetzung Fo und Sp im Punkt a bei T = 1998 K entspricht;
3. unäre Schmelze des Sp bei T = 2408 K.

Ternäres System mit binärer fester Lösung

Als Beispiel soll das System Diopsid(Di) – Albit(Ab) – Anorthit(An) diskutiert werden. Hierin wird Diopsid als eine reine Phase (was jedoch nicht ganz gegeben ist) und Albit-Anorthit (Plagioklas) als feste Lösung betrachtet. Abb. 8.13a zeigt die isobaren Existenzbereiche für Di und Plagioklas. Die kotektische Linie ee' verbindet die binären Eutektika der binären Systeme Di–An (1548 K) mit Di–Ab (1373 K). In Abb. 8.13b ist ein isothermer, isobarer Schnitt bei 1573 K durch das ternäre System dargestellt. Die Schmelze erscheint hierin als ein breites, thermisches Tal zwischen den beiden Festphasen, Di(ss) und Plag(ss). Di(ss) steht mit Schmelzen der Zusammensetzung c–d, Plag(ss) mit Schmel-

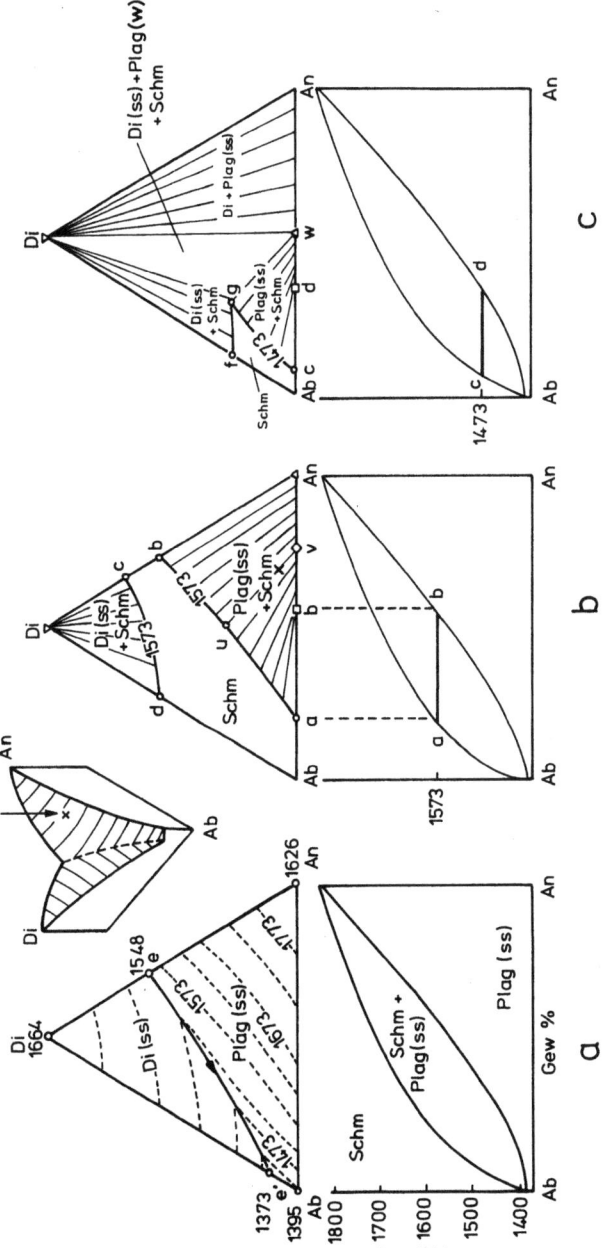

Abb. 8.13 a – c. Isothermenschnitte bei drei verschiedenen Temperaturen im isobaren ternären System Diopsid ($MgCaSi_2O_6$) – Albit ($NaAlSi_3O_8$) – Anorthit ($CaAl_2Si_2O_8$) bei 0,1 MPa. (Nach Ernst 1976). Für zwei Temperaturen ist die Zusammensetzung der festen Lösung Plagioklas im binären Phasendiagramm angegeben. Die eingezeichneten Gleichgewichte von Plagioklas-Schmelze, $a-b$, bzw. $c-d$, entsprechen den Konoden $a-b$ bzw. $c-d$ in den Dreiphasen-Darstellungen

zen der Zusammensetzung a – b in Gleichgewicht. Aus der Liquidus-Solidus-Beziehung für das binäre System Ab – An folgt, daß bei 1573 K die Schmelze der Zusammensetzung a mit Plag(ss) der Zusammensetzung b im Gleichgewicht steht. Aus den angegebenen Konoden folgt, daß eine Gesamtzusammensetzung von Schmelze + Plag(ss) der Zusammensetzung x dem Gleichgewicht von Schmelze der Zusammensetzung u und Plag(ss) der Zusammensetzung v entspricht. Demnach wird Ab in der Schmelze angereichert, und die Plag(ss)-Zusammensetzung b ist Anreicher als die Ausgangszusammensetzung x.

In Abb. 8.13c ist ein weiterer isothermer, isobarer Schnitt bei 1473 K wiedergegeben. In ihm ist der Schmelzbereich auf das Feld Ab – c – g – f reduziert. Im Punkt g stehen (Di)ss + Plag(ss) der Zusammensetzung w mit der gemeinsamen Schmelze der Zusammensetzung g im Gleichgewicht. Der Punkt g ist isotherm und isobar invariant.

8.5.3 Modell zur Magmenerstarrung

Das geschilderte ternäre System Di – An – Ab kann als Beispiel für ein Magma im System

$Na_2O - MgO - CaO - Al_2O_3 - SiO_2$

gelten, da sich an ihm wesentliche Züge bei der Erstarrung und der Erschmelzung eines Magmas erläutern lassen. Nach Abb. 8.14 ergeben sich zwei verschiedene, von der Zusammensetzung der Schmelze abhängige Möglichkeiten bei der Erstarrung.

1. Normativ Diopsid-reiche Zusammensetzung der Schmelze (* in Abb. 8.14a): Beginnend mit der Kristallisation von Klinopyroxen bei Punkt * entwickelt sich die Schmelze auf der Konode Di – * von Di weg, bis sie die kotektische Linie erreicht hat. Von nun an kristallisieren ein Ca-reicher Plag(ss) und Diopsid bei weiterem Wärmeentzug. Plag(ss) und Schmelze werden zunehmend Na-reicher, bis im eutektischen Punkt e' der Rest der Schmelze als Di + Ab verschwindet (vgl. Abb. 8.13). Die Gesamtzusammensetzung des Erstarrungsproduktes entspricht der der Schmelze.

2. Normativ Plagioklas-reiche Zusammensetzung der Schmelze (x in Abb. 8.14a): Ausgehend von der Zusammensetzung x der Schmelze kristallisiert bei Erreichen der Liquidusfläche Plag(ss), dessen Zusammensetzung aus dem Di – Ab – An Isothermen-Schnitt ermittelt werden kann. Die erste Fraktion habe die Zusammensetzung a. Bei weiterem Abkühlen entwickelt sich die Schmelze von x weg, da bei weiterer Kri-

Abb. 8.14a, b. Veränderung der Zusammensetzung des Plagioklases beim isobaren Erstarren (0,1 MPa) von basischen Magmen im Klinopyroxen-Albit-Anorthit-System. Der Reaktionspfad wird im Text diskutiert. (Nach Ernst 1976). **a** Erstarren unter Gleichgewichtsbedingungen; **b** fraktionierte Kristallisation mit Feststoffabtrennung

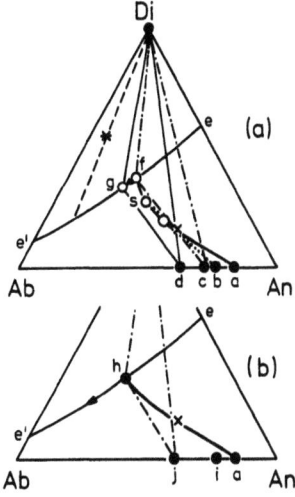

stallisation aller Plag(a) sich in den Na-reicheren Plag(b) umwandeln muß, der seinerseits mit der Schmelze der Zusammensetzung s im Gleichgewicht steht. Bei f erreicht schließlich die Schmelze die kotektische Linie und steht mit Plag(c) im Gleichgewicht. Die Schmelze durchläuft also in der Projektion die Kurve x – s – f. Nach Erreichen der kotektischen Linie im Punkt f entwickelt sie sich entlang der kotektischen Linie, bis der Punkt g erreicht wird. Die Schmelze in g befindet sich entsprechend der eingezeichneten Konode mit Plag(d) im Gleichgewicht, dessen Zusammensetzung auf der Extrapolation von Di – x liegt. Dies besagt, daß die Schmelze der Zusammensetzung x beim Gleichgewichtskristallisieren zu Di(ss) und Plag(d) erstarrt. Weiterer Wärmeentzug führt lediglich zur Abkühlung der Festphasen.

Bei der fraktionierten Kristallisation einer Schmelze der Zusammensetzung x ist der erste Plag analog demjenigen zusammengesetzt, wie er bei der Gleichgewichtskristallisation beschrieben wurde. Da nun jedoch Plag(a) sich nicht mehr an die sich in ihrer chemischen Zusammensetzung ändernde Schmelze anpaßt (z. B. wegen Abseigern), bewegt sich die Schmelze auf einer etwas flacheren Kurve von x nach h (Abb. 8.14b) als im Falle der Gleichgewichtskristallisation von x nach f. Längs der kotektischen Linie entwickelt sich die Schmelze, bis sie restlos aufgebraucht ist. Die Schmelzzusammensetzung h steht mit einer mittleren Zusammensetzung des Plag im Punkt i formal im Gleichgewicht. i liegt auf der Verlängerung der Verbindungslinie h – x. Die Zusammensetzung des Plag(ss) entwickelt sich während der fraktionierten Kristallisation von a nach j (Abb. 8.14b), während der Gleichgewichtskristallisation von a nach d (Abb. 8.14a): der Unterschied in der Zusammensetzung von a − j ist größer als von a − d. Der Punkt j liegt nicht auf der Extrapolation Di − x. Man kann bei der fraktionierten Kristallisation sogar ein wenig fast reine Ab-Komponente erhalten, während bei der Gleichgewichtskristallisation Plag(d) das Na-reichste Produkt darstellt.

Die Entwicklung der Schmelze bei der fraktionierten und Gleichgewichtskristallisation ist sehr idealisiert dargestellt worden. Im Normalfall wird sich die Schmelze auf einem Pfad entwickeln, der zwischen den beiden geschilderten Extremen liegt.

Beim Gleichgewichtsaufschmelzen eines Feststoffbestandes x wird die Kristallisation im umgekehrten Sinne durchlaufen. Anders ist es jedoch beim Aufschmelzen von fraktioniert kristallisiertem Plagioklas. Das Aufschmelzen eines Plag-Di-Mineralgemenges der Zusammensetzung x beginnt mit einer Na-reichen Plag − Di-Schmelze (Abb. 8.13). Wird diese kontinuierlich abgezogen, so wird bei nur mäßigem Temperaturanstieg dem System die Na-reiche Plag- und die Di-Komponente entzogen, so lange, bis die Di-Komponente verbraucht ist. Equilibriert die Lösung Plag(ss) mit der Schmelze, so wird sich ein Schmelz-Feststoff-Gleichgewicht entlang der kotektischen Linie entwickeln, bis alle Di-Komponente verbraucht sind. Dann beginnt mit zunehmender Temperatur der An-reiche Plag aufzuschmelzen, wobei je nach Ausmaß der Equilibrierung als letztes reiner Anorthit erreicht werden kann. Dieses Beispiel zeigt, daß durch fraktioniertes Aufschmelzen von Mehrkomponentensystemen, in denen feste Lösungen vorliegen, sehr unterschiedliche und variable Schmelzzusammensetzungen erhalten werden können.

Vertiefende Literatur

Brice (1973), Carmichael et al. (1974), Ernst (1976), Mason und Moore (1982), Meyer (1968), A. E. Nielsen (1964)

9 Verteilung von Neben- und Spurenelementen

9.1 Diadochie

Diadochie, Camouflage oder Mitfällung sind verschiedene Begriffe für die Substitution von Hauptelement-Ionen in Kristallgittern durch Ionen von Neben- und Spurenelementen des Minerals. Die Diadochie wird damit zu einem wichtigen Migrationsfaktor für viele Elemente. Die Kenntnis von Regeln über die Verteilung von Elementen auf verschiedene Phasen gibt wichtige Hinweise auf genetische Beziehungen zwischen magmatischen Gesteinen und zwischen Mineralen, auf die Muttergesteine metallreicher (erzbringender) Lösungen, die Verteilung von aus radioaktiven Abfallprodukten freigesetzten Nukliden, auf Temperatur und Druck während der Verteilung der Elemente (Geothermometer und -barometer (vgl. § 11)) u.v.a.m.

Goldschmidt (1937) formulierte Verteilungsregeln für Ionen in Mineralen magmatischen Ursprungs:

- Ionen ersetzen sich gegenseitig, wenn ihre Radien innerhalb ±15% des kleineren Ions liegen;
- von zwei Ionen mit gleicher Ladung, aber unterschiedlichem Radius wird das kleinere Ion bevorzugt eingebaut;
- von zwei Ionen mit gleichem Radius, aber unterschiedlicher Ladung wird das Ion mit der höheren Ladung bevorzugt eingebaut.

Im Prinzip haben sich diese Regeln bewährt. Abweichungen größeren Ausmaßes müssen jedoch erwartet werden, wenn die Ionen in der fluiden Phase als chemische Komplexe vorliegen, die die Verteilung während der Kristallisation kontrollieren.

9.2 Kontrollierende Parameter der Element-Verteilung

Als Ursache für das Phänomen der Diadochie sind verschiedene physikalisch-chemische Parameter der Ionen bzw. des Kristallgitters herangezogen worden:

- Ionenradius und Ladung: Goldschmidt (1937), DeVore (1955b)
- Elektronegativität: Fyfe (1951), Ramberg (1952), Vendel (1958)
- Ionisationspotential: Goldschmidt (1937), Vendel (1955)
- Chemische Bindung (Adsorption, Komplexbildung, Kristallfeldtheorie etc.): Ahrens (1964), Goldschmidt (1945), Ramberg (1952), DeVore (1955a), Burns and Fyfe (1966), Ryerson und Hess (1978), Navrotsky (1978).

Viele der aufgeführten Eigenschaften stehen miteinander in Beziehung. Sie sind insbesondere auf komplexe Weise von der Ionengröße und ihrer Ladung abhängig (vgl. § 2.1).

Bei der theoretischen Behandlung der Verteilung von Spurenelementen auf feste und fluide Phasen wird im allgemeinen davon ausgegangen, daß Gleichgewichte und damit die Verteilung thermodynamisch erklärt werden können. Der thermodynamische Ansatz für die Verteilung entspricht dem der Reaktion (2.4). Der Verteilungskoeffizient entspricht ^aK in (2.8). Um ^aK nach (2.11) und (2.12) berechnen zu können, müssen die Gibbsschen Bildungsenthalpien bekannt sein. Für die Komponente, die den Wirtskristall aufbaut, ist dies meist der Fall, und die Zumischung der geringen Masse der Nebenkomponente ändert den Enthalpiewert der Hauptkomponente nicht nennenswert. Welcher Enthalpiewert kommt jedoch der Nebenkomponente zu? Sie wird beachtlich verdünnt. Für sie kann unmöglich der Wert der reinen Phase eingesetzt werden. In Ermangelung des Wertes für die freie Mischungsenthalpie wird meist der Wert der reinen Komponente verwandt und die Diskrepanz zwischen empirischer Beobachtung und Berechnung von Verteilungskoeffizienten durch die Einführung eines Aktivitätskoeffizienten der Nebenphasen (gelöste Phase) überbrückt. Diese Aktivitätskoeffizienten lassen sich nicht theoretisch ableiten, sondern nur aus Messungen ermitteln.

Betrachtet man jedoch die einzelnen Schritte, aus denen sich der Gesamtvorgang des Einbaus eines Fremdions zusammensetzt, so wird offensichtlich, daß das Phänomen Einbau von Spurenelementen eigentlich ein kinetisches Problem darstellt und folglich mit thermodynamischer Betrachtungsweise nicht vollständig erfaßt werden kann.

Die einzelnen Schritte sind:
- Komplexierung der beteiligten Ionen in der fluiden Phase,
- Durchtritt der Ionen durch die diffuse elektrische Doppelschicht, die der kristallinen Oberfläche anhaftet,
- Adsorptions- und Desorptionsgleichgewichte sowie Ionenaustausch an der Oberfläche,
- Umordnungsvorgänge in der äußeren Kristallschicht während des Wachstums: Reifung.

Die Verteilung von Elementen (Ionen) und damit ihr Verteilungskoeffizient ist von den verfügbaren, energetisch günstigen Positionen auf der Oberfläche während des Kristallwachstums abhängig. Sind mehrere Fremdionen in der fluiden Phase vorhanden, so treten konkurrierende Reaktionen auf. Die Diadochie ist also eng mit dem kinetischen Prozeß des Kristallwachstums verknüpft.

Alle Ionen sind in der wäßrigen Lösungs- bzw. Schmelzphase komplexiert. In wäßrigen Lösungen bilden sie Komplexe mit Liganden wie Cl^-, HCO_3^-, CO_3^{2-}, SO_4^{2-} etc. sowie H_2O, während in Schmelzen alle Ionen danach trachten, sich mit einer Koordinationssphäre aus Sauerstoff-Ionen der Silikate zu umgeben. Damit liegen insbesondere die höher geladenen Ionen in silikatischen Schmelzen in sehr komplexer Form vor.

Bedingt durch die Oberflächenladung eines jeden Feststoffes baut sich in der Grenzschicht Oberfläche – fluide Phase eine elektrische Doppelschicht auf (Abb. 9.1). In ihr werden je nach Ladungsvorzeichen der Oberfläche die An- oder Kationen angereichert. Aus der Verteilung der Ionen in der elektrischen Doppelschicht geht hervor, daß aus Lösungen im wesentlichen die niedrig bis nicht komplexierten Ionen bevorzugt an der Oberfläche angeboten werden.

In Schmelzen ist die Situation je nach dem Vernetzungsgrad der Kieselsäure unterschiedlich (vgl. § 7.2). Grundsätzlich ist die Beweglichkeit der Kieselsäure stark eingeschränkt. Die Kationen arrangieren je nach ihrer Ladung und Größe 4–8 Sauerstoffe als Koordinationssphäre um sich herum. Diese Sauerstoffe sind bei NBO/T > 2 (vgl. § 7.2.1) im wesentlichen jene, die auch die SiO_4-Tetraeder verknüpfen. Daher stellen die Koordinationspolyeder Komplexe im chemischen Sinne dar. Um

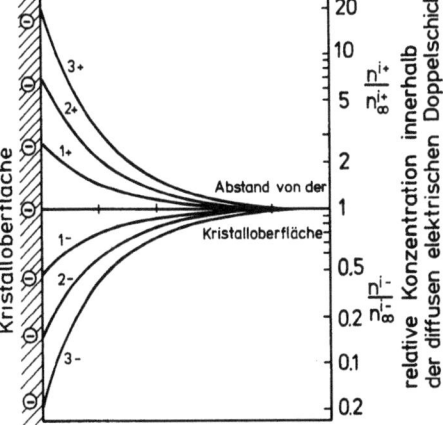

Abb. 9.1. Verteilung verschiedenwertiger Ionen in der diffusen Doppelschicht bei negativer Oberflächenladung des Festkörpers (schematisch). n_∞^{i+}, n_∞^{i-} gibt die Konzentration der Ionen mit der Ladung i+ bzw. i- außerhalb der Grenzschicht an. Die x-Achse ist in angenommenen Einheiten geteilt. Das Bild ist auch bei positiver Oberflächenaufladung mit dem wiedergegebenen vergleichbar; es müssen nur die Vorzeichen der Ionenladungen vertauscht werden

wandern zu können, müssen sie jedesmal diese starre Koordinationssphäre verlassen, d.h. sie sind in koordinierter Form nicht beweglich. Sie hüpfen gleichsam von Komplex zu Komplex.

Für die Adsorption von Ionen an Feststoffphasen gilt: die Masse des Absorbates nimmt mit der spezifischen Oberfläche des Adsorbens zu. Die Adsorption nimmt zu, wenn das Adsorbation mit dem Adsorbens eine Verbindung mit niedriger Löslichkeit bildet; z.B. die Phosphat-Adsorption an Karbonaten, Metallhydroxiden etc. Die Masse des Adsorbates steigt mit der Konzentration des Adsorbations in der Lösung. Im Bereich geringer Konzentrationen wird meist ein linearer Zusammenhang beobachtet, der bei hohen Konzentrationen in die Sättigung des Adsorbens einmündet.

Hoch geladene Ionen werden bevorzugt adsorbiert. Der Adsorption folgt oft ein Ionenaustausch in der Oberfläche der Feststoffphase. Die Kopplung von Adsorption und Ionenaustausch spielt bei der Reinigung von Flußwasser eine eminent wichtige Rolle und ermöglicht so die Einhaltung einer biologisch hinreichenden Trinkwasserqualität nach der natürlichen Filtration. Die „Entgiftung" der Hydrosphäre ist insofern ein äußert wichtiger Prozeß, weil sonst die biologisch toxischen Elemente (Ionen), die durch die Verwitterung freigesetzt werden, letztlich in

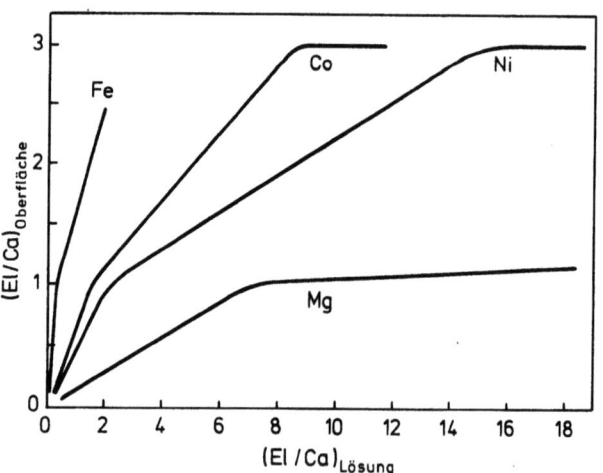

Abb. 9.2. Austauschisothermen für Fe^{2+}-, Co^{2+}-, Ni^{2+}- und Mg^{2+}-Ionen an Calcitoberflächen. Das statistische Verhalten bei Ionenaustausch ist auf Teilbereiche beschränkt. Bei Erreichen des Element/Ca-Verhältnisses von 1 bzw. 3 erfolgen strukturelle Änderungen in der Oberfläche, die das Austauschverhalten drastisch beeinflussen. (Nach Koß und Möller 1974). Die Mg^{2+}-Isotherme erreicht für (Mg/Ca)Lösung ~120 ebenfalls den Wert Mg/Ca = 3 in der Oberfläche

den Gewässern und Ozeanen angereichert würden. Fe- und Mn-Oxidhydrate sind besonders wirksam als Adsorbentien. Sie sind daher Sammler für viele Elemente (Ionen).

Jeder Kristall setzt sich über seine Oberfläche mit der fluiden Phase ins Gleichgewicht. Da die Beweglichkeit der Ionen im allgemeinen in den Kristallen extrem niedrig ist – Ausnahmen bilden nur Ionen in Zeolithen und Schichtsilikaten –, herrscht ein chemisches Ungleichgewicht zwischen der Oberflächenschicht des Kristalls und seinem Inneren. Dieser Oberflächenaustausch erfaßt im Idealfall (bei Vermeidung von Rekristallisation) nur eine molekulare Schicht (Möller und Sastri 1974) und wurde daher früher zur Bestimmung der aktuellen Oberfläche herangezogen (Paneth und Vorwerk 1922). Die Untersuchungen der Gleichgewichtszusammensetzung von Calcit-Oberflächen bei Anwesenheit von Fremdionen in der Lösung (Koß und Möller 1974) zeigen, daß die Aufnahme von Mg^{2+}-Ionen in die Calcitoberfläche vom Mg^{2+}/Ca^{2+}-Molverhältnis in der Lösung abhängig ist. Es ist deutlich erkennbar, daß mit Erreichen der Mg^{2+}/Ca^{2+}-Molverhältnisse von 1 in der Oberfläche der weitere Austausch von Ca^{2+}- gegen Mg^{2+}-Ionen verringert wird (Abb. 9.2). Dies drückt sich in einem markanten Abknicken der Austauschisothermen aus. Diese Oberflächenschicht ist chemisch und strukturell von dem Trägermineral verschieden, jedoch nicht unabhängig (Möller und Rajagopalan 1972). Diese Oberflächenschicht kann als eine dritte Phase in dem System „Kristall-Lösung" aufgefaßt werden.

Für die Mitfällung von Cd^{2+}, Co^{2+}, Sr^{2+}, Mn^{2+} mit Calcit hat Lorens (1981) die Abhängigkeit des Mitfällungskoeffizienten λ_a von der

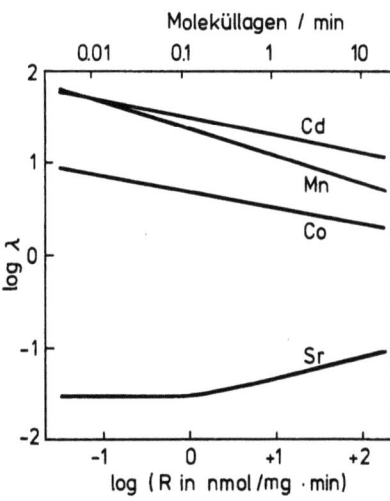

Abb. 9.3. Logarithmus des heterogenen Verteilungskoeffizienten von Cd^{2+}, Mn^{2+}, Co^{2+} und Sr^{2+} als Funktion des Logarithmus der Wachstumsgeschwindigkeit R von Calcit aus einer Lösung. (Nach Angaben von Lorens 1981). Die Einheit *nmol/mg* gibt die Molzahl abgeschiedenen Calcits pro Masse eingesetzten Calcitpulvers bekannter Oberfläche an. In der *zweiten Abszisse* ist diese Angabe in Moleküllagen umgerechnet worden

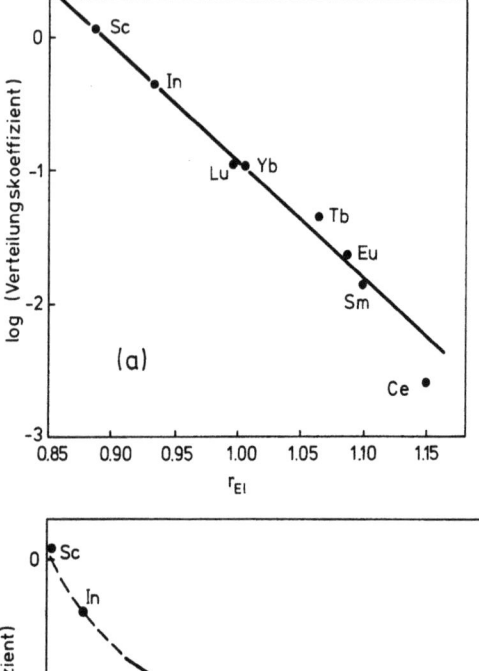
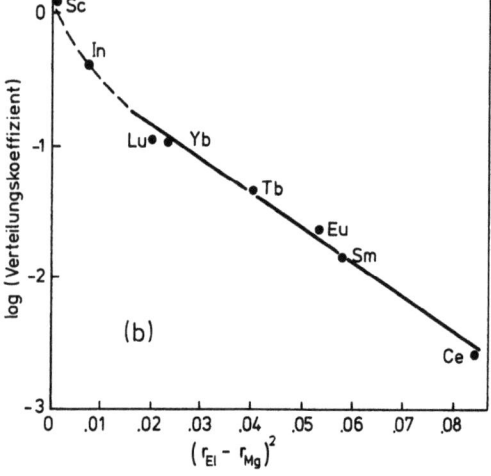

Abb. 9.4a–c. Verteilungskoeffizienten von Sc, In und einigen Lanthaniden zwischen Bronzit und der Alkali-Olivin-Basalt-Schmelze als Funktion verschiedener geometrischer Parameter. (Daten nach Onuma et al. 1968). **a** Abtragung gegenüber Ionenradius; **b** Abtragung nach Onuma et al. (1968); **c** Abtragung gegenüber der Differenz der Ionenvolumina

Wachstumsgeschwindigkeit des Calcits ermittelt. Diese Kurven (Abb. 9.3) ergeben, daß für Mitfällungskoeffizienten <1 erst bei sehr niedrigen Wachstumsgeschwindigkeiten von <0.1 Molekülschichten pro Minute konstante Mitfällungskoeffizienten beobachtet werden (z. B. für Sr^{2+}). Für Verteilungskoeffizienten $\lambda > 1$ wird selbst bei den niedrigsten Wachstumsraten noch eine Zunahme von λ beobachtet, z. B. für Cd^{2+}, Co^{2+}, Mn^{2+}. Mit zunehmenden Wachstumgeschwindigkeiten nähern sich die Verteilungskoeffizienten dem Wert 1. Diese Ergebnisse belegen

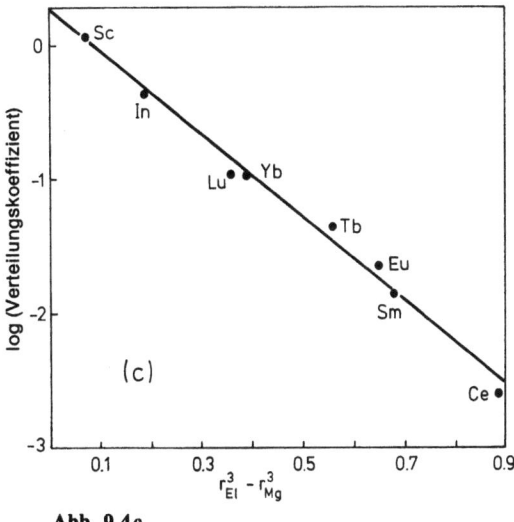

Abb. 9.4c

deutlich, daß kinetische Vorgänge ganz entscheidend in die Verteilung der Ionen eingreifen. Zu diesen kinetischen Prozessen zählen auch Umordnungsvorgänge in den äußeren molekularen Schichten der Kristalle, die in Abhängigkeit von der Wachstumsgeschwindigkeit unterschiedliche Fehlordnung aufweisen. Durch die Umordnung (Reifung) streben die Kristallschichten eine größere Ordnung und damit ein Minimum an freier Enthalpie an. Während dieser „Reifung" können Spurenelemente noch erheblich angereichert ($\lambda > 1$) oder verdrängt ($\lambda < 1$) werden (Möller, im Druck).

Trotz mehrerer Versuche ist es bisher nicht gelungen, eine befriedigende theoretische Behandlung der Diadochie zu erstellen. Eine relative Methode wurde von Onuma et al. (1968) vorgeschlagen. Trägt man Verteilungskoeffizienten über dem Quadrat zur Abweichung des substituierenden Spurenelementes gegenüber dem substituierten Hauptelement ab, so soll für ‚Gruppen von Elementen' ein linearer Zusammenhang vorliegen. Nach Jensen (1973) ergibt sich ein deutliches Maximum für die Verteilungskoeffizienten ganz in der Nähe des Ionenradius des Hauptelementes (Abb. 9.4). Eine bessere Linearisierung erhält man, wenn der Logarithmus des Verteilungskoeffizienten über der Differenz der Ionenvolumina aufgetragen wird (Möller, im Druck). Alle diese empirischen Zusammenhänge verlangen wenigstens die Kenntnis von 2 Stützpunkten, um interpolieren zu können.

Wenn auch die theoretische Behandlung von Verteilungskoeffizienten bisher erfolglos war, so kann doch erwartet werden, daß aus den

Untersuchungen zur Diadochie Erkenntnisse über die Einflußnahme der unterschiedlichen Vorgänge insbesondere während der Kristallisation aus Schmelzen hervorgehen. Es darf daher angenommen werden, daß gerade unser Verständnis für die Vorgänge während der Kristallisation in Schmelzen von der Untersuchung zur Verteilung von Spurenelementen am meisten profitiert.

9.3 Verteilungsgesetze

Für die quantitative Beschreibung der Verteilung von Spurenelementen auf unterschiedliche Phasen sind verschiedene Ansätze vorgeschlagen worden, die sich in zwei Gruppen unterteilen lassen:

homogene Verteilungsgesetze,
heterogene Verteilungsgesetze.

9.3.1 Homogene Verteilungsgesetze

In der Annahme, daß das betrachtete Element homogen in der Feststoffphase verteilt ist, sind zwei unterschiedliche Ansätze vorgeschlagen worden: Für sehr geringe Konzentrationen ergibt sich nach Nernst-Berthelot:

$$\{a\} = k\,[a] \tag{9.1}$$

$\{\ \}$ indiziert Konzentrationen in Festphasen (g/g).

Da in (9.1) zwei unterschiedliche Konzentrationsmaße enthalten sind, haben Henderson und Kraček (1927) statt dessen die Formulierung (9.2) vorgeschlagen. Hiernach sind die Verhältnisse von Spuren(a)- und Haupt(b)element in den beiden Phasen einander proportional.

$$\left\{\frac{a}{b}\right\} = D\left[\frac{a}{b}\right]. \tag{9.2}$$

Beide Ansätze beschreiben eine homogene Verteilung des Spurenelementes in jeweils beiden Phasen. Für alle Werte von k bzw. D bedeutet dies, daß die sich bildenden Kristalle zu jedem Zeitpunkt als Ganzes mit der Lösung im Gleichgewicht stehen. Näherungsweise werden diese Bedingungen bei der wiederholten Rekristallisation erreicht. Daher findet man homogene Verteilungsgesetze hinreichend erfüllt in Systemen, die rekristallisiert sind (z. B. in diagenetisch verfestigten Karbonatsedimenten). Eine homogene Verteilung kann sich auch als Grenzfall einer hete-

Tabelle 9.1. Homogene Mitfällung; Ableitung von Gl. (9.3)

Aus (9.2):	$\dfrac{\{a\}}{[a]} = D \dfrac{\{b\}}{[b]}$
folgt mit:	$[a] = [a_0] - \{a\}$
und:	$[b] = [b_0] - \{b\}$
	$\dfrac{\{a\}}{[a_0]-\{a\}} = D \dfrac{\{b\}}{[b_0]-\{b\}}$;
nach Substitution von	$\dfrac{\{a\}}{[a_0]} = f_a \qquad \dfrac{\{b\}}{[b_0]} = f_b$
folgt (9.3)	$f_a = \dfrac{D f_b}{f_b(D-1)+1}$

rogenen Verteilung einstellen, nämlich dann, wenn die Lösungszusammensetzung sich während des gesamten Kristallisationsvorganges praktisch nicht ändert: z. B. Karbonatbildung im marinen Milieu.

Tabelle 9.1 zeigt die Umrechnung von (9.2) zu

$$f_a = \frac{D f_b}{f_b(D-1)+1} \qquad (9.3)$$

f_a, f_b = Fällungsanteile der Mikro- (a) und Makrokomponente (b).

Hierin bedeuten

$f_b = 0$, daß die Fällung noch nicht eingesetzt hat;
$f_b = 1$, daß die Makrokomponente aus der Lösung vollständig in ein Kristallisat überführt wurde.

Bei der Kristallisation wird f_b also Werte annehmen, die zwischen 0 und 1 liegen. Der Ausfällungsgrad der Mikrokomponente f_a und damit auch das Verhältnis von Mikro- zu Makrokomponente im homogenen Kristall ist nach dem Ansatz nur eine Funktion des Kristallisationsgrades der Makrokomponente. Da D analog der Konstante im Massenwirkungsgesetz temperaturabhängig ist (vgl. § 2.5), ist f_a auch temperaturabhängig. Die Ansätze (9.2) und (9.3) gelten gleichermaßen für die Kristallisation aus Lösungen wie aus Schmelzen.

Die Verteilungskoeffizienten, k und D, in (9.1) und (9.2) sind über die Beziehung (9.4) verknüpft:

$$D = k \cdot \frac{[b]}{\{b\}}, \qquad (9.4)$$

{b}, die Konzentration der Makrokomponente b im Kristall, und [b], die Sättigungskonzentration der Makrokomponente b in der Lösung oder Schmelze, stellen unter isothermen Bedingungen Konstanten dar, sofern man von der Löslichkeitsbeeinflussung durch weitere Elektrolyte absieht. D und k können daher mittels (9.4) ineinander umgerechnet werden.

9.3.2 Heterogene Verteilungsgesetze

Zur Beschreibung der Fraktionierung während der Destillation hatte Rayleigh (1896) bereits eine mathematische Formulierung vorgeschlagen, die sich inhaltlich auch auf die Kristallisation anwenden läßt. Eine analoge Beschreibung stellt das später von Doerner und Hoskins (1925) abgeleitete logarithmische Verteilungsgesetz dar. Ihr Differenzen-Ansatz geht davon aus, daß sich (9.2) jeweils nur auf das Gleichgewicht zwischen Kristalloberfläche und fluider Phase anwenden läßt. Das Verhältnis von Spuren- und Hauptelement in der Oberfläche wird durch den Quotienten $\{\Delta a / \Delta b\}$ angegeben.

$$\left\{\frac{\Delta a}{\Delta b}\right\} = \left[\frac{\Delta a}{\Delta b}\right] = \lambda \left[\frac{a}{b}\right]. \tag{9.5}$$

Daraus folgt der differentielle Ansatz für die Änderungen in der fluiden Phase:

$$\frac{d[a]}{d[b]} = \lambda \frac{[a]}{[b]}, \tag{9.6}$$

der zur Lösung (Tabelle 9.2) für die noch in der fluiden Phase enthaltenen Konzentration der Mikrokomponente [a] führt:

$$[a] = [a_0](1 - f_b)^\lambda. \tag{9.7}$$

$[a_0]$ bzw. $[b_0]$ entsprechen den initialen Konzentrationen der Mikro- und Makrokomponente des Minerals in der initialen fluiden Phase.

Durch Umformen folgt aus (9.7) für den Fällungsgrad der Mikrokomponente f_a (Tabelle 9.2)

$$f_a = 1 - (1 - f_b)^\lambda. \tag{9.8}$$

In Abb. 9.5 ist der unterschiedliche Verlauf des Fällungsanteils der Mikrokomponente f_a als Funktion des Fällungsanteils der Makrokomponente f_b für die homogene (Verteilungskoeffizient D) und heterogene Verteilung (λ) wiedergegeben. Außer im Fall $D = \lambda = 1$ treten signifi-

Tabelle 9.2. Heterogene Verteilung; Ableitung der Gleichungen (9.7) und (9.8)

Aus dem differentiellen Ansatz (9.6)

$$\frac{d[a]}{d[b]} = \lambda \frac{[a]}{[b]}$$

folgt

$$\frac{d[a]}{[a]} = \lambda \frac{d[b]}{[b]}$$

$$\ln[a] \Big|_{[a_0]}^{[a]} = \lambda \ln[b] \Big|_{[b_0]}^{[b]}$$

$$\ln\left[\frac{a}{a_0}\right] = \lambda \ln\left[\frac{b}{b_0}\right];$$

nach Substitution von $\left[\dfrac{b}{b_0}\right] = 1 - f_b$ dem Anteil von b in der fluiden Phase

folgt $[a] = [a_0](1-f_b)^\lambda$;

nach Substitution von $\left[\dfrac{a}{a_0}\right] = 1 - f_a$ dem Anteil von a noch in der fluiden Phase

folgt (9.8) $f_a = 1 - (1-f_b)^\lambda$.

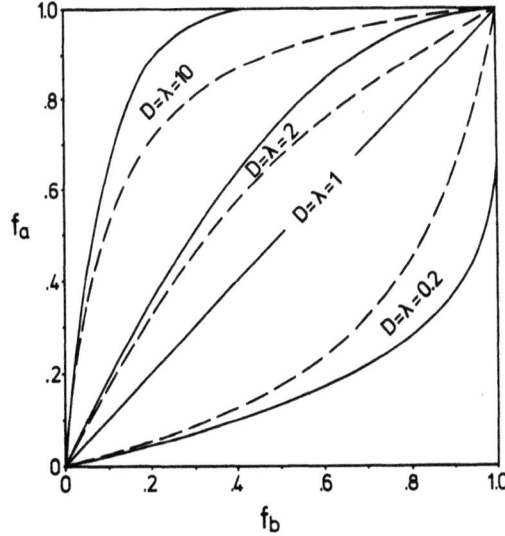

Abb. 9.5. Darstellung der Verteilung einer Mikrokomponente a als Funktion der Abscheidung der Makrokomponente b; beide durch ihren Anteil in der festen Phase, f_a und f_b, für angenommenen Verteilungskoeffizienten D bzw. λ zwischen 0,2 und 10 angegeben. – – – für die homogene Verteilung mit Verteilungskoeffizienten D nach (9.3). ——— für die heterogene Verteilung mit dem Verteilungskoeffizienten λ nach (9.8)

kante Unterschiede auf. Für Verteilungskoeffizienten $D = \lambda > 1$ reichert die heterogene Verteilung das Spurenelement stärker in der Festphase an als die homogene. Für $D = \lambda < 1$ erlaubt die homogene Verteilung den besseren Einbau der Mikrokomponente im Wirtsgitter.

Gleichung (9.7) zeigt auf, daß die Konzentration der Mikrokomponente a eine Potenzfunktion der noch in Lösung befindlichen Makrokomponente ist. Substituiert man in (9.5) [a] durch (9.7) sowie

$$[b] = [b_0](1 - f_b), \tag{9.9}$$

so erhält man (9.10), die den Zusammenhang des Verhältnisses von Mikro- und Makrokomponente in den Oberflächenschichten von wachsenden Kristallen als Potenzfunktion der in Lösung befindlichen Makrokomponente $(1 - f_b)$ beschreibt.

$$\left\{\frac{\Delta a}{\Delta b}\right\} = \lambda \left[\frac{a_0}{b_0}\right](1 - f_b)^{\lambda - 1}. \tag{9.10}$$

Für den Verlauf des Verhältnisses [a/b] in der fluiden Phase während der Kristallisation ergibt sich aus (9.7) nach Erweitern mit (9.9)

$$\left[\frac{a}{b}\right] = \left[\frac{a_0}{b_0}\right](1 - f_b)^{\lambda - 1}. \tag{9.11}$$

In Abb. 9.6 werden die Änderungen der Verhältnisse von Mikro- und Makrokomponente in der fluiden Phase (Abb. 9.6a) und in der Feststoffoberfläche (Abb. 9.6b), normiert auf die initialen Verhältnisse in der fluiden Phase, verglichen. Man beachte, daß sich die Ordinaten um den Faktor λ unterscheiden.

Analytisch gesehen ist es praktisch nicht möglich, den Quotienten $\{\Delta a / \Delta b\}$ von Oberflächen zu bestimmen. Der analytisch ermittelte Wert ist vielmehr eine Mittelung über sehr viele, graduell unterschiedlich zusammengesetzte Oberflächenschichten. Er entspricht daher einem mittleren Konzentrationsverhältnis von Mikro- und Makrokomponente in einem Schichtelement. Für das mittlere Verhältnis der Molzahlen von a und b im Feststoff ergibt sich nach

$$\left\{\frac{a}{b}\right\} = \left[\frac{a_0 - a}{b_0 - b}\right] \tag{9.12}$$

unter Verwendung von Gl. (9.7) und (9.9):

$$\left\{\frac{a}{b}\right\} = \left[\frac{a_0}{b_0}\right] \frac{1 - (1 - f_b)^\lambda}{f_b}. \tag{9.13}$$

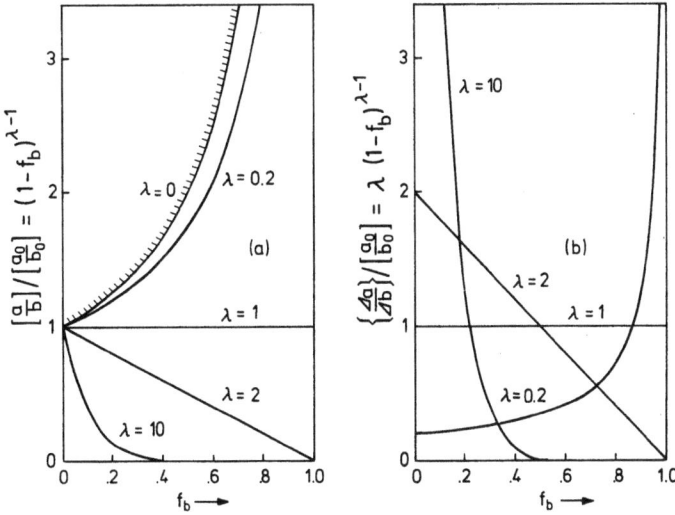

Abb. 9.6a, b. Zusammensetzung der Lösung und der Feststoffoberfläche als Funktion des Abscheidungsgrades f_b. **a** Verlauf des Verhältnisses der relativen Konzentrationen von Mikro- und Makrokomponente in der fluiden Phase $[(a/a_0)/(b/b_0)]$ als Funktion des Abscheidungsgrades für Verteilungskoeffizienten $0{,}2 < \lambda < 10$. Der *schraffiert* angedeutete Bereich ist nicht relevant [nach (9.11)]; **b** Verlauf des Verhältnisses der relativen Konzentrationen von Mikro- und Makrokomponente in der sich jeweils bei gegebenem Abscheidungsgrad f_a bildenden Oberflächenschicht $\{(\Delta a/a_0)/(\Delta b/b_0)\}$ für Verteilungskoeffizienten $0{,}2 < \lambda < 10$ [nach (9.10)]

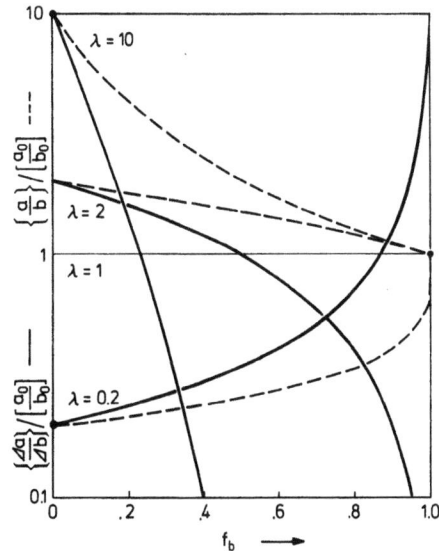

Abb. 9.7. Verlauf von $\{(a/a_0)/(b/b_0)\}$ nach (9.13) und $\{(\Delta a/a_0)/(\Delta b/b_0)\}$ nach (9.10) – logarithmisch aufgetragen – als Funktion des Abscheidungsgrades f_b aus der fluiden Phase. Beide Kurvenzüge unterscheiden sich in ihrem Verlauf beträchtlich.

$\dfrac{\{a/b\}}{[a_0/b_0]}$ = Verhältnis des relativen Konzentrationsmittels $(---)$ im Kristallisat über den gesamten Abscheidungsbereich 0 bis f_b.

$\dfrac{\{\Delta a/\Delta b\}}{[a_0/b_0]}$ = Verhältnis der relativen Konzentrationen ($\underline{\qquad}$) im Kristallisat, das sich bei f_b gerade bildet

In Abb. 9.7 werden die relativen Verhältnisse von Mikro- und Makrokomponente nach (9.10) und (9.13) als Funktionen von f_b verglichen. Für $f_b = 0$ beginnen beide Kurven mit dem entsprechenden Wert von λ. Während sich die relativen Verhältnisse bei der fraktionierten Kristallisation eines Minerals sehr verschieden entwickeln – je nachdem, ob λ größer oder kleiner 1 ist –, muß sich das mittlere relative Verhältnis über den Gesamtkristall mit fortschreitendem Fällungsgrad f_b dem Wert 1 nähern.

Wenn mehrere Minerale j gleichzeitig kristallisieren und die betrachtete Mikrokomponente in mehr als eine Phase eingebaut wird, wird ein mittlerer logarithmischer Verteilungskoeffizient $\bar\lambda$ angesetzt:

Tabelle 9.3. Heterogene Verteilung in Multiphasensystemen

In (9.5): $\quad\left\{\dfrac{\Delta a}{\Delta b}\right\} = \lambda\left[\dfrac{\bar a}{b}\right]$

wird substituiert: $\quad \lambda := \bar\lambda$

(9.7): $\quad a := a_0(1-f_b)^{\bar\lambda}$

(9.9): $\quad b := b_0(1-f_b)$

Für die Mineralphase j gilt dann:

$$\{\Delta a\}_j = \varepsilon_j \cdot \dfrac{\lambda_{aj}}{\bar\lambda}\{\Delta a\}$$

$$\{\Delta b\}_j = \varepsilon_j\{\Delta b\}$$

Daraus folgt (9.15): $\quad\left\{\dfrac{\Delta a}{\Delta b}\right\}_j = \lambda_{aj}\left[\dfrac{a_0}{b_0}\right](1-f_b)^{\bar\lambda - 1}.$

In (9.12) $\quad\left\{\dfrac{a}{b}\right\} = \left[\dfrac{a_0 - a}{b_0 - b}\right]$

wird substituiert:

(9.7): $\quad a := a_0(1-f_b)^{\bar\lambda}$

(9.9): $\quad b := b_0(1-f_b)$

$$\{a\}_j = \varepsilon_j\dfrac{\lambda_{aj}}{\bar\lambda}\{a\}$$

$$\{b\}_j = \varepsilon_j\{b\}$$

Daraus folgt (9.16): $\quad\left\{\dfrac{a}{b}\right\}_j = \dfrac{\lambda_{aj}}{\bar\lambda}\left[\dfrac{a_0}{b_0}\right]\dfrac{1-(1-f_b)^{\bar\lambda}}{f_b}$

$$\bar{\lambda} = \sum_{1}^{j} \varepsilon_j \lambda_{aj}, \qquad (9.14)$$

worin ε_j die Anteile der verschiedenen Minerale j und λ_{aj} die Verteilungskoeffizienten des Spurenelements a zwischen den Feststoffen j und der fluiden Phase darstellen. Das Konzentrationsverhältnis [a/b] in der fluiden Phase errechnet sich nach (9.11), in der λ durch $\bar{\lambda}$ ersetzt wird. Die Gleichungen (9.12) und (9.13) lassen sich sinngemäß in (9.15) und (9.16) überführen (Tabelle 9.3):

$$\left\{\frac{\Delta a}{\Delta b}\right\}_j = \lambda_{aj} \left[\frac{a_0}{b_0}\right] (1-f_b)^{\bar{\lambda}-1} \qquad (9.15)$$

$$\left\{\frac{a}{b}\right\}_j = \frac{\lambda_{aj}}{\bar{\lambda}} \left[\frac{a_0}{b_0}\right] \frac{1-(1-f_b)^{\bar{\lambda}-1}}{f_b}. \qquad (9.16)$$

(9.15) beschreibt die Änderungen der Verhältnisse von Mikro- zu Makrokomponente während der fraktionierten Kristallisation (oder in einer dünnen Oberflächenschicht) von j Mineralphasen in Paragenese.

(9.16) gibt das für jedes Mineral j gemittelte Verhältnis von Mikro- zu Makrokomponente an, wenn die verschiedenen Mineralphasen gleichzeitig in der gemeinsamen fluiden Phase kristallisieren (Paragenese). Für die Anwendung von (9.15) und (9.16) sind weit mehr Angaben über den Ablauf des Kristallisationsablaufes notwendig als für (9.10) und (9.11). Insbesondere ist zu beachten, daß $\bar{\lambda}$ von Fall zu Fall äußerst verschieden sein kann, da in die Berechnung von $\bar{\lambda}$ nach (9.14) die Anteile aller paragenetischen Phasen eingehen.

9.4 Partielles Aufschmelzen

Im Prinzip ist das partielle Aufschmelzen bereits in § 8.5 behandelt worden. Die dort gemachten Ausführungen bezogen sich auf das Erschmelzen von Mineralgemengen und damit die Beschreibung der Zusammensetzung der Schmelze im Hinblick auf die Hauptkomponenten der Minerale. Die in § 8.5 gemachten Ausführungen sind auch die Grundlage bei der Behandlung der Verteilung der Spurenelemente auf Feststoff- und Fluidphasen während des Schmelzens. Es müssen lediglich noch verteilungsspezifische Eigenschaften der jeweiligen Spurenelemente zusätzlich berücksichtigt werden. Dies geschieht unter der Annahme, daß die Konzentration in der homogen gedachten Fluidphase sich zu jedem Zeitpunkt mit dem vorhandenen Mineralbestand als Ganzem bei der Temperatur des partiellen Schmelzens ins Gleichgewicht setzt, so daß

Tabelle 9.4. Partielles Aufschmelzen

Aus der Massenbilanz

$$\{a_0\}m_0 - \{a\}(m_0 - m) = [a]\,m$$

$\{a_0\}$ initiale Konzentration von a im Feststoff
m_0 initiale Masse des Feststoffs
m Masse der Schmelze

folgt mit $\{a\} = k[a]$

$$[a] = \frac{\{a_0\}m_0}{m - km + km_0} = \frac{\{a_0\}}{\frac{m}{m_0}(1-k) + k}$$

$$\frac{m}{m_0} = f_s$$

f_s = Aufschmelzungsgrad

$$[a] = \frac{\{a_0\}}{f_s(1-k) + k}$$

---

das homogene Verteilungsgesetz (9.1) bzw. (9.2) angesetzt werden kann (D. M. Shaw 1970). (9.17) beschreibt die Konzentration des Spurenelementes in der Fluidphase als Funktion des in den Feststoffen homogen verteilt gedachten Spurenelementes mit der Konzentration $\{a_0\}$, dem Aufschmelzungsgrad f_s und dem Verteilungskoeffizienten k. In Tabelle 9.4 ist die Ableitung aufgezeigt.

$$[a] = \frac{\{a_0\}}{f_s(1-k) + k}. \tag{9.17}$$

In Abb. 9.8 sind für verschiedene Verteilungskoeffizienten k die relativen Konzentrationen $[a]/\{a_0\}$ als Funktion des Aufschmelzungsgrades f_s wiedergegeben. Die obere Grenze der möglichen Konzentration von a in der Schmelze wird erhalten für $k = 0$, d.h. die gesamte Masse des Spurenelementes geht sofort zu Beginn des Aufschmelzens in die Schmelze über.

Wenn bei der Erstarrung von Magmen die Spurenelementverteilung nicht dem homogenen Verteilungsgesetz entsprechend erfolgt, so muß erwartet werden, daß bei der partiellen Aufschmelzung auch nicht von homogen aufgebauten Kristallen ausgegangen werden kann, es sei denn, daß über Diffusionsprozesse die Gleichverteilung über alle Körner eines Minerals erfolgt ist oder während des Aufschmelzens erfolgt. Da die Diffusion (vgl. §2.10) in der Nähe der Schmelzpunkte signifikant wird, kann in vielen Fällen davon ausgegangen werden, daß (9.17) den Vor-

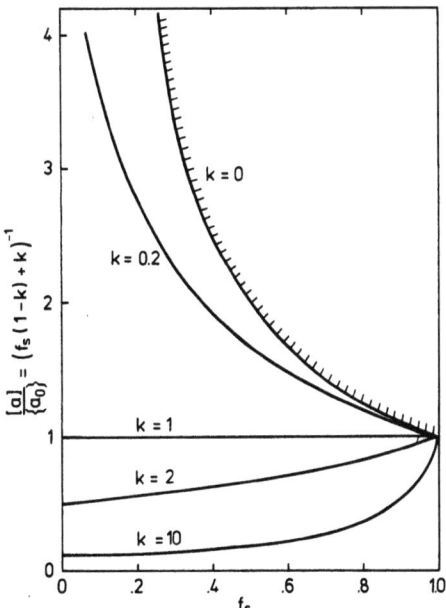

Abb. 9.8. Verlauf der Konzentration der Mikrokomponente a beim fraktionierten Aufschmelzen (f_s = Aufschmelzungsgrad) für Verteilungskoeffizienten $0 < k < 10$. Der *schraffiert* angedeutete Bereich ist nicht relevant. (Nach D. M. Shaw 1970)

gang beim Aufschmelzen − wenn auch sehr idealisiert − in hinreichender Form wiedergibt.

Der Einfluß der Diffusion wird erheblich eingeschränkt, sobald es um das Aufschmelzen von festen Lösungen (Olivin, Plagioklas) geht. Wegen der z. T. beachtlichen Schmelzpunktsunterschiede der reinen Endglieder werden auch nach langem Tempern bei Temperaturen, die kurz unter dem Schmelzpunkt des niedrig schmelzenden Endgliedes liegen, Konzentrationsgradienten für Spurenelemente erhalten bleiben, die mit der Zusammensetzung der festen Lösung korreliert sind. Diese Überlegung führt notwendigerweise zu dem Schluß, daß beim partiellen Aufschmelzen eines Gesteins, das aus mehreren Mineralen und darüber hinaus noch aus festen Lösungen besteht, die Annahme nicht mehr gerechtfertigt ist, daß das Spurenelement homogen in den Feststoffen verteilt ist. Die Freisetzung der Spurenelemente wird also jeweils nur bezogen werden können auf die gerade aufschmelzenden Phasen. Unter Berücksichtigung dieser Überlegungen haben Hertogen und Gijbels (1976) komplexere Modelle entworfen, die inkongruentes Schmelzen und Änderungen der Anzahl der Festphasen und der Verteilungskoeffizienten zu berücksichtigen erlauben.

9.5 Anwendungen

Es werden zwei Beispiele vorgestellt, mit denen die Handhabung der vorgenannten Gleichungen erläutert wird.

9.5.1 Fraktionierte Kristallisation

Das folgende Beispiel ist der Arbeit von Neumann et al. (1954) entnommen, wobei die Zahlenangaben abgerundet wurden.

Ein Gemenge, bestehend aus 90% Anorthit ($CaAl_2Si_3O_8$) und 10% Leucit ($KAlSi_2O_6$) wird vollständig geschmolzen. Dieser Schmelze wird eine geringe Menge eines Elementes zugesetzt (Spurenelement). Die Verteilung dieses Spurenelementes auf die sich bildenden Feststoffphasen und die Restschmelze soll nun untersucht werden. Das Erstarren dieser Schmelze läuft so ab, daß zunächst nur Anorthit kristallisiert, bis 80% der Schmelze erstarrt sind. Die Erstarrung soll so schnell verlaufen, daß diffusionsbedingte Konzentrationsänderungen des mitgefällten Spurenelementes im Anorthit vernachlässigt werden können. Die restlichen 20% erstarren als Eutektikum. Das in der Schmelze vorhandene Spurenelement hat die Verteilungskoeffizienten, $\lambda_{An} = 2$ und $\lambda_{Lc} = 4$.

Bei der Berechnung der Spurenelementwicklung verfährt man nun wie folgt: Das System wird in zwei Teilsysteme zerlegt, von denen das System 1 die Erstarrung zwischen $f_b = 0$ und $f_b = 0,8$, das System 2 diejenige zwischen $f_b = 0,8$ und $f_b = 1$ beschreibt. Aus (9.11) und (9.12) folgen die Verläufe der auf initiale Bedingungen normierten Verhältnisse des Spurenelementes a und der Makrokomponente b in der Schmelze bzw. im Anorthit (Abb. 9.9a). Setzt man für die Makrokomponente b bzw. Δb die Schmelz- bzw. Feststoffmasse ein, so erhält man normierte Konzentrationsverhältnisse von a in der Schmelze bzw. im Feststoffsystem Δa im System 1:

$$\left(\frac{a}{b}\right) \bigg/ \left(\frac{a_0}{b_0}\right) \triangleq (c_{rel, Schmelze}) = (1-f_b)^{\lambda-1} \tag{9.18}$$

$$\left\{\frac{\Delta a}{\Delta b}\right\} \bigg/ \left\{\frac{a_0}{b_0}\right\} \triangleq \{c_{rel, Oberfläche}\} = \lambda(1-f_b)^{\lambda-1}. \tag{9.19}$$

Mit der Schmelzzusammensetzung beim Erstarrungsgrad $f_b = 0,8$ beginnt nun das System 2 – die eutektische Erstarrung. Die Berechnung erfolgt nach (9.11), (9.15) bzw. (9.16), die jeweils entsprechend (9.18) bzw. (9.19) umgeformt werden (Abb. 9.9b). Der Erstarrungsgrad f_b' in dem eutektischen System wird transformiert, um ein zusammengesetztes

Anwendungen 237

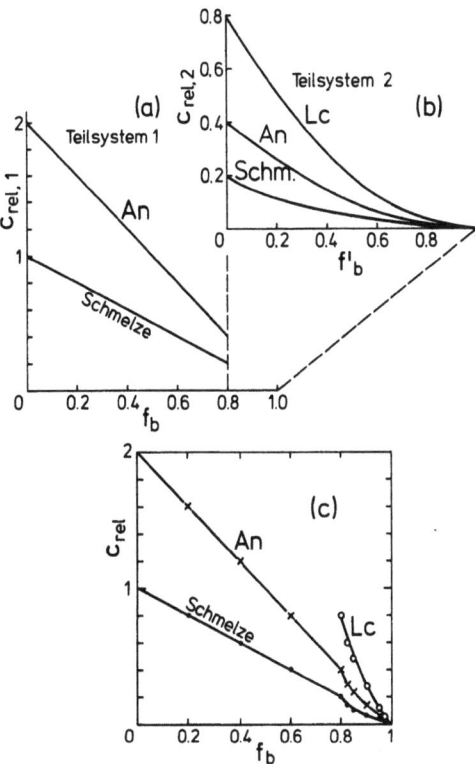

Abb. 9.9a – c. Berechnung der relativen Konzentrationsverläufe einer Mikrokomponente im Anorthit ($\lambda_{An} = 2$) und Leucit ($\lambda_{Lc} = 4$) beim fraktionierten Kristallisieren einer Schmelze von 80% Anorthit- und 20% Leucitkomponente. **a** Verlauf der relativen Konzentration der Mikrokomponente in der Schmelze und dem sich abscheidenden Anorthit im Erstarrungsbereich $0 < f_b < 0{,}8$; **b** Verlauf der relativen Konzentration der Mikrokomponente im eutektisch erstarrenden System Anorthit + Leucit und der Schmelze im Erstarrungsbereich $0 < f'_b < 1$ (entspricht $0{,}8 < f_b < 1$); **c** Zusammengesetzte Darstellung zur Verteilung der Mikrokomponente auf die Schmelze und die Feststoffphasen Anorthit und Leucit während der fraktionierten Kristallisation im gesamten Erstarrungsbereich

Diagramm zu erhalten. Abbildung 9.9c gibt den vollständigen Verlauf der Verteilung des Spurenelementes in der Schmelze und in den sich bildenden festen Phasen und der Schmelze als Funktion des Erstarrungsgrades wieder. Alle Kristalle beider Feststoffphasen zeigen einen beträchtlichen Konzentrationsgradienten. Würde man die beiden Minerale isolieren und im Hinblick auf das Spurenelement analysieren, so würde die chemische Analyse einen mittleren Gehalt des Spurenelementes für An und Lc ergeben. Nach (9.13) erhält man für das Spurenelement im Anorthit des ersten Teilsystems die mittlere relative Konzentration zu

$$c_{An, rel, 1} = \frac{1 - (1 - 0,8)^2}{0,8} = 1,200 .$$

Bei $f_b = 0,8$ beträgt die Konzentration des Spurenelementes in der Restschmelze nach (9.11)

$$c(m)_{f_b = 0,8} = (1 - 0,8)^{2-1} = 0,2 .$$

Für den Anorthit im zweiten Teilsystem folgt

mit (9.14) $\bar{\lambda} = 0,5 \cdot 4 + 0,5 \cdot 2 = 3$

und $f'_b = 1$ für vollständiges Erstarren

nach (9.16)

$$c_{An, rel, 2} = \frac{2}{3} \cdot 0,2 = 0,133 .$$

Der relative Spurenelementgehalt für den Anorthit insgesamt beträgt demnach

$$c_{An, rel} = \frac{8}{9} \cdot 1,200 + \frac{1}{9} 0,133 = 1,082 .$$

Für den Leucit ergibt sich im zweiten Teilsystem nach (9.16) für vollständige Erstarrung

$f'_b = 1$

$$c_{Lc, rel, 2} = \frac{4}{3} \cdot 0,2 = 0,267 .$$

Zur Überprüfung dieser Ergebnisse lassen sich die relativen Konzentrationen in allen Phasen, multipliziert mit den relativen Phasenanteilen, summieren: es muß sich 1 ergeben

$$c_{rel} = \frac{9}{10} \cdot 1,082 + \frac{1}{10} 0,267 = 1,000 .$$

Bezieht man – in Unkenntnis des wahren Kristallisationsverlaufes beider Mineralphasen – den Spurenelementgehalt in jeder Mineralphase auf denjenigen in der Schmelze (= Gesamtgestein), so ergibt sich für die empirischen Verteilungskoeffizienten D unseres Spurenelementes

im Anorthit: $D_{An, analyt.} = 1,082$

im Leucit : $D_{Lc, analyt.} = 0,267 .$

Die so errechneten Verteilungskoeffizienten basieren auf der Annahme einer homogenen Verteilung des Spurenelementes. Daher handelt es sich um D und nicht mehr um λ. Vergleicht man diese D-Werte mit den bei der Aufgabenstellung genannten λ-Werten, so ergeben sich erhebliche Diskrepanzen in den Verteilungskoeffizienten. Die Ursache liegt in dem falschen Bezug der relativen Spurenelementkonzentrationen der Minerale auf die Ausgangsschmelze. Dies wird besonders deutlich für den Verteilungskoeffizienten des Spurenelementes im Leucit, da der Leucit nur aus der bereits stark am Spurenelement verarmten Schmelze kristallisiert. In diesem Beispiel zeigt sich eine grundsätzliche Problematik bei der empirischen Bestimmung von Verteilungskoeffizienten, insbesondere unter Verwendung von Phänokristallen in basaltischen Gläsern.

Es wird immer angenommen, daß die Phänokristalle mit dem sie umgebenden erstarrten Magma im Gleichgewicht stehen und daß sie homogen aufgebaut sind. Sind beide Voraussetzungen nicht hinreichend gegeben, werden an Magmatiten vergleichbarer Zusammensetzung notwendigerweise differierende Verteilungskoeffizienten bestimmt.

9.5.2 Hydrothermale Differentiation

Jedes Magma enthält Wasser in gelöster Form (vgl. § 7.2.2). Für die Bildung einer hydrothermalen Phase während der Erstarrung des Magmas steht jedoch nur jene Menge an Überschußwasser zur Verfügung, die während der Kristallisation nicht in gesteinsbildende Minerale (z. B. Glimmer, Amphibole) eingebaut wird. Während der Kristallisation wird sich eine Schmelze so lange mit Wasser anreichern, bis sie gesättigt ist. Danach wird in dem Maße eine fluide Phase ausgeschwitzt, wie die Kristallisation fortschreitet (vgl. § 7.1.5). Der Gehalt an gelöstem Wasser in der gesättigten Schmelze wird dabei als praktisch konstant angesehen.

Es lassen sich zwei Grenzfälle unterscheiden:
1. die wasserreiche Phase entweicht kontinuierlich aus dem Magma und durchdringt das Nebengestein oder
2. die wasserreiche Phase verbleibt in der Magmenkammer, da das Nebengestein impermeabel für die fluide Phase ist.

Wenn das Element a nicht von den festen Phasen aufgenommen wird, ist für die Entwicklung der Konzentration des Elementes a in der wasserreichen Phase nur jener Abschnitt der Magmenerstarrung von Bedeutung, in dem ein wassergesättigtes Magma auch vorliegt. Daher wird für die Beschreibung der Entwicklung der fluiden Phase auch nur der Abschnitt der Erstarrung diskutiert, bei dem ein wassergesättigtes Magma vorgelegen hat. Dieser Abschnitt wird aus praktischen Gründen mit dem transformierten Erstarrungsgrad f'_b beschrieben. Der Anteil w der wäßrigen Phase an der wassergesättigten Schmelze beträgt für granodioritische bis granitische Schmelzen um 0,1.

Tabelle 9.5. Hydrothermale Differentiation bei semipermeabler Magmenkammer

Die Änderung der Molzahl m(a) des Elementes a in der Schmelze m, d(m(a)), entspricht der aus der Magmenkammer entweichenden Molzahl in der wäßrigen Phase [a] w d(m)

$$d(m \cdot (a)) = [a] \cdot w \cdot d(m)$$

mit $\quad [a] = k \cdot (a)$

$$\frac{[a]}{k} d(m) + \frac{(m)}{k} d[a] = [a] \cdot w \cdot d(m)$$

$$(kw - 1) \frac{d(m)}{(m)} = \frac{d[a]}{[a]}$$

mit $\quad (m) = (m_0)(1 - f_b)$

$\quad\quad d(m) = -(m_0) df_b$

$\quad\quad (m_0) =$ initiale Schmelzmasse

$$\int_{k(a_0)}^{[a]} d \ln [a] = (kw - 1) \int_0^{f_b} d \ln (1 - f_b)$$

$$[a] = k(a_0)(1 - f_b)^{kw-1}$$

Für den Fall des permeablen Nebengesteins ergibt sich für die Konzentration des Spurenelementes [a] in der fluiden Phase als Funktion der Ausgangskonzentration in der wassergesättigten Schmelze (a_0) und des Verfestigungsgrades f_b:

$$\frac{[a]}{(a_0)} = k \cdot (1 - f_b)^{kw-1}. \tag{9.20}$$

Die Ableitung dieser Gleichung geht aus Tabelle 9.5 hervor.

Erstarrt die gleiche Schmelze unter der veränderten Bedingung, daß das Nebengestein für die sich bildende fluide Phase impermeabel ist, so wird sich mit zunehmender Erstarrung des Magmas ein immer größerer Anteil an fluider Phase im Magmenraum sammeln. Diese fluide Phase ist ihrer Natur nach homogen wie auch die Schmelze. Unter der Annahme, daß beide Phasen immer miteinander im Gleichgewicht stehen werden, ergibt sich entsprechend der Ableitung in Tabelle 9.6:

$$\frac{[a]}{(a_0)} = \frac{D}{1 + (Dw - 1) f_b}. \tag{9.21}$$

In Abb. 9.10 sind die Ergebnisse der Fraktionierung entsprechend (9.20) und (9.21) dargestellt unter der Annahme, daß der Anteil der wäßrigen Phase an der wassergesättigten Schmelze w = 0,1 beträgt und

Tabelle 9.6. Hydrothermale Differentiation bei impermeabler Magmenkammer

---

Die Molzahlbilanz für die Verteilung des Elementes a in der Schmelze der Masse (m) und der mit ihr in Kontakt stehenden Masse der zweiten fluiden Phase $w \cdot (m_0 - m)$ lautet:

$$(a_0 m_0) - (a m) = w(m_0 - m)[a]$$

$$[a] = D(a)$$

$$(a_0 m_0) - \frac{[a]}{D}(m) = w m_0 [a] - w m [a]$$

$$[a] = \frac{D(a_0)}{(1 - Dw)\left(\frac{m}{m_0}\right) + Dw}$$

mit $\left(\frac{m}{m_0}\right) = 1 - f_b$

$$[a] = \frac{D(a_0)}{1 + (Dw - 1) f_b}$$

---

die Verteilungskoeffizienten k und D zwischen 0,1 und 100 variieren. Für $k = D = 10$ ergibt sich keine Änderung der Konzentration von a in der fluiden Phase, da $kw = Dw = 1$ ist. Der Anfangswert von 10 ergibt sich in diesem Beispiel daraus, daß das Element a auf den 10fachen Wert der Ausgangsschmelze angereichert wird, bevor eine wassergesättigte Schmelze vorliegt, die die Basis für die hydrothermale Differentiation bildet. Für $k = D > 10$ ergibt sich nach beiden Modellen eine Abnahme der Konzentration [a] in der sich bildenden hydrothermalen Phase mit steigendem Erstarrungsgrad f_b'. Im Falle des differentiellen Entweichens nimmt die Konzentration [a] in der hydrothermalen Phase sehr schnell ab, während im Falle der Gleichgewichtsverteilung zwischen den beiden fluiden Phasen der anfänglich hohe Wert nur auf den Endwert Dw zurückgeht. Für $k = D < 10$ ergeben sich bei beiden Vorgängen für den Bereich niedriger Verfestigungsgrade der wassergesättigten Schmelze übereinstimmende Ergebnisse. Erst im Bereich der letzten 20% auf der transformierten Skala werden die Unterschiede signifikant. Dieser Bereich entspricht der Verfestigung noch verbliebener 2% Restschmelze des Magmatits.

Bei der natürlichen Differentiation einer zweiten fluiden Phase während der Erstarrung einer Schmelze ist anzunehmen, daß beide Modellansätze sich überlagern, so daß im Falle für $k = D < 10$ davon ausgegangen werden kann, daß mit beiden Gleichungen (9.20) und (9.21) der Differentiationsvorgang auf der transformierten Skala bis zum Erstarrungsgrad von 80% hinreichend beschrieben werden kann. Für $k = D > 10$ ergeben sich selbst bei geringen Verfestigungsgraden des

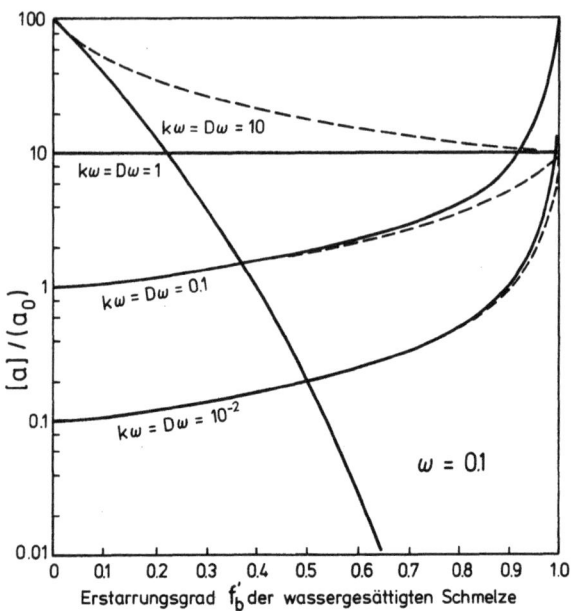

Abb. 9.10. Relative Konzentration der Mikrokomponente a in der sich bildenden wäßrigen fluiden Phase beim Erstarren von Magmatiten mit einem Anteil an Wasser-gesättigter Schmelze von w = 0,1. Der Erstarrungsgrad f'_b beschreibt nur die Vorgänge, bei denen eine an H_2O gesättigte Schmelze vorgelegen hat. Die *gestrichelten Kurven* geben den Verlauf von a in der hydrothermalen Phase an, wenn die zwei fluiden Phasen gemeinsam bis zur endgültigen Erstarrung in der Magmenkammer verbleiben [homogene Verteilung nach (9.21)]. Die *durchgezogenen Kurven* beschreiben den Verlauf der Konzentration von a in einer kontinuierlich aus der Magmenkammer entweichenden wäßrigen Phase nach (9.20)

Magmas im Bereich der Wassersättigung signifikante Unterschiede in der Verteilung der Mikrokomponente, da die Konzentrationen [a] nach beiden Seiten stark auseinanderlaufen. Damit sind große Fehleinschätzungen bei der Beurteilung von Konzentrationen in der entweichenden fluiden Phase für Elemente (Ionen) mit k = D > 10 leicht möglich. Es sind aber gerade diese Elemente (Ionen), die zur Ausbildung von industriell begehrten Mineralisationen (Lagerstätten) führen.

Vertiefende Literatur

Allègre und Hart (1978), Allègre et al. (1977), Arth (1976), Augustithis (1983), Burns und Fyfe (1967), Frederickson (1962), Gast (1968), McIntire (1962), Neumann (1948), Shaw (1953), Usdowski (1975).

10 Isotopenfraktionierung

10.1 Isotopieeffekte

Unterschiede in den Kerneigenschaften von Isotopen führen im Verlaufe physikalischer Vorgänge und chemischer Reaktionen zu Änderungen der Isotopenverhältnisse. Neben der Radioaktivität sind es die Unterschiede in den Isotopenmassen, die im Verlauf von chemischen Reaktionen Isotopieeffekte bewirken. Bei den Isotopieeffekten werden jene, die sich über Gleichgewichte (thermodynamisch) herausbilden, von denen unterschieden, die sich während eines Reaktionsablaufes kinetisch einstellen.

Thermodynamische Isotopieeffekte

Analog zum Ionenaustausch läßt sich auch der chemische Isotopenaustausch als Gleichgewicht beschreiben:

$$A_lB + A_sC \rightleftarrows A_sB + A_lC \tag{10.1}$$

l = leichtes, s = schweres Isotop des Elementes A;
die Elemente B und C sind monoisotopisch.

Nach den Vorstellungen der klassischen Statistik wird eine Verteilung von A_l und A_s über alle Verbindungen gefordert. Jedoch führen unterschiedliche Nullpunktsenergien der Isotope zu einer Isotopenverteilung, für die die Gleichgewichtskonstante ungleich 1 ist:

$$\frac{[A_sB] \cdot [A_lC]}{[A_lB] \cdot [A_sC]} = K \neq 1, \tag{10.2}$$

oder übersichtlicher

$$\left(\frac{A_s}{A_l}\right)_{AB} \bigg/ \left(\frac{A_s}{A_l}\right)_{AC} = \alpha_{AC}^{AB} = 1 + \varepsilon. \tag{10.3}$$

Die Abweichung von 1, der Isotopieeffekt ε, ist damit der Betrag, der auf die unterschiedlichen Massen der Isotope zurückgeht. Da ε sehr gering ist, ist es üblich

$$1000 \ln \alpha = 1000\,\varepsilon \qquad (10.4)$$

anzugeben. In (10.4) ist $1000\,\varepsilon$ im allgemeinen eine Größe zwischen 1 und 10. Der Fraktionierungskoeffizient α wird meist so definiert, daß sein Wert >1 ist. α selbst ist eine Funktion der Temperatur und nähert sich im allgemeinen mit steigenden Temperaturen dem Wert 1.

Die Isotopenverhältnisse in (10.3) lassen sich sehr genau massenspektrometrisch ermitteln. Sie werden üblicherweise auf Standardsubstanzen nach (10.5) bezogen:

$$\delta A\,[\text{‰}] = \left(\frac{R(A)\text{-Probe}}{R(A)\text{-Standard}} - 1 \right) \cdot 1000 \qquad (10.5)$$

$R(A)$ = Isotopenverhältnis von A.

δ wird dann als Isotopenfraktionierung bezeichnet. Ein positiver δ-Wert besagt, daß das betrachtete Isotopenverhältnis in der Probe gegenüber dem des Standards erhöht ist; bei negativen Werten ist das Isotopenverhältnis geringer als im Standard.

Häufig verwendete internationale Standards sind:

SMOW = *S*tandard *M*ean *O*cean *W*ater: für H, O,
PDB = *Peedee-B*elemnite: für C, O,
CD   = *C*añon-*D*iablo meteorite: für S
       (Troilit-Phase)

Neben diesen internationalen Standards werden häufig Laborstandards verwendet. Diese Messungen müssen anschließend auf die internationalen Standards umgerechnet werden, wenn sie mit Messungen anderer Autoren verglichen werden sollen. Zur Umrechnung der Meßergebnisse bei Verwendung verschiedener Standards wird die notwendige Umrechnungsformel in Tabelle 10.1 abgeleitet.

Bei Verwendung gleicher Standards ergibt die Differenz zweier δ-Werte näherungsweise den Wert $1000 \ln \alpha$ und damit den

$$\delta(A)_{AB} - \delta(A)_{AC} \cong \Delta_{AB-AC} \cong 1000 \ln \alpha_{AC}^{AB}. \qquad (10.6)$$

Kinetische Isotopieeffekte

Die kinetischen Isotopieeffekte werden durch die massenabhängigen mittleren Geschwindigkeiten der Isotope bedingt. Da bei gegebener

Tabelle 10.1. Umrechnung von Isotopenfraktionierungen δ, die mit unterschiedlichen Standards ermittelt wurden

R(A)-Std.I	R(A)-Std.II	R(A)-Probe
R(I)	R(II)	R(x)

Es muß gelten:

$$R(x) - R(I) = (R(x) - R(II)) + (R(II) - R(I))$$

$$\frac{R(x) - R(I)}{R(I)} = \frac{R(x) - R(II)}{R(II)} \cdot \frac{R(II)}{R(I)} + \frac{R(II) - R(I)}{R(I)};$$

mit (10.5) und (10.3) folgt

$$\delta_{x-I} = \delta_{x-II} \cdot \alpha_I^{II} + \delta_{II-I};$$

mit (10.5) folgt weiter

$$\delta_{x-I} = \delta_{x-II} + 10^{-3} \cdot \delta_{x-II} \cdot \delta_{II-I} + \delta_{II-I}$$

Temperatur die kinetische Energie im Mittel für alle Teilchen gleich ist, folgt für Isotope

$$\frac{3}{2} kT = \frac{1}{2} m_l \bar{v}_l^2 = \frac{1}{2} m_s \bar{v}_s^2 \tag{10.7}$$

$$\frac{\bar{v}_l}{\bar{v}_s} = \sqrt{\frac{m_s}{m_l}} \tag{10.8}$$

$\bar{v}$ = mittlere Geschwindigkeit der Atome
l = leichtes, s = schweres Isotop .

Daraus folgt für die Unterschiede bei der Wanderung von Methan mit unterschiedlicher Masse in permeablen Sedimenten:

$$\frac{\bar{v}(^{13}CH_4)}{\bar{v}(^{12}CH_4)} = \sqrt{\frac{17}{16}} = 1.031 .$$

Hiernach wandert $^{12}CH_4$ um etwa 3% schneller als $^{13}CH_4$. Allgemein gilt: isotopisch leichte Moleküle diffundieren schneller als schwere.

Für das Verhältnis von Schwingungsfrequenzen der Isotope in chemischen Bindungen ergibt sich eine analoge Beziehung

$$\frac{\nu_l}{\nu_s} = \sqrt{\frac{m_s}{m_l}} . \tag{10.9}$$

Daraus erhält man z. B. für die Abspaltung einer Karboxylgruppe von ihrer organischen Verbindung während eines pyrolytischen Abbaus

$$\frac{v(^{12}C^{16}O_2)}{v(^{12}C^{18}O^{16}O)} = \sqrt{\frac{46}{44}} = 1{,}022\,.$$

Auch hier zeigt sich, daß das leichte gegenüber dem schweren CO_2 eine um ca. 2% höhere Wahrscheinlichkeit für die Abspaltung besitzt. Ganz allgemein kann gesagt werden, daß bei irreversiblen Prozessen die leichten Komponenten häufiger und damit schneller reagieren als die isotopisch schwereren.

Im biologischen Bereich führen die kinetischen Prozesse dazu, daß die leichten Isotope des H, O, C etc. schneller umgesetzt werden. Die schweren Isotope verbleiben meist in den Verbindungen mit den höheren Bindungsenergien, z. B. den Karbonaten der Karbonatskelette und -schalen mariner Organismen.

10.2 Isotopenfraktionierung einiger Elemente

Wasserstoff-Fraktionierung: ^1H, $^2H \triangleq D$

Wegen der größten Massenunterschiede zwischen 2 Isotopen zeigt der Wasserstoff die größten Fraktionierungseffekte. Da der Wasserstoff an Sauerstoff gebunden ist, zumeist in Form von Wasser, ist die Wasserstoff-Fraktionierung mit der des Sauerstoffs eng verknüpft.

Abbildung 10.1 zeigt schematisch die Beziehung zwischen δD und $\delta^{18}O$ für Niederschläge. Daraus folgt, daß mit zunehmender geographischer Breite zunehmend negativere δ-Werte in Niederschlägen gefunden werden. Je niedriger die Temperaturen, um so stärker wirken sich die ki-

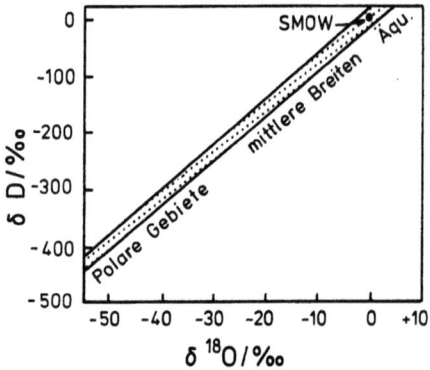

Abb. 10.1. Schematisierte Wiedergabe der Beziehung von δD und $\delta^{18}O$ in Niederschlägen. Die Angaben zur geographischen Breite belegen eine starke Temperaturabhängigkeit der Isotopenzusammensetzung der Niederschläge. *SMOW S*tandard *M*ean *O*cean *W*ater. (Nach Hoefs 1980)

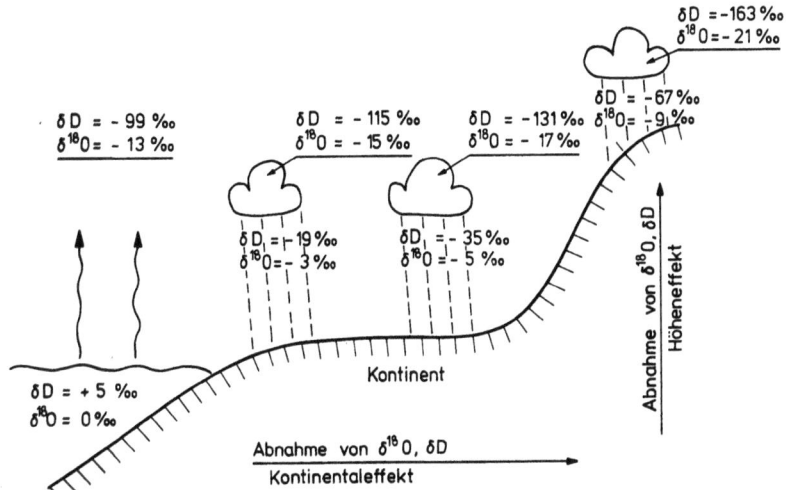

Abb. 10.2. Schematisierte Wiedergabe der Fraktionierung von Niederschlägen in mittleren Breiten. Die Abbildung zeigt charakteristische δD- und δ^{18}O-Werte bei der Verdampfung von Meerwasser, küstennahen und küstenfernen Niederschlägen (Kontinentaleffekt) sowie in Gebirgen (Höheneffekt)

netischen Effekte bei der Verdunstung und anschließenden Kondensation aus. Bei hohen Temperaturen (Äquatorbereich) sind sie dagegen gering. Neben diesem Temperatureffekt gibt es einen Kontinentaleffekt, welcher besagt, daß der Niederschlag um so isotopisch leichter ist, je weiter landeinwärts er fällt (Abb. 10.2). Es zeigt sich in der Tat, daß in küstennahen Regionen der Niederschlag (frühe Kondensate) insbesondere die schwereren Isotopenkombinationen führt. An Gebirgshängen wird auch ein Höheneffekt beobachtet, auf Grund dessen Niederschläge in großen Höhen (späte Kondensate) isotopisch leichter sind als in geringen Höhen. Diese Isotopenverschiebung δD beträgt etwa −1,2‰ pro 100 m Höhendifferenz.

Die Fraktionierung von H−D und ^{16}O−^{18}O hängt mit den unterschiedlichen Partialdampfdrücken der isotopisch unterschiedlich zusammengesetzten Komponenten des Wassers zusammen:

$$P_{(H_2^{16}O)} > P_{(HD^{16}O)} > P_{(H_2^{18}O)} > P_{(HD^{18}O)}.$$

Der Isotopenaustausch zwischen Wasser und Gestein ist ebenfalls stark temperaturabhängig, wobei D im Laufe der geologischen Zeit in der Verbindung H$_2$O und damit im Meerwasser angereichert wurde (Abb. 10.3). Die Streubreite von δD in Sedimenten ist wegen des Isotopenaustausches mit meteorischen Wässern größer als für Magmatite.

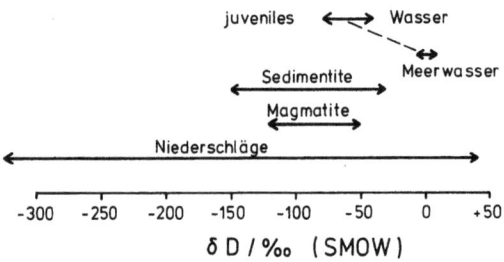

Abb. 10.3. Variationsdiagramm für δD in verschiedenen Wässern, Sedimenten und Magmatiten. (Nach Hoefs 1980). *SMOW* Standard *M*ean *O*cean *W*ater

Kohlenstoff-Fraktionierung: $^{12}C - ^{13}C$

Die Kohlenstoff-Isotope ^{13}C und ^{12}C werden in der Biosphäre und bei der Karbonatbildung isotopisch fraktioniert:

1. Kinetische Effekte bei der Photosynthese führen zur Anreicherung von ^{12}C in organischem Material. Dies führt bei dem Abbau der Kohlenwasserstoffe zu einem CO_2, das entsprechend in ^{12}C angereichert ist. Die nicht abbaubaren Rückstände (organische Sedimente) sind leicht in ^{13}C angereichert.
2. Thermodynamische Effekte beim Austausch zwischen CO_2 (gelöst als HCO_3^- bzw. CO_3^{2-}) und Karbonaten führen zu einer systematischen Anreicherung von ^{13}C in den schwerlöslichen Karbonaten.

Abbildung 10.4 ist zu entnehmen, daß marine Karbonate um absolut 7‰ schwerer sind, organische Materie (Organismen) aber im Mittel um absolut 10‰ leichter ist als das CO_2 der Luft. Die schwach metamorphen Produkte organischer Sedimente wie Kohle, Erdöl und Erdgas lassen ihre genetische Verwandtschaft in der Isotopenfraktionierung erkennen (Tabelle 10.2). Die Kohlenstoffisotopie zwischen den Landbiota und Kohle stimmt weitestgehend überein. Für Erdöl und Erdgas zeigt es sich, daß sie sich hauptsächlich durch Kracken von marin-organischen Ausgangsstoffen ableiten. In Erdöl wird geringfügig ^{13}C angereichert, während das Erdgas isotopisch erheblich leichter ist.

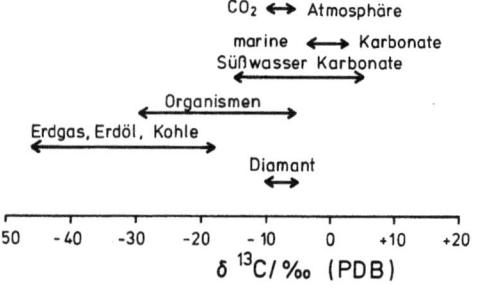

Abb. 10.4. Variationsdiagramm für $δ^{13}C$ in CO_2 der Atmosphäre und Diamanten sowie in Karbonaten, Organismen, Abbauprodukten biogener Sedimente. (Nach Hoefs 1980). *PDB P*ee*d*ee *B*elemnite

Tabelle 10.2. Mittlere δ^{13}C-Werte für biogene Sedimente und deren metamorphe Produkte

biogene Sedimente	
nicht marin −24	marin −28

Kohle −24	Erdgas −40	Erdöl −25

Die erheblich verschiedenen δ^{13}C-Werte für sedimentäre Karbonate und Diamant lassen erkennen, daß eine genetische Beziehung beider Kohlenstoffverbindungen nicht vorliegt. Dagegen weisen magmatische Karbonate, die Karbonatite, eine dem Diamant vergleichbare Isotopenzusammensetzung auf. Das belegt die Herkunft beider Produkte aus dem gleichen Milieu. Diamanten und Karbonatschmelzen entstammen dem oberen Mantel (vgl. § 5.3.2).

Sauerstoff-Fraktionierung: $^{16}O - ^{18}O$

Bei der Verdampfung von Sauerstoff-tragenden Verbindungen werden die ausschließlich ^{16}O-tragenden Moleküle etwas bevorzugt in die Gasphase überführt. In Feststoffen wie Silikaten und Karbonaten wird dagegen ^{18}O angereichert. Die Anreicherung nimmt in der Reihenfolge ab:

$$Si-O-Si > Si-O-Al > Si-O-(Mg,Fe) \gg -O-H.$$

In Abb. 10.5 sind die Fraktionierungstendenzen als Funktion der Temperatur wiedergegeben. Es zeigt sich, daß bei magmatischen Temperaturen die Isotopenverschiebung gegenüber dem gewählten Standard (SMOW) gering ist. Sie nimmt mit abnehmender Temperatur der Mineralbildung und Mineralalteration zu. Sie erreicht ihre höchsten Werte bei der Bildung von sedimentären Karbonaten und dem mit diesen im Gleichgewicht stehenden CO_2 in der Atmosphäre.

Die Sauerstoffisotopenfraktionierung in Niederschlägen wurde im Zusammenhang mit der H−D-Fraktionierung bereits diskutiert. Das Meerwasser ist im Laufe der geologischen Zeit im Mittel durch Aus-

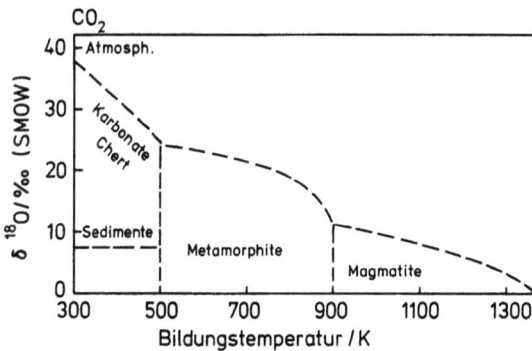

Abb. 10.5. Variation für $\delta^{18}O$ in Gesteinen mit der Temperatur. (Nach Garlick 1969)

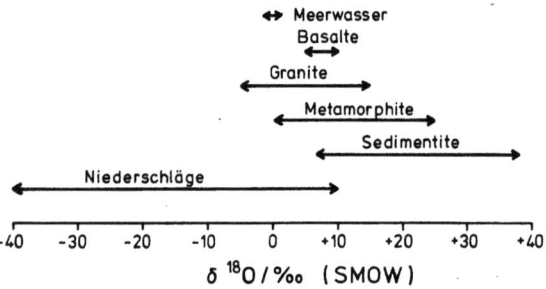

Abb. 10.6. Variationsdiagramm für $\delta^{18}O$ in Wässern und Gesteinen. (Nach Hoefs 1980). *SMOW* *S*tandard *M*ean *O*cean *W*ater

tausch von ^{18}O mit sedimentierenden detritischen und authigenen Partikeln um ca. 3‰ leichter geworden. Hierbei haben insbesondere die authigenen Sedimente ^{18}O aus dem Meerwasser angereichert. Sedimente sind allgemein im Mittel schwerer in ^{18}O als die verwitternden Magmatite und Metamorphite, aus denen sie hervorgehen (Abb. 10.6).

Granite weisen gegenüber Basalten eine sehr viel größere Streuung in ^{18}O-Werten auf. Insbesondere zeigen Granite eine größere Variationsbreite. Diese Variationsbreite ist zum Teil bedingt durch den ^{18}O-Austausch mit meteorischen, formationalen bzw. metamorphen Wässern: postmagmatische Alteration (vgl. § 6.5). Aus gleichem Grund nehmen auch die $\delta^{18}O$-Werte in Metamorphiten und Sedimenten mit fallender Temperatur beim Isotopenaustausch mit formationalen bzw. meteorischen Wässern zu. Eine weitere Ursache für die erhöhten $\delta^{18}O$-Werte in Graniten gegenüber Basalten wird darin gesehen, daß Granite häufig anatektische Aufschmelzungen von isotopisch schweren Sedimenten darstellen (vgl. § 6.4)

Schwefel-Fraktionierung: $^{32}S - ^{34}S$

Die Schwefel-Isotopen-Verschiebung $\delta^{34}S$ reicht von +150 bis −65‰. Ursache hierfür sind kinetische Effekte während der bakteriellen Sulfatreduktion zu H_2S und in geringem Ausmaß der Isotopenaustausch, z. B. zwischen SO_4^{2-} und S^{2-}. Sulfat-reduzierende Bakterien können unter sehr extremen Bedingungen leben, wie sie in Tabelle 10.3 zusammengefaßt sind. Die bakterielle Reduktion erzeugt ein isotopisch leichtes H_2S und führt damit zu Sulfiden, die ihrerseits leichter sind als das Ausgangssulfat. Das in Lösung verbleibende Sulfat wird durch die bevorzugte Reduktion des leichten Sulfates isotopisch schwerer. Daraus ergeben sich zwei Möglichkeiten für die Entwicklung von Isotopieeffekten:

1. Wird in einem geschlossenen System (z. B. stagnierendes Wasser) unter anoxischen Bedingungen vom vorhandenen Sulfat nur eine geringe Menge reduziert (infolge von Umweltvergiftung durch H_2S-Produktion), so wird ein sehr großer Isotopieeffekt im H_2S zu beobachten sein. Die sich ableitenden Sulfide sind isotopisch sehr leicht (Abb. 10.7).

2. Wenn das aus der Sulfatreduktion hervorgehende H_2S kontinuierlich als Metallsulfid gefällt wird, so wird im Normalfall der Prozeß dann beendet, wenn entweder keine Nährstoffe für die Bakterien oder kein Sulfat für die Oxidation der Nährstoffe mehr zur Verfügung stehen. Die Isotopenfraktionierung folgt dem Rayleighschen Fraktionierungsansatz (Tabelle 10.4), wonach beginnend mit stark negativen Werten für die Schwefelverschiebung bei $f_{SO_4} \simeq 1$ zunehmend ansteigende Werte gefunden werden (Abb. 10.7). Frühe und späte Sulfidfraktionen unterscheiden sich jedoch stark in der Schwefelisotopenzusammensetzung. Für den Fall, daß alles vorhandene Sulfat reduziert wird, ist im Mittel die Isotopenzusammensetzung des Sulfids identisch mit der des Ausgangssulfates.

Tabelle 10.3. Variationsbreite der Milieubedingungen bei der bakteriellen Sulfat-Reduktion. (Nach ZoBell 1958)

Temperatur	bis 150 °C
Salinität	bis 30% NaCl
pH-Bereich	4 – 10
Eh-Bereich	+350 bis 500 mV

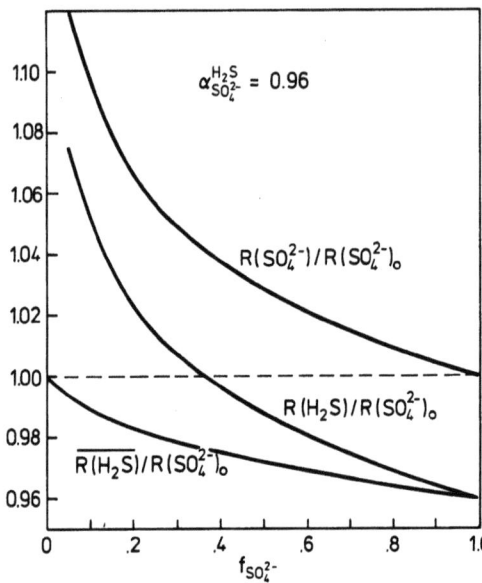

Abb. 10.7. Verlauf der Isotopenfraktionierung von Schwefel bei der Sulfatreduktion im geschlossenen System nach Tabelle 10.4. Die Kurven geben die Zusammensetzung des verbleibenden Sulfats als $[R(SO_4^{2-})/R(SO_4^{2-})_0]$, des sich bildenden H_2S als $[R(H_2S)/R(SO_4^{2-})_0]$ sowie des akkumulierten H_2S als $[\overline{R(H_2S)}/R(SO_4^{2-})_0]$ an als Funktion des im System verbliebenen Sulfatanteils. Die Reduktion schreitet *von rechts nach links* fort

Tabelle 10.4. Isotopenfraktionierung unter Gleichgewichtsbedingungen (Rayleigh-Fraktionierung), angewandt auf die bakterielle Sulfat-Reduktion im geschlossenen System

---

Definition des Fraktionierungsfaktors α

$R(H_2S) = \alpha \cdot R(SO_4)$

$R(H_2S)$, $R(SO_4) = {}^{34}S/{}^{32}S$-Isotopenverhältnisse von H_2S und SO_4^{2-} im direkten Gleichgewicht.

Für das ${}^{34}S/{}^{32}S$-Isotopenverhältnis im verbliebenen Sulfatanteil f folgt:

$R(SO_4) = R(SO_4)_0 \cdot f^{\alpha-1}$;

für das ${}^{34}S/{}^{32}S$-Isotopenverhältnis im sich bildenden H_2S erhält man:

$R(H_2S) = R(SO_4)_0 \, \alpha \cdot f^{\alpha-1}$;

für das mittlere ${}^{34}S/{}^{32}S$-Verhältnis im sich akkumulierenden H_2S folgt:

$\overline{R(H_2S)} = R(SO_4)_0 \dfrac{1-f^\alpha}{1-f}$

Es wird angenommen, daß bei tiefen Temperaturen im wesentlichen die bakterielle Reduktion stattfindet, bei hohen Temperaturen (>600 K) Fe^{2+}-Ionen sowie Kohlenwasserstoffe die Reduktion des Sulfats zu Sulfid übernehmen. Die chemische Sulfat-Reduktion mittels Fe^{2+}-Ionen liefert im wesentlichen das H_2S der Metallsulfide bei der Bil-

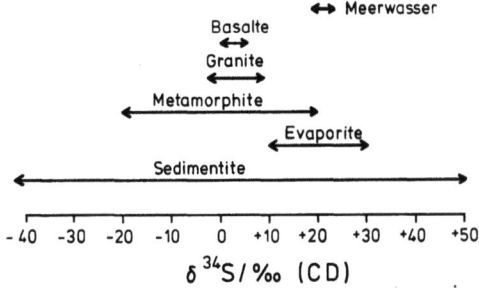

Abb. 10.8. Variationsdiagramm für $\delta^{34}S$ für Schwefelspezien in Meerwasser und Gesteinen. (Nach Hoefs 1980). *CD* Cañon *D*iablo meteorite

dung von porphyry copper- und Kuroko-Lagerstätten sowie in den „black smokers" entlang den ozeanischen Riftsystemen.

Neben den kinetischen Isotopieeffekten spielen bei hohen Temperaturen Gleichgewichtseinstellungen der Isotope zwischen verschiedenen chemischen Verbindungen des Schwefels eine Rolle. Die Fraktionierungsfaktoren sind stark temperaturabhängig und sind am größten in den Redoxsystemen $SO_4^{2-} - H_2S$ und $SO_2 - H_2S$. Der ^{34}S-Gehalt nimmt in der Reihe der kogenetischen Metallsulfide ab (Ohmoto und Rye 1979)

$FeS_2 > ZnS > CuFeS_2 > PbS$ (vgl. Abb. 11.18) .

In Abb. 10.8 sind die natürlichen Streubreiten für $\delta^{34}S$ dargestellt. Sie lassen erkennen, daß der Meerwasser-Schwefel isotopisch schwerer ist als der Schwefel in den Magmatiten und Metamorphiten.

10.3 Radiometrische Datierungen

10.3.1 Grundlagen

Radioaktiver Zerfall

Unterschiede in der Kernbindungsenergie von Isotopen haben oft zur Folge, daß einige der Isotope radioaktiv sind. Sie unterliegen einem β- bzw. α-Zerfall oder der Spontanspaltung. Alle Zerfallsarten können von der Emission von γ-Quanten begleitet sein. Das radioaktive Zerfallsgesetz gibt an, wieviel Atome von einer gegebenen Anzahl von Mutternukliden M_0 nach der Zerfallszeit t noch vorhanden sind.

$$M_t = M_0 \exp\left\{-\frac{\ln 2}{t_{1/2}} t\right\} \tag{10.10}$$

$t_{1/2}$ = Halbwertzeit .

Tabelle 10.5. Beispiele für Änderungen der Isotopenverhältnisse durch radioaktiven Zerfall

---

a) natürliche Zerfallsreihen

$^{238}U \xrightarrow{\text{viele Zwischenglieder}} {}^{206}Pb$

$^{235}U \xrightarrow{\text{viele Zwischenglieder}} {}^{207}Pb$

$^{232}Th \xrightarrow{\text{viele Zwischenglieder}} {}^{208}Pb$

b) primordiale Radionuklide

$^{40}K \begin{array}{c} \varepsilon\,11\% \nearrow {}^{40}Ar \\ \beta^-\,89\% \searrow {}^{40}Ca \end{array}$

$^{87}Rb \xrightarrow{\beta^-} {}^{87}Sr$

$^{187}Re \xrightarrow{\beta^-} {}^{187}Os$

ε = K-Eingang, Elektroneneinfang
β^- = β^--Zerfall

c) induzierte Aktivität

$^{3}H(T) \xrightarrow{\beta^-} {}^{3}He$

$^{10}Be \xrightarrow{\beta^-} {}^{10}B$

$^{14}C \xrightarrow{\beta^-} {}^{14}N$

Innerhalb einer Halbwertzeit zerfällt gerade immer die Hälfte aller Teilchen, die zu Beginn der Halbwertzeit noch vorlagen.

So liegen nach $1 \times t_{1/2} \rightarrow \frac{1}{2} M_0$

$$\text{nach } 5 \times t_{1/2} \rightarrow \frac{1}{2} \cdot \frac{1}{2} \cdot \frac{1}{2} \cdot \frac{1}{2} \cdot \frac{1}{2} M_0 = \frac{1}{2^5} M_0$$

vor. Selbst nach sehr vielen Halbwertzeiten werden immer noch Radionuklide dieser Art vorliegen.

Aus den zerfallenden Mutternukliden bilden sich – oft über mehrere Zerfälle – stabile Endprodukte, die Tochternuklide D_t. Die Anzahl der Tochternuklide errechnet sich nach:

$$D_t = M_0 - M_t = M_0 \left(1 - \exp\left\{ -\frac{\ln 2}{t_{1/2}} t \right\} \right). \tag{10.11}$$

Der radioaktive Zerfall bewirkt, daß stabile Tochterisotope selektiv aufgebaut werden. Dies geschieht

1. im Rahmen der natürlichen Zerfallsreihen, in denen aus ^{238}U, ^{235}U sowie ^{232}Th die Bleiisotope ^{206}Pb, ^{207}Pb und ^{208}Pb aufgebaut werden (Tabelle 10.5),

2. durch Zerfall primordialer Nuklide, deren Halbwertzeiten größer als das Erdalter sind (Tabelle 10.5) oder
3. durch kosmische Strahlung kontinuierlich induzierter radioaktiver Nuklide in der Atmosphäre, die mit dem Niederschlag der Erdoberfläche zugeführt werden (Tabelle 10.5).

Beziehungen zwischen Mutter- und Tochternukliden

Das radioaktive Zerfallsgesetz (10.10) erlaubt im Prinzip eine radiometrische Datierung von Mineralen, die radioaktive Stoffe hinreichend langer Halbwertzeit enthalten. Voraussetzungen für eine Datierung sind:

1. die Halbwertzeit $t_{1/2}$ muß sehr genau bekannt sein;
2. zum Zeitpunkt der Bildung der Probe müssen Mutter- und Tochternuklide möglichst quantitativ getrennt sein;
3. es dürfen weder Verluste noch Gewinne an Mutter- bzw. Tochternukliden durch andere Prozesse als den radioaktiven Zerfall des Mutterelementes vorgekommen sein (Bedingung eines geschlossenen Systems).

Wenn diese Randbedingungen erfüllt sind, ist es prinzipiell möglich, in Sedimentgesteinen die Zeit der Ablagerung, in metamorphen Gesteinen das Alter der letzten Metamorphose, in magmatischen Gesteinen das Intrusions- oder Extrusionsalter und in primär-magmatischen Gesteinen alter Kratone die Zeit der Verfestigung der Erdkruste und damit das Krustenalter der Erde zu bestimmen. Da die Auswertung der Meßdaten im allgemeinen die Zugrundelegung eines Modells verlangt, werden die abgeleiteten Alter als Modellalter bezeichnet. Erst die Übereinstimmung mehrerer ermittelter Modellalter − an verschiedenen Mineralen oder Gesteinsproben bei Anwendung nur einer Methode oder an gleichem Material bei Anwendung von verschiedenen Methoden − läßt erkennen, ob das erhaltene Modellalter dem realen Alter eines geologischen Ereignisses entspricht. Man spricht von konkordanten Altern, wenn alle Proben eines geologischen Körpers ein übereinstimmendes Alter anzeigen, von diskordanten Altern, wenn die Proben unterschiedliche, aber zusammenhängende Altersangaben liefern. Diskordante Alter können dadurch zustande kommen, daß die untersuchten Proben für Mutter- und/oder Tochternuklide nicht ein geschlossenes System darstellten und daher Verluste oder Zugewinne möglich waren. Abbildung 10.9 zeigt schematisch den Unterschied zwischen einem geschlossenen und einem offenen System im Hinblick auf Mutter- und Tochternukli-

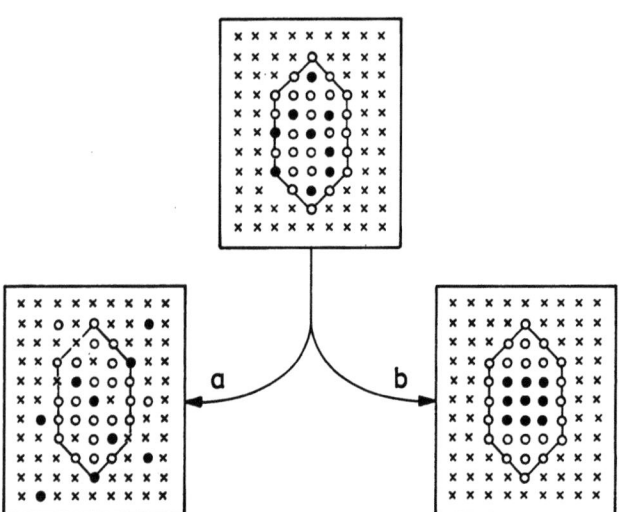

Abb. 10.9. Schematische Darstellung eines offenen (*a*) und eines geschlossenen (*b*) Systems im Hinblick auf die Umverteilung von radiogen erzeugten Nukliden ●, den Mutternukliden ○ und den Matrix-Ionen ×, in die der Kristall eingelagert ist

de. Solange nur eine Umverteilung von Mutter- und Tochternukliden innerhalb der für die Messung herangezogenen Gesamtgesteinsprobe erfolgte, sind örtlich begrenzte Austauschvorgänge (z. B. durch Diffusion) zwischen den einzelnen Mineralen unerheblich. Das System kann immer noch als geschlossen betrachtet werden. Offen ist das System, wenn Komponenten überproportional zu- oder abgeführt wurden und sich damit die Gehalte des Mutter- und Tochterelementes in den zur Untersuchung gelangenden Proben änderten. Werden Minerale zur Datierung herangezogen, muß die Bedingung des geschlossenen Systems strikt eingehalten worden sein.

Die für geologische Ereignisse wichtigsten radiometrischen Datierungsmethoden stützen sich auf primordiale Nuklide wie ^{40}K, ^{87}Rb, ^{235}U, ^{238}U, ^{232}Th etc. In allen Fällen gilt die Überlegung, daß sich die Zahl der Mutternuklide zum Zeitpunkt der Probenbildung M_t aus der Summe der heute noch vorhandenen Mutternuklide M_h und der bis heute gebildeten Tochternuklide D_h zusammensetzt:

$$M_t = M_h + D_h. \tag{10.12}$$

Damit folgt aus dem radioaktiven Zerfallsgesetz (10.10) bei der Anwendung auf geochronologische Fragestellungen:

$$M_h = (M_h + D_h) \exp\left\{ -\frac{\ln 2}{t_{1/2}} t \right\}. \tag{10.13}$$

Nach t aufgelöst:

$$t = \frac{t_{1/2}}{\ln 2} \ln\left\{ 1 + \left(\frac{D}{M}\right)_h \right\}. \tag{10.14}$$

In (10.14) bedeutet t den Zeitpunkt der Kristallisation der untersuchten Probe, d.h. Schließung des Systems. Es ist selbstverständlich, daß als Anzahl der Tochternuklide nur jene in Ansatz gebracht werden darf, die radiogen gebildet worden ist. Hierin zeigt sich bereits eine starke Beschränkung der Methode, denn in jeder Probe werden neben den radiogen gebildeten Tochternukliden auch solche vorhanden sein, die bereits vor Bildung der Probe vorlagen und während der Kristallisation in das Gitter mit aufgenommen wurden. Um diesen Anteil muß das in der Probe ermittelte $(D/M)_h$-Verhältnis korrigiert werden.

Abbildung 10.10 zeigt schematisch die zeitliche Entwicklung von Mutter- und Tochternukliden. Als markante Zeitmarken werden betrachtet: Zeitpunkt des Messens, t_h, sowie zwei weitere Zeitmarken in der Vergangenheit. Entspricht in Abb. 10.10 t_1 dem Zeitpunkt der Schließung des zu datierenden Systems und t_2 dem Bildungszeitpunkt der Erde, dann bedeutet $(t_h - t_1)$ zum Beispiel das Mineralalter oder Me-

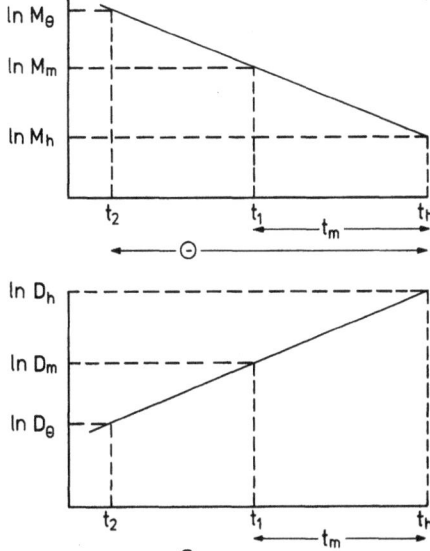

Abb. 10.10. Schematische Wiedergabe der Abnahme der Mutternuklide (logarithmische Skala) und des Aufbaus der Tochternuklide als Funktion der Zeit. h, m, θ Anzahl der Mutter(M)- und Tochter(D)nuklide zum Zeitpunkt des Messens (h), bei der Mineralbildung t_m (Mineralalter) und zum Zeitpunkt der Bildung der Erde θ (Erdalter)

Tabelle 10.6. Ableitung von Gleichung (10.15)

Mit den Gleichungen (10.12) und (10.3) folgt aus Abb. 10.10:

$$M_h = (M_h + D_h - D_\theta) \exp\left\{-\frac{\ln 2}{t_{1/2}}(t_h - t_2)\right\}$$

$$M_h = (M_h + D_h - D_m) \exp\left\{-\frac{\ln 2}{t_{1/2}}(t_h - t_1)\right\}$$

$\left.\begin{array}{l}D_h - D_\theta \\ D_h - D_m\end{array}\right\}$ kennzeichnet die im Zeitraum $\left\{\begin{array}{l}t_2 \text{ bis } t_h \\ t_1 \text{ bis } t_h\end{array}\right\}$ gebildeten Tochternuklide.

In der Geochronologie wird $t_h = 0$ gesetzt. Daraus folgt, da alle Zeiten in der Vergangenheit physikalisch „negativ" sind; das „Alter" ist dann „positiv".

$t_h - t_2 = \theta \triangleq$ Erdalter

$t_h - t_1 = tm \triangleq$ Mineralalter.

Durch Umformen ergibt sich:

$$D_h - D_\theta = M_h \left(\exp\left\{\frac{\ln 2}{t_{1/2}}\theta\right\} - 1\right)$$

$$D_h - D_m = M_h \left(\exp\left\{\frac{\ln 2}{t_{1/2}}tm\right\} - 1\right).$$

Für die Anzahl der gebildeten Tochternuklide im Zeitraum t_2 bis t_1 folgt durch Subtraktion

$$D_m - D_\theta = M_h \left(\exp\left\{\frac{\ln 2}{t_{1/2}}\theta\right\} - \exp\left\{\frac{\ln 2}{t_{1/2}}tm\right\}\right).$$

Die Gesamtheit der Tochternuklide setzt sich aus dem radiogenen Anteil $D_m - D_\theta$ und D_θ, dem zum Zeitpunkt θ bereits vorhandenen Anteil zusammen. Bei vollständiger Abtrennung der Mutternuklide von den Tochternukliden in dem zu datierenden Mineral zum Zeitpunkt t_1, folgt $D_m = D_h$ oder

$$D_h - D_\theta = M_h \left(\exp\left\{\frac{\ln 2}{t_{1/2}}\theta\right\} - \exp\left\{\frac{\ln 2}{t_{1/2}}tm\right\}\right).$$

tamorphosealter, t_m, und ($t_h - t_2$) das Erdalter, θ. Es ist allgemein üblich, $t_h = 0$ zu setzen. Es folgt dann aus Tabelle 10.6 als Grundgleichung für die Geochronologie

$$D_m - D_\theta = M_h \left[\exp\left\{+\frac{\ln 2}{t_{1/2}}\theta\right\} - \exp\left\{+\frac{\ln 2}{t_{1/2}}t_m\right\}\right]. \quad (10.15)$$

Da in der Massenspektrometrie mit großer Präzision nur Isotopenverhältnisse bestimmbar sind, dividiert man den Ansatz (10.15) durch ein nicht radiogenes Isotop des Tochterelementes, D′, und erhält damit die allgemeine Beziehung

$$\frac{D_m}{D'} - \frac{D_\theta}{D'} = \left(\frac{M}{D'}\right)_h \left[\exp\left\{+\frac{\ln 2}{t_{1/2}}\theta\right\} - \exp\left\{+\frac{\ln 2}{t_{1/2}}t_m\right\}\right]. \tag{10.16}$$

Für den Fall, daß das Mineralalter vernachlässigbar gegenüber dem Erdalter ist, vereinfacht sich die Beziehung zu dem Ausdruck (wegen $t_1 \cong t_h = 0$):

$$\frac{D_m}{D'} - \frac{D_\theta}{D'} = \left(\frac{M}{D'}\right)_h \left[\exp\left\{+\frac{\ln 2}{t_{1/2}}\theta\right\} - 1\right]. \tag{10.17}$$

Diese Gleichungen lassen erkennen, daß es für eine exakte Datierung darauf ankommt, in jedem Fall den das Alter der Probe charakterisierenden radiogenen Anteil des Tochternuklids zu bestimmen:

$$\frac{D_{radiogen}}{D'} = \frac{D_m - D_\theta}{D'}. \tag{10.18}$$

Bei Verwendung von in der Atmosphäre induzierten Nukliden wie ^3H, ^{14}C, ^{26}Al etc. für die Geochronologie wird ebenfalls vom radioaktiven Zerfallsgesetz ausgegangen. Wegen der relativ geringen Halbwertzeit dieser Nuklide wird nicht mehr vom Verhältnis der Mutter- und Tochternuklide ausgegangen, sondern allein von der zeitlichen Änderung der spezifischen Aktivität der Mutternuklide in der Probe. Es wird vorausgesetzt, daß die spezifische Aktivität der Mutter zur Zeit vor dem Einbau in die Probe über den betrachteten Zeitraum konstant war und langfristig den gleichen Wert hatte wie in der Gegenwart.

$$\Lambda_{s,h} = \Lambda_{s,t} \exp\left\{-\frac{\ln 2}{t_{1/2}}t\right\}. \tag{10.19}$$

$\Lambda_{s,h}$, $\Lambda_{s,t}$ spezifische Aktivität heute und zum Zeitpunkt t.

Unter dieser Annahme läßt sich ebenfalls die Zeit der Bildung, d.h. das Alter der Probe ableiten

$$t = \frac{t_{1/2}}{\ln 2} \cdot \ln \frac{\Lambda_{s,t}}{\Lambda_{s,h}}. \tag{10.20}$$

Wegen der relativ kurzen Halbwertzeiten der verwendeten Mutternuklide werden diese Datierungsmethoden im wesentlichen in der Hydrologie (^3H, ^{14}C), Sedimentologie (^{14}C, ^{26}Al) und Archäologie (^{14}C) eingesetzt.

10.3.2 Datierungen unter Verwendung natürlicher Nuklidpaare

$^{87}Rb/^{87}Sr$-Datierung

Der Rb – Sr-Datierung liegt der radioaktive Zerfall

$$^{87}Rb \xrightarrow{\beta^-} {}^{87}Sr$$

zugrunde, und entsprechend berechnen sich die Altersangaben nach (10.14)

$$t = \frac{t_{1/2},{}^{87}Rb}{\ln 2} \ln\left(1 + \frac{{}^{87}Sr, rad}{{}^{87}Rb}\right) \tag{10.21}$$

$t_{1/2}, {}^{87}Rb = 4{,}881 \cdot 10^{10} a$.

Von allen zu behandelnden Datierungsmethoden ist gerade die Rb – Sr-Methode für petrologisch-geochemische Studien geeignet, da

1. Rb^+ in der Natur keine eigenständigen Minerale aufbaut und
2. Rb^+ und Sr^{2+} diadoch K^+ und Ca^{2+} in gesteinsbildenden Mineralen vertreten.

Nach dieser Methode lassen sich Datierungen an Rb-reichen (0,1% – 2%) Mineralen durchführen, deren Gehalt an Sr < 0,1% ist. Wenn mindestens 5% des in den Proben enthaltenen ^{87}Sr radiogen gebildet worden sind, dann geht diese Methode auf Alter >100 Mio Jahre herunter. Für die Datierung sind besonders Glimmer (Lepidolith, Muskovit, Biotit, Phlogopit, Glaukonit), Kalifeldspäte (Mikroklin, Sanidin) und Hornblenden verwendbar. Da beim Fehlen starker metamorpher Überprägung die Datierung von kogenetischen Feldspäten und Glimmern konkordante Alter liefert, kann auch Granit als Gesamtgestein datiert werden. Metamorphe Überprägungen beeinflussen das Rb – Sr-Alter des Biotits, nicht aber das des Mikroklins und Muskovits. So kann unter Umständen durch Datierung verschiedener Komponenten eines Gesteins das Abkühlungsalter sowie das Alter der letzten Metamorphose festgestellt werden.

Der radiogene Anteil des ^{87}Sr läßt sich aus dem Vergleich des Massenspektrums des radiogen veränderten Strontiums und dem des normalen Strontiums ableiten (Abb. 10.11). Zur Durchführung dieser Korrektur ist eine genaue Kenntnis des $^{87}Sr/^{86}Sr$-Initialverhältnisses notwendig. Für Mantelgesteine sowie Minerale, die sich im marinen Milieu gebildet haben, läßt sich ein solches initiales Verhältnis angeben. Man darf jedoch nicht übersehen, daß die Annahme solcher Initialverhältnisse grundsätzlich eine gewisse Unsicherheit für die Datierung beinhaltet. Es ist daher günstiger, das Initialverhältnis des Strontiums aus Messun-

Abb. 10.11a, b. Vergleich von Strontium-Isotopenspektren eines praktisch Rb-freien Minerals (**a**) und eines Rb-haltigen Gesteins (**b**). Die radiogene Überhöhung des ^{87}Sr-Peaks ist deutlich erkennbar

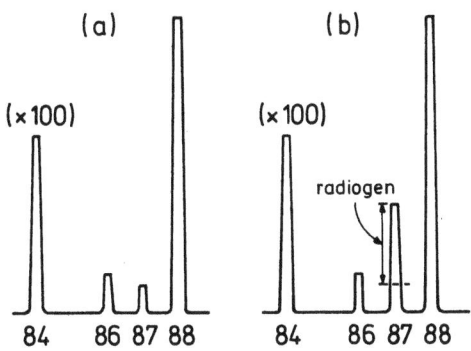

gen abzuleiten. Zu diesem Zweck wird das ^{87}Sr/^{86}Sr-Verhältnis in mehreren Proben verschiedener Rb–Sr-Zusammensetzung bestimmt, deren Bildungen jedoch alle demselben geologischen Ereignis zugeschrieben werden. Durch Abtragung des ^{87}Sr/^{86}Sr-Verhältnisses über dem ^{87}Rb/^{86}Sr-Verhältnis im Nicolaysen-Diagramm läßt sich das initiale ^{87}Sr/^{86}Sr-Verhältnis durch Extrapolation ermitteln (Abb. 10.12). Die Steigung der Ausgleichsgeraden beträgt

$$\tan \alpha = \frac{^{87}\text{Sr}/^{86}\text{Sr} - (^{87}\text{Sr}/^{86}\text{Sr})_{in}}{^{87}\text{Rb}/^{86}\text{Sr}}$$

$$= \frac{^{87}\text{Sr, total} - ^{87}\text{Sr}_{in}}{^{87}\text{Rb}} = \frac{^{87}\text{Sr, rad}}{^{87}\text{Rb}} \qquad (10.22)$$

$(^{87}\text{Sr}/^{86}\text{Sr})_{in}$ = initiales Strontium-Verhältnis
$^{87}\text{Sr}_{in}$ = initialer ^{87}Sr-Gehalt der Probe
$^{87}\text{Sr, rad}$ = radiogen gebildeter Sr-Gehalt.

Substituiert man das $(^{87}\text{Sr, rad}/^{87}\text{Rb})$-Verhältnis in (10.14), so erhält man

$$t = \frac{t_{1/2, ^{40}\text{K}}}{\ln 2} \ln(1 + \tan \alpha). \qquad (10.23)$$

Alle Proben gleichen Alters liegen auf einer Isochronen. Verschiedene Minerale gleichen Alters innerhalb eines Gesteinskomplexes liefern parallel verlaufende Isochronen, wenn diese Minerale im Verlauf der Zeit Strontium aufgenommen oder abgegeben haben (Alteration, vgl. § 6.5).

Rb-freie, aber Sr-haltige Minerale können über die Sr-Isotopenhäufigkeit datiert werden, wenn Angaben über das Rb-haltige Milieu vorliegen, in dem sich das radiogene ^{87}Sr entwickelt hat. Für die Auswertung wird auf (10.16) zurückgegriffen.

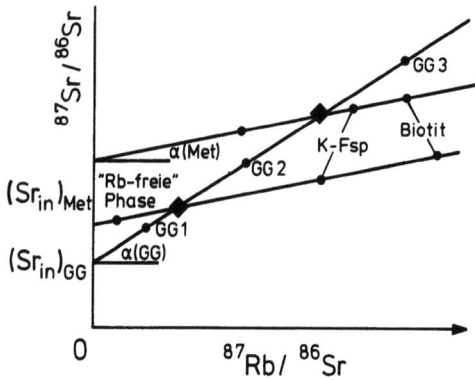

Abb. 10.12. Beziehung von Gesteins- und Mineral-Isochronen. Die Proben GG1 – GG3 legen die Gesteinsisochrone fest, aus deren Steigerung das Erstarrungsalter nach (10.23) ableitbar ist. Die Mineralisochronen werden aus den Analysen verschiedener Minerale aus den Gesamtgesteinen aufgebaut. Diese sind chemisch und mineralogisch unterschiedlich zusammengesetzt. Aus der Steigung der Mineralisochronen ergibt sich das Metamorphosealter des Gesteins. Das (Sr_{in})Met-Verhältnis aus Mineralisochronen ist höher als (Sr_{in})GG der Gesamtgesteinsisochronen, weil während der Metamorphose die Homogenisierung der Sr-Isotopenverteilung die Isotopenuhr „Null" gesetzt wird. Die mit ♦ gekennzeichneten Werte der Gesamtgesteinsisochrone liegen auch auf den Mineralisochronen, die sich aus den Messungen der gesteinsaufbauenden Minerale ableiten

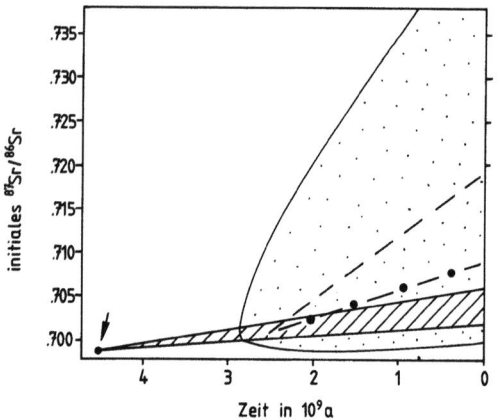

Abb. 10.13. Initiale Strontium-Verhältnisse in Basalten und Granitoiden; *Schraffiert* ozeanische Basalte mit $Rb/Sr \simeq 0{,}06$; *punktiert* Granitoide $0{,}27 < Rb/Sr < 0{,}53$; – – – Sr-Entwicklungslinie für die kontinentale Kruste mit $Rb/Sr \simeq 0{,}24$; – · – · Sr-Entwicklungslinie für Kalkgesteine mit $Rb/Sr \simeq 0{,}01$; *Pfeil* verweist auf primordiales Sr_{in} in Meteoriten

Chemisch verschiedene Gesteine weisen unterschiedliche Milieu-Indizes auf, was zu verschiedenen Entwicklungslinien führt. So lassen sich die Entwicklungslinien für $^{87}Sr/^{86}Sr$ in marinen Karbonaten und damit im Meerwasser, in Krustengesteinen sowie in ozeanischen Basalten aus unterschiedlichen Milieufaktoren $^{87}Rb/^{86}Sr$ ableiten. Unter der Annahme, daß der Urozean dasselbe ^{87}Sr/^{86}Sr-Verhältnis wie die damaligen ozeanischen Basalte hatte, ergibt sich aus Abb. 10.13 ein Alter der Ozeane von etwa $3 \cdot 10^9$ Jahren. Diese Angabe ist mit Sicherheit zu gering (vgl. § 5.1), verweist aber auf die Elementfraktionierung im Zusammenhang mit der Krustenbildung im Archaikum (vgl. auch ^{147}Sm/^{143}Nd-Datierung).

^{40}K/^{40}Ar-Datierung

Das radioaktive ^{40}K mit seiner natürlichen Isotopenhäufigkeit vom 0,0119% unterliegt einem dualen Zerfall (Abb. 10.14), von dem für die Zwecke der Geochronologie nur der Ast des Elektroneneinfangs von Interesse ist. Im Prinzip wird wieder auf (10.14) zurückgegriffen. Wegen des dualen Zerfalls darf nur der entsprechende Anteil der durch Elektroneneinfang zerfallenden Mutternuklide berücksichtigt werden.

$$t = \frac{t_{1/2,\,^{40}K}}{\ln 2} \ln\left(1 + \frac{t_{1/2,\,^{40}K^e}}{t_{1/2,\,^{40}K}} \cdot \frac{^{40}Ar, rad}{^{40}K}\right) \quad (10.24)$$

$t_{1/2,\,^{40}K^e} = 1,193 \cdot 10^{10}$a, Halbwertzeit in bezug auf den Elektroneneinfang von ^{40}K

$t_{1/2,\,^{40}K} = 1,250 \cdot 10^9$a, Halbwertzeit für den dualen Zerfall von ^{40}K

Die Anwendung dieser Methode wird dort eingeschränkt, wo durch sekundäre Veränderungen Ar-Verluste eintreten können. So sind Glimmeralter sehr empfindlich gegenüber thermischen Einflüssen, Feldspatalter bereits schon gegenüber Deformationen (triklin-monoklin-Umwandlung).

In jüngster Zeit wird eine Variante der Kalium-Argon-Methode angewandt, die ^{40}Ar/^{39}Ar-Datierung. Hierbei wird das ^{39}Ar durch die Kernreaktion ^{39}K (n, p) ^{39}Ar in einem Reaktor durch Neutronenbestrahlung des natürlich vorkommenden ^{39}K (93,258%) erzeugt. Anschließend wird die Probe im Massenspektrometer fraktioniert ausgeheizt und in jeder Fraktion das ^{40}Ar/^{39}Ar-Verhältnis gemessen. Aus der Konstanz

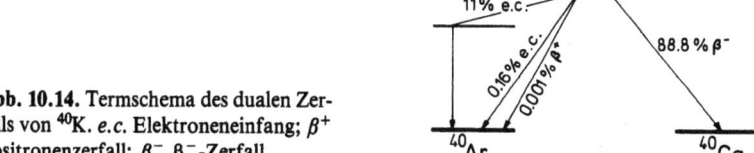

Abb. 10.14. Termschema des dualen Zerfalls von ^{40}K. e.c. Elektroneneinfang; β^+ Positronenzerfall; β^- β^--Zerfall

dieses Verhältnisses läßt sich ableiten, daß die Probe ein konstantes ^{40}Ar/^{39}K-Verhältnis hatte. Ein konstantes Verhältnis belegt, daß keine radiogenen ^{40}Ar-Verluste eingetreten sind und damit das System im Hinblick auf Kalium und Argon seit der Kristallisation als geschlossen betrachtet werden darf. Variationen dieses Verhältnisses belegen, daß in den Mineralen Konzentrationsgradienten für Ar vorliegen, die auf ^{40}Ar-Verluste hindeuten. Das System war dann nicht geschlossen.

Uran-Thorium-Blei-Datierung

Die radiogene Bildung von ^{206}Pb, ^{207}Pb, ^{208}Pb führt zur variablen Isotopenzusammensetzung des natürlichen Bleis je nach dem Gehalt an Uran oder Thorium in dem Mineral. Für die radiogene Entwicklung der drei Blei-Isotope gelten die Ansätze ($t_{1/2}$ in Tabelle 4.2)

$$^{206}Pb = {}^{238}U \left(\exp\left\{ \frac{\ln 2}{t_{1/2,\,^{238}U}} t_m \right\} - 1 \right) \qquad (10.25)$$

$$^{207}Pb = {}^{235}U \left(\exp\left\{ \frac{\ln 2}{t_{1/2,\,^{235}U}} t_m \right\} - 1 \right) \qquad (10.26)$$

$$^{208}Pb = {}^{232}Th \left(\exp\left\{ \frac{\ln 2}{t_{1/2,\,^{232}Th}} t_m \right\} - 1 \right). \qquad (10.27)$$

Diese Gleichungen können in verschiedener Weise miteinander kombiniert werden, z. B.

$$\frac{^{207}Pb}{^{206}Pb} = \frac{^{235}U}{^{238}U} \frac{\exp\left\{ \frac{\ln 2}{t_{1/2,\,^{235}U}} t_m \right\} - 1}{\exp\left\{ \frac{\ln 2}{t_{1/2,\,^{238}U}} t_m \right\} - 1} \qquad (10.28)$$

^{235}U/^{238}U = 1/137,88.

Für die Pb–U- bzw. Pb–Th-Datierung gut geeignet sind: Zirkon, Monazit, Sphen aus magmatischen Gesteinen sowie Uraninit und Pechblende als hydrothermale Minerale. Im Prinzip sind alle U–Th-führenden Minerale für eine Datierung einsetzbar.

Als allgemeine Fehlerquelle sind zu erwähnen: Unterschiedliche Verluste an den Edelgas-Isotopen des Radons (^{219}Rn, $t_{1/2}$ = 3,9 s und ^{222}Rn, $t_{1/2}$ = 3,8 d). Die Homogenisierung der Bleiisotope verschiedener Mine-

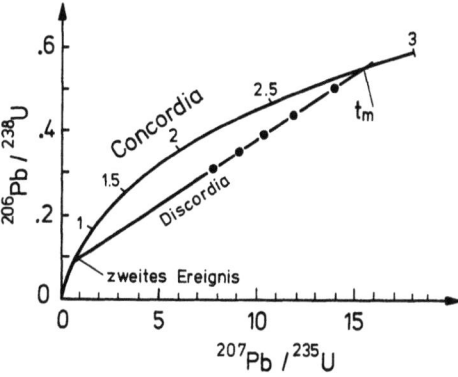

Abb. 10.15. Blei-Entwicklungsdiagramm. Zahlen auf der Concordia geben das Alter bei Vorliegen eines Milieufaktors von $(^{238}U/^{204}Pb)_h = 9{,}7$ wieder. Die angenommenen Meßpunkte ● liegen nicht auf der Concordia, sondern legen eine Discordia fest, die die Concordia in t_m, dem Mineralalter der Probe, schneidet. Der untere Schnittpunkt ist nicht eindeutig interpretierbar, wird meist aber als Metamorphosealter angesehen

rale wirkt sich bei der Datierung der Minerale störend aus. Wird jedoch eine große Gesamtgesteinsprobe analysiert, so kann die Homogenisierung vernachlässigt werden, solange keine Verluste oder Gewinne an Blei und Uran erfolgten. Wenn alle Proben aus einer geologischen Region keine Verluste oder Gewinne an Blei, Uran oder Thorium sowie deren Tochterprodukten innerhalb der Zerfallsreihen gehabt haben, werden die Uran/Blei-Alter in dem Concordia-Diagramm auf der in Abb. 10.15 angegebenen Kurve liegen. Da die Randbedingungen für die Concordia-Kurve nur in den seltensten Fällen erfüllt werden, werden diskordante Alter weit häufiger gefunden. Die Discordia-Gerade schneidet die Concordia-Kurve in zwei Punkten; der obere Schnittpunkt wird im allgemeinen als Mineralalter bezeichnet, der untere je nach den angewandten Modellvorstellungen als Zeitpunkt eines episodischen Bleiverlustes durch Rekristallisation und Mineralumwandlung während der Metamorphose oder als durch Diffusionsverlust bedingtes Artefakt-Alter (Gebauer und Grünenfelder 1979).

Blei-Isotopen-Datierung

Sollen Blei-führende oder gar Blei-Minerale datiert werden, die ihrerseits möglichst U- bzw. Th-frei sein sollen, so muß in jedem Fall die zeitliche Entwicklung der Blei-Isotopenhäufigkeit berücksichtigt werden. Im Gegensatz zur vorher beschriebenen Datierung nach der Pb – U- bzw. Pb – Th-Methode wird bei der Blei-Isotopenmethode das Mineralalter durch die möglichst vollständige Trennung von Blei und U bzw. Th bei der Mineralbildung definiert. Bis zur Kristallisation des Bleiminerals entwickelten sich die Blei-Isotope entsprechend dem Gehalt an U bzw.

Th in der Schmelze oder fluiden Phase. Die heute meßbaren Blei-Isotopenverhältnisse entsprechen also denen zum Zeitpunkt der Mineralbildung.

Houtermans (1946) und Holmes (1946) schlugen ein Blei-Entwicklungsmodell vor, das auf (10.16) und Tabelle 10.6 zurückgeht:

$$\left(\frac{^{207}Pb}{^{204}Pb}\right)_h - \left(\frac{^{207}Pb}{^{204}Pb}\right)_\theta$$
$$= \left(\frac{^{235}U}{^{204}Pb}\right)_h \left[\exp\left\{\frac{\ln 2}{t_{1/2},\text{U-235}}\theta\right\} - \exp\left\{\frac{\ln 2}{t_{1/2},\text{U-235}}t_m\right\}\right] \quad (10.29)$$

$$\left(\frac{^{206}Pb}{^{204}Pb}\right)_h - \left(\frac{^{207}Pb}{^{204}Pb}\right)_\theta$$
$$= \left(\frac{^{238}U}{^{204}Pb}\right)_h \left[\exp\left\{\frac{\ln 2}{t_{1/2},\text{U-238}}\theta\right\} - \exp\left\{\frac{\ln 2}{t_{1/2},\text{U-238}}t_m\right\}\right] \quad (10.30)$$

$$\left(\frac{^{208}Pb}{^{204}Pb}\right)_h - \left(\frac{^{208}Pb}{^{204}Pb}\right)_\theta$$
$$= \left(\frac{^{232}Th}{^{204}Pb}\right)_h \left[\exp\left\{\frac{\ln 2}{t_{1/2},\text{Th-232}}\theta\right\} - \exp\left\{\frac{\ln 2}{t_{1/2},\text{Th-232}}t_m\right\}\right]. \quad (10.31)$$

In diesen Gleichungen kennzeichnen die mit θ indizierten Blei-Isotopenverhältnisse diejenigen, die zum Zeitpunkt der Bildung unseres Planeten vorlagen. Sie charakterisieren das Urblei, unser isotopisches Erbe aus der Nukleosynthese (vgl. § 4.2).

$$\left(\frac{^{235}U}{^{204}Pb}\right)_h, \quad \left(\frac{^{238}U}{^{204}Pb}\right)_h \quad \text{und} \quad \left(\frac{^{232}Th}{^{204}Pb}\right)_h$$

entsprechen den auf „heute" extrapolierten Verhältnissen des Muttermaterials (Milieufaktoren), in dem sich die Bleiisotope bis zum Zeitpunkt t_m entwickelt haben. Diese Milieufaktoren sind durch direkte Messung an der zu datierenden Probe nicht zu erhalten. Nach Albarède und Juteau (1984) betragen die Verhältnisse

$$\left(\frac{^{238}U}{^{204}Pb}\right)_h = 9{,}7 \pm 0{,}2 \quad \left(\frac{^{232}Th}{^{204}Pb}\right)_h = 38 \pm 1.$$

Sie wurden aus der Abtragung der gemessenen Pb-Isotopenverhältnisse in Bleiglanz aus Lagerstätten bekannten Alters gegen die Klammerausdrücke nach (10.25) bzw. (10.27) gewonnen. Durch Kombination von (10.29) mit (10.30) können unbekannte Verhältnisse teilweise eliminiert werden:

$$\frac{\left(\frac{^{207}Pb}{^{204}Pb}\right)_h - \left(\frac{^{207}Pb}{^{204}Pb}\right)_\theta}{\left(\frac{^{206}Pb}{^{204}Pb}\right)_h - \left(\frac{^{206}Pb}{^{204}Pb}\right)_\theta} = \frac{\exp\left\{\frac{\ln 2}{t_{1/2, U-235}} \theta\right\} - \exp\left\{\frac{\ln 2}{t_{1/2, U-235}} t_m\right\}}{137,88 \left[\exp\left\{\frac{\ln 2}{t_{1/2, U-238}} \theta\right\} - \exp\left\{\frac{\ln 2}{t_{1/2, U-238}} t_m\right\}\right]} \quad . \quad (10.32)$$

(10.32) ist eine Geradengleichung und wird Isochrone genannt, da auf ihr alle Punkte $(^{207}Pb/^{204}Pb)_m | (^{206}Pb/^{204}Pb)_m$ liegen, die sich unter unterschiedlichen U/Pb-Verhältnissen entwickelt haben. Alle Isochronen müssen sich in dem Punkt

$$\left\{\left(\frac{^{207}Pb}{^{204}Pb}\right)_\theta \Big| \left(\frac{^{206}Pb}{^{204}Pb}\right)_\theta\right\}$$

schneiden. Diese Isotopenverhältnisse des Urbleis lassen sich also durch graphische Extrapolationen der Isochronen (Abb. 10.16) finden. Allerdings ist diese Methode nicht sehr genau.

Diesen Urblei-Isotopenverhältnissen kommen jene sehr nahe, die in der Troilit (FeS)-Phase des Cañon Diablo-Meteoriten gemessen wurden. Diese Troilit-Phase zeichnet sich durch ein extrem niedriges U/Pb-Verhältnis aus. Das darin gefundene Blei wird gern als galaktisches Urblei angesehen.

Die Gleichungen (10.29) bis (10.32) bzw. die Abb. 10.16 können auf verschiedene Weise für die Datierung herangezogen werden:

1. gemessene $^{207}Pb/^{204}Pb$- und $^{206}Pb/^{204}Pb$-Isotopenverhältnisse legen in Abb. 10.16 die Isochrone des Mineralalters fest. Diese werden auch bei jüngeren Umlagerungen nicht verändert, solange nicht Blei verschiedener Isotopenzusammensetzung zugemischt wird (z.B. während der Alteration, vgl. § 6.5).

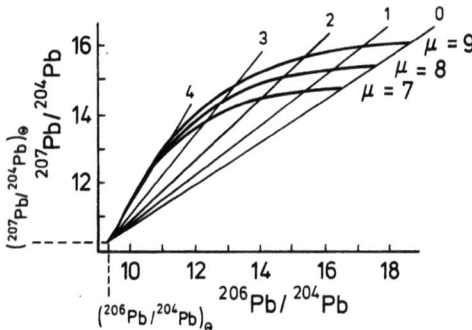

Abb. 10.16. Wachstumskurven (einstufig) der Bleiisotope bei Vorliegen verschiedener Milieufaktoren $\mu = (^{238}U/^{204}Pb)_h$. Die diagonalen Linien sind Isochronen (einstufig) des angegebenen Alters (in 10^9 a). Alle Isochronen schneiden sich in einem Punkte, dessen Isotopenverhältnis das Urblei wiedergibt. Wachstumskurven und Isochronen in mehrstufigen Modellen werden bei Köppel und Grünenfelder (1979) behandelt

2. Aus der Abtragung von $^{207}Pb/^{204}Pb$- bzw. $^{208}Pb/^{204}Pb$- gegen $^{206}Pb/^{204}Pb$-Verhältnisse, wie sie für Bleisulfide unterschiedlichen, aber bekannten Alters gefunden wurden, lassen sich Entwicklungslinien ableiten, die Aufschluß über den mittleren Milieufaktor $^{238}U/^{204}Pb$ bzw. $^{232}Th/^{204}Pb$ geben (Stacey und Kramers 1975, Cumming und Richards 1975).
3. (10.29) bis (10.32) ermöglichen die Bestimmung des Erdalters θ, sofern die Urblei-Isotopenverhältnisse und das Mineralalter der Probe auf unabhängigem Wege ermittelt wurden.

Anomale vielstufige Bleiisotopenentwicklungsdiagramme sind ebenfalls vorgeschlagen worden. Sie gehen davon aus, daß sich die Milieufaktoren im Laufe der Zeit verändert haben und auf diese Weise zu einer größeren Streuung der Bleiisotopenverhältnisse beitrugen (Köppel und Grünenfelder 1979).

^{147}Sm-/^{143}Nd-Datierung

Der α-Zerfall von ^{147}Sm zu ^{143}Nd kann eingesetzt werden, um die Sm/Nd-Fraktionierung in geologischen Langzeitprozessen zu untersuchen. Entsprechend (10.17) ergibt sich als Datierungsgleichung:

$$\left(\frac{^{143}Nd}{^{144}Nd}\right)_h = \left(\frac{^{143}Nd}{^{144}Nd}\right)_\theta + \left(\frac{^{147}Sm}{^{144}Nd}\right)_h \left(\exp\left\{\frac{\ln 2}{t_{1/2}} t\right\} - 1\right). \quad (10.33)$$

^{144}Nd ist nicht radiogen. Da der Exponent $t \cdot \ln 2/t_{1/2} \ll 1$ sehr gering ist, ergibt sich für

$$\exp\left\{\frac{\ln 2}{t_{1/2}} t\right\} - 1 \simeq \frac{\ln 2}{t_{1/2}} t, \tag{10.34}$$

und damit für (10.33) näherungsweise

$$\left(\frac{^{143}\text{Nd}}{^{144}\text{Nd}}\right)_h = \left(\frac{^{143}\text{Nd}}{^{144}\text{Nd}}\right)_\theta + \left(\frac{^{147}\text{Sm}}{^{144}\text{Nd}}\right)_h \cdot \frac{\ln 2}{t_{1/2}} t \tag{10.35}$$

$t_{1/2}, ^{137}\text{Sm} = 1,06 \cdot 10^{11} \text{a}$.

Die Evolution des ^{143}Nd/^{144}Nd-Verhältnisses im Erdmantel ist aus den gemessenen Verhältnissen in archaischen Mantelgesteinen mit bekanntem Alter bestimmt worden. Daraus ergibt sich die ^{143}Nd/^{144}Nd-Entwicklungslinie in Abb. 10.17. Die Steigung dieser Linie entspricht dem kosmischen Sm/Nd-Verhältnis von 0,08 und bestätigt damit die Annahme eines im wesentlichen chondritisch (vgl. § 5.5) zusammengesetzten Erdmantels, was die Lanthaniden betrifft. Seit $2,5 \cdot 10^9$ Jahren werden Abweichungen aus dieser Entwicklungslinie für kontinentale und ozeanische Krustengesteine beobachtet. Danach zeigen die ozeanischen Basalte ein höheres, die kontinentalen Granitoide ein geringeres

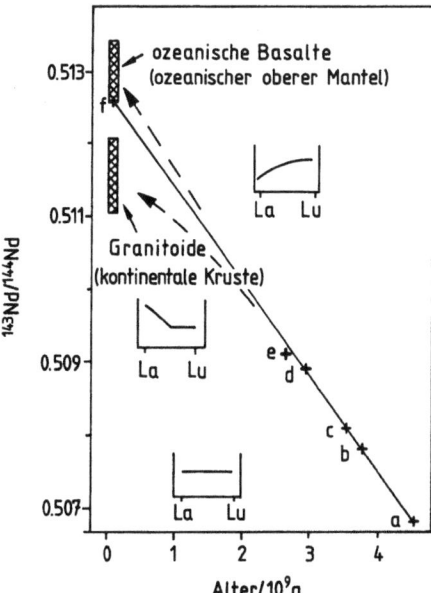

Abb. 10.17. Entwicklung des ^{143}Nd/^{144}Nd. Die Linie a – f entspricht der Entwicklung bei konstantem Sm/Nd-Verhältnis. Einige archaische Gesteine entsprechen dieser Entwicklung: *b* Isua/Grönland; *c* Onverwacht/Südafrika; *d* Lewisian/Schottland; *e* Rhodesia/Simbabwe; *a* Angra Dos Reis Meteorit; *f* Gegenwartsverhältnis (chondritisch). Die *schraffierten Flächen* weichen von der Entwicklungslinie ab, da sich vor ca. $(2-2,5) 10^9$ Jahren durch Fraktionierung der Lanthaniden bei der kontinentalen Krustenbildung das Sm/Nd-Verhältnis geändert hat. Der charakteristische Verlauf der Verteilungsmuster der Lanthaniden ist ebenfalls angegeben. (Nach Duchesne 1983)

^{143}Nd/^{144}Nd-Verhältnis, als es der Entwicklung des chondritisch zusammengesetzten Mantels entspricht. In post-archaischen Krustengesteinen erfolgt die Entwicklung der Nd-Isotopen-Zusammensetzung in Gesteinen bei Sm/Nd-Verhältnissen, die deutlich vom chondritischen Verhältnis abwichen. Spätestens seit dem Archaikum weisen die ozeanischen Krustengesteine ein erhöhtes, die kontinentalen dagegen ein geringeres Sm/Nd-Verhältnis im Vergleich zur Urmantel-Zusammensetzung auf. Die Veränderung des Sm/Nd-Verhältnisses weist auf einen globalen Fraktionierungsprozeß im Zusammenhang mit der Krustenbildung hin, der hier durch die Sm/Nd-Fraktionierung angezeigt wird (DePaolo und Wasserburg 1976, O'Nions et al. 1979).

Spaltspur-Methode

Von den drei in der Natur vorkommenden spontan spaltenden Nukliden ^{232}Th, ^{235}U und ^{238}U liefert nur ^{238}U einen bedeutsamen Anteil an Spaltereignissen. Die in das Wirtsgitter hineingeschossenen, hochgeladenen Spaltbruchstücke erzeugen eine dichte Ionisationsspur, die unterhalb der sogenannten Ausheilungstemperatur über geologische Zeiten erhalten bleibt. Im Anschliff lassen sich diese Spuren unter dem Mikroskop nicht direkt beobachten. Sie werden jedoch durch gezielte chemische Ätzmethoden sichtbar, da das Mineral entlang den Ionisationsspuren besser in Lösung geht. Durch Auszählen läßt sich die fossile Spaltspurdichte (Anzahl der Spuren pro Fläche) ermitteln. Die Spaltspuren repräsentieren ein Maß für die Tochterprodukte eines radioaktiven Zerfalles. Formal läßt sich somit (10.14) auch auf die Spaltspur-Methode anwenden. Im Detail lautet die entsprechende Gleichung:

$$t = \frac{t_{1/2,\,^{238}U}}{\ln 2} \ln\left(1 + \frac{t_{1/2,\,^{238}U\,spSp}}{t_{1/2,\,^{238}U}} \frac{\rho_s}{\rho_i} \Phi\sigma \cdot \frac{1}{137{,}88}\right) \qquad (10.36)$$

$t_{1/2,\,^{238}U\,spSp} = (8{,}23 - 10{,}12)\,10^{16}\,a$ Halbwertzeit für Spontanspaltung von ^{238}U

$t_{1/2,\,^{238}U} \quad\quad = 4{,}469 \cdot 10^9\,a$ Halbwertzeit für den Zerfall von ^{238}U

ρ_s = Spontanspaltspurdichte [cm^{-2}]
ρ_i = induzierte Spaltspurdichte [cm^{-2}]
Φ = Neutronendosis [cm^{-2}]
σ = Spaltquerschnitt [cm^{-2}]

Für die induzierte Spaltspurdichte ergibt sich

$\rho_i = M_h \cdot \Phi\sigma$.   (10.37)

Da der induzierten Spaltung ^{235}U, der Spontanspaltung jedoch ^{208}U zugrunde liegt, muß die unterschiedliche Isotopenhäufigkeit berücksichtigt werden. Damit wird die Anzahl der Mutternuklide

$$M_h = \frac{\rho_i \cdot 137{,}88}{\Phi \cdot \sigma}. \tag{10.38}$$

Dieser Ausdruck wird in (10.14) substituiert. Das Verhältnis der Halbwertszeiten in (10.14) berücksichtigt, daß die Spontanspaltung nur einen geringen Anteil des Zerfalls von ^{238}U ausmacht.

Es gibt drei Methoden, um die fossile (ρ_s) Spaltspurdichte zu bestimmen:

1. Aufteilung der Mineralkörner in zwei Gruppen – Bestimmung von ρ_s in Gruppe 1 nach Anschleifen und Ätzen. Die Spaltspuren in den Mineralen der Gruppe 2 werden durch Erhitzen ausgeheilt, so daß sie frei von fossilen Spaltspuren sind. Anschließend wird das Material in einem Reaktor bestrahlt, wobei proportional zur Neutronendosis Φ, dem Spaltquerschnitt σ und der Konzentration des ^{235}U eine Spaltspurdichte induziert wird, die nach Anschleifen und Anätzen ebenfalls ausgezählt wird.
2. Man bestimmt zunächst die fossile Spaltspurdichte; dann bedeckt man das Präparat mit einem Blatt extrem niedrig uranhaltigem Muskovits oder einer Lexanfolie und bestrahlt diese Kombination in einem Reaktor. Entsprechend dem Urangehalt in der Probe werden nun Spaltspuren in dem Muskovit- oder dem Lexandetektor erzeugt. Diese lassen sich nach Anätzen ebenfalls auszählen und sind direkt proportional dem Gehalt an Uran in der Mineralprobe.
3. Die Proben (meist Gläser) werden poliert, geätzt und erst dann bestrahlt. Nach der Bestrahlung wird zunächst die fossile Spaltspurdichte bestimmt, die nach dem Ätzen durch die Bestrahlung nicht verändert wird. Die Probe wird anschließend erneut angeschliffen, poliert und geätzt. Dann wird die Summe von fossilen und induzierten Spaltspuren bestimmt. Durch Subtraktion erhält man die induzierte Spaltspurdichte und damit Angaben über den Urangehalt.

^{14}C-Datierung

Unter dem Einfluß der kosmischen Partikelstrahlung finden in der Atmosphäre eine Reihe von Kernreaktionen statt, bei denen u. a. radioaktive Kerne großer Halbwertzeit gebildet werden. Eine der vielen gerade für die Datierung von Wasser genutzten Reaktionen ist

272 Isotopenfraktionierung

$^{14}N(n,p)^{14}C$

$t_{1/2}, ^{14}C = 5730\,a$,

mit einer mittleren Bildungsrate von 2,4 Atome $\cdot$ cm$^{-2}\cdot$ s^{-1}. Dies entspricht einem Inventar von $\sim 90 \cdot 10^3$ kg ^{14}C auf der Erde. Da Kohlenstoff eines der wichtigsten Elemente in der Biosphäre ist, lassen sich mittels ^{14}C insbesondere alle biogenen Produkte datieren. Datiert wird dabei das Ende des Kohlenstoffaustausches mit der Umwelt: z. B. das Fällen des Baumes, aus dem später z. B. der Sarg des Pharaos gebaut wurde, oder das Absterben des Baumes beim Vorrücken der Eiszeit, das Alter von Wasser in fossilen Aquifern etc.

Die Altersbestimmung geht auf (10.20) zurück. Dabei wird die Konstanz der spezifischen Aktivität von ^{14}C vorausgesetzt. Diese Voraussetzung ist jedoch nicht streng erfüllt. Allerdings gibt es heute über die ^{14}C-Messung an Baumringen bekannten Alters die Möglichkeit einer Alterskorrektur.

Seit ca. 1860 gibt es zwei anthropogene Störungen im ^{14}C-Haushalt der Erde:

1. Durch Verbrennen fossiler Energieträger wie Kohle, Erdgas und Erdöl ist der Atmosphäre in zunehmendem Maße ^{14}C-freies CO_2 zugeführt worden. Das hat zu einer Verdünnung des ^{14}C in der Atmosphäre geführt. Die spezifische natürliche ^{14}C-Aktivität in der Atmosphäre hatte bis 1954 um etwa 3% abgenommen.

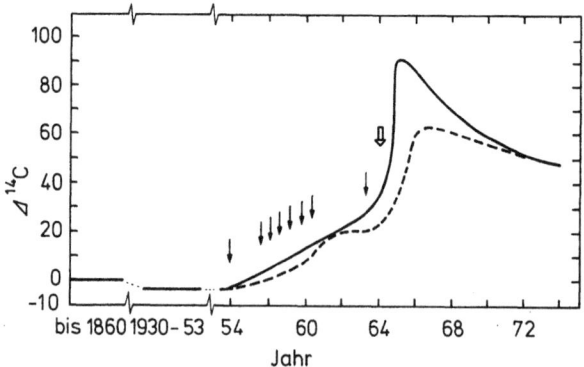

Abb. 10.18. Änderung des ^{14}C-Gehaltes in der Atmosphäre. Bezugspunkt ist der ^{14}C-Gehalt in der Zeit vor 1860. Die Abnahme in der Zeit vor 1950 beruht auf der Verdrängung des $^{14}CO_2$ durch fossiles CO_2 aus der Verbrennung von Kohle, Öl und Gas. Der mit 1954 ansteigende Verlauf ist durch die atmosphärischen Kernwaffentests verursacht. Nach dem Aussetzen der Testserien fällt der ^{14}C-Gehalt wieder ab

2. Ab 1954 wurde durch Atomwaffentests in der Atmosphäre u. a. ^{14}C aus ^{14}N erzeugt, was zu einem Anstieg der spezifischen Aktivität um ca. 90% über dem Vor-1860-Wert auf der nördlichen Halbkugel führte (Abb. 10.18). Mit Beendigung der Testserien fiel dieser künstlich erhöhte Wert ab und nähert sich nun langsam wieder dem Normalwert.

Der zeitlich unterschiedliche Aufbau der erhöhten ^{14}C-Werte auf der nördlichen und südlichen Halbkugel gibt Auskunft über den Austausch der Luftmassen über den Äquator hinweg. Der zeitliche Abbau des ^{14}C-Peaks ermöglicht Aussagen über den CO_2-Austausch zwischen Atmosphäre, Biosphäre und Hydrosphäre.

Vertiefende Literatur

Dalrymple und Lanphere (1964), Doe (1970), Faure (1977), Faure und Powell (1972), Hoefs (1980), Jäger und Hunziker (1979).

11 Geothermobarometrie

Die Kenntnis der Bildungstemperaturen und -drücke von Mineralen ermöglicht die Eingrenzung ihrer Genese. Da in den allermeisten Fällen bei geochemischen Prozessen Temperatur und Druck nicht direkt ermittelt werden können, ist man an die Ableitung dieser Informationen aus Beobachtungen von temperatur- und druckabhängigen Phasengleichgewichtsbeziehungen gebunden. So lassen sich Phasenumwandlungen (reversibel), irreversible Prozesse in Feststoffen, Element- und Isotopenverteilungen, Elementaustausch zwischen Festphasen und fluiden Medien sowie Gasgleichgewichte für die Eingrenzung von P-T-Bedingungen heranziehen. Neben diesen physikalischen Methoden sind eine Reihe von chemischen Methoden bis zur Anwendungsreife entwickelt worden, die sich auf die Auswertung von inter- und intrakristallinen Verteilungsgleichgewichten von Ionen sowie Löslichkeiten von Mineralen beziehen.

Der Grundgedanke bei allen Methoden der Thermobarometrie ist, daß bei hohen P-T-Bedingungen ein Gleichgewicht eingestellt wird, welches sich bei sinkenden P-T-Bedingungen nicht mehr verändert, also eingefroren wird. Wenn z.B. metamorphe Gesteine durch Tektonik schnell unter ein niedrigeres P-T-Regime gebracht werden, dann wird diese Randbedingung erfüllt sein. Bei langsamer Abkühlung ist eine retrograde Entwicklung nicht auszuschließen. Als Vorteil erweist sich, daß bei der fortschreitenden Metamorphose das noch vorhandene Wasser größtenteils abgegeben oder chemisch gebunden wurde (vgl. § 6.4) und damit das System während der Abkühlungsphase relativ trocken ist. Dieser Umstand begünstigt das Einfrieren von Hochtemperaturgleichgewichten. Setzt eine teilweise retrograde Gleichgewichtsentwicklung ein, so werden zu niedrige P-T-Bedingungen abgeleitet.

Die Thermobarometrie ist heute eine zuverlässige Methode, wenn
- die Reproduzierbarkeit bei variabler Zusammensetzung des Probenmaterials getestet wurde,
- die Überprüfung eines Geothermometers bzw. Geobarometers mit anderen erfolgte,

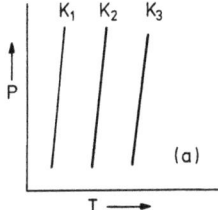
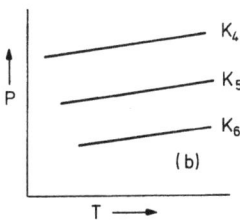

Abb. 11.1a, b. Schematische Wiedergabe von Gleichgewichten, die als Geothermometer (a) bzw. Geobarometer (b) geeignet sind. Die angebenen Gleichgewichtsgeraden gelten für die analytisch abgeleiteten Gleichgewichtskonstanten K

- die bestimmten Temperatur- und Druckgradienten den beobachteten Trends von Isograden im Gelände folgen,
- spätere Änderungen in der chemischen Zusammensetzung (z.B. Fe^{2+}/Fe^{3+}-Verhältnis) sowie zu erwartende analytische Fehler nicht die Temperatur-Druck-indizierenden Parameter beeinflussen.

Als Geothermometer bzw. Geobarometer eignen sich alle Reaktionen, deren Gleichgewichtskonstanten eine große bzw. geringe Steigung $\Delta P/\Delta T$ im P-T-Diagramm aufweisen (Abb. 11.1).

11.1 Reversible und irreversible Umwandlungen von Festphasen

In diesem Abschnitt werden die Methoden zusammengefaßt, bei denen ausschließlich physikalische Änderungen beobachtet werden.

Eine Reihe von Mineralen kommt in der Natur in mehreren Modifikationen vor (Polymorphie vgl. §2.4). Die jeweils stabile Phase hängt von den herrschenden P-T-Bedingungen ab. Alle Phasenumwandlungen sind sowohl Temperatur- als auch Druck-abhängig.

Um zu einem konkreten P-T-Wertepaar zu gelangen, bedarf es der unabhängigen Bestimmung eines der beiden Parameter. Oft wird der Druck aus der abgeschätzten Überdeckung abgeleitet. Bei den so ermittelten Umwandlungstemperaturen muß angemerkt werden, daß sie einen beachtlichen Fehler haben, sobald die Änderung der Temperatur mit dem Druck, dT/dP, wesentlich von null abweicht. Beispiele für *polymorphe Phasenumwandlungen* sind in den Abb. 2.15, 2.16, 5.7 und 6.3 gegeben. Die angeführten Phasendiagramme beziehen sich im allgemeinen immer auf reine Phasen. Da der Modifikationswechsel häufig durch die Anwesenheit von Mineral-fremden Ionen kinetisch gehemmt sein kann, sind die abgeleiteten Umwandlungstemperaturen nicht ausschließlich physikalisch festgelegt, sondern von der chemischen Zusammensetzung des Systems abhängig. Die Ermittlung von Phasenumwandlungen eignet sich zur Festlegung von Temperatur-Isograden, weniger zur Temperaturbestimmung eines Ereignisses, da die Umwandlungstemperatur immer kleiner als die Temperatur des petrologischen Ereignisses ist. Die Anwesenheit einer Hochtemperaturmodifikation belegt daher nicht eindeutig, daß während der Mineralisation nicht Temperaturen oberhalb der Umwandlungsbedingungen vorgelegen haben. Aus dem Vorliegen von Hochtemperaturmodifikationen in Mineralparagenesen läßt sich eine untere Bildungstemperatur als Funktion des Druckes für die Mineralisation ableiten.

Die *Homogenisierungstemperatur* von mehrphasigen Einschlüssen gestattet als mikrothermometrische Methode die Bestimmung derjenigen Isochore, die den P-T-Bedingungen des heterogenen Einschlusses genügt (vgl. § 7.1.3). Auf dieser Isochore liegen alle möglichen P-T-Kombinationen, unter denen sich der Einschluß während der Kristallisation bilden konnte. Läßt sich der Druck über eine unabhängige zweite Methode bestimmen, so liefert die Mikrothermometrie primärer mehrphasiger Flüssigkeitseinschlüsse die Temperatur während der Mineralbildung.

In der Praxis wird neben der Homogenisationstemperatur aus mikrothermometrischen Untersuchungen von Fluideinschlüssen auch die *Dekrepitationstemperatur* bestimmt. Sie ist im Hinblick auf ihre Interpretation weniger präzise als die Homogenisierungstemperatur, dafür ist aber die Dekrepitationsmethode in der Handhabung schneller und weniger aufwendig. Sie basiert darauf, daß in einem Kornmaterial mit Fluideinschlüssen die Temperatur so lange erhöht wird, bis die Einschlüsse das Mineral sprengen. Diese kleinen Explosionen werden elektronisch verstärkt akustisch wiedergegeben.

Für qualitative thermometrische Zwecke lassen sich auch folgende Erscheinungen heranziehen:

Die *Illitkristallinität* ist ein Maß für die – vermutlich – temperaturabhängige Kornvergrößerung des Illits in Tonsedimenten. Man ermittelt das Verhältnis von Linienbreite zu Linienhöhe des 060 Diffraktometerpeaks. Gradienten der Illitkristallinität sind demnach proportional dem Temperaturgradienten in einer Region (Frey et al. 1980).

Die *Vitrinitreflexion* ist ein Maß für den Grad der Umwandlung von hochmolekularen organischen Substanzen (Kohle) in Graphit. Die Reflexion von polierten Proben wird mit dem Umwandlungsprozeß empirisch in Beziehung gebracht. Viele Parameter beeinflussen die Umwandlungskinetik. Die Methode scheint geeignet, um innerhalb eines Gebietes qualitativ Temperaturgradienten zu ermitteln.

Einige Minerale (z. B. Glimmer) haben die Eigenschaft, unterhalb Grenztemperaturen Energie aus dem radioaktiven Zerfall zu speichern. Die emittierte α-Teilchenstrahlung erzeugt freie Elektronen und Gitterstörstellen längs ihren Wegen bei der Wechselwirkung mit Materie. Ist das radioaktive Material in Form von Einschlüssen in Mineralen vorhanden, werden in günstigen Fällen beobachtbare *pleochroitische Höfe* gebildet. Aus deren Intensität läßt sich auf die Einwirkungszeit unterhalb mineralspezifischer Temperaturen schließen. Beim Aufheizen von Mineralen wird die in den durch Strahlung erzeugten Fehlstellen gespeicherte Energie freigesetzt: *Thermolumineszenz.* Thermolumineszenz und pleochroitische Höfe sind ein Maß für die Einwirkungszeit von α-Strahlung unterhalb mineralspezifischer Temperaturen (Macdiarmid 1963), oberhalb derer eine Energiespeicherung nicht erfolgt.

11.2 Element- und Isotopenverteilungsgleichgewichte

Für die chemische Thermobarometrie eignen sich im Prinzip alle temperatur- und druckabhängigen chemischen Gleichgewichte wie:

– intra- und interkristalline Verteilung von Ionen,
– Ionen- und Isotopenaustausch zwischen festen und fluiden Phasen und
– Gasgleichgewichte.

11.2.1 Elementverteilung zwischen Mineralen sowie unterschiedlichen Gitterpositionen eines Minerals

In § 9 wurden wesentliche Parameter behandelt, die die Verteilung von Spuren- und Nebenelementen auf verschiedene Phasen kontrollieren. Nicht eingegangen wurde auf die Temperatur- und Druckabhängigkeit der Verteilungskoeffizienten [vgl. (2.20) und (2.22)], für die ganz generell gesagt werden kann, daß die Selektivität mit steigender Temperatur abnimmt, also gegen eins strebt. Neben den Eigenschaften des Wirtsgitters hängt die Verteilung auch von der temperatur- und druckabhängigen Stabilität der chemischen Komplexe ab, die Träger der betrachteten Ionen sind. Da aber der Spurenelementgehalt eines Minerals nicht nur von den P-T-Bedingungen, sondern auch von der Konzentration des Spurenelements in der fluiden Phase abhängig ist, ist eine eindeutige

Temperatur-Druckzuordnung nur dann möglich, wenn das Mineral in einer großräumig einheitlich aufgebauten fluiden Phase kristallisierte. Das ist in gewissen Grenzen für die Mineralbildung im marinen Bereich gegeben. Im allgemeinen jedoch ist allen Methoden, die auf der Konzentration nur *eines* Spurenelementes in *einem* Mineral basieren, mit großer Skepsis zu begegnen. Als Thermometer dieser Art wurden z. B. vorgeschlagen: Scandium-Gehalte in Biotiten (Oftedahl 1943). Der Sc-Gehalt hängt außer von der Temperatur noch ganz wesentlich von der Zusammensetzung der fluiden Phase und dem Ablauf der fraktionierten Kristallisation ab.

Wiederholt wurden auch Versuche unternommen, Elementverhältnisse von festen Lösungen als Temperaturindikatoren zu verwenden, z. B. das *H*übnerit ($MnWO_4$)/*F*erberit ($FeWO_4$)-, das (H/F)- oder Mn/Fe-Verhältnis des Wolframits. Dabei wird übersehen, daß neben der Temperatur selbstverständlich das Fe^{2+}/Mn^{2+}-Verhältnis in der fluiden Phase mit ausschlaggebend ist für das H/F-Verhältnis im Wolframit. Da aber die Zusammensetzung der fluiden Phase nicht bekannt ist und sehr variabel sein kann, ist eine sichere Temperaturindikation nicht gegeben (Willgallis 1982).

Die Spurenelementverteilung auf zwei kogenetische Minerale läßt demgegenüber jedoch eine eindeutige Temperaturbestimmung zu. Voraussetzung ist jedoch, daß die Minerale kogenetisch und nicht nur koexistent sind. Diese Überlegung machten sich Bethke und Barton (1971) bei der Verteilung der Elemente Cd, Mn und Se zwischen Bleiglanz und Zinkblende bzw. Wurtzit zur Bestimmung der Kristallisationstemperatur (Abb. 11.2) oder Bernotat (1972) bei der Rb-Verteilung in Biotit und

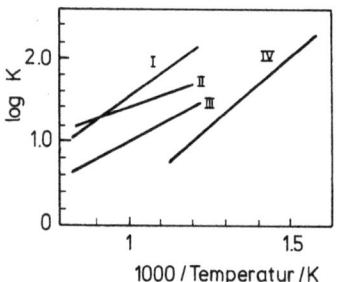

Abb. 11.2. Verteilung von Se, Mn und Cd zwischen paragenetischen Sulfiden als Funktion der Temperatur. (Nach Bethke und Barton 1971). K errechnet sich aus dem analytisch ermittelten Gewichtsverhältnis des Elementes in den beiden Sulfidphasen, wie angegeben. *I* K(Se) in PbS/ZnS: Selenverteilung zwischen PbS und ZnS; *II* K(Mn) in ZnS/PbS: Manganverteilung zwischen ZnS und PbS; *III* K(Cd) in ZnS/PbS: Cadmiumverteilung zwischen ZnS und PbS; *IV* K(Se) in $PbS/CuFeS_2$: Selenverteilung zwischen PbS und $CuFe_2$

Alkalifeldspäten für die Bestimmung der Erstarrungstemperatur von Magmatiten zunutze.

Überhaupt stellt die interkristalline Verteilung von Ionen auf zwei Mineralphasen ein weites Feld für thermobarometrische Untersuchungen dar. Die Verteilung von Mg- und Fe^{2+}-Ionen auf koexistierende Minerale wie Biotit und Granat oder Cordierit und Granat führt zu den temperaturabhängigen Ausdrücken der Gleichgewichtskonstanten (Perchuk et al. 1981)

$$\ln K_{Bi/Gr} = \left(\frac{X_{Mg}}{1-X_{Mg}}\right)_{Bi} \bigg/ \left(\frac{X_{Mg}}{1-X_{Mg}}\right)_{Gr} = \frac{3416{,}4}{T} - 2{,}301 \quad (11.1)$$

$$\ln K_{Cord/Gr} = \left(\frac{X_{Mg}}{1-X_{Mg}}\right)_{Cor} \bigg/ \left(\frac{X_{Mg}}{1-X_{Mg}}\right)_{Gr} = \frac{2729}{T} - 0{,}802 \quad (11.2)$$

$$X_{Mg} = Mg^{2+}/(Mg^{2+} + Fe^{2+} + Mn^{2+}).$$

Die aus (11.1) und (11.2) abgeleiteten Temperaturen stimmen gut mit jenen aus experimentellen Untersuchungen überein.

Die Verteilung von Ca^{2+}-Ionen zwischen Granat und Plagioklas – zwei festen Lösungen – in Gegenwart von Sillimanit und Quarz ist sowohl vom Druck wie auch von der Temperatur abhängig.

$$Ca_3Al_2Si_3O_{12} + 2\,Al_2SiO_5 + SiO_2 = 3\,CaAl_2Si_2O_8 \quad (11.3)$$

„Granat"   Sillimanit   Quarz   „Plagioklas"

125,3   2 × 49,9   22,7   3 × 100,8

⎣_____⎦
            |
         247,8

$\Delta V_R = (302{,}4 - 247{,}8) \text{ cm}^3 = +54{,}6 \text{ cm}^3 \triangleq 5{,}46 \cdot 10^{-5} \text{ J/Pa}.$

Nach (2.22) beträgt die Druckabhängigkeit der Gleichgewichtskonstanten für Reaktion (11.3)

$$\left(\frac{\partial \ln K}{\partial P}\right)_T = -\frac{\Delta V}{RT} = -\frac{54{,}4 \cdot 10^{-5} \cdot [\text{J/Pa}]}{8{,}31 \,[\text{J/K}] \cdot T\,[\text{K}]} = -\frac{6{,}5 \cdot 10^{-4}}{T} \text{Pa}^{-1}. \quad (11.4)$$

Der Wert der Gleichgewichtskonstanten nimmt mit Druckzunahme stark ab, die Reaktion (11.3) verlagert sich nach links. Nach Aranovich und Podlesskii (1983) errechnet sich der Druck aus der Temperatur und den Aktivitäten der Endglieder aus:

$$P/Pa = 2{,}3\,[T(9{,}92 - 1{,}887\ln\bar{K}) - 1960 + 3200\,(X^2(Mg)]_{Gr}$$
$$- 1000\,[X^2(Fe)]_{Gr} + 2200\,[X(Mg)\cdot X(Fe)]_{Gr} - 48{,}57$$
$$- 2207\,[1 - X(An)]^2]\,10^{+5} \tag{11.5}$$

mit $\quad \bar{K} = \dfrac{X(Ca)_{Plag}}{X(Ca)_{Gr}} \quad$ Plag = Plagioklas
$\qquad\qquad\qquad\qquad\quad\;\;$ Gr = Granat $\hfill (11.6)$

und $\quad 0{,}15 < X(An) < 0{,}6$.

Da Plagioklas, Sillimanit und Quarz häufig gemeinsam mit Cordierit und Granat vorkommen, läßt sich über (11.2) die Temperatur und anschließend über (11.5) der Druck ermitteln. In Abb. 11.3 werden berechnete Mg/Mg + Fe-Isoplethen von paragenetischen Cordieriten und Granaten in einem P-T-Diagramm wiedergegeben. Zur Orientierung sind die Bereiche der polymorphen Aluminiumsilikate angegeben. Aranovich und Podlesskii (1983) konnten zeigen, daß in mehr als 150 Mineralassoziationen eine korrekte Druck-Temperatur-Zuordnung der Cordierit-Granat-Zusammensetzung zu den paragenetischen, polymorphen Varianten des Aluminiumsilikats gegeben war, wenn der Tripelpunkt im Al_2SiO_5-Phasendiagramm (Abb. 6.3) nach Holdaway (1971) angenommen wurde. Da die Reaktion (11.2) mit wasserfreiem und wassergesättigtem Cordierit zu verschiedenen Mg^{2+}/Fe^{2+}-Verteilungen führt, erfolgt die Auswertung unter der Annahme: $P = P_{H_2O}$. Unter trockenen Bedingungen werden etwa 3 kbar weniger als unter wassergesättigten er-

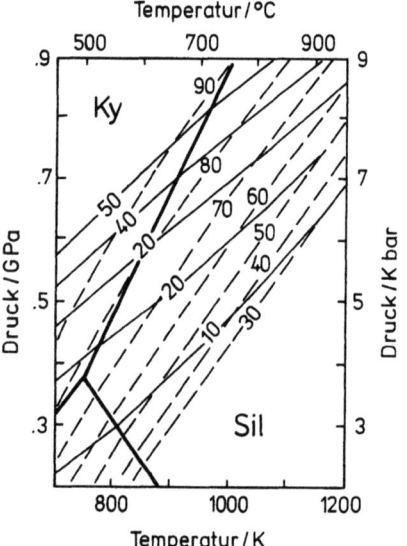

Abb. 11.3. P-T-Diagramm für die Paragenese Cordierit-Granat-Sillimanit-Quarz. (Aranovich und Podlesskii 1983).
——— Granat-Isoplethen $\Big\}$
– – – Cordierit-Isoplethen
$\quad Mg^{2+}/(Mg^{2+} + Fe^{2+})$
Aluminiumsilikat-Stabilitätsfelder nach Holdaway (1971). *Ky* Kyanit; *Sil* Sillimanit

halten. Neben H_2O spielt auch die Anwesenheit von CO_2 im Cordierit eine erhebliche Rolle.

Ein weiteres Beispiel für ein Geobarometer ist die Paragenese: Granat-Rutil-Ilmenit-Sillimanit-Quarz:

$$Fe_3Al_2Si_3O_{12} + 3\,TiO_2 = 3\,FeTiO_3 + Al_2SiO_5 + 2\,SiO_2 \qquad (11.7)$$

Almandin	Rutil	Ilmenit	Sillimanit	Quarz
115,3	3 · 18,8	3 · 31,7	49,9	2 · 22,7

$$\underbrace{\phantom{115{,}3 \quad 3\cdot 18{,}8}}_{171{,}7} \qquad \underbrace{\phantom{3\cdot 31{,}7 \quad 49{,}9 \quad 2\cdot 22{,}7}}_{190{,}4}$$

$\Delta V_R = (190{,}4 - 171{,}1)\,\text{cm}^3 = 18{,}7\,\text{cm}^3$

$$K_{P,T} = \frac{a_{Ilmenit}^3 \cdot a_{Sillimanit} \cdot a_{Quarz}^2}{a_{Almandin} \cdot a_{Rutil}^3}. \qquad (11.8)$$

Da die Reaktion von links nach rechts unter Volumvermehrung abläuft, wird die linke Seite bei Druckerhöhung bevorzugt. Da der Verlauf der Gleichgewichtskonstanten $K_{P,T}$ kaum temperaturabhängig ist, läßt sich diese Reaktion gut als Geobarometer einsetzen (Abb. 11.4).

Das $FeO - TiO_2 - O_2$-System schließt das Magnetit-Ilmenit-Thermometer ein (Buddington und Lindsley 1964).

Das System besteht aus zwei festen Lösungen der Endglieder

Fe_3O_4 (Magnetit) $- Fe_2TiO_4$ (Ulvöspinell)

Fe_2O_3 (Hämatit) $-$ $FeTiO_3$ (Ilmenit).

Die Verteilung des TiO_2 hängt vom Fe^{2+}/Fe^{3+}-Verhältnis im System ab. Sie geht auf 2 Reaktionen zurück:

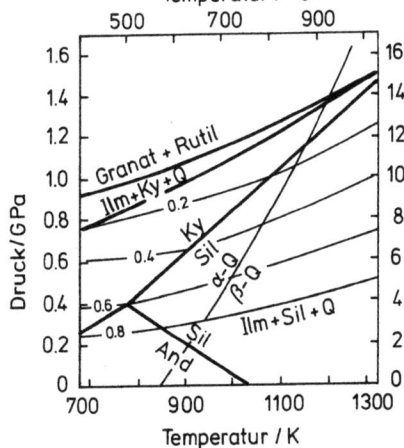

Abb. 11.4. P-T-Diagramm für die Paragenese Ilmenit-Sillimanit/Kyanit-Granat-Rutil-Quarz. (Nach Bohlen et al. 1983). Der angegebene Parameter entspricht log K nach (11.8). *Ilm* Ilmenit; *Sil* Sillimanit; *Ky* Kyanit; *And* Andalusit; *Q* Quarz

Oxidationsreaktion

$$4\,Fe_3O_4(Mt) + O_2 = 6\,Fe_2O_3(Ilm) \tag{11.9}$$

Austauschreaktion

$$Fe_2TiO_4(Mt) + Fe_2O_3(Ilm) = Fe_3O_4(Mt) + FeTiO_3(Ilm)\,. \tag{11.10}$$

In Abb. 11.5 ist der Verlauf der Isoplethen für X_{FeTiO_3} im Ilmenit und $X_{Fe_2TiO_4}$ im Magnetit als f_{O_2}-Temperatur-Diagramm dargestellt. Das Thermometer ist erst oberhalb von 900 K verwendbar. Die Fe^{2+}/Fe^{3+}-Verteilung ist gegenüber oxidierenden Einflüssen während der Abkühlung sehr empfindlich. Auch wird durch eine spätere Oxidation des Eisens die Umverteilung von Titan während der Rekristallisation begünstigt. In diesem Fall werden alle früheren Temperaturinformationen ausgelöscht.

Zur Bestimmung der Kristallisationstemperaturen in mafischen und ultramafischen Gesteinen eignen sich auch die Verteilungen von Mg^{2+}/Fe^{2+}-Ionen zwischen den Mineralphasen Olivin und Spinell, Olivin und

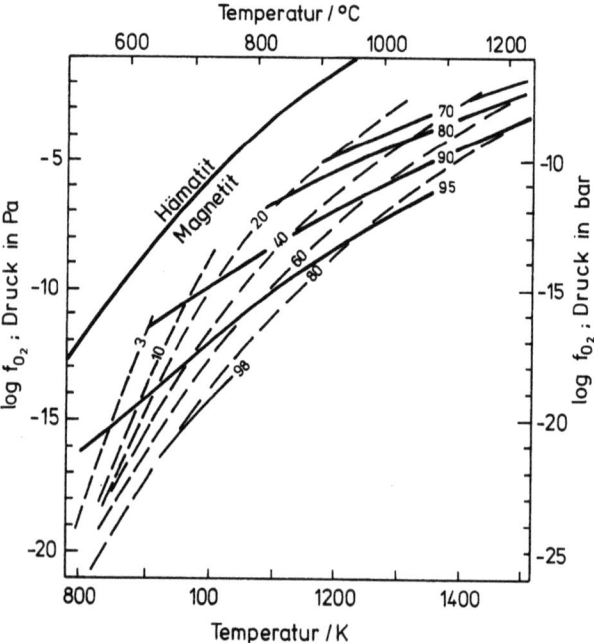

Abb. 11.5. Temperatur-log f_{O_2}-Diagramm für die Paragenese Magnetit-Ilmenit. (Nach Spencer and Lindsley 1981). ——— F_{FeTiO_3} Isoplethen für Ilmenit; – – – $X_{Fe_2TiO_4}$ Isoplethen für Ulvöspinell

Granat sowie Granat und Klinopyroxen. Für jedes dieser Thermometer gibt es eine Reihe von Kalibrierungen, in die je nach Ableitung auch Druckkorrekturen eingehen (Fabries 1984).

Die Feststellung von Entmischungsgefügen in Mineralen ist ein untrügliches Zeichen dafür, daß bei der Bildung des Minerals P-T-Bedingungen herrschten, unter denen eine homogene, feste Lösung vorgelegen hat. Die Bildungstemperatur lag also oberhalb der Homogenisierungstemperatur. Es ist daher unbedingt notwendig, festzustellen, daß es sich beim vorhandenen Gefüge um eine Entmischungstextur handelt und nicht um ein Gefüge, daß durch Rekristallisation oder gleichzeitiges Ausscheiden der Mineralphasen entstanden ist. In § 8.5.1 wurde als Beispiel für eine Entmischung die Perthitbildung aus Hochtemperatur-Alkalifeldspäten beim Abkühlen behandelt. Barth (1962) hat vorgeschlagen, die Nichtmischbarkeit der festen Lösungen Plagioklas (Albit-Anorthit) und Alkalifeldspäte (Albit-Orthoklas) für Temperaturen < 1100 K auszunutzen. Es wird also die Verteilung der Albitkomponente zur Temperaturbestimmung herangezogen.

Ein weiteres System mit Solvus wird in Abb. 11.6 vorgestellt. Da bei der Entmischung begrenzte feste Lösungen entstehen, deren Zusammensetzungen dem Solvus entsprechen, ermöglicht die chemische Analyse dieser begrenzten festen Lösungen in Gegenwart der dazugehörigen zweiten, begrenzten festen Lösung die Bestimmung einer Entmischungs- (Abkühlen) bzw. Mischungstemperatur (Aufheizen). Sie entspricht etwa der niedrigsten Temperatur, unter der eine angenommene Gleichgewichtsverteilung der Ionen erfolgt ist. Als Beispiel sollen die Karbonate gelten. Marine sedimentäre Karbonate bestehen oft aus Hochmagnesiumcalcit. Wenn diese Karbonate unter hinreichendem CO_2-Partialdruck auf Temperaturen oberhalb von 800 K gebracht werden, beginnen sie sich in einen Niedrigmagnesiumcalcit und Dolomit zu entmischen. Aus dem Mg^{2+}-Gehalt des Calcits wird auf die Temperatur während der

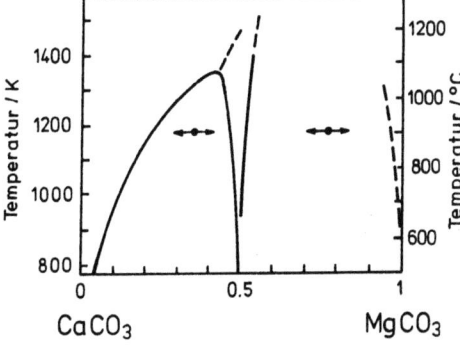

Abb. 11.6. Solvus im System $CaCO_3 - MgCO_3$. (Nach Goldsmith and Newton 1969). Der CO_2-Partialdruck muß hoch genug sein, um die thermische Dissoziation der Karbonate zu verhindern (vgl. Fig. 11.14)

Metamorphose geschlossen (Anovitz und Essene 1982). Unterhalb von etwa 700 K werden keine verläßlichen Temperaturen ermittelt. Ähnlich lassen sich aus dem Fe^{2+}-Gehalt von hydrothermalen Calciten in Anwesenheit von Siderit die Bildungstemperaturen von Gangkarbonaten ermitteln. Da auch hier bei Temperaturen unterhalb 700 K die Entmischungskinetik außerordentlich langsam verläuft, werden mit dieser Methode meist zu hohe Temperaturen ermittelt.

Der FeS-Gehalt von Sphalerit in Koexistenz mit Pyrrothin und Pyrit gibt im Temperaturbereich 600–900 K ein Geobarometer ab (Abb. 11.7) (Scott 1973). Zu beachten ist jedoch: wenn unterhalb 600 K der FeS-haltige Sphalerit und Pyrrothin re-equilibriert, dann täuschen die sich einstellenden niedrigen FeS-Gehalte hohe Drücke vor.

Die intrakristalline Verteilung von Elementen auf zwei unterschiedliche Gitterpositionen ist je nach Gegebenheit druck- und/oder temperaturabhängig. Die Verteilung ist bei hohen Temperaturen maximal (disorder) und geht mit fallenden Temperaturen in geordnetere (order) Zustände über. Der „disorder" Zustand wird bei hohen Temperaturen durch die Gitteraufweitung und die Entropiezunahme (vgl. Tabelle 2.9) begünstigt.

Feldspäte verteilen bei hohen Temperaturen ihr Aluminium auf die T1- und T2-Tetraeder-Positionen (Stewart und Ribbe 1969). Allerdings zeigt die Erfahrung, daß die Verteilungszustände, die sich oberhalb 800 K eingestellt haben, während der Abkühlung nicht erhalten bleiben.

Pyroxene verteilen ihre Kationen auf M(1)- und M(2)- Oktaeder-Positionen, z.B. Fe^{2+} und Mg^{2+} in Orthopyroxenen. Auch diese „dis-

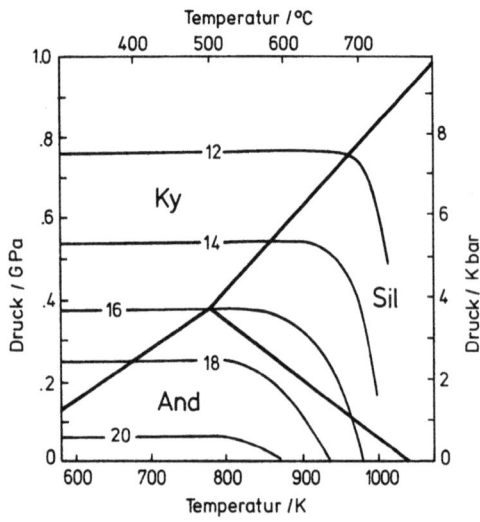

Abb. 11.7. FeS-Gehalt im Sphalerit mit Pyrit und Pyrrothin in Paragenese. (Scott 1976). Die angegebenen Isoplethen beziehen sich auf Mol%-FeS im Sphalerit. Zur Orientierung sind die Stabilitätsfelder für Aluminiumsilikat nach Holdaway (1971) angegeben. *Ky* Kyanit; *Sil* Sillimanit; *And* Andalusit

order" Zustände bleiben nur bei Temperaturen unterhalb 900 K erhalten (Perkins et al. 1982).

Die Verteilung des Al auf Tetraeder- und Oktaederpositionen ist stark druckabhängig, weil sich die Koordination des Al ändert. Die Bestimmung des Al/Si-Verhältnisses auf Tetraederpositionen in Phengiten (eine SiO_2-reiche Varietät des Muskovits) in Paragenese mit SiO_2, Phlogopit und Feldspat kann daher als Geobarometer dienen. Mit steigendem Druck wird $Al^{VI} + Al^{IV}$ durch $Mg^{VI} + Si^{IV}$ ersetzt (Velde 1967).

11.2.2 Elementverteilungen zwischen festen und fluiden Phasen

Die chemische Analyse von hydrothermalen oder geothermalen Wässern aus Bohrlöchern bietet die Möglichkeit, die Temperatur von Gleichgewichtseinstellungen während der Mineralalteration zu bestimmen. Diese Methoden werden insbesondere bei Untersuchungen von geothermalen Ressourcen eingesetzt. Voraussetzung dieser Methoden ist, daß das geothermale System ein Gleichgewicht erreicht hat oder diesem wenigstens nahe gekommen ist. Das Gleichgewicht seinerseits wird für jede Temperatur durch die Aktivitäten aller daran beteiligten, gelösten Ionen beschrieben. Tabelle 11.1 zeigt für eine Auswahl von charakteristischen Lösungs-, Ionenaustausch- und Alterationsreaktionen, welcher Zusammenhang zwischen den Aktivitäten von Ionen in der Lösung und der Temperatur bei der Gleichgewichtseinstellung besteht. Charakteristische Fehlerquellen sind folgende: Das Na−K-Thermometer ergibt zu hohe Werte, wenn die Tiefenwässer bei $T < 500$ K Ionenaustauschreaktionen mit Tonmineralen unterliegen. Die Anwendung des Na−K−Ca-Thermometers ist insofern kompliziert, als der empirische Faktor β mit unterschiedlichen Werten angenommen wird, je nach den $\sqrt{Ca^{2+}}/Na^+$-Verhältnissen und der sich daraus ergebenden Temperatur (Fournier und Truesdell 1973). Abbildung 11.8 zeigt einige Beispiele für Beziehungen von Kationenverhältnissen sowie von $H_4SiO_4^0$-, Calcit- und $H_2CO_3^0$-Gehalten mit den Temperaturen der Lösungen. Wie in den Abbildungen gezeigt wird, lassen sich Oberflächenwässer von geothermalen nur schwer unterscheiden, weil sie vergleichbare Kationenverhältnisse mit geothermalen Lösungen aufweisen. Oberflächenwässer enthalten jedoch normalerweise wenig Cl^--Ionen (um 1 ppm). Der Cl^--Gehalt in den Oberflächenwässern und Grundwässern hängt von der Entfernung der Probennahmestelle zu Ozeanen und den vorherrschenden Windrichtungen (Ozean → Land) ab. Wässer aus tiefen Gesteinsschichten haben im allgemeinen höhere Chloridkonzentrationen als meteorische Wässer. Dies ist das Ergebnis von Auslaugungsprozessen. Wenn die Wässer je-

Tabelle 11.1. Einige Geothermometer für Lösungen. (Nach Henley et al. 1984; Arnorsson 1983)

Chemische Reaktion	Temperaturfunktion	Gültigkeitsbereich K
Lösungsreaktion: $SiO_2 + 2H_2O = H_4SiO_4$ $K_T = a_{H_4SiO_4}$	für Chalcedon $T/K = \dfrac{1112}{4{,}91 - \log[H_4SiO_4]}$	300 – 450
	für Quarz: $T/K = \dfrac{1309}{5{,}19 - \log[H_4SiO_4]}$	300 – 500
	für amorphe Kieselsäure: $T/K = \dfrac{731}{4{,}52 - \log[H_4SiO_4]}$	300 – 500
Ionenaustausch (Alterations-) Reaktion: $NaAlSi_3O_8 + K^+ = KAlSi_3O_8 + Na^+$ $K_T = \dfrac{a_{Na^+}}{a_{K^+}}$	$T/K = \dfrac{933}{0{,}993 + \log[Na^+/K^+]}$	300 – 500
	$T/K = \dfrac{1319}{1{,}699 + \log[Na^+/K^+]}$	300 – 600
Alterationsreaktionen in Sedimenten und Gesteinen unter geothermalen Bedingungen: $Na^+ - K^+ - Ca^+$-Austauschprozesse als Folge von Mineralumwandlung; K_T ist eine empirische Funktion	$T/K = \dfrac{1647}{2{,}24 + \log[Na^+/K^+] + \beta \log[\sqrt{Ca^{2+}}/Na^+]}$ für $T < 373$ K und $\log[\sqrt{Ca^{2+}}/Na + 2{,}06) > 0$ beträgt $\beta = 4/3$ sonst $\beta = 1/3$	300 – 600

Element- und Isotopenverteilungsgleichgewichte 287

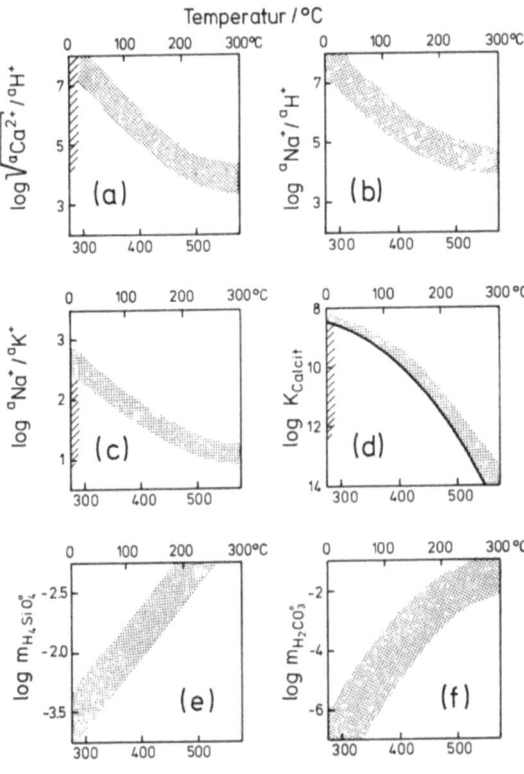

Abb. 11.8a–f. Ergebnisse für Kationenverhältnisse und Löslichkeiten von $H_2SiO_4^0$, Calcit und $H_2CO_3^0$ in geothermalen Wässern Islands. (Arnorsson et al. 1983a, b, Arnorsson 1983). *Schraffiert* Oberflächenwasser; *punktiert* Tiefenwasser

doch Gesteine passieren, die sehr niedrige Cl^--Ionengehalte haben, z. B. Basalte, dann wird trotz der hohen Temperatur während der Alteration der Cl^--Gehalt der Lösungen nicht wesentlich verschieden von kalten Oberflächenwässern sein.

Regenwasser hat bei Erdoberflächentemperaturen pH 5,7. Im Kontakt mit Böden und Gesteinen wird er durch die Hydrolyse von Silikaten erhöht. Das führt dazu, daß diese Bodenwässer pH-Werte im Bereich von 6–7 annehmen. Demgegenüber sind Cl^--arme Wässer, die Alterationsreaktionen mitgemacht haben, höher im pH-Wert, 9–10. Daraus folgt, daß Wässer mit niedrigem Cl^--Gehalt in Verbindung mit niedrigem pH-Wert charakteristisch sind für Oberflächenwässer, die nicht mit Silikaten equilibrierten.

Geothermale Wässer sind immer gesättigt im Hinblick auf Calcit (Abb. 11.8 d), kalte Oberflächenwässer sind es nicht. Durch Zumischen von kälteren Wässern können untersättigte geothermale Wässer entstehen, die sich von reinen Oberflächenwässern durch ihren relativ hohen Kieselsäure-Gehalt bei niedrigem Na^+/K^+-Verhältnis unterscheiden (Abb. 11.8). Das Na^+/K^+-Verhältnis in geothermalen Wässern wird durch Ionenaustausch und Hydrolyse festgelegt (Abb. 11.9). Dieses Verhältnis ist in kalten Grundwässern vergleichbar mit denen der Nebengesteine; es erklärt sich aus der Auslaugung der gesteinsaufbauenden Minerale. Ein chemisches Gleichgewicht im Sinne von Alteration stellt sich nicht ein.

Kalte Wässer enthalten geringe Mengen an gelöster Kieselsäure (Abb. 6.2 und Abb. 11.8 e). Lösungen im Gleichgewicht mit Quarz führen zwischen 20 und 40 ppm, solche im Gleichgewicht mit Chalcedon um 100 ppm. Vieles spricht dafür, daß unter 450 K im wesentlichen nur das Gleichgewicht mit Chalcedon, darüber jedoch mit Quarz erreicht wird.

Das Aktivitätsverhältnis $\sqrt{Ca^{2+}}/H^+$ ist in kalten Wässern niedriger als in Thermalwässern. Es scheint damit geeignet zu sein, zwischen equilibrierten, geothermalen Wässern und den nicht im Gleichgewicht befindlichen Oberflächenwässern zu unterscheiden. An der Einstellung dieses Verhältnisses sind unterschiedliche Mineralreaktionen beteiligt. Typische Minerale der Alteration sind in Abb. 11.10 mit ihrem Stabilitätsbereich angegeben (vgl. auch § 6.2 bis § 6.5).

Die empirisch abgeleiteten Na–K–Ca- bzw. Na–K–Ca–Mg-Geothermometer können nicht mit spezifischen Alterationsreaktionen in Beziehung gesetzt werden, da sich die Löslichkeiten aller in Frage kommenden Silikate sehr ähneln. Es wird angenommen, daß die empiri-

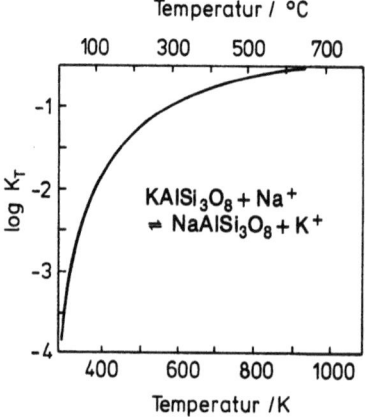

Abb. 11.9. Alkalifeldspatgleichgewicht als Funktion der Temperatur bei 0,5 GPa. (Helgeson et al. 1978)

Abb. 11.10. Stabilitätsbereich von Alterationsprodukten im Gleichgewicht mit geothermalen Wässern in Island. (Arnorsson 1983)

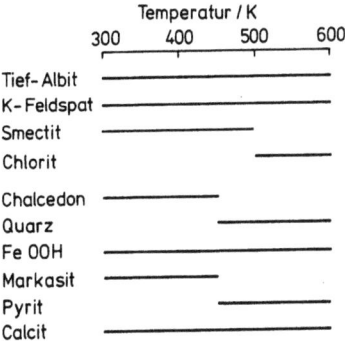

Abb. 11.11. Verteilung von Fe^{2+}-, Mg^{2+}-, Mn^{2+}- und Ni^{2+}-Ionen zwischen Olivin und Silikatschmelze.
Definition von K für Fe, Mg und Mn

$$K = \frac{X \text{ (im Olivin)}}{X \text{ (in Schmelze)}} \text{ mit } X = \frac{El}{Fe + Mg + Mn}$$

Definition von D für Ni

D = Ni-Gew.-% im Olivin/Ni-Gew.-% in Schmelze

(Nach Carron 1984)

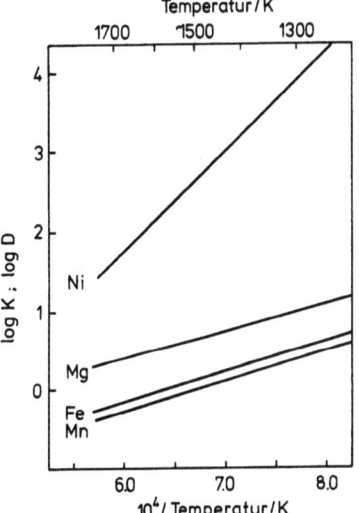

sche Kalibrierung die geringen Unterschiede in den freien Lösungsenthalpien in den angetroffenen, sehr verschieden zusammengesetzten Mineralassoziationen „abrundet". Aus diesem Grund wird empfohlen, die vorher besprochenen Geothermometer zu verwenden, wenn es gute Gründe dafür gibt, das Lösungs-Mineral-Gleichgewicht zu kennen.

Der Verteilungskoeffizient von Ionen zwischen Schmelzen und Mineralen ist temperaturabhängig. Dieser Zusammenhang muß experimentell ermittelt werden. Als Beispiel für temperaturabhängige Verteilungskoeffizienten sind in Abb. 11.11 jene für Fe^{2+}, Mg^{2+}, Mn^{2+} und Ni^{2+} im System Olivin-Silikatschmelze angegeben. Es zeigt sich jedoch, daß viele dieser Verteilungskoeffizienten zusätzlich von der chemischen

Zusammensetzung der Schmelze, von Druck und insbesondere von der Sauerstoff-Fugazität abhängig sind, sofern die betrachteten Ionen in unterschiedlichen Oxidationszuständen auftreten. Weitere Beispiele für Ionen-Verteilungen sind bei Carron (1984) und Irving (1978) zu finden.

Die Sauerstoff-Fugazität kontrolliert die Verteilung von verschiedenwertigen Ionen ein und desselben Elementes und beeinflußt die Verteilung vieler anderer Elemente durch konkurrierende Substitution indirekt. Bei sehr hohen Temperaturen ist die Sauerstoff-Fugazität vom H_2O-Gehalt der Schmelzen abhängig, in denen in Abhängigkeit von Druck und Temperatur die thermische Dissoziation des Wassers erfolgt:

$$2H_2O = 2H_2 + O_2. \tag{11.11}$$

Hinweise auf die Größe von f_{O_2} erhält man aus dem Verhältnis verschiedenwertiger Ionen. In Schmelzen wird die Sauerstoff-Fugazität durch die Koexistenz von Fe^{3+}- und Fe^{2+}-führenden Mineralen im Sinne eines Puffers fixiert (Abb. 11.12). Diese Puffer arbeiten analog den in § 2.7 besprochenen. Aus der Beobachtung, daß das Fe^{3+}/Fe^{2+}-Verhältnis in früh kristallisiertem Tiefengestein <0,5 und in Basalten um 0,7 beträgt, läßt sich ableiten, daß bei hohem Druck und abnehmender Temperatur die Sauerstoff-Fugazität allgemein zunimmt. In Rhyolithen, Tuffen und Ignimbriten werden Werte deutlich >1 beobachtet. In Silikatschmelzen wie auch basaltischen Gläsern sollte das Fe^{3+}/Fe^{2+}-

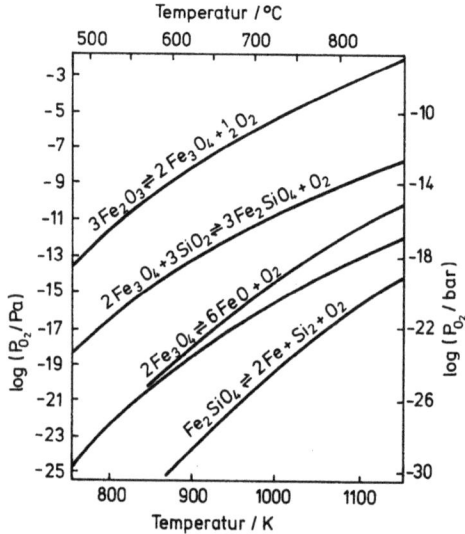

Abb. 11.12. Sauerstoffugazitäten über den angegebenen Gleichgewichtsreaktionen als Funktion der Temperatur. (Ernst 1976)

Verhältnis proportional zur vierten Wurzel der Sauerstoff-Fugazität sein.

$$4\,Fe^{2+} + O_2 + 2\,H_2O = 4\,Fe^{3+} + 4\,OH^- \qquad (11.12)$$

$$K = \frac{a_{Fe^{3+}}^4 \cdot a_{OH^-}^4}{a_{Fe^{2+}}^4 \cdot P_{O_2}} \qquad (11.13)$$

$$\frac{a_{Fe^{3+}}}{a_{Fe^{2+}}} = (K \cdot P_{O_2})^{1/4} \cdot a_{OH^-}. \qquad (11.14)$$

Statt einer Steigung von 0,25 wird jedoch experimentell nur ein Wert von 0,20 in der logarithmischen Darstellung gefunden (Fudali 1965). Für die beobachtete geringere Abhängigkeit des Redox-Verhältnisses von der Sauerstoff-Fugazität müssen noch andere Faktoren und Vorgänge, die in der Schmelze zu suchen sind, herangezogen werden. Es zeigt sich, daß hierfür möglicherweise der Wassergehalt der Schmelze verantwortlich ist (Möller und Muecke 1984).

Die Umwandlung Sphalerit – Wurtzit ist von der Temperatur und der Schwefelfugazität abhängig (Abb. 11.13). Damit ermöglicht die Beobachtung der Umwandlung noch keine Temperaturfestlegung. Ähnlich verhält es sich mit der thermischen Zersetzung der Karbonate (Abb. 11.14), die vom CO_2-Partialdruck abhängig ist. Als Beispiel hierzu werden in Abb. 11.15 die Gleichgewichtsparameter der Wollastonitreaktion aufgezeigt:

$$CaCO_3 + SiO_2 = CaSiO_3 \quad + CO_2 \qquad (11.15)$$
Calcit   Quarz Wollastonit

(vgl. hierzu auch § 2.5).

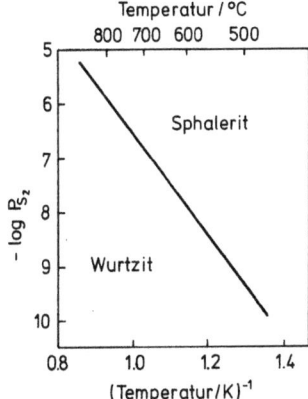

Abb. 11.13. Stabilitätsbereiche von Sphalerit und Wurtzit als Funktion der Schwefelfugazität. (Scott und Barnes 1972)

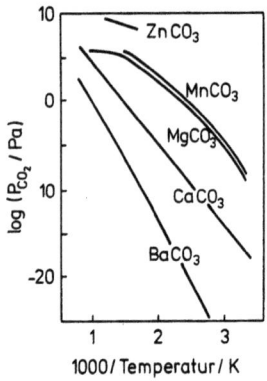

Abb. 11.14. Thermische Dissoziation von Karbonaten. CO_2-Gleichgewichtsdruck über Karbonaten als Funktion der Temperatur. (Nach einer Zusammenstellung von Schröcke und Weiner 1981)

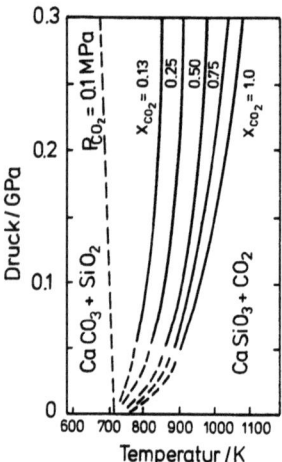

Abb. 11.15. Wollastonit im Gleichgewicht mit Calcit und Quarz. Die Kurve $P_{CO_2} = 0,1\,MPa$ beschreibt die Gleichgewichtslage im offenen System bei 1 atm CO_2. Die übrigen Kurven beschreiben Gleichgewichte in geschlossenen Systemen mit den angegebenen Molenbrüchen von CO_2 in der fluiden Phase. $P_{gesamt} = P_{CO_2} + P_{H_2O}$. (Nach Greenwood 1967)

11.2.3 Isotopenthermometrie

Die temperaturabhängige Sauerstoffisotopenfraktionierung zwischen einem Mineral und einer fluiden Phase oder zwischen zwei Mineralen, die über eine gemeinsame fluide Phase in Kontakt stehen, ermöglicht die Temperaturbestimmung unter der Bedingung, daß Gleichgewichte vorliegen. Der Fraktionierungskoeffizient α ist ausschließlich temperaturabhängig. Da im allgemeinen δ-Werte massenspektroskopisch abgeleitet werden, ergibt sich der Wert α für das Mineralpaar A und B zu (vgl. § 10.1)

$$\alpha_{A-B} = \frac{\delta_A + 1000}{\delta_B + 1000}. \tag{11.16}$$

Mit

$$\ln(1+x) \cong x \quad \text{für} \quad x \ll 1, \tag{11.17}$$

folgt daraus

$$\delta_A - \delta_B \cong 1000 \ln \alpha_{A-B} \quad \text{oder} \tag{11.18}$$

$$\Delta_{A-B} \cong 1000 \ln \alpha_{A-B}. \tag{11.19}$$

Damit ist $1000 \ln \alpha$ jene Größe, die über die Temperatur abgetragen wird (Abb. 11.16).

Um koexistente Mineralpaare für Temperaturbestimmungen nutzen zu können, sollten sie

1. als Mineralparagenese sehr häufig sein,
2. in einem genügend weiten P-T-Bereich stabil vorliegen und
3. chemisch konstant zusammengesetzt sein.

In Abb. 11.16 sind einige Beispiele für die Sauerstoffisotopenfraktionierung als Funktion der Temperatur wiedergegeben. In Abb. 11.17 wird an den Mineralen eines Metasediments unterschiedlichen Metamorphosegrades die temperaturabhängige Änderung von α aufgezeigt.

Aus der Temperaturabhängigkeit des Fraktionierungskoeffizienten α im System $CO_2 - H_2O$ läßt sich für Karbonate eine Methode zur Bestimmung der Paläotemperaturen der Ozeane ableiten. Dies wurde theoretisch von Suess und Urey (1956) aufgrund thermodynamischer Überlegungen gefolgert. Die folgende empirische Beziehung wurde von Craig und Gordon (1965) angegeben:

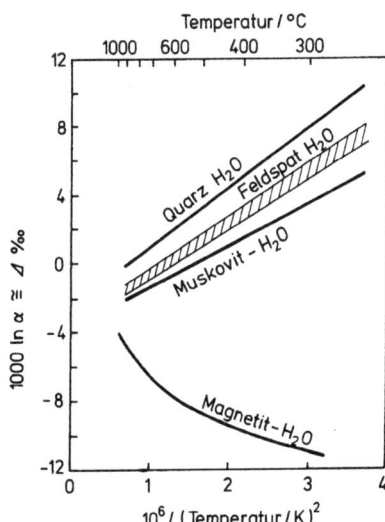

Abb. 11.16. Sauerstoffisotopenfraktionierung zwischen Mineralen und H_2O als Funktion der Temperatur. (Friedrichsen 1971)

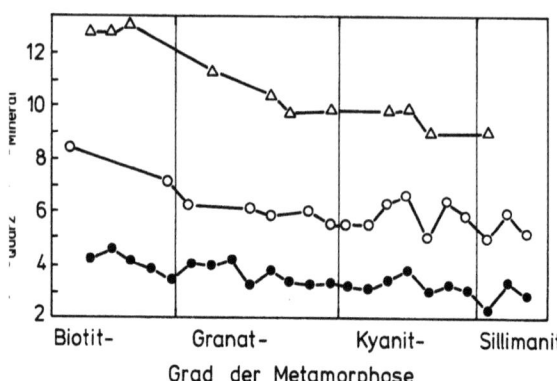

Abb. 11.17. Sauerstoffisotopenfraktionierung zwischen Quarz und den angegebenen Mineralen bei steigendem Metamorphosegrad. (Garlick und Epstein 1967). △ Magnetit; ○ Biotit; ● Muskovit

$$T/°C = 16{,}9 - 4{,}2\,\Delta + 0{,}13\,\Delta^2 \tag{11.20}$$

$$T/K = 290{,}1 - 4{,}2\,\Delta + 0{,}13\,\Delta^2, \tag{11.21}$$

in der Δ die ‰-Differenz in $\delta^{18}O$ bildet zwischen CO_2, das aus dem Karbonat durch Reaktion mit H_3PO_4 bei 25 °C gewonnen wurde, und CO_2, das bei 25 °C mit dem Wasser ins Gleichgewicht gesetzt wurde, aus dem sich die Karbonate abgesetzt haben.

Bei der Ableitung der Paläotemperaturen werden eine Reihe von Annahmen gemacht:

1. Die Isotopenzusammensetzung der Ozeane entsprach immer der gegenwärtigen; darüber hinaus soll sich auch die Salinität innerhalb des Zeitbereiches, in dem die oben genannte Gleichung angewandt werden soll, nicht geändert haben.
2. Die Organismen legen ihre Calcit- oder Aragonitskelette im temperaturbedingten Isotopengleichgewicht mit dem Ozeanwasser an. Dies ist jedoch nicht für alle Arten gegeben (siehe Hoefs 1980).
3. Die Sauerstoffisotopenzusammensetzung des Aragonits und Calcits bleibt über geologische Zeiten unverändert, diagenetisch verändertes Material ist für Paläotemperaturmessungen nicht geeignet.

Ähnlich wie es zwischen den Sauerstoffträgern zu einem temperaturbedingten Isotopenaustausch kommt, stellt sich ein solcher auch zwischen Schwefelträgern ein (Abb. 11.18 und Abb. 11.19). Allerdings scheint es erhebliche kinetische Hemmungen bei der Einstellung der Gleichgewichte zwischen verschiedenen Sulfiden bei den typischen Temperaturen hydrothermaler Bildungen zu geben. Folgende Voraussetzungen müssen erfüllt sein, um aus der Isotopenzusammensetzung auf die Temperatur zu schließen:

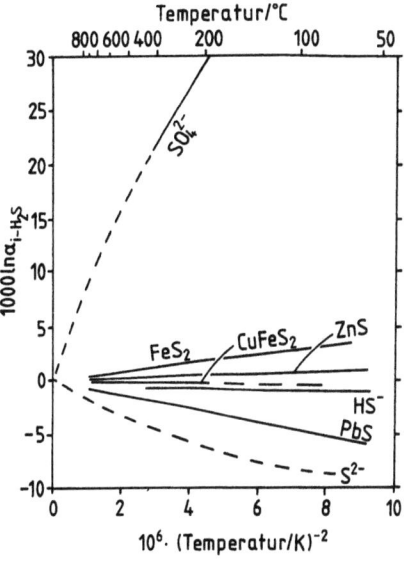

Abb. 11.18. Schwefelisotopenfraktionierung zwischen Sulfiden bzw. Schwefelspezies-Ionen und H_2S als Funktion der Temperatur. (Ohmoto und Rye 1979)

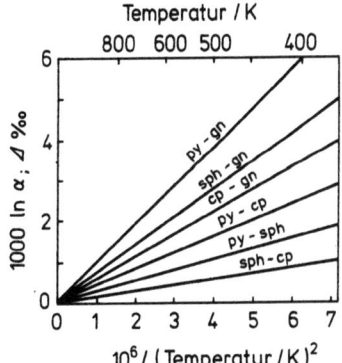

Abb. 11.19. Sulfid-Paar-Thermometer. (Nach Nielsen 1979). Es wird angenommen, daß jedes Sulfid für sich mit allen gelösten Schwefelspezien im Isotopengleichgewicht ist. *py* Pyrit; *sph* Sphalerit; *gn* Bleiglanz; *cp* Chalkopyrit

- Das Element Schwefel muß mit variabler Isotopenzusammensetzung in zwei verschiedenen Verbindungen im geothermalen System vorkommen.
- Die beiden Verbindungen müssen im Isotopengleichgewicht gestanden haben; der Fraktionierungsfaktor α muß sich im erwünschten Bereich meßbar verändern.
- Die Geschwindigkeit des Isotopenaustausches muß hinreichend gering sein, damit eine Re-Equilibrierung im Zeitraum zwischen der primären Gleichgewichtseinstellung (deren Temperatur bestimmt werden soll) und der Messung nicht signifikant wird.

11.2.4 Gasgleichgewicht

Die Temperaturabhängigkeit des chemischen Gleichgewichtes zwischen Gasen läßt sich ebenfalls für geothermische Zwecke verwenden. In Tabelle 11.2 sind die gebräuchlichsten Gasgleichgewichte sowie deren Gleichgewichtskonstanten als Funktion der Temperatur wiedergegeben. Diese Gas-Thermometer sind für die Gleichgewichtseinstellung in der Gasphase abgeleitet. In Fällen, in denen die Gas-Thermometer auf in Lösung befindliche Gase angewandt werden sollen, müssen die in den Gleichgewichtskonstanten enthaltenen Partialdrücke in Konzentrationen der Gase in Lösung unter Verwendung des Henryschen Gesetzes

$$P = K_H \cdot X \tag{11.22}$$

X = Molfraktion des gelösten Gases

überführt werden. Die Henry-Konstante K_H ist temperaturabhängig und verschieden für die verschiedenen Gase. In Abb. 11.20 wird der Verlauf von K_H für CO_2 im Wasser und 0,5 molarer NaCl-Lösung wiedergegeben.

Tabelle 11.2. Gasgleichgewichte, die sich für die Geothermometrie eignen

1. Methanabbau: $CH_4 + 2H_2O = CO_2 + H_2$

    $K_T = \dfrac{P_{CO_2} \cdot P_{H_2}}{P_{CH_4} \cdot P_{H_2O}^2}$; für K_T folgt näherungsweise

    $\log K_T = 10{,}278 - 9082/T$

    oder wenn $P_{H_2O}^2$ in K_T nicht einbezogen wird

    $\log K_T' = 21{,}30 - 13178/T$

2. Ammoniakabbau: $2NH_3 = N_2 + 3H_2$

    $K_T = \dfrac{P_{N_2} \cdot P_{H_2}}{P_{NH_3}^2}$ für K_T folgt näherungsweise

    $\log K_T = 11{,}375 - 5179/T$

    oder näherungsweise für Konzentrationen in der Lösung

    $^c K_T = \dfrac{[N_2][H_2]^3}{[NH_3]^2}$ $\log {}^c K_T = -19{,}245 - 5179/T + 0{,}0336 T$

3. $H_2 - CO_2$-Thermometer: $C + 2H_2O = 2H_2 + CO_2$

    $K_T = \dfrac{P_{H_2}^2 \cdot P_{CO_2}}{P_{H_2O}^2}$ für K_T folgt näherungsweise

    $\log K_T = 5{,}278 - 4866/T$

    oder $K_T' = P_{H_2}^2 \cdot P_{CO_2}$ $\log K_T' = 16{,}298 - 8982/T$

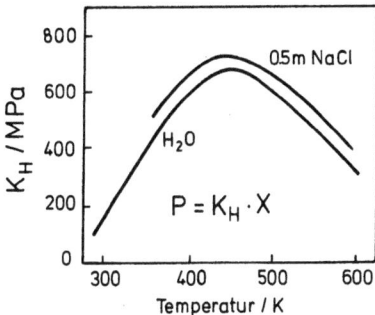

Abb. 11.20. Verlauf der Henry-Konstante für CO_2 als Funktion der Temperatur und der chemischen Zusammensetzung der Lösung. (Ellis und Golding 1963)

Vertiefende Literatur

Arnorsson (1983), Essene (1982), Ingerson (1955), Lagache (1984), Wood und Fraser (1977)

Verzeichnis der Abkürzungen

A	Debye-Hückel-Konstante
Alk	Alkalinität
Azid	Azidität
a	Mikrokomponente
a_i	Aktivität von i
$å_i$	Debye-Hückel-Parameter
aq	aquatisiert
B	Debye-Hückel-Konstante
b	Makrokomponente
c_i	Konzentration von i
D_h	Anzahl der Tochternuklide heute
D_m	Anzahl der Tochternuklide zur Zeit t_m
D_θ	Anzahl der Tochternuklide zur Zeit θ
D_{iff}	Diffusionskoeffizient
d	Durchmesser, Entfernung
E	Elektrische Feldstärke
Eh	Elektrochemisches Potential
Eh°	Elektrochemisches Standardpotential
e	Elektron
e_0	Elektronenladung
exp{}	exponential: $e^{\{\}}$
F	Faraday-Konstante
Fr	Anzahl der Freiheitsgrade
f	Fraktion, Anteil, Erstarrungsgrad
f_a	Fällungsgrad der Mikrokomponente a
f_b	Fällungsgrad der Makrokomponente b
f_i	Fugazität von i
f_s	Aufschmelzungsgrad
$\Delta G°$	Freie Bildungsenthalpie, Gibbssche Energie
ΔG_i	Freie Enthalpie, Gibbssche Energie
ΔG_R	Freie Reaktionsenthalpie
ΔG^*	kritische freie Keimbildungsenthalpie

g	Gravitationsbeschleunigung
H	Isotopenhäufigkeit
ΔH_i	Bildungsenthalpie von i
ΔH_R	Reaktionsenthalpie
h	Höhe
I	Ionenstärke
$I_{p,i}$	Ionenpotential von i
J	Bildungsrate
^aK	Gleichgewichtskonstante (Aktivitäten)
^cK	Gleichgewichtskonstanten (Konzentrationen)
K_H	Henry-Konstante
Ko	Anzahl der Komponenten
KOZ	Koordinationszahl
K_T	Gleichgewichtskonstante bei Temperatur T
K_W	Ionenaktivitätsprodukt des Wassers
k	Boltzmann-Konstante
k', k''	Proportionalitätskonstanten
k	homogener Verteilungskoeffizient
kr.P.	kritischer Punkt
M_o	Anzahl der Mutternuklide zur Zeit o
M_h	Anzahl der Mutternuklide heute
M_m	Anzahl der Mutternuklide zur Zeit t_m
M_t	Anzahl der Mutternuklide zur Zeit t
M_θ	Anzahl der Mutternuklide zur Zeit θ
ΔM	Änderung der Anzahl der Mutternuklide
m	Masse
m_i	Konzentration im mol/dm^3, Molarität von i
Me	Metallion
n_i, n(i)	Molzahl von i
$n(\alpha, i)$	Anzahl der α-Zerfälle des Mutternuklides i
Ox	Oxidans
P	Druck
P_{kr}	kritischer Druck
Ph	Anzahl der Phasen
pH	$= -\log[H^+]$
pK	$= -\log K$
R	Gaskonstante
Red	Reduktor
R(i)	Verhältnis des Isotops i in zwei Verbindungen
r_i	Radius von i
r_A	Anionenradius
r_K	Kationenradius

Verzeichnis der Abkürzungen

$\dot{r}$	lineare Wachstumsrate
r^*	kritischer Keimradius
S	Entropie
$S°$	Standardentropie
ΔS_R	Reaktionsentropie
Schm	Schmelze
T	absolute Temperatur
T_e	Einschlußtemperatur
T_{kr}	kritische Temperatur
T_{Schm}	Schmelztemperatur
T_H	Homogenisierungstemperatur
t	Zeit
tm, t_m	Mineralalter
$t_{1/2}$	Halbwertzeit
V	Volumen
V_i	Molvolumen von i
$\bar{V}_i$	partielles molares Volumen von i
ΔV_R	Änderung des Reaktionsvolumens
$\bar{V}_{ei}$	Eigenvolumen von i
$\Delta \bar{V}_e$	Volumenänderung durch Elektrostriktion in der Lösung
v	Geschwindigkeit
w	Anteil der hydrothermalen Phase an der wassergesättigten Schmelze
$X_i, X()$	Molenbruch von i
x	Strecke
z_i	Ladungszahl von i
α	Verteilungskoeffizient von Isotopen
α_p	Polarisierbarkeit
α_j	Ionisationsfaktor der Stufe j
β	Pufferkapazität
γ_i	Einzelionenaktivitätskoeffizient von i
$\gamma_{\pm i}$	mittlerer Aktivitätskoeffizient von i
δA	Fraktionierung des Isotops A
ε	Dielektrizitätskonstante
η	Viskosität
θ	Erdalter
λ	logarithmischer Verteilungskoeffizient
$\bar{\lambda}$	mittlerer logarithmischer Verteilungskoeffizient
λ_{aj}	logarithmischer Verteilungskoeffizient von a in Phase j
Λ_s	spezifische Aktivität
μ	Dipolmoment
ρ	Dichte

Verzeichnis der Abkürzungen

ρ_i	induzierte Spaltspurdichte
ρ_s	Spontanspaltspurdichte
σ	Spaltquerschnitt für thermische Neutronen
τ	Verweilzeit
ϕ	mechanisches Potential
Φ	Neutronendosis
χ_i	Elektronegativität von i
$\Delta\chi$	Differenz zweier Elektronegativitäten
(Schm)	Schmelze
{i}	Konzentration von i in der Festphase
[i]	Konzentration von i in der fluiden Phase
(v)	volatil

Indices:

t	total
f	fluid
xx	kristallin

Einheiten und Konstanten

Basisgrößen und Basiseinheiten des Internationalen Einheitensystems

Basisgröße	Basiseinheit	
Länge	Meter	m
Zeit	Sekunde	s
Masse	Kilogramm	kg
Stoffmenge	Mol	mol
thermodynamische Temperatur	Kelvin	K

Abgeleitete Einheiten nebst Umrechnungsfaktoren

Größe	Einheit	Beziehung zu alten Einheiten
Druck	Pascal $Pa (N \cdot m^{-2})$	$1\,Pa = 10^{-5}\,bar = 0,987 \cdot 10^{-5}\,atm$ $= 0,0075\,Torr$ $1\,atm = 1,01325\,bar$
Arbeit (Energie)	Joule $J (N \cdot m \equiv W \cdot s)$	$1\,J = 0,2390\,cal = 6,242 \cdot 10^{18}\,eV$ $= 2,778 \cdot 10^{-7}\,kW \cdot h$

Dezimale Vielfache und Teile von Einheiten

Multiplikator	Vorsatz	Vorsatzzeichen	Multiplikator	Vorsatz	Vorsatzzeichen
10^{12}	Tera	T	10^{-1}	Dezi	d
10^{9}	Giga	G	10^{-2}	Zenti	c
10^{6}	Mega	M	10^{-3}	Milli	m
10^{3}	Kilo	k	10^{-6}	Mikro	µ
10^{2}	Hekto	h	10^{-9}	Nano	n
10^{1}	Deka	da	10^{-12}	Piko	p
			10^{-15}	Femto	f
			10^{-18}	Atto	a

Physikalische Konstanten

Gaskonstante $R = 8,314\,J \cdot K^{-1}\,mol^{-1} = 0,08206\,dm^3\,atm\,K^{-1}\,mol^{-1}$
$= 1,987\,cal\,K^{-1}\,mol^{-1} = 8,314\,cm^3\,MPa\,K^{-1}\,mol^{-1}$
Faraday-Konstante $F = 9,648 \cdot 10^4\,C \cdot val^{-1}$
Boltzmannsche Konstante $k = 1,38 \cdot 10^{-23}\,J\,K^{-1}$
Elementarladung $e_o = 1,602 \cdot 10^{-19}\,C$
Avogadrosche Zahl $N_A = 6,022 \cdot 10^{23}\,mol^{-1}$

Literatur

Ahrens LH (1964) The signification of chemical bond for controlling the geochemical distribution of the elements. I. Phys Chem Earth 5:1 – 54
Albarède F, Juteau M (1984) Unscrambling the lead model ages. Geochim Cosmochim Acta 48:207 – 212
Allègre CJ, Hart SR (1978) Trace elements in igneous petrology. Elsevier, Amsterdam, 272 S
Allègre CJ, Michard G (1974) Introduction to geochemistry. Reidel, Dordrecht, 142 S
Allègre CJ, Treuil M, Minster JF, Minster B, Albarède F (1977) Systematic use of trace element in igneous process I. Fractional crystallization processes in volcanic suites. Contrib Mineral Petrol 60:57 – 75
Anders E (1971) How well do we know "cosmic" abundances? Geochim Cosmochim Acta 35:516 – 522
Anovitz LM, Essene EJ (1982) Phase relations in the system $CaCO_3 - MgCO_3 - FeCO_3$. Trans Am Geophys Union 63:464
Aranovich LYa, Podlesskii KK (1983) The cordierite-garnet-sillimanite-quartz equilibrium: experiments and applications. In: Saxena SK (Hrsg) Kinetics and equilibrium in mineral reactions. Springer, Berlin Heidelberg New York, S 173 – 198
Arnorsson S (1983) Chemical equilibria in Icelandic geothermal systems – implications for chemical geothermometry investigations. Geothermics 12:119 – 128
Arnorsson S, Gunnlaugsson E, Svavarsson H (1983a) The chemistry of geothermal waters in Iceland II. Mineral equilibria and independent variables controlling water composition. Geochim Cosmochim Acta 47:547 – 566
Arnorsson S, Gunnlaugsson E, Svavarsson H (1983b) The chemistry of geothermal waters in Iceland III. Chemical geothermometry in geothermal investigations. Geochim Cosmochim Acta 47:567 – 577
Arth JG (1976) Behaviour of trace elements during magmatic processes – a summary of theoretical models and their applications. J Res U S Geol Surv 4:41 – 47
Augustithis SS (1983) The significance of trace elements in solving petrogenetic problems and controversies. Theophrastus Publ, Athen, 917 S
Barnes HL (1979) Geochemistry of hydrothermal ore deposits, 2 Aufl. Wiley, New York, 788 S
Barth TFW (1962) The feldspar geologic thermometers. Norsk Geol Tidsskr 42:330 – 339
Bathurst RGC (1975) Carbonate sediments and their diagenesis. Elsevier, Amsterdam, 658 S
Beckinsale RD (1979) Granite magmatism in the tin belt of South East Asia. In: Atherton MP, Tarney J (Hrsg) Origin of granite batholiths: Geochemical evidence. Shiva Publ, Orpington, Kent, S 33 – 44
Berner RA (1971) Principles of chemical sedimentology. McGraw-Hill, New York, 240 S

Bernotat WH (1972) K/Rb, K/Ba, K/Sr Verteilungskoeffizienten koexistenter Alkalifeldspäte und Biotite in einigen präkambrischen Granit-Granodiorit-Komplexen des Sinai. Fortschr Mineral 50:15

Bethke PM, Barton PB (1971) Distribution of some minor elements between coexisting sulfide minerals. Econ Geol 66:140–163

Beus AA, Grigorian SV (1977) Geochemical exploration for mineral deposits. Appl Publ, Illinois, 287 S

Bischoff JL (1968) Kinetics of calcite nucleation: Magnesium ion inhibition and ionic strength catalysis. J Geophys Res 73:3315–3322

Bohlen SR, Wall VJ, Boettcher AL (1983) Experimental investigation and application of garnet granulite equilibria. Contrib Mineral Petrol 83:52–61

Bottinga Y, Richet P (1978) Thermodynamics of liquid silicates, a preliminary report. Earth Planet Sci Lett 40:382–400

Bottinga Y, Weill DF, Richet P (1981) Thermodynamic modeling of silicate melts. In: Newton RC, Navrotsky A, Wood BJ (Hrsg) Thermodynamics of minerals and melts. Springer, Berlin Heidelberg New York, S 207–246

Bowen NL, Schairer JF (1935) The system $MgO-FeO-SiO_2$. Am J Sci 29:151–217

Boyd FR, England JL (1960) The quartz-coesite transition. J Geophys Res 65:749–756

Brice JC (1973) The growth of crystals from liquids. North-Holland, Amsterdam, 379 S

Brownlow AH (1979) Geochemistry. Prentice Hall, Englewood Cliffs, NJ, 498 S

Buddington AF, Lindsley DH (1964) Iron-titanium oxide minerals and synthetic equivalents. J Petrol 5:310–357

Burbridge EM, Burbridge GR, Fowler WA, Hoyle F (1957) Synthesis of the elements in stars. Rev Mod Phys 29:547–650

Burnham CW (1975) Water and magmas; a mixing model. Geochim Cosmochim Acta 39:1077–1084

Burnham CW (1979) Magmas and hydrothermal fluids. In: Barnes HL: Geochemistry of hydrothermal ore deposits. 2 Aufl. Wiley Interscience, New York, S 71–136

Burns RG, Fyfe WS (1966) Distribution of elements in geological processes. Chem Geol 1:49–56

Burns RG, Fyfe WS (1967) Trace element distribution rules and significance. Chem Geol 2:89–104

Burrus RC (1981) Analysis of fluid inclusions: phase equilibria at constant volume. Am J Sci 281:1104–1126

Cameron AGW (1959) A revised table of abundances of the elements. Astrophys J 129:676–699

Candela PA, Holland HD (1984) The partitioning of copper and molybdenum between silicate melts and aqueous fluids. Geochim Cosmochim Acta 48:373–380

Carmichael ISE, Turner FJ, Verhoogen J (1974) Igneous petrology. McGraw-Hill, New York, 739 S

Carron JP (1984) Les équilibres entre minéraux et liquides silicatés: influence de P, T, X, H_2O, f_{O_2}. In: Lagache M (Hrsg) Thermométrie et barométrie géologiques. Soc Fr Minéral Cristallogr, Paris, S 319–345

Cartledge GH (1928) Studies on the periodic system. I The ionic potentials as a periodic function. II The ionic potentials and related properties. J Am Chem Soc 50:2855–2863, 2863–2872

Chappell BW, White AJR (1974) Two contrasting granite types. Pac Geol 8:173–174

Christen HR (1973) Grundlagen der allgemeinen und anorganischen Chemie. Sauerländer, Aarau, 719 S

Clark SP, Ringwood AE (1964) Density distribution and constitution of the mantle. Rev Geophys 2:35–88

Clarke FW, Washington HS (1924) The composition of the earth's crust. U S Geol Surv Prof Pap 127:117 S
Cloud P (1983) Die Biosphäre. Spektrum Wiss H 11:126 – 137
Coleman RG (1977) Ophiolites. Springer, Berlin Heidelberg New York, 229 S
Craig H, Gordon LJ (1965) The measurement of oxygen isotope paleotemperatures. Proc Spoleto Conf Stable Isotopes Oceanogr Stud Paleotemps 3:9 – 130
Cumming GL, Richards JR (1975) Ore lead isotope ratios in a continuously changing earth. Earth Planet Sci Lett 28:17 – 22
Dalrymple GB, Lanphere MA (1969) Potassium – Argon dating. Freeman, San Francisco, 258 S
Daly RA (1914) Igneous rocks and their origin. McGraw-Hill, New York, 563 S
DePaolo DJ, Wasserburg GJ (1976) Nd isotopic variations and petrogenetic models. Geophys Res Lett 3:249 – 252
DeVore GW (1955a) The role of adsorption in the fractionation and distribution of elements. J Geol 63:159 – 190
DeVore GW (1955b) Crystal growth and the distribution of elements. J Geol 63:471 – 494
Dietrich RV, Skinner BJ (1979) Rocks and rock minerals. Wiley, New York, 312 S
Dietzel A (1942) Kationenfeldstärken und ihre Beziehungen zu Entglasungsvorgängen, zur Verbindungsbildung und zu den Schmelzpunkten von Silikaten. Z Elektrochem 48:9 – 23
Doe BR (1970) Lead isotopes. Springer, Berlin Heidelberg New York, 137 S
Doerner HA, Hoskins WM (1925) Co-precipitation of radium and Ba sulfates. Am Chem Soc 47:662 – 675
Donahoe TM (1968) Ionospheric composition and reactions. Science 159:489 – 497
Drever JI, Li Y-H, Maynard JB, Sleep NI, Wolery TI (im Druck) 'The oceans' and 'Interaction with the mantle'. In: Garrels RM, Gregor CB, MacKenzie FT, Maynard IB (Hrsg) Geochemical cycles and the evolution of the earth. Wiley Interscience, New York, im Druck
Duchesne JC (1983) The lanthanides as geochemical traces of igneous processes, an introduction. In: Sinha SP (Hrsg) Systematics and properties of lanthanides. Reidel, Dordrecht, S 543 – 560
Ehlers EG, Blatt H (1982) Petrology – igneous, sedimentary and metamorphic. Freeman, San Francisco, 732 S
Ellis AJ, Golding RM (1963) The solubility of carbon dioxide above 100°C in water and in sodium chloride solutions. Am J Sci 261:47 – 60
Ellis AJ, Mahon WAJ (1977) Chemistry and geothermal systems. Academic Press, London New York, 392 S
Engelhardt Wv (1936) Geochemie des Bariums. Chem Erde 10:187 – 246
Ernst WG (1976) Petrologic phase equilibria. Freeman, San Francisco, 333 S
Eskola P (1929) Om mineralfacies. Geol Foeren Stockholm Foerh 51:157 – 172
Essene EJ (1982) Geologic thermometry and barometry. In: Ferry JM (Hrsg) Characterization of metamorphism through mineral equilibria. Mineral Soc Am Rev Mineral 10:153 – 206
Eugster HP (1984) Granites and hydrothermal ore deposits: a geochemical framework. Mineral Mag 49:7 – 23
Fabries J (1984) Utilisation des échanges Fe – Mg en géothermométrie. Application aux roches mafiques et ultramafiques. In: Lagache M (Hrsg) Thermométrie et barométrie géologiques. Soc Fr Minéral Cristallogr, Paris, S 209 – 233
Faure G (1977) Principles of isotope geology. Wiley, New York, 464 S
Faure G, Powell JL (1972) Strontium isotope geology. Springer, Berlin Heidelberg New York, 188 S

Fieldes M, Swindale LD (1954) Chemical weathering of silicates in soil formation. N Z J Sci Tech 36B:140–154

Finlow-Bates T, Large DE (1978) Water depth as major control on the formation of submarine exhalative ore deposits. Geol Jahrb D30:27–39

Fournier RO, Truesdell AH (1973) An empirical Na–K–Ca geothermometer for natural waters. Geochim Cosmochim Acta 37:1255–1275

Franck E (1966) Physikalisch-chemische Eigenschaften der Materie unter hohem Druck. Ber Bunsenges 70:944–951

Frantz JD, Popp RK, Boctor NZ (1981) Mineral-solution equilibria V. Solubilities of rock-forming minerals in supercritical fluids. Geochim Cosmochim Acta 45:69–77

Fraser DG (1977) Thermodynamics in geology. Reidel, Dordrecht, 410 S

Frederickson AF (1962) Partition coefficients – new tool for studying geologic problems. Bull Am Assoc Petrol Geol 46:518–528

Frey M, Teichmüller M, Teichmüller R, Mullis J, Kunzi B, Breitscheid A, Gruner U, Schwizer B (1980) Very low-grade metamorphism in external parts of the Central Alps: illite crystallinity, coal rank and fluid data. Eclogae Geol Helv 73:173–203

Friedman GM, Sanders JL (1978) Principles of sedimentology. Wiley, New York, 792 S

Friedrichsen H (1971) Oxygen isotope fractionation between coexisting minerals of the Grimstad granite. Neues Jahrb Mineral Monatsh 1971:26–33

Fudali RF (1965) Oxygen fugacities of basaltic and andesitic magmas. Geochim Cosmochim Acta 29:1063–1075

Fyfe WS (1951) Isomorphism and bond type. Am Mineral 36:538–542

Fyfe WS (1974) Geochemistry. Oxford Chem., Clarendon, Oxford, 109 S

Fyfe WS, Price NJ, Thompson AB (1978) Fluids in the earth's crust. Elsevier, Amsterdam, 383 S

Garlick GD (1969) Oxygen. In: Wedepohl KH (Hrsg) Handbook of geochemistry, Bd II. Springer, Berlin Heidelberg New York, 8 B1–27

Garlick GD, Epstein S (1967) Oxygen isotope ratios in coexisting minerals of regionally metamorphosed rocks. Geochim Cosmochim Acta 31:181–241

Garrels RM, Christ CL (1965) Solutions, minerals and equilibria. Harper, New York, 450 S

Gass IG, Smith PJ, Wilson RCL (1977) Understanding the earth, 2 Aufl. Artemis, Sussex, 383 S

Gast PW (1968) Trace element fractionation and the origin of tholeiitic and alkaline magma types. Geochim Cosmochim Acta 32:1057–1086

Gebauer D, Grünenfelder M (1979) U–Th–Pb dating of minerals. In: Jäger E, Hunziker JC (Hrsg) Lectures in isotope geology. Springer, Berlin Heidelberg New York, S 105–131

Goldschmidt VM (1937) The principles of distribution of chemical elements and rocks. J Chem Soc 1937:655–672

Goldschmidt VM (1938) Geochemische Verteilungsgesetze der Elemente IX Mengenverhältnisse der Elemente und der Atomarten. Skr Norsk Vidensk Akad Oslo Mat naturw Kl No 4 (1937), 148 S

Goldschmidt VM (1945) The geochemical background of minor-element distribution. Soil Sci 60:1–7

Goldschmidt VM (1954) Geochemistry. Clarendon, Oxford, 730 S

Goldsmith JR, Newton RC (1969) P-T-X relations in the system $CaCO_3 - MgCO_3$ at high temperatures and pressures. Am J Sci 276A:160–190

Goldsmith JR, Newton RC (1974) An experimental determination of the alkali feldspar solvus. In: Mackenzie WS, Zussman J (Hrsg) The feldspars. Manchester Univ Press, Manchester, S 337–359

Goles GG (1969) Cosmic abundances. In: Wedepohl KH (Hrsg) Handbook of geochemistry, Bd I. Springer, Berlin Heidelberg New York, S 116 – 133
Greenwood HJ (1967) Wollastonite: stability in $H_2O - CO_2$ mixtures and occurrence in a contact-metamorphic aureole near Salmo, British Columbia, Canada. Am Mineral 52:1668 – 1680
Haack U (1982) Radioactivity of rocks. In: Angenheister G (Hrsg) Landolt-Börnstein. Numerical data and functional relationships in science and technology, new series, group V, Bd Ib. Springer, Berlin Heidelberg New York, S 433 – 481
Haas JL (1971) The effect of salinity on the maximum thermal gradient of a hydrothermal system at hydrostatic pressure. Econ Geol 66:940 – 946
Handbook of Geophysics (1960) U S Air Force, New York
Hedge CE, Walthall FG (1963) Radiogenic strontium-87 as an index of geologic processes. Science 140:1214 – 1217
Helgeson HC (1969) Thermodynamics of hydrothermal systems at elevated temperatures and pressures. Am J Sci 267:729 – 804
Helgeson HC, Kirkham DH (1976) Theoretical prediction of the thermodynamic properties of aqueous electrolytes at high pressures and temperatures. III. Equation of state for aqueous species at infinite dilution. Am J Sci 276:97 – 240
Helgeson HC, Delany JM, Nesbitt HW, Bird DK (1978) Summary and critique of the thermodynamic properties of rock-forming minerals. Am J Sci 278A:229 S
Henderson P (1982) Inorganic geochemistry. Pergamon, Oxford, 353 S
Henderson LM, Kraček FC (1927) The fractional precipitation of barium and radium chromates. J Am Chem Soc 49:738 – 749
Henley RW, Truesdell AH, Barton PB (1984) Fluid-mineral equilibria in hydrothermal systems. In: Reviews in economic geology, Bd I. Econ Geol Publ, Univ Texas, El Paso, 267 S
Hertogen J, Gijbels R (1976) Calculation of trace element fractionation during partial melting. Geochim Cosmochim Acta 40:313 – 322
Hess PC (1980) Polymerization model for silica melts. In: Hargraves RB (Hrsg) Physics of magmatic processes. Princeton Univ Press, Princeton, S 3 – 49
Hoefs J (1980) Stable isotope geochemistry, 2 Aufl. Springer, Berlin Heidelberg New York, 208 S
Holdaway MJ (1971) Stability of andalusite and the aluminium silicate phase diagram. Am J Sci 271:97 – 131
Holland HD (1978) The chemistry of the atmosphere and oceans. Wiley, New York, 351 S
Holland HD, Malinin SD (1970) The solubility and occurrence of non-ore minerals. In: Barnes HL (Hrsg) Geochemistry of hydrothermal ore deposits. Wiley Interscience, New York, S 461 – 508
Holloway JR (1981) Volatile interactions in magmas. In: Newton RC, Navrotsky A, Wood BJ (Hrsg) Thermodynamics of minerals and melts. Springer, Berlin Heidelberg New York, S 273 – 294
Holmes A (1946) An estimate of the age of the Earth. Nature (London) 157:680
Houtermans FG (1946) The isotope ratio in natural lead and the age of uranium. Naturwissenschaften 33:185 – 186
Hoyle F (1966) Galaxies, nuclei and quasars. Heinemann, London, 160 S
Ingerson E (1955) Methods and problems of geologic thermometry. Econ Geol 50th Anniv 50:341 – 410
Irving AJ (1978) A review of experimental studies of crystal/liquid trace element partitioning. Geochim Cosmochim Acta 42:743 – 770
Jäger E, Hunziker JC (1979) Lectures in isotope geology. Springer, Berlin Heidelberg New York, 329 S

Jensen BB (1973) Patterns of trace element partitioning. Geochim Cosmochim Acta 37:2227–2242

Kelly WC, Rye RO (1979) Geologic fluid inclusion and stable isotope studies of the tin-tungsten deposits of Panasqueira, Portugal. Econ Geol 74:1721–1819

Kertz W (1971) Einführung in die Geophysik, Bd II. Bibliogr Inst Mannheim

Kiesl W (1979) Kosmochemie. Springer, Wien, 180 S

Kiyosu Y (1980) Chemical reduction and sulfur-isotope effects of sulfate by organic matter under hydrothermal conditions. Chem Geol 30:47–56

Köppel V, Grünenfelder M (1979) Isotope geochemistry of lead. In: Jäger E, Hunziker JC (Hrsg) Lectures in isotope geology. Springer, Berlin Heidelberg New York, S 134–153

Koß V, Möller P (1974) Oberflächenzusammensetzung, Löslichkeit und Ionenaktivitätsprodukt von Calcit in fremdionenhaltigen Lösungen. Z Anorg Allg Chem 410:165–178

Krauskopf KB (1967a) Introduction to geochemistry. McGraw-Hill, New York, 721 S

Krauskopf KB (1967b) Thermodynamics used in geochemistry. In: Wedepohl KH (Hrsg) Handbook of geochemistry, Bd I. Springer, Berlin Heidelberg New York, S 37–77

Kubanek F, Möller P (1976) Role of magnesium in nucleation processes of calcite, aragonite and dolomite. Neues Jahrb Mineral Abh 126:199–220

Kuroda PK (1982) The origin of the chemical elements and the Oklo phenomenon. Springer, Berlin Heidelberg New York, 165 S

Lagache M (1984) Thermométrie and barométrie géologiques, Bde 1–2. Soc Fr Minéral Cristallogr, Paris, 663 S

Langmuir CH, Hanson GN (1981) Calculating mineral-melt equilibria with stoichiometry, mass balance, and single-component distribution coefficients. In: Newton RC et al (Hrsg) Thermodynamics of minerals and melts. Springer, Berlin Heidelberg New York, S 247–272

Lasaga AC (1980) The kinetic treatment of geochemical cycles. Geochim Cosmochim Acta 44:815–828

Lasaga AC, Kirkpatrick RJ (1984) Kinetics of geochemical processes. Mineral Soc Am 398 S

Lerman A, Mackenzie FT, Garrels RM (1975) Modelling of geochemical cycles: phosporus as an example. Geol Soc Am Mem 142:205–218

Little EJ Jr, Jones MM (1960) A complete table of electronegativities. J Chem Educ 37:231–233

Lorens RB (1981) Sr, Cd, Mn and Co distribution coefficients in calcite as a function of calcite precipitation rate. Geochim Cosmochim Acta 45:553–561

Macdiarmid RA (1963) The application of thermoluminescence to geothermometry. Econ Geol 58:1218–1228

Mason B, Moore CB (1982) Principles of geochemistry, 4 Aufl. Wiley, New York, 344 S

McIntire WL (1962) Trace element partition coefficients – a review of theory and applications to geology. Geochim Cosmochim Acta 27:1209–1264

Meyer K (1968) Physikalisch-chemische Kristallographie. VEB Deutscher Verlag für Grundstoffindustrie, Leipzig, 337 S

Möller P, Muecke GK (1984) Significance of europium anomalies in silicate melts and crystal-melt equilibria: a re-evaluation. Contrib Mineral Petrol 87:242–250

Möller P, Rajagopalan G (1972) Cationic distribution and structural changes of mixed Mg–Ca layers on calcite crystals. Z Phys Chem 81:47–56

Möller P, Sastri CS (1974) Estimation of the number of surface layers of calcite involved in Ca–^{45}Ca isotopic exchange with solution. Z Phys Chem NF 89:80–87

Morey GW (1957) The solubility of solids in gases. Econ Geol 52:225–251

Müller G, Braun E (1977) Methoden zur Berechnung der Gesteinsnormen. Pilger, Clausthaler Tekton, H 15, 126 S

Mysen BO, Virgo D, Harrison WJ, Scarfe ChM (1980) Solubility mechanisms of H_2O in silicate melts at high pressures and temperatures: a Raman spectroscopic study. Am Mineral 65:900 – 914

Mysen BO, Virgo D, Seifert FA (1982) The structure of silicate melts: Implications for chemical and physical properties of natural magma. Rev Geophys Space Phys 20:353 – 383

Navrotsky A (1978) Thermodynamics of element partitioning. Geochim Cosmochim Acta 42:887 – 902

Neumann H (1948) On hydrothermal differentiation. Econ Geol 43:77

Neumann H, Mead J, Vitaliano CJ (1954) Trace element variation during fractional crystallization as calculated from the distribution law. Geochim Cosmochim Acta 6:90 – 99

Nielsen AE (1964) Kinetics of precipitation. Pergamon Press, Oxford, 153 S

Nielsen H (1979) Sulfur isotopes. In: Jäger E, Hunziker JC (Hrsg) Lectures in isotope geology. Springer, Berlin Heidelberg New York, S 283 – 312

Norton D, Knight J (1977) Transport phenomena in hydrothermal systems: cooling plutons. Am J Sci 277:937 – 981

Oftedahl J (1943) Scandium in biotite as a geologic thermometer. Norsk Geol Tidskr 23:202

Ohmoto H, Rye RO (1979) Isotopes of sulfur and carbon. In: Barnes HL (Hrsg) Geochemistry of hydrothermal ore deposits, 2 Aufl. Wiley, New York, S 509 – 567

Ollier C (1984) Weathering. Clayton, 2 Aufl. Univ East Anglia, London New York, 270 S

O'Nions RK, Carter SR, Evenson NV, Hamilton PJ (1979) Geochemical and cosmochemical applications of neodymium isotope analysis. Annu Rev Earth Planet Sci 7:11 – 38

Onuma N, Higuchi H, Wakita H, Nagasawa H (1968) Trace element partition between two pyroxenes and the host lava. Earth Planet Sci Lett 5:47 – 51

Osborn EF (1942) The system $CaSiO_3$-diopside-anorthite. Am J Sci 240:751 – 788

Paneth F, Vorwerk W (1922) Über eine Methode zur Bestimmung der Oberfläche adsorbierender Pulver. Z Phys Chem 101:445 – 488

Pauling L (1960) The nature of the chemical bond, 3 Aufl. Cornell Univ Press, Ithaca

Perchuk LL, Podlesskii KK, Aranovich LYa (1981) Calculation of end-member minerals from natural parageneses. In: Newton RC, Navrotsky A, Wood BJ (Hrsg) Thermodynamics of minerals and melts. Springer, Berlin Heidelberg New York, S 111 – 1129

Perkins D, Essene EJ, Marcotty LA (1982) Thermometry and barometry of some amphibolite-granulite facies rocks from the Otter Lake area, S. Quebec. Can J Earth Sci 19:1759 – 1774

Pitzer KS (1970) Theoretical basis and general equations. J Phys Chem 77:268 – 277

Pitzer KS, Mayorga G (1973) Activity and osmotic coefficients for strong electrolytes with one or both ions univalent. J Phys Chem 77:2300 – 2308

Poldervaart A (1955) Chemistry of the earth's crust. In: Poldervaart A (Hrsg) Crust of the earth. Geol Soc Am Spec Pap 62:119 – 184

Ramberg H (1952) Chemical bonds and the distribution of cations in silicates. J Geol 60:331 – 355

Ramberg H, DeVore G (1951) The distribution of Fe^{2+} and Mg^{2+} in coexisting olivines and pyroxenes. J Geol 59:193 – 210

Ramdohr P, Strunz H (1978) Klockmanns Lehrbuch der Mineralogie. Enke, Stuttgart, 876 S

Rayleigh JWS (1896) Theoretical considerations respecting the separation of gases by diffusion and similar processes. Philos Mag 42:77 – 107

Riley JP, Chester R (1971) Introduction to marine chemistry. Academic Press, London New York, 465 S

Ringwood AE (1955a) The principles governing trace element distribution during magmatic crystallization. Part I. The influence of electronegativity. Geochim Cosmochim Acta 7:189–202

Ringwood AE (1955b) The principles governing trace-element behavior during magmatic crystallization. Part II. The role of complex formation. Geochim Cosmochim Acta 7:242–254

Ringwood AE (1979a) Composition and origin of the earth. In: McEllinny MW (Hrsg) The earth: its origin, structure and evolution. Academic Press, London New York, S 1–58

Ringwood AE (1979b) Origin of the Earth and Moon. Springer, Berlin Heidelberg New York, 295 S

Robie RA, Hemingway BS, Fischer JR (1979) Thermodynamic properties of minerals and related substances at 298,15 K and 1 bar (10^5 Pascals) pressure and at high temperatures. Geol Surv Bull 1452:456 S

Robie RA, Waldbaum DR (1968) Thermodynamic properties of minerals and related substances at 298,15 K (25 °C) and one atmosphere (1,013 bars) pressure and at higher temperatures. Geol Surv Bull 1259:256 S

Roedder E (1979) Fluid inclusions as samples of ore fluids. In: Barnes HL (Hrsg) Geochemistry of hydrothermal ore deposits. Wiley, New York, S 684–737

Rösler HJ (1981) Lehrbuch der Mineralogie. VEB Deutscher Verlag, Leipzig, 833 S

Rösler HJ, Lange H (1976) Geochemische Tabellen. Enke, Stuttgart, 674 S

Roof JG (1957) How should we define the critical state? J Chem Educ 34:492–495

Ryerson FJ, Hess PC (1978) Implications of liquid distribution coefficients to mineral-liquid partitioning. Geochim Cosmochim Acta 42:921–932

Sass JH (1977) The earth's heat and internal temperature. In: Gass IG, Smith PJ, Wilson RCL (Hrsg) Understanding the earth. Artemis, Sussex, S 81–87

Schairer JF (1955) The ternary system leucite-corundum-spinel and leucite-forsterite-spinel. J Am Ceram Soc 38:153–158

Schairer JF, Bowen NL (1947a) The system anorthite-leucite-silica. Commun Geol Finl Bull 140:67–87

Schairer JF, Bowen NL (1947b) Melting relations in the system $Na_2O - Al_2O_3 - SiO_2$ and $K_2O - Al_2O_3 - SiO_2$. Am J Sci 245:193–204

Schairer JF, Bowen NL (1955) The system $K_2O - Al_2O_3 - SiO_2$. Am J Sci 253:681–746

Scharbert HG (1984) Petrologie und Geochemie der Magmatite, Bd 1. Deuticke, Wien, 312 S

Schidlowski M (1971) Probleme der atmosphärischen Evolution im Präkambrium. Geol Rundsch 60:1351–1384

Schröcke H, Weiner KL (1981) Mineralogie. de Gruyter, Berlin, 952 S

Schroll E (1976) Analytische Geochemie. Teil II. Grundlagen und Anwendungen. Enke, Stuttgart, 374 S

Scott SD (1973) Experimental calibration of the sphalerite geobarometer. Econ Geol 68:466–474

Scott SD (1976) Application of the sphalerite geobarometer to regionally metamorphosed terrains. Am Mineral 61:661–670

Scott SD, Barnes H (1972) Sphalerite-wurtzite equilibria and stoichiometry. Geochim Cosmochim Acta 36:1275–1295

Shanks WC, Bischoff JL, Rosenbauer RJ (1981) Seawater sulfate reduction and sulfur isotope fraction in basaltic systems: Interaction of sea-water with fayalite and magnetite at 200°C–350°C. Geochim Cosmochim Acta 45:1977–1995

Shannon RD (1976) Revised effective ionic radii and systematic studies of interatomic distances in halides and chalcogenides. Acta Crystallogr A32:751–767
Shaw DM (1953) The camouflage principle and trace element distribution in magmatic minerals. J Geol 61:142–151
Shaw DM (1970) Trace element fractionation during anatexis. Geochim Cosmochim Acta 34:237–243
Shaw HR (1963) Obsidian-H_2O viscosities at 1000 and 2000 bar in the temperature range 700°C–900°C. J Geophys Res 68:6337–6343
Sibley DF, Wilband JT (1977) Chemical balance of the earth's crust. Geochim Cosmochim Acta 41:545–554
Sillén LG (1961) The physical chemistry of sea water. In: Sears M (Hrsg) Oceanography. Am Assoc Adv Sci Publ Nr 67, Washington DC, S 549–581
Sourirajan S, Kennedy GC (1962) The system H_2O–NaCl at elevated temperatures and pressures. Am J Sci 260:115–141
Spencer KJ, Lindsley DH (1981) A solution model for coexisting iron-titanium oxides. Amer Mineral 66:1189–1201
Stacey JS, Kramers JD (1975) Approximation of terrestrial lead isotope evolution by a two stage model. Earth Planet Sci Lett 26:207–221
Stewart DB, Ribbe PH (1969) Structural explanation for variations in cell parameters of alkali feldspar with aluminium/silicon ordering. Am J Sci 267A:444–462
Stolper E (1982) Water in silicate glasses: an infrared spectroscopic study. Contrib Mineral Petrol 81:1–17
Stumm W, Morgan JJ (1981) Aquatic chemistry. Wiley, New York, 780 S
Suess HE, Urey HC (1956) Abundance of the elements. Rev Mod Phys 28:53–74
Takahashi M, Aramaki Sh, Ishihara Sh (1980) Magnetite-series/Ilmenite-series vs I-type/S-type granitoids. Min Geol Spec Issue 8:13–28
Toop GW, Samis CS (1962) Activities of ions in silicate melts. Trans Metall Soc AIME 224:878–887
Turekian KK (1969) The oceans, streams and atmosphere. In: Wedepohl KH (Hrsg) Handbook of geochemistry, Bd I. Springer, Berlin Heidelberg New York, S 297–323
Tuttle OF, Bowen NL (1958) Origin of granite in the light of experimental studies in the system $NaAlSi_3O_8$–$KAlSi_3O_8$–SiO_2–H_2O. Geol Soc Am Mem 74:153 S
Tuttle OF, England JL (1955) Preliminary report on the system SiO_2–H_2O. Geol Soc Am Bull 66:149–152
Urey HC (1947) The thermodynamic properties of isotopic substances. J Chem Soc 1947:562
Usdowski HE (1975) Fraktionierung der Spurenelemente bei der Kristallisation. Springer, Berlin Heidelberg New York, 104 S
Velde B (1967) Si^{4+} content of natural phengites. Contrib Mineral Petrol 14:250–258
Vendel M (1955) Die Substituierbarkeit der Ionen und Atome vom geochemischen Gesichtspunkt aus. Acta Geol Sci Acad Hung 3:245–300
Vendel M (1958) Die Substituierbarkeit der Ionen und Atome vom geochemischen Gesichtspunkt aus II. Acta Geol Acad Sci Hung 5:381–433
Wasson JT (1974) Meteorites. Springer, Berlin Heidelberg New York, 316 S
Weast RC (1983) Handbook of chemistry and physics. CRC Press, Cleveland, Ohio, (wird jährlich neu aufgelegt)
Wedepohl KH (Hrsg) (1969a) Composition and abundances of common sedimentary rocks. In: Handbook of geochemistry, Bd I. Springer, Berlin Heidelberg New York, S 250–271
Wedepohl KH (Hrsg) (1969b) Composition and abundances of common igneous rocks. In: Handbook of geochemistry, Bd I. Springer, Berlin Heidelberg New York, S 227–249

White AJR, Chappell BW (1977) Ultrametamorphism and granitoid genesis. Tectonophysics 43:7 – 22
Willgallis A (1982) On the solid solution ratio of wolframites. Neues Jahrb Mineral Abh 145:308 – 326
Winkler HGF (1976) Petrogenesis of metamorphic rocks, 3 Aufl. Springer, Berlin Heidelberg New York, 334 S
Wong J, Angell CA (1976) Glass structure by spectroscopy. Dekker, New York, 718 S
Wood BJ, Fraser DG (1977) Elementary thermodynamics for geologists. Oxford Univ Press, Oxford London, 303 S
Wyllie PJ (1983) Experimental studies on biotite- and muscovite-granites and some crustal magmatic sources. In: Atherton MP, Gribble CD (Hrsg) Migmatites, melting and metamorphism. Shiva Publ Nantwich UK, S 12 – 26
Zachariasen WH (1932) The atomic arrangement in glass. J Am Chem Soc 54:3841 – 3851
Zemann J (1969) Crystal chemistry. In: Wedepohl KH (Hrsg) Handbook of geochemistry, Bd I. Springer, Berlin Heidelberg New York, S 12 – 36
ZoBell CE (1958) Ecology of sulfate-reducing bacteria. Prod Mon 12:22 – 29

Autorenverzeichnis

Ahrens 220
Albarède 242, 266
Allègre 3, 242
Anders 82–84
Angell 185
Anovitz 284
Aramaki 140–141
Aranovich 279
Arnorsson 286–287, 289, 297
Arrhenius 34
Arth 242
Augustithis 242

Barnes 84, 291
Barth 283
Barton 194, 286
Bathurst 52
Bekinsale 140
Berner 161
Bernotat 278
Bethke 278
Beus 151–152
Bird 288
Bischoff 52–53
Boctor 167
Boettcher 281
Bohlen 281
Bottinga 187
Bowen 183, 207, 209
Boyd 202
Braun 99
Breitscheid 276
Brice 218
Brønsted 35
Brownlow 3, 86–87
Buddington 281
Burbridge, E. M. 74
Burbridge, G. R. 74

Burnham 189–190
Burns 220, 242
Burrus 169

Cameron 83
Carmichael 141, 161, 218
Carron 289–290
Carter 270
Cartledge 10
Chappell 140–141
Chester 101
Christ 3, 47, 58
Clark 113
Clarke 78, 80
Cloud 90
Coleman 110, 112–113
Craig 293
Cumming 268

Dalrymple 273
Daly 78
Delany 288
DePaolo 270
DeVore 68, 70, 220
Dietrich 161
Dietzel 11, 188
Doe 273
Doerner 228
Donahoe 91
Drever 94–95, 102, 125–126
Duchesne 269

Ellis 154, 161, 194
Engelhardt, von 78
England 202
Epstein 294
Ernst 104, 210, 214, 217–218, 290
Eskola 138

Essene 284, 297
Eugster 153
Evenson 270

Fabries 283
Faure 273
Fersman 80
Fieldes 132
Finlow-Bates 174
Fischer 58
Fournier 285
Fowler 74
Franck 164
Frantz 167
Fraser 58, 297
Frederickson 242
Frey 276
Friedman 55, 161
Friedrichsen 293
Fudali 291
Fyfe 3, 194, 220, 242

Garlick 248, 294
Garrels 3, 47, 58, 161
Gass 3
Gast 242
Gebauer 265
Gijbels 235
Goldschmidt 10, 78, 81, 219–220
Goldsmith 283
Goles 72, 81, 83
Gordon 293
Greenwood 292
Grigorian 151–152
Grünenfelder 265, 268
Gruner 276
Guldberg 26
Gunnlaugsson 289

Autorenverzeichnis

Haack 52
Hamilton 270
Harrison 186–187
Hart 242
Helgeson 164–166, 288
Hemingway 58
Henderson 3, 226
Henley 194, 286
Hertogen 235
Hess 186, 220
Higuchi 224–225
Hoefs 246, 248, 250, 253, 273, 294
Holdaway 138, 280, 284
Holland 91, 94, 123, 135, 155–156, 158–161
Holloway 189, 192, 194
Holmes 266
Hoskin 228
Houtermans 266
Hoyle 74, 78
Hunziker 273

Irving 290
Ishihara 140–141

Jäger 273
Jensen 225
Jones 9
Juteau 266

Kennedy 178, 182–183
Kertz 92
Kiesl 84
Kirkham 164–166
Kirkpatrick 161
Kiyosu 53
Knight 169
Köppel 268
Koß 222–223
Kraček 226
Kramers 268
Krauskopf 58, 180
Kubanek 52
Kunzi 276
Kuroda 84

Lagache 297
Lange 58, 72
Lanphere 273
Large 174

Lasaga 161
Lerman 161
Lewis 35–36
Li 94–95, 102, 125–126
Lieser 96
Lindsley 281–282
Little 9
Lorens 223

MacDiarmid 277
MacKenzie 161
Mahon 154, 161, 194
Malinin 135
Marcotty 279
Mason 3, 72, 80, 113, 161, 218
Maynard 94–95, 102, 125–126
Mayorga 34
McIntire 242
Mead 236
Meyer 58, 218
Michard 3
Minster, B. 242
Minster, J. F. 242
Möller 52, 186, 222–223, 225, 291
Moore 3, 72, 80, 113, 161, 218
Morey 179
Morgan 94
Muecke 186, 291
Müller 99
Mullis 276
Mysen 186–187, 189

Nagasawa 224–225
Navrotski 220
Nesbitt 288
Neumann 236, 242
Newton 283
Nielsen, H. 295
Nielsen, N. A. 199, 218
Norton 169

O'Nions 270
Oftedahl 278
Ohmoto 253, 295
Ollier 161
Onuma 224–225

Paneth 223
Pauling 5, 58, 64

Perchuk 279
Perkins 285
Pitzer 34
Podlesskii 279–280
Poldervaart 78
Popp 167
Powell 273

Rajagopalan 223
Ramberg 68, 70, 220
Ramdohr 70
Rayleigh 228
Ribbe 284
Richards 268
Richet 84, 187
Riley 101
Ringwood 10, 111–117, 119–120, 123
Robie 58, 192
Roedder 169
Rösler 58, 72
Roof 175–177
Rosenbauer 53
Rye 253, 295
Ryerson 220

Samis 186
Sanders 55, 161
Sass 52
Sastri 223
Scarfe 186–187
Schairer 207, 209, 213
Scharbert 99, 112, 123, 194
Schidlowski 90
Schönbein 1
Schröcke 70, 292
Schroll 3
Schwizer 276
Scott 284, 291
Seifert 189
Shanks 53
Shannon 6
Shaw 194, 234–235, 242
Sibley 100–102
Sillén 37
Skinner 161
Sleep 94–95, 102, 125–126
Smith 3
Sørensen 34

Autorenverzeichnis

Sourirajan 178, 182–183
Spencer 282
Stacey 268
Stewart 284
Stolper 194
Strunz 70
Stumm 94
Suess 81, 83–84, 293
Svarvarsson 289
Swindale 132

Takahashi 140–141
Teichmüller, M. 276
Teichmüller, R. 276
Toop 186
Treuil 242
Truesdell 285
Turekian 86–87, 94, 123

Turner 141, 161, 218
Tuttle 183, 202

Urey 81, 83–84, 293
Usdowski 242

Velde 285
Vendel 220
Verhoogen 141, 161, 218
Virgo 186–187, 189
Vitaliano 236
Vorwerk 223

Waage 26
Wakita 224–225
Waldbaum 58, 192
Wall 281
Washington 78
Wasserburg 270

Wasson 83, 86–87
Weast 58
Wedepohl 3, 100–101, 123
Weiner 70, 292
White 140–141
Wilband 100–102
Willgallis 278
Wilson 3
Winkler 139, 141, 161
Wolery 94–95, 102, 125–126
Wong 185
Wood 297
Wyllie 194

Zachariasen 185
Zemann 58
ZoBell 251

Sachverzeichnis

Achat 26
Achondrit 82
Adsorption 52, 55, 58, 220, 222
ätzen 270
Akkretionsmodell 120-122
Aktivität, biologisch 133, 161
-, chemisch 27, 32, 285
-, induzierte Radio- 254
-, optische 24
Aktivitätskoeffizient 27, 33, 220
Albit 65, 129, 143-146, 154, 203-204, 211-212, 214-215, 217
Albitisierung 143, 145, 150
Alkali-Olivin-Basalt 100, 107, 109, 111-112, 224
Alkalifeldspat 129, 131, 209, 279, 283
Alkalinität 39-40, 43-44, 130
Alpha-Zerfall 77, 93, 254, 268
Alter, Krustenbildung 263
-, Abkühlungs- 260
-, diskordant 255
-, konkordant 255, 260
-, Ozean 263
Alteration 35, 57, 125, 133, 150-152, 154, 156, 168, 249, 261, 267, 287-288
-, hydrothermal 142, 250
Alterationsprodukt, siehe Verwitterungsprodukt 132, 289
Aluminiumsilikate 137, 280
Alunit 147-148
Amblygonit 151
Amphibol 62, 99-100, 105, 137, 151, 239
Amphibolit 103
Amphibolit-Fazies 139, 141
Anatas 132
Anatexis, partiell 57, 125, 233, 251
Andalusit 137-138, 284
Andesit 52, 100, 147, 149

Anhydrit 170
Anorthit 65, 112, 153, 203-206, 214-215, 217-218, 236-238
Anreicherung 54
Anthropogener Einfluß 1, 158-159, 161, 272
Apatit 99, 129, 151
Aquifer, fossil 272
Aragonit 23, 52, 134
Aragonit-Calcit-Umwandlung 52
Archäologie 259
Archaikum 263, 269-270
Argillitisierung 147-149
Asbest 59
Asteroid 96
Asthenosphäre 111, 126
atmophil 80
Atmosphäre 79-80, 88, 91, 124, 127, 155, 158-160, 188, 248, 250, 255, 271-273
-, CO_2 in 159
-, primitiv 122
Auflösung 57
-, inkongruent 130, 152-153
-, kongruent 130, 152-153
Aufschmelzen 57, 194, 235
-, Gleichgewicht 212, 214
-, fraktioniert 206-207, 210, 212, 214, 217
Aufschmelzungsgrad 234
Augit 61-62, 103, 131, 146
Ausheilungstemperatur 270
Austausch von Luftmassen 273
Austausch zwischen Phasen 152-153
Austausch-Isotherme 222-223
Authigenese 133, 250
Azidität 39, 68, 132

Baryt 151
Basalt 104, 113, 125, 141, 143, 145, 250,

253, 262–263, 269, 287, 290
Basenkonstante 37–38
Bauxit 131
Benitoit 61
Beryll 61
Beta-Zerfall 76
Bindung, Atom- 12
–, chemisch 11, 220
–, koordinativ 12, 14
–, metallisch 12, 14
–, van der Waals 12, 15–16, 58, 64
–, Wasserstoffbrücken- 12, 17
Bindungsanteil, polar 18
Biosphäre 79, 91, 155, 158, 248, 272–273
Biotit 64, 69, 99–100, 131–132, 137, 140–141, 144–145, 151–154, 260, 278–279
Biotop 161
black smoker 253
Blaualgen 90
Blei-Entwicklungsdiagramm 265
Blei-Isotope 264
Bleiglanz 267, 278, 295
Bodenwasser 287
Böhmit 132
Brucit 64–65

Ca-Problem 102, 125–126
Calcit 23, 30, 52, 108, 129–131, 134, 138, 143, 145–147, 149, 191, 223, 283, 288–289, 291–292
Caliche 134
Camouflage 219
Cassiterit 149, 151, 154
CCD 95
CD, Cañon Diablo Meteorit 244, 253, 267
Celsian 151
Chalcedon 26, 65, 132, 134, 143, 146, 288–289
chalkophil 80
Chemiesorption 58
Cheralith 203
Chert (Hornstein) 65
Chlorit 65, 137, 143–145, 147, 289
Chloritisierung 144
Chondren 82
Chondrit 82
Clarke-Wert 79–80
Cluster 163

Coesit 24–25
Concordia 265
Conrad-Diskontinuität 106–107
Cordierit 61, 139, 279–280
CO_2 in der Atmosphäre 158
CO_2, anthropogen 159
Cristobalit 24–25, 65, 137
Cyclosilikate 60–61
C1-Chondrit 83, 86–87, 114–116, 119–121

Dacit 99
Dampfdruckkurve, Butan 175
–, H_2O 171, 179
–, Methan-Butan 176
–, NaCl-H_2O 172–173, 184
Datierung, radiometrisch 152, 253–273
–, Spaltspur- 270
–, U-Th-Pb 264
–, ^{14}C 271
–, ^{147}Sm-^{143}Nd 268
–, ^{40}K-^{40}Ar 263
–, ^{87}Rb-^{87}Sr 260
Debye-Hückel-Gleichung 32
Dekrepitationsmethode 276
Denitrifizierung 35
Destillation 228
Detritus 250
Diadochie 57, 219, 221, 225–226
Diagenese 98, 125, 133, 150
Diamant 12–13, 23, 108–109, 248–249
Diatomeen 94, 127
Diatrem 108
Dichte 54, 163–164
Dielektrizitätskonstante 162
Differentiation, chemisch 54, 85, 114, 118
–, diagenetisch 133
–, hydrothermal 239–241
–, magmatisch 1, 57
–, metamorph 136
Diffusion 55, 234, 256, 265
Diffusionskoeffizient 56
Diopsid 61–62, 103, 108, 205–206, 214–216
Diorit 52, 100, 147, 149
Dipol 162–163, 165, 167, 196
Discordia 265
Dissoziation 27, 34, 38, 162, 167, 187, 199, 290–292
Divariant 200, 205

Sachverzeichnis

Doerner-Hoskins'sches Gesetz 228
Dolomit 52, 137–138, 150, 191, 283
Dolomitbildung 52, 150
Doppelschicht, diffuse elektrische 220
Dreiphasengleichgewichte, $NaCl-H_2O$ 178–179
Dunit 52, 11

Edelgase 85, 87, 92–93
Eh 45–49, 251
Einschlußtemperatur 171
Eisenformation, gebändert 88
Ekanit 61
Eklogit 52, 103–104, 108–111, 113
Eklogit-Fazies 139
Elektrolyt 164–165, 167
Elektronegativität 5, 9, 66, 68–70, 203, 220
Elektronenschale 5
elektrostatische Valenzregel 21
Elektrostriktion 164, 167
Elementfraktionierung 54, 263, 268, 270
Elementhäufigkeit 73, 78–79
Elementhäufigkeitsverteilung, Erdkruste 78, 86–87
–, irdisch 73, 86–87, 116, 118
–, kosmisch 73, 81, 85, 92
–, solar 81–82
–, stellar 82
Elementverteilung 77, 219, 274, 278, 285
enantiotrop 25, 275
Endosphäre 51
Energierohstoff 159
Enstatit 143, 191
Entgiftung der Hydrosphäre 222
Enthalpie, Gibbsche 138
Entropie 28, 195–196
Entmischung, Flüssig-Flüssig 185
Entmischungsgefüge 283
Entmischungskinetik 284
Entwicklungslinie, Isotopenverhältnis 262, 268–269
Epidot 60, 137, 143, 145, 147
Epitaxie 198
Erdalter 255, 257–258
Erdgas 127, 248–249, 272
Erdkern 80–81, 97, 117–118
Erdkruste 59, 80, 97, 104, 109, 113, 125
–, obere kontinental 98–103, 269
–, ozeanisch 105

–, untere kontinental 103, 105
Erdmantel 2, 80–81, 97, 114–115, 118, 269
Erdmodell, chondritisch 120, 269–270
Erdöl 127, 248–249, 272
Eruptivgestein 98
Erzabsatz 154
Eukaryont 90
Euphotische Zone 95
Eutektikum 141, 205–206, 208, 211, 213–214, 216, 236
Evaporit 57, 94, 101–102, 125, 253
Evolution, biologisch 95
Exhalation 57
Exosphäre 92
Extrusionsalter 255
Extrusivgesteine 99–100

Fällungsanteil 227–228, 232
Faltengebirgsgürtel 78
Fayalit 204, 209–210
Fazies, metamorph 139
Fehlordnung 225, 277
Feldspat 20–21, 59, 65–66, 101, 147, 151, 154, 199, 204, 208, 212
Feldspatoid 65–66
Fernordnung 162
feste Lösung 202, 204–205, 207, 209, 274
Filtration 55, 222
Flint 26, 65
Flüssigkeitseinschluß 169–171, 276
fluide Phase 151, 162, 181, 219–220, 228, 239–240, 242
–, überkritisch 152
Fluorit 147, 149, 151
Flußwasser 155
Foraminiferen 95, 126–127
Formationswasser 168–170, 250
Forsterit 143, 191, 204, 209, 213
Fraktionierung 54, 79, 228, 240, 268, 270
Fraktionierungskoeffizient 244, 252, 292–293
Freiheitsgrad 199–201, 210, 213
Fremdion 220
Fugazität, Sauerstoff- 152, 189, 192, 290–291
–, Schwefel- 189, 291
Fusion 75

Gabbro 52, 99–100, 103, 109, 145
Gas-Thermometer 296
Gaswolke 75
Gel 26, 65, 133
Geobarometer 219, 274–275, 277, 281
geopetales Gefüge 51, 55
Geosphäre 1
Geothermik 57
geothermischer Gradient 183
Geothermobarometrie 274
Geothermometer 219, 274–275, 286, 296
geschlossenes System 255–256
Gibbsit 65, 131–132
Gibbssche Enthalpie 28, 191, 220
Gips 131, 134
Glas 24, 189, 197, 239, 271, 290
Glaukonit 133, 260
Glaukonitisierung 133
Gleichgewicht, Alkalifeldspäte 288
–, chemisch 26, 53, 187
–, Gase 274, 277, 296
–, heterogen 30
–, invariant 201
–, Isotopenaustausch 243, 292, 294
–, retrograd 274
–, Zweiphasen- 164, 173
Gleichgewichtskonstante 26–27, 186, 279, 281
Glimmer 59, 64–65, 105, 108, 129, 147, 151, 199, 239
Gneis 105
Goethit 130, 132, 153
Gradient, chemische Konzentration 49–50, 55, 235
–, chemisches Potential 49–50, 125
–, elektrochemisches Potential 49–50
–, mechanische Energie 49
–, Temperatur 49–50, 125, 277
Granat 20, 59, 103, 105, 108, 110, 137, 140, 279, 281, 283
Granit 52, 59, 100, 141, 147, 154, 194, 199, 250, 253, 262, 269
Granit-Problem 141
Granitbildung 141
Granitisches Minimum 141, 183
Granodiorit 52, 100
Granulit 52, 104–105
Granulit-Fazies 139
Graphit 12, 15, 23, 108–109, 276
Grauwacke 101

Gravitation 85
Grünschiefer-Fazies 139
Grundwasser 285, 288

H/F-Verhältnis 278
Hämatit 131–132, 170, 281
Häufigkeit, primordial 114, 119–120
Häufigkeitsverteilung, siehe Elementhäufigkeit 71–72, 77
Halbwertzeit 76, 253–255, 257–261, 263, 272
Halit 170
Halloysit 65
Harzburgit 111, 113
Heliumverschmelzung 74–76
Hemimorphit 60
Hemmung, kinetisch 53, 158
Henry-Konstante 297
Henry'sches Gesetz 296
Heterosphäre 91
Hochdruckmineralphasen 51
Hochtemperatur-Feldspat 204
Hochtemperaturmodifikation 276
Höheneffekt 247
Homogenisierung der Isotope 264–265
Homogenisierungstemperatur 171–172, 276, 283
Homosphäre 91
Hornblende 62, 131–132, 140–141, 146, 151, 260
Humus 91
Hydratation 133
Hydrologie 259
Hydrolyse 148, 150, 287–288
Hydromuskovit, siehe Illit 129
Hydrosphäre 79–80, 88, 94, 124, 127, 168, 273
Hydrothermale Konvektion 154, 169–170
– Lösung 152, 168, 171, 174, 285
– Vererzung 169, 173

I-Typ Granit 140–141
Ignimbrit 290
Illit 129, 132–133
Illitisierung 133
Illitkristallinität 276
Ilmenit 112, 140, 282
Immissionsrate 159
Indikator, petrogenetisch 152
Inhibition 52

Sachverzeichnis

Initialverhältnis, $^{87}Sr/^{86}Sr$ 260–262
inkompatible Elemente 118
Inosilikate 61–62, 70, 137
interkristalline Verteilung 274, 277, 279
intrakristalline Verteilung 274, 277, 284
Intrusionsalter 255
Intrusivgesteine 52, 99–100
invarianter Punkt 205, 212–213, 216
Ionenaktivitätsprodukt 28, 35, 164
Ionenaustausch 52, 55, 57, 153, 168, 220, 222, 243, 277, 285–286, 288
Ionenbeweglichkeit 17, 221, 223
Ionenbindung 11–12
Ionenpaar 167, 186, 191–192
Ionenpotential 9, 151–152, 220
Ionenstärke 26, 52
Ionisationsenergie 8
Ionisationsfaktor 40–43
Ionisationspotential 5
Ionisationsspur 270
irreversible Prozesse 274
isochem 136
Isochore 170–171, 261, 276
Isochrone, Gesteins- 262
–, Mineral- 262, 267
Isograde 275
Isomorphie 202–203
Isoplethe 280
Isothermenschnitt 215, 217
Isotope 244–246, 254, 265, 268
Isotopenaustausch 57, 132, 243, 250–251, 277, 295
Isotopenfraktionierung 243–245, 249, 251–252
–, Kohlenstoff 248
–, Sauerstoff 249–250, 292
–, Schwefel 251, 295
–, Wasserstoff 246–247
Isotopenmasse 243
Isotopenthermometrie 292
Isotopenverhältnis 252, 259, 265–268
Isotopenverteilung 73, 77, 274
Isotopie-Effekt, kinetisch 244, 247–248, 251, 253
–, thermodynamisch 243, 248
isotyp 202
Itabirit 88

Jadeit 103

Kali-Feldspat 99–100, 137, 141, 150, 153–154, 260, 289
Kaolin 15, 132
Kaolinit 65, 129, 131–132, 148–149, 154
Kaolinitisierung 147
Karbonate 101, 125, 158, 191, 219, 222, 246, 248, 293
Karbonatit 191, 249
Katalyse 52
Kationenfeldstärke 11, 152, 188
Keimbildung 52, 195, 197
–, heterogen 195, 198
–, homogen 194
Keimbildungsenthalpie 196–197
Keimbildungsmatritze 198
Keimbildungsrate 197
Keimgröße 197
Kernwaffentest, atmosphärisch 272
Kieselsäure 129, 132, 142, 221, 285–286, 288
Klassieren 54–55
Klassifikation, geochemisch 80–81
Klinopyroxen 216–217, 283
Klinozoisit 139
Kohle 127, 248–249, 272, 276
Kohlensäure 38, 40–44
Kohlenstoff in Sedimenten 160
Kohlenstoff-Zyklus 155, 158–159
Kohlenstoff, fossil 158
Kohlenwasserstoffe 53
Kolloid 26, 65, 133
Komatiit 111–112
Kompaktion 133
Komplexbildung 132, 219–220, 277
Komponente 199
Kondensation 122, 247
Kondensationsphase 84
Kondensationstemperatur, Elemente 116
Konkordia 265
Konkretionen 95, 125, 133
Konode 205, 216
Kontinental-Effekt 247
Kontinentalabhang 78
Konvektion 85, 125
Koordinationspolyeder 19–20, 22, 221
Koordinationszahl 4, 6–8, 20–21, 23–24, 162, 164, 188, 285
Koralle 127
Korund 140
Kosmologie 71

kotektische Linie 213, 215, 217–218
Kristalle, inhomogen 210
Kristallfeldtheorie 220
Kristallisation 56, 226, 228, 239, 257, 265
–, fraktioniert 56–57, 184–185, 217–218, 232, 237
Kristallwachstum 198–199, 221
kritische Kurve 173, 177–180, 183
kritische Temperatur 175, 182, 185
kritischer Druck 182, 184–185
kritischer Punkt 171, 173–174, 176–177, 179, 181, 185, 200
kritischer Zustand 174–175, 183–184
Kuroko-Lagerstätten 253
Kyanit 137–138, 280, 284

Lagerstätte 172, 242, 266–267
–, submarin 173
Lanthaniden 73, 79
Lapis Lazuli 59
Laterit 149
Lateritbildung 131
Latit 99
Laumonit (auch: Laumontit) 136, 139
Lawsonit 136, 139
Leben, anaerob 88
–, heterotroph 88
Leitfähigkeit, elektrisch 13, 186
Lepidolith 147, 149, 260
Leucit 65, 207–208, 213, 236–238
Lexandetektor 271
Lherzolit 52, 111, 113
Liquidus 205–206, 210–211, 216
Liquidus-Temperatur 205
lithophil 80, 151
Lithosphäre 73, 79, 93, 111, 124, 158
Löslichkeit, Calcit in Wasser 287
–, CO_2 in Schmelzen 190–191
–, CO_2 in Wasser 287
–, Quarz in Wasser 135, 287
–, Schwefel in Schmelzen 192
–, volatile Phasen in Schmelzen 188
–, Wasser in Schmelzen 189–190, 193
Löslichkeitsbeeinflussung 228
Löslichkeitsprodukt 27
Löß 55

Magma 88, 124, 168, 184, 192–193, 240
–, wassergesättigt 239

Magmatit 98, 100, 102, 124, 144, 154, 160, 169, 247–248, 250, 279
Magmenerstarrung 181, 216
Magnesit 191
Magnetit 99, 112, 140, 151, 281–282
Makrokomponente 227, 229, 231
Margarit 64
Marmor 138
Massenwirkungsgesetz 26–27, 32, 227
mean salt Methode 32–33
Meerwasser 86–87, 95, 248, 250, 253
Melilith 60
Mesomerie 15, 66–67
Metallhydroxide 222
Metamorphit 55, 98–100, 102, 137–138, 141, 250, 253
Metamorphose 31, 98, 125, 135–138, 260, 274
Metamorphosealter 255, 258, 265
Metamorphosegrad 139, 293
Metasilikate 67–69
Metasomatit 150
Metasomatose 57, 150
Meteorit, Eisen- 81, 117
–, Stein- 81, 83, 96
–, Stein-Eisen- 81–82
Meteoritenmaterie 82–83
Migmatit 139
Mikroklin 137
Mikrokomponente 227, 229, 231, 237, 242
Mikrothermometrie 171–172, 276
Milieufaktor 265–266, 268
Mineralalter 257, 265
Mischbarkeit 204
Mischkristall, homogen 203
Mischkristallreihe 56, 203
Mischungsenthalpie 220
Mischungslücke 205
Mitfällung, siehe Diadochie 57, 219
Modellalter 255
Modellmantel, primordial 114–115
Modifikation 19, 24, 49, 66, 199–200, 275
Moho, Mohorovičič-Diskontinuität 109–110
Mohs-Skala 23–24, 60–62, 64
Molvolumen 163, 166, 204
Monazit 140, 203, 264
Mondmaterie 81
monotrop 25, 275

monovariant 200–201, 205
Monticellit 191
Montmorillonit 129–132, 148–149
Muskovit 23, 64, 129, 131–132, 137, 140, 147, 152–154, 260, 293
Muskovitisierung 147–148, 150, 154
Mutter-Tochter-Nuklidpaare 256–257, 259
Myon 71

Nahordnung 162, 167
Nebel, kosmisch 119
Nephelin 65, 100, 112
Nernst-Berthelot-Gesetz 226
Nernstsche-Gleichung 32, 46
Nesosilikate 59, 70, 137, 191
Neutralpunkt 35
Neutron 71, 75
Neutroneneinfang 76
Neutronenflußdichte 75
Nicolaysen-Diagramm 261
Niederdruckmineralphasen 51
Niederschlag 246–248, 250, 255
Normalpotential 45–46
Nukleosynthese 73–77, 79, 81–82, 266
Nuklid, primordial 77
Nullpunktsenergie 243

Oberflächenaustausch 223
Oberflächenkeimbildung 198
Oberflächenschicht 233
Oberflächenwasser 285, 287–288
Obsidian 197
offenes System 255–256
Olivin 59, 65, 68, 99–100, 103, 108, 112, 131–132, 143, 203–204, 209–210, 235, 282, 289
Olivin-Basanit 111
- -Nephelinit 111–112
Olivinknolle 108–110
Oman-Halbinsel 110
Omphacit 103, 110
opake Minerale 140
Opal 24, 65, 134, 146
order-disorder-Verteilung 284
Orthoklas 65, 112, 129, 137, 204, 211–212
Orthosilikate 67–69
Oxidation 155, 160
Ozean 89, 91, 94, 158, 161, 223, 293–294
Ozon 2, 89, 92

P-Schleife 181
Paläotemperatur des Meerwassers 293–294
Palingenese 141
Paragenese 233
Partialdruck, Sauerstoff 193
–, Wasserdampf 247
partielles molares Volumen 164–167
PDB, Peedee Belemnit 244, 248
Pechblende 264
Pegmatit 199
Peridotit 104, 108, 110, 113
–, alpinotyp 109
–, Granat- 109
Peritektikum 205, 207–208
Perthit 283
pH-Wert 34, 46–49, 152, 251, 287
Phänokristall 208, 239
Phasendiagramm, Albit-Orthoklas 211
–, Aluminiumsilikate 138, 280
–, Calcit-Dolomit 283
–, Cordierit-Granat-Sillimanit-Quarz 280
–, Diopsid-Albit-Anorthit 215
–, Diopsid-Anorthit 206
–, Forsterit-Fayalit 209
–, H_2O 200
–, Ilmenit-Sillimanit/Kyanit-Granat-Rutil-Quarz 281
–, Leucit-SiO_2 207
–, Magnetit-Ilmenit 282
–, NaCl-H_2O 177, 180, 183
–, SiO_2 202
–, SiO_2-H_2O 180
–, Spinell-Leucit-Forsterit 213
–, ZnS 291
Phasengleichgewicht 185, 204
Phasenregel 199
Phasenumwandlung 275–276
Phengit 285
Phlogopit 64, 108, 260, 285
Phosphat-Zyklus 160–161
Photosynthese 88, 159, 248
Phyllosilikat 62–64, 69–70, 101, 137
Physisorption 58
Phytoplankton 95
Pikrit 111–112
Plagioklas 100, 103, 105, 112, 131, 137, 143–145, 148–149, 203, 209, 215, 218, 235, 279–280, 283
Plattform, kontinental 78

pleochroitischer Hof 277
pneumatolytische Phase 181
Polarisation 67–68
Polarisierbarkeit 11
Polymorphie 23, 25, 275
Porosität 133
porphyry-copper Lagerstätten 147, 149, 152, 253
Potential, elektrochemisch 32
Prehnit 136, 139
Prinzip des kleinsten Zwanges 29–30, 85
Probe, repräsentativ 78
Prokaryont 90
Propylitisierung 147, 149
Proton 71
Protoneneinfang 76
Protosonne 120
pseudo-unär 201–202
pseudobinäre Systeme 212
Pseudomorphose 150–151
Puffer 41–45
Pufferkapazität 41, 43–44
Pumpellyit 136, 139
Pyrit 130, 147, 284, 289, 295
Pyrolit 110–112, 114–116, 119
pyrolytischer Abbau 246
Pyrophyllit 64, 68
Pyroxene 61–62, 68, 99–100, 103, 105, 112, 131–132, 137, 143–145, 284
Pyrrhotin 204, 284

Q-Schleife 181
QFM-Puffer 189, 192
Quadrupelpunkt 201
Quarz 24–25, 59, 65, 99–101, 103, 105, 129, 131–132, 134–136, 141–143, 146–147, 149, 151, 154, 172, 199, 279–281, 286, 288–289, 291–293
Quarzdiorit 100

radioaktiver Abfall 219
Radioaktivität 243
–, spezifisch 259
Radiolarien 94, 127
Radionuklide, primordial 254–256
Radius, Atom- 4–5
–, Ionen- 4, 6–8, 203, 220
Raumwellen 103, 108, 110
Rayleigh Fraktionierung 251–252
Reaktionsenthalpie 28–29

Reaktionspfad 207–210, 213, 217
Reaktionsquerschnitt 77
red-beds 89
Redox-Potential 45, 291
Redox-Reaktion 35, 132
refraktär 82
Regionalmetamorphose 139, 146
Reifung 220, 225
Reinststoff 174
Rekristallisation 57
Respiration 88
Ressourcen, geothermale 285
Restit 111, 113, 141
Restporenwasser 169
Restschmelze 236, 241
Rhyolith 99, 290
Rift 107, 125–126, 253
Rotsediment 90
Rutil 152, 281

S-Typ Granit 140–141
Säure-Base-Beziehung 34
Säure-Basen Paare, konjugiert 35–36, 38–39
Säurekonstante 37–38
Salinität 36, 171, 294
Sand 55, 59
Sandstein 101
Sandwich-Struktur 16, 64–65
Sanidin 208–209
Sauerstoff-Inventar, Atmosphäre 160
Sauerstoff-Zyklus 159–160
Saussuritisierung 145
Scheelit 151, 154
Schelf 89, 95
Scherkraft 136
Schichtsilikate 56, 63, 68, 223
Schiefer 154
Schild, kontinental 78
Schmelze 107, 185, 189–191, 197, 205–208, 210, 212, 214, 216, 221, 233, 239–240, 290
Schmelzen, partiell 191
Schmelzpunktserniedrigung 181
Schockwelle 117
Schwebstoffe 96
Schwermineralseife 55
Schwingungsfrequenz 245
sea floor spreading 95
Sedimentalter 255
Sedimentation 55

Sachverzeichnis

Sedimentationsäquivalent 55
Sedimentationsrate 94
Sedimente 64, 98, 101, 125, 161, 248–250, 253
–, biogen 249
–, gradiert 55
–, marin 94, 102
Sedimentit 64, 99, 102, 250, 255
Sedimentologie 259
Segregation 204
Seigerung 55, 208, 217
Selektivität 277
Sericit 145, 147–148
Sericitisierung 147
Serpentin 137, 143
Serpentinisierung 142
siderophil 80, 82, 114–115
Sieden 171–174
Silifizierung 146–147
Silikate, Klassifikation 59
Silikate, kogenetisch 66
Silikatschmelze, Polymerisation 192
Sillimanit 137, 279–281, 284
Smectit 125, 145, 289
SMOW, Standard Mean Ocean Water 244, 246, 248–249
Solarmaterie 82–84, 87, 119–120
Solfatare 52
Solidus 205, 210, 216
Solvatation 164–165
Solvatationsenthalpie 196
Solvus 204–205, 211–212, 283
Sorosilikate 60, 70
Sortieren 54
Spaltspurdichte, fossil 271
–, induziert 270
Spaltung, induziert 271
Sparsamkeitsregel 22
Sphalerit, siehe Zinkblende 203, 284, 295
Sphen (= Titanit) 264
Spilitisierung 143
Spinell 20, 23, 213–214, 282
Spodumen 61
Spontanspaltung 77, 93, 271
Sprödglimmer 64
Spurenelementverteilung 234
Stabilität, Nuklide- 73
–, thermisch 19
Stabilitätsgrenze, Wasser 46
Standardsubstanz 244

Staurolith 139
Steinmeteorit 81
Stishovit 21, 24–25
Strahlung, kosmisch 255, 271
–, solar 121
Stratopause 92
Stromatolith 89–90
Struktur der Schmelzen 185, 187–188
Struktur, quasi-kristallin 196
strukturchemische Regeln 19
Subduktion 107, 110, 125–126
Substitution, einfach 203, 290
–, gekoppelt 203–204
–, isomorph 57
Sudoit 65
Sulfat-Reduktion 35, 52, 251–252
Sulfat-reduzierende Bakterien 251
System, binär 201, 205–212
–, ternär 212–216
–, ternär, v. Schmelzen 88
–, unär 200, 202
Systematik der Atomkerne 71

Talk 12, 15, 59, 64–65, 68–69, 137
Tektosilikate 65–66, 68–70, 137
Thermalwasser 169
thermisches Tal 216
Thermolumineszenz 277
Thermometer, Na-K 285
–, Sulfid-Paare 295
Thermosphäre 2
Tholeiit 64, 100, 107, 111–112
Thortveitit 60
Tiefsee 78, 97, 161
Tieftemperatur-Feldspat 204
Tonminerale 59, 64, 129, 131, 147, 151
Tonschiefer 101
Topas 147–149, 151
Trachyt 99
treibende Kraft 49
Tremolit (Grammatit) 62
Tridymit 24–25, 65, 137, 204, 208
Tripelpunkt 171, 174, 177, 179, 200–201, 280
Troilit 244, 267
Troodos-Gebirge 110
Tuff 290
Turmalin 61, 147–149, 151

U/Pb-Alter 265
Überkeim 196

überkritische Lösung 184
überkritischer Bereich 175, 178, 180–181
Übersättigung 197–198
Überschußwasser 239
Ultrametamorphose 141
Ulvöspinell 281
Umwandlungstemperatur 275–276
unäre Systeme 201
Unterkeim 196
Unterkühlung 197–198
Uralitisierung 146
Uraninit 264
Urblei 266–268
UV-Strahlung 89

Van't Hoffsche Reaktionsisobare 30
Variationsdiagramm, Isotope 248, 250, 253
Verarmungsfaktor 116
Verdampfen 57
Verdunstung 247
Vererzung, disseminiert 174
–, massiv 174
–, sedimentär 174
Verfestigungsgrad 240–242
Vergreisenung 147, 149
Verknüpfungsregel 22
Verlust, ^{40}Ar 263
Vermiculit 132
Vernetzungsgrad 187, 221
Verteilung, Fe-Mg 66, 68, 289
–, homogen 242
Verteilung von Elementen 219, 278
Verteilungsgesetze 226
–, heterogen 228–233
–, homogen 226–228
Verteilungskoeffizient 220–221, 225, 227, 235–236, 238–239, 241, 277, 289
Verteilungsregeln 219
Verweilzeit 128, 159
Verwitterung, chemisch 124, 128, 132
–, chemisch-biologisch 128, 130
–, hydrolytisch 129–130
–, physikalisch 124, 128

Verwitterungsprodukt, siehe Alterationsprodukt 55, 132, 155
Verwitterungsrate 160
Vesuvian 60
Viskosität 163, 186, 197
–, in Gegenwart von Metalloxid 193
–, Wassergehalt in Schmelzen 193
Vitrinitreflexion 276
volatil 82, 189, 194
Volumdiffusion 56
vulkanische Gase 189

Wachstumsgeschwindigkeit 223–224
Wachstumskurve 268
Wärmeanomalie 57
Wärmeinhalt 51
Wärmeproduktionsrate 52
Wasser 162–163, 168
–, geothermal 57
–, juvenil 168, 248
–, konnat 169
–, magmatisch 168, 170
–, metamorph 169–170, 250
–, meteorisch 57, 168, 247, 250, 285
Wasserstoffverschmelzung 75
Wirtskristall 220
Wolframit 149, 151, 154
Wollastonit 30–31, 291–292
Wurtzit 278

Zementation 133
Zeolith 56, 145, 223
Zerfall, radioaktiv 51, 76, 125, 253–254, 277
Zerfallsgesetz 253, 256
Zerfallsprodukt 77
Zerfallsreihe, natürlich 254
Zickzack-Verteilung 73, 79
Zinkblende, siehe Sphalerit 278
Zirkon 152, 203, 264
Zoisit 139, 145
Zonarbau 210
Zyklen, geochemisch 95, 124
–, biogen 124, 127

P. Möller
Anorganische Geochemie

Errata

Seite 26: Gl. (2.5) muß richtig lauten: $^cK = \dfrac{[D]^d [E]^e}{[A]^a [B]^b}$.

Seite 31: 5. Zeile von unten muß heißen: (....) $cm^3 mol^{-1}$.

Seite 34: Der letzte Satz muß richtig lauten: Üblicherweise bezieht man sich auf Temperaturen von 25 °C. pH0 entspricht dabei einer vollständig dissoziierten, einmolaren,....

Seite 37: 11. Zeile von oben: „$H_3Si_4^-$" muß lauten „$H_3SiO_4^-$".

Seite 38: 10. Zeile von oben: Die Gleichung muß lauten $pK_{H_2CO_3} = pKw - pK_{HCO_3^-}$.
12. Zeile von oben: „K'_{HCO_3}" muß lauten „$K'_{HCO_3^-}$".
13. und 14. Zeile von oben: „$pK_{HCO_3^-}$" muß lauten „$pK'_{HCO_3^-}$".
Tabellenunterschrift muß lauten: Beachte: $K_{HCO_3^-}$ ist eine Säurekonstante, $K'_{HCO_3^-}$ ist eine Basenkonstante. Alle....

Seite 43: 7. Zeile von unten: „$H_2CO_3^-$" muß lauten „H_2CO_3".

Seite 46: Gl. (2.67) muß lauten: $H^+ + e = 1/2 H_2$, $Eh^0 \equiv 0$.

Seite 60: In Abb. 3.1: „$SiO_2O_7^{6-}$" muß lauten „$Si_2O_7^{6-}$".

Seite 61: 5. Zeile von oben: „Benitoid" muß lauten „Benitoit".

Seite 68: Letzte Zeile erster Absatz: „$Mg^{2\pm}$" muß lauten „Mg^{2+}".

Seite 76: 17. Zeile von oben: $>10^7$ anstelle von $<10^7$.

Seite 77: In Tab. 4.2: ^{87}Rb hat eine Halbwertzeit von $5 \cdot 10^{10}$a und nicht $5 \cdot 10^{11}$a.

Seite 93: In Tab. 5.3: „K-Einfang" anstelle von „K-Eingang".

Seite 104: 1. Textzeile muß lauten: Die Reaktionen (5.4) und (5.5)....

Seite 110:	15. Zeile von unten: „(Abb. 5.1)" löschen.
Seite 119:	1. Zeile von oben: O, Fe, Mg, und Si durch Al ergänzen....
Seite 136:	17. Zeile von oben: „Laumonit" durch „Laumontit" ersetzen.
Seite 151:	13. Zeile: Bitte löschen (vgl. Abb. 2.2).
Seite 178:	Abb. 7.17 (Legende): $-\cdot-\cdot-$ anstelle von $----$.
Seite 181:	19. Zeile von oben: Der Satz muß lauten: Erst wenn die kritische Kurve des Systems unterschritten wird, bilden sich zwei Phasen: Lösung und Dampf.
Seite 182:	Legende zu Abb. 7.20 und 7.21 vertauschen. In der Abszisse „NaCl/H$_2$O Molverhältnis" beider Abbildungen muß es 1.0 und 1.2 anstatt 0.1 und 0.12 heißen.
Seite 203:	Letzter Satz muß lauten: Die unterschiedlich geladenen Ionen können auf eine Gitterposition beschränkt sein wie z. B. im Cheralith (Ce$_x$(Ca, Th)$_{1-x}$PO$_4$) (ähnlich dem Monazit, CePO$_4$) oder...
Seite 233:	In Gl. (9.16) λ muß lauten $\bar{\lambda}$.
Seite 236:	7. Zeile von oben: (CaAl$_2$Si$_3$O$_8$) muß lauten (CaAl$_2$Si$_2$O$_8$).
Seite 245:	6. Zeile von unten: $\frac{^{13}CH_4}{^{12}CH_4}$ mit $\frac{^{12}CH_4}{^{13}CH_4}$ vertauschen.
Seite 261:	In Gl. (10.23): „^{40}K" muß lauten „^{87}Rb".
Seite 269:	Gl. (10.35): „$t_{1/2}$, ^{137}Sm" muß lauten „$t_{1/2}$, ^{147}Sm".
Seite 271:	1. Zeile: „^{208}U" muß lauten „^{238}U".
Seite 281:	Rechte Abszisse in Abb. 11.4 hat als Beschriftung „Druck/kbar".
Seite 282:	In Gl. (11.9 und 11.10): statt (Ilm) lies (Häm).
Seite 291:	In Abb. 11.13 muß die untere Abszisse lauten: (Temperatur/1000 K)$^{-1}$.

Springer Verlag
Berlin Heidelberg New York Tokyo

MIX
Papier aus verantwortungsvollen Quellen
Paper from responsible sources
FSC® C105338

If you have any concerns about our products,
you can contact us on
ProductSafety@springernature.com

In case Publisher is established outside the EU,
the EU authorized representative is:
**Springer Nature Customer Service Center GmbH
Europaplatz 3, 69115 Heidelberg, Germany**

Printed by Libri Plureos GmbH
in Hamburg, Germany